普通高等教育“十二五”规划教材

多媒体网页设计教程

主　编　朱国华　齐　晖　李　枫

内 容 提 要

本书以构建一个多媒体网站为主线，有机融合了多媒体网页制作的三大软件：Photoshop CS3、Flash CS3、Dreamweaver CS3，从基础知识入手，以案例分析为主导，对网页设计的相关技术进行了系统的介绍。

全书共分 10 章，由 4 部分组成。第 1 部分网页设计概论，介绍网页设计基础知识，与网页设计相关的多媒体技术以及 HTML 基础。第 2 部分介绍 Photoshop CS3 在网页图像编辑中的应用与图像综合处理技术。第 3 部分依托 Flash CS3，介绍网页动画设计和制作方法。第 4 部分以 Dreamweaver CS3 为平台，介绍网页基本元素，常用的网页布局技术，如表格、AP 元素、框架、CSS 样式表，以及网站中模板和库的使用方法，实现网页动态效果的行为和命令等，最后通过一个网站开发综合案例，力求使读者全面、系统地掌握网站规划、设计与网页制作技术。

本书注重理论与实践的结合，构思清晰、语言简洁、内容丰富、案例新颖，可操作性强。每章提供的问答题和操作题，方便了读者复习和上机练习。本书可作为高等院校网页设计与制作课程或多媒体课程的教材，也可作为多媒体网页设计培训班的教材，对于广大网页设计爱好者而言，也是一本非常实用的自学参考书。

本书配套的教学资源包括 PPT 课件、图片素材、案例成品以及案例教学视频文件，读者可以到中国水利水电出版社网站以及万水书苑下载，网址为：http://www.waterpub.com.cn/softdown/或 http://www.wsbookshow.com。

图书在版编目（CIP）数据

多媒体网页设计教程 / 朱国华，齐晖，李枫主编
. -- 北京 : 中国水利水电出版社，2012.1（2015.12 重印）
普通高等教育“十二五”规划教材
ISBN 978-7-5084-9264-3

Ⅰ. ①多… Ⅱ. ①朱… ②齐… ③李… Ⅲ. ①网页制作工具－高等学校－教材 Ⅳ. ①TP393.092

中国版本图书馆CIP数据核字(2011)第261686号

策划编辑：雷顺加　责任编辑：杨元泓　加工编辑：陈　洁　封面设计：李　佳

书　名	普通高等教育“十二五”规划教材 多媒体网页设计教程
作　者	主　编　朱国华　齐　晖　李　枫
出版发行	中国水利水电出版社 （北京市海淀区玉渊潭南路 1 号 D 座　100038） 网址：www.waterpub.com.cn E-mail：mchannel@263.net（万水） sales@waterpub.com.cn 电话：（010）68367658（发行部）、82562819（万水）
经　售	北京科水图书销售中心（零售） 电话：（010）88383994、63202643、68545874 全国各地新华书店和相关出版物销售网点
排　版	北京万水电子信息有限公司
印　刷	北京泽宇印刷有限公司
规　格	184mm×260mm　16 开本　18.25 印张　458 千字
版　次	2012 年 1 月第 1 版　2015 年 12 月第 3 次印刷
印　数	7001—10000 册
定　价	32.00 元

前　言

随着网络技术与信息技术的不断发展，Internet 已渗透到全球每个角落，电子商务、电子政务、网络购物、即时通信、远程教育，以及各大门户网站、各类生活服务网站、形形色色的娱乐网站等为人们构筑了一个绚丽多彩的网络世界，无论是公司、团体还是个人，都力求通过 Internet 来开展业务、展示风采。因此，学习和掌握网页设计与制作技术，已成为满足当今社会需求的一项基本技能和基本素质。

本书有机融合了多媒体网页制作的三大软件：Photoshop CS3、Flash CS3 和 Dreamweaver CS3，内容涵盖了网站建设与网页制作的各个部分，主要内容包括：网页设计概论、图像基本编辑与综合处理技术、Flash 动画基础与制作、初识 Dreamweaver、网页基本元素、网页布局技术、网页的高级编辑等。本书是由长期从事计算机基础教育的一线教师，结合当前计算机基础教育的发展趋势，按照教育部高等教育司组织制定的高等学校文科类专业《大学计算机教学基本要求》（高等教育出版社）编写而成。

精美的网页制作离不开图像处理和动画制作技术。本书从图像处理软件 Photoshop CS3 入手，先让读者初步掌握图像处理的基本技能，再通过学习动画制作软件 Flash CS3，为制作精美网页做好准备。在其后学习网页制作软件 Dreamweaver CS3 的过程中，引导读者将前面学到的图像处理和动画制作技术有机地运用于网页设计与制作。至此，全书构成了多媒体网页设计课程的完整知识体系。

本书最大的特点是在每个章节中提供了丰富、实用的案例，将知识点融入案例，以达到两者的有机结合。通过案例，使读者能够快速地理解概念，掌握基本操作方法，并力求解决课堂教学中容易造成的理论与实践脱节，学生普遍缺乏实际动手能力和应用能力的问题。

全书共分 10 章，各类院校可以根据课程与教学的实际需要有所取舍。具体内容如下：

第 1 章介绍网页设计基础知识，与网页设计相关的多媒体（图像、动画、音频和视频）技术，HTML 基础等内容。本章可安排 2 学时课堂教学，2 学时上机实习。

第 2 章介绍 Photoshop CS3 图像基本编辑功能，主要包括文件操作与画布调整，屏幕显示控制，图像缩放、裁剪与倾斜，图像的色调调整与图像修饰等内容。本章是学习 Photoshop CS3 的基础，可安排 4 学时课堂教学，4 学时上机实习。

第 3 章在前一章的基础上，介绍 Photoshop CS3 图像综合处理技术，主要包括图层的操作，抠图与图像合成，蒙版、路径、通道的使用等。本章可安排 6 学时课堂教学，6 学时上机实习。

第 4、5 章介绍 Flash CS3 动画基础和制作方法，主要内容包括 Flash CS3 动画制作基础，元件的创建与编辑，逐帧动画、形状补间动画、动作补间动画、遮罩动画的制作方法，时间轴特效等。本章为设计网页动画打下一定的基础，可安排 8 学时课堂教学，8 学时上机实习。

第 6 章主要介绍 Dreamweaver CS3 的界面和工作环境，通过创建一个简单网站，介绍站点的创建与管理，建立起网站设计的初步认识和概念。本章可安排 2 学时课堂教学，2 学时上机实习。

第 7 章介绍网页制作过程中各种基本元素的添加，包括文本、图像、Flash 动画、视频与音频等，以及如何为这些元素设置超链接、如何在网页中加入表单等。本章可安排 4 学时课堂教学，4 学时上机实习。

第 8 章介绍常用网页布局技术，主要有表格、AP 元素、框架、CSS 样式表等内容。本章可安排 4 学时课堂教学，4 学时上机实习。

第 9 章介绍网站中模板和库的使用方法，以及完成网页动态效果的行为和命令等，另外还通过案例介绍用 JavaScript 脚本实现网页特效的方法。本章可安排 2 学时课堂教学，2 学时上机实习。

第 10 章在介绍网站制作基本流程的基础上，给出了一个“摄影网站”的综合案例，通过该案例，使读者能系统掌握开发一个主题网站的全过程，也进一步巩固网站设计与网页制作的相关知识和技能。本章可安排 2 学时课堂教学，6 学时上机实习。

本书由朱国华、齐晖、李枫主编。齐晖编写第 1 章、2.1 节和 2.2 节，朱国华编写第 2 章（除 2.1 节）和第 3 章，李枫、李国伟、杨要科、高丽平、周雪燕、李娟、张睿萍编写第 3～10 章（其中部分习题由朱国华、齐晖编写）。本书由朱国华教授策划，齐晖、李枫担任主审。

本书配套的教学资源包括 PPT 课件、图片素材、案例成品及案例教学视频文件，读者可以到中国水利水电出版社网站及万水书苑（http://www.waterpub.com.cn/softdown/ 或 http://www.wsbookshow.com）下载。

由于编者学识水平有限，书中不妥与错误之处敬请读者批评指正。

编者

2011 年 9 月

目　　录

第 1 章　网页设计概论

电子商务、QQ、网络购物、MSN、远程教育、远程医疗等为人们构筑了一个绚丽多彩的网络世界，各类网站无不通过 Internet 来开展业务和展示自我风采。因此，网页制作与设计技术已成为当今社会需求的一项基本的计算机技能。本章将讲解网页制作的基础知识，为以后学习网页制作打好基础。

- 网页设计基础知识
- 与网页设计相关的多媒体技术
- HTML 语言基础

1.1　网页设计基础知识

网页设计是近 20 年以来新兴的艺术设计领域。它是一门以计算机互联网为载体，用交互方式、视觉化方式传播信息的设计艺术。网页设计强调的是对网站内所有页面及其相互关系的系统设计，网页设计因此也称为网站设计。

1.1.1　Internet 与 Web

Internet 又称国际互联网，是一个把分布于世界各地不同结构的计算机网络通过各种传输介质互相连接起来的网络。Internet 上的信息资源极为丰富，分为信息资源和服务资源两类。它的主要功能包括网上信息查询、网上交流、电子邮件、文件传输和远程登录。

World Wide Web 简称 WWW 或 Web，也称万维网，是 Internet 提供的最主要的信息服务，是以超文本标记语言（HyperText Markup Language，HTML）与超文本传输协议（HyperText Transfer Protocol，HTTP）为基础，能够以十分友好的接口提供 Internet 信息查询服务的浏览系统。Web 采用客户机/服务器工作模式，所有的客户端和 Web 服务器统一使用 TCP/IP 协议，统一分配 IP 地址，使得客户端和服务器的逻辑连接变成简单的点对点连接。在 WWW 工作过程中，用户所使用的本地计算机是运行 Web 客户程序的客户机，通过 Internet 访问分布在世界各地的 Web 服务器。用户浏览 Web 上的信息需要使用 Web 浏览器。

1.1.2　网页、网站与主页

1. 网页

网页（Web Page），也称为 Web 页，是用户通过浏览器在 Internet 中看到的页面，如图

1.1 所示。网页通常是由 HTML 语言（超文本标记语言）编写的集文本、图片、声音和动画等信息元素于一体的页面文件。网页经由网址读取，在浏览器输入网址（URL，统一资源定位器）后，经过一个复杂而又快速的过程，网页文件被传送到用户的计算机，再通过浏览器解释网页的内容，显示给用户。按照 Web 服务器不同的响应方式，可以将网页分为静态网页和动态网页。

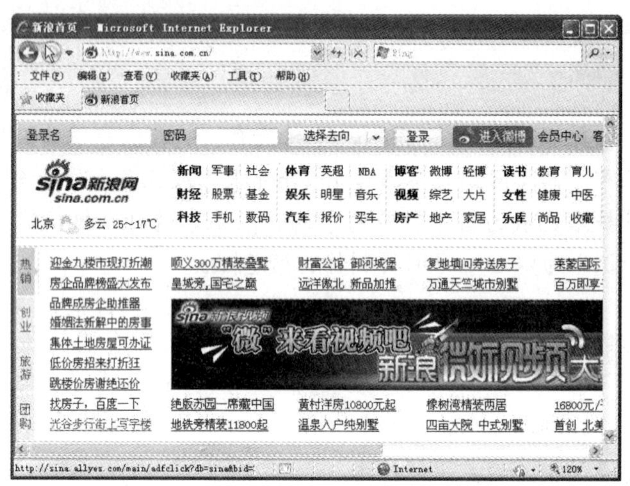

图 1.1 浏览网站

Web 网页采用超文本格式。它除了包含有文本、图像、声音、视频等元素外，还含有指向其他 Web 页或页面本身某特定位置的超链接。

文本、图像、声音、视频等多媒体技术使 Web 页的画面生动活泼，超链接使文本按三维空间的模式进行组织，信息不仅可按线性方式搜索，而且可按交叉方式访问。除此之外，网页的元素还包括动画、表单、程序等。

从文件角度讲，网页通常是一种由 HTML 语言编写的文本文件，网页文件又称 HTML 文件，其扩展名为.html 或 htm。

提示： *网页起初都是用 HTML 编写的，许多网页文件的扩展名为.html 或.htm，但现在很多网页的扩展名为.jsp、.asp、.aspx、.php、.phpx 等，这些网页是有区别的，它们表示是使用不同的网页编程技术编写的。*

在浏览器的菜单栏中选择【查看】→【源文件】命令，即可打开一个网页文件并看到网页的源代码，如图 1.2 所示。

网页的源代码通过各式各样的标记对页面上的文字、图片、表格、声音等元素进行描述（如字体、颜色、大小），而浏览器则对这些标记进行解释并生成页面，于是就得到现在所看到的画面，如图 1.3 所示。

网页作为一种文本文件，可以用任意文本编辑器编辑。例如，Windows 系统中的记事本程序，其操作步骤如下：

（1）选择【开始】→【程序】→【附件】→【记事本】命令，启动“记事本”程序。

（2）记事本中输入 HTML 代码（有关 HTML 的详细讲解参见 1.3 节），如图 1.4 所示。

（3）保存文件，例如以文件名“html1.htm”保存到 D 盘根目录下，此时该文件将显示 IE 图标，表示可以用 IE 打开。

（4）双击文件图标，打开浏览器并打开该文件，就会看到如图 1.5 所示的页面。

图 1.2　HTML 编写的网页源代码

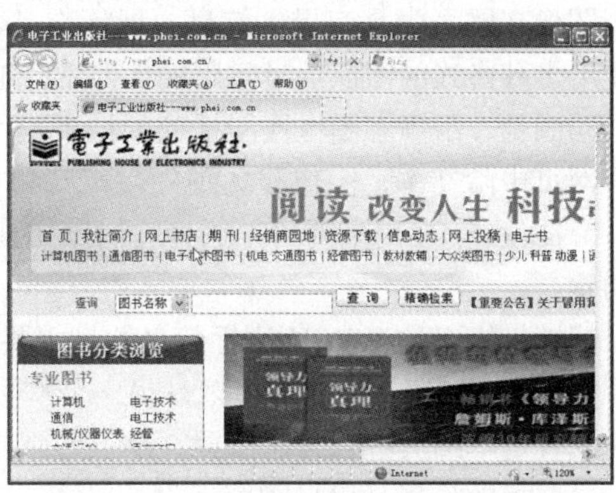

图 1.3　浏览器“翻译”后显示的网页页面

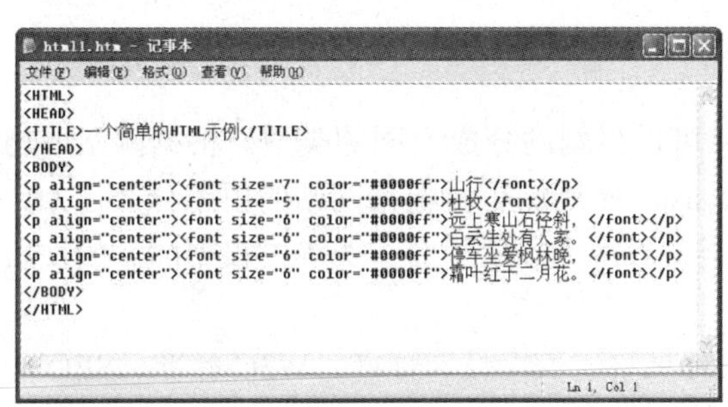

图 1.4　记事本中输入的 HTML 代码

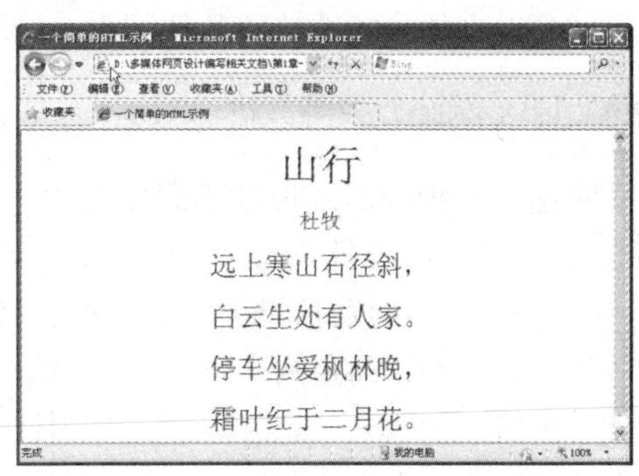

图 1.5　浏览器中显示的效果

2. 网站

网站（Website）又称为站点或 Web 站点，它是 Web 中的一个个节点，每个节点存放不同的内容。

网站是指根据一定的规则，使用 HTML 等工具制作的用于展示特定内容的相关网页的集合。一般情况下，站点中的多个网页具有共同的主题、相似的性质，按一定的方式组织成一个整体，用来描述一组完整的信息或一个部门、一个企业的情况，或组成一个具有 Web 应用服务的信息系统。

网站总是由一个主页和其他具有超链接文件的页面构成。

3. 主页

主页是网站中的一个特殊页面，是进入网站的门户，是整个网站的第一页。一般命名为 index.html 文件。

主页总是与一个网址（URL）相对应，一般来说，主页是一个网站中最重要的网页，也是访问最频繁的网页。它是一个网站的标志，体现了整个网站的制作风格和性质，主页上通常会有整个网站的导航目录，所以主页也是一个网站的入口或者说主目录。网站的更新内容一般都会在主页上突出显示。一般来说，浏览者访问一个网站，首先看到的就是网站的主页。

4. 网页的基本元素

网页的基本元素包括文本、图像、超链接、动画等。

文本和图片是构成网页的最基本元素，文本能准确表达信息的内容和含义，因此多数网页中的信息以文本为主。

图像在网页中具有提供信息、展示作品、表达网站风格和装饰外观的作用，在网页中可以使用多种格式的图像，最常用的如 GIF、JPEG、BMP、PNG 等。

动画是一组静态图像连续播放的结果，使用动画可以更有效地吸引浏览者的注意。

网页中除文本、图像和动画外，声音和视频已经成为网页中的重要元素。对于不同格式的声音文件，需要用不同的方法将它们添加到网页中。视频文件的采用会让网页变得更精彩和有动感。

超链接技术是 WWW 流行起来的最主要的原因，网页中的超链接是从网页的热点指向其他目标的链接，链接的目标可以是另一个网页，也可以是一幅图像、一个电子邮件地址、一个文件或者是本网页中的其他位置。热点通常是文本、图像或图片中的区域。

导航栏的作用是引导浏览者浏览站点，其本质是一组超链接，这组超链接的目标是本站的主页及其他重要网页。在设计站点中的每个网页时，可以在其中显示一个导航栏，这样，浏览者就可以方便快捷地转向其他网页。

1.1.3 网站分类与赏析

网站有多种分类，根据不同的分类方式，可以将网站分成不同的类型。根据网站所用编程语言可分为 asp 网站、php 网站、jsp 网站、asp.net 网站等；根据网站的用途分类，如门户类（综合网站）、企业信息类、娱乐类、搜索类、教育类、电子商务类等；根据网站的性质分类，如个人网站、商业网站、政府网站等。

一个完美的网站应该从内容、易用性、设计风格、安全性、性能、W3C 标准、SEO 等七大类别进行评价。下面介绍一些精彩的网站供大家欣赏。

提示：W3C（World Wide Web Consortium，万维网联盟）是专门致力于创建 Web 相关技术标准并促进 Web 向更深、更广发展的国际组织。

搜索引擎优化（Search Engine Optimization，SEO）是一种利用搜索引擎的搜索规则，来提高目的网站在有关搜索引擎内的排名方式。

1. 门户类网站

网址：www.gov.cn。

特点：该类网站是政府面向社会的窗口，用户通过政府网站了解政府的法律法规、最新动态、便民措施、施政纲领等，还可以通过网站开展电子政务，如图 1.6 所示。

图 1.6　中华人民共和国中央人民政府网

2. 企业信息类网站

网址：www.nokia.com。

特点：Nokia 公司网站特点是根据不同的国情设计了许多子网站，但各子网站仍保持了相似的风格，这说明 Nokia 非常强调企业文化在全球的统一，如图 1.7 和图 1.8 所示。

图 1.7　Nokia 中国网站

图 1.8　Nokia 美国网站

3. 教育类网站

网址：www.employment.harvard.edu。

特点：这是美国哈佛大学指导学生就业的网站。页面风格简洁明快，结构清晰，有强烈的文化气息，富有积极向上的感染力，如图 1.9 所示。

4. 产品信息类

网址：www.h2oplus.com。

特点：H_2O+是美国著名化妆品护肤产品品牌，网站以蓝白色为主的色彩搭配尽显清新雅致的设计风格。网页整体的视觉效果和企业产品的形象相一致，如图 1.10 所示。

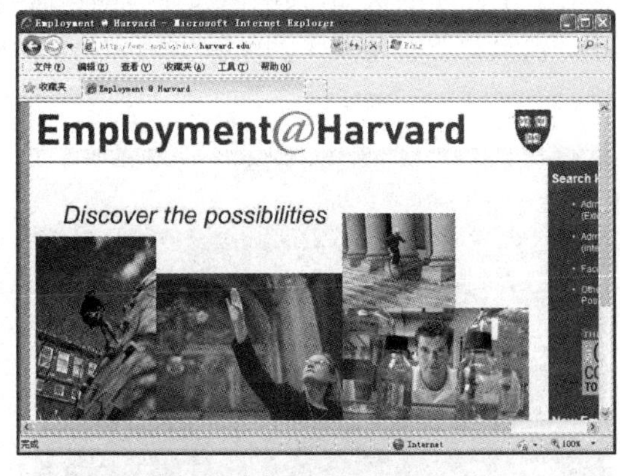

图 1.9　哈佛大学网站

图 1.10　H_2O+网站

1.1.4　网页色彩与布局

色彩是艺术设计中不可或缺的元素。好的色彩设计给人以强烈的视觉冲击力和艺术感染力，色彩的使用在网页设计中起着非常关键的作用，有很多网站以其成功的色彩搭配令人过目不忘。色彩既是网页作品的表述语言，又是视觉传达的方式和手段。

1. 色彩的基本知识

颜色是因为光的折射而产生的，红、黄、蓝被称为三原色，其他的色彩可以用这 3 种色彩调和而成。颜色可以分为非彩色和彩色两类：非彩色是指黑、白、灰系统色；彩色是指除了非彩色以外的所有色彩。任何色彩都有饱和度和透明度的属性，属性的变化产生不同的色相，因此可以制作出几百万种色彩。

色彩可以分为暖色系和冷色系两大类，暖色系由红色调组成，比如红色、橙色和黄色，给人以温暖、舒适和活力的感觉。冷色系来自于蓝色色调，比如蓝色、青色和绿色。这些颜色将对色彩主题起到冷静的作用，因此用作网页的背景比较好。

2. 色彩搭配技巧

不同的颜色会给浏览者不同的心理感受。红色是一种激奋的色彩，所产生的刺激效果使人产生冲动、热情、活力的感觉。绿色给人以和睦、宁静、健康、安全的感觉，它和橙色、淡白搭配，可以产生优雅、舒适的气氛。黄色具有快乐、希望、智慧和轻快的个性，它的明度最高。蓝色是最具凉爽、清新、专业的色彩，白色具有洁白、明快、纯真、清洁的感觉，蓝色和白色混合，能体现柔顺、淡雅、浪漫的气氛。黑色具有深沉、神秘、寂静、悲哀的感觉。灰色具有中庸、平凡、温和、谦让和中立的感觉。

3. 网页色彩的应用

色彩可以直接传达信息，调动人们的内在情绪，营造气氛和感觉。

下面选择几个英文网站做色彩和站点风格的分析。

（1）“中国瓷器”网站（http://www.arttiques.com）。这是一个对外介绍中国瓷器的网站，如图 1.11 所示。该网站以白色为背景，营造出洁净、细腻、典雅的氛围，同时与色彩斑斓的瓷器形成强烈的反差，让人感觉到瓷器工艺品的精致和美丽，这种颜色搭配是展现色彩丰富的工艺品的一种和谐方式。

（2）“北美工艺品展”网站（http://www.craftsamericashows.com），如图 1.12 所示。从这个网站页面色彩的选择上，可以感受到网页设计者对手工艺品的认知，其色调选择和色彩搭配，突出了手工艺品的巧夺天工。蓝色、灰白色、红色、淡黄色等都是手工艺品常用的颜色，形成了网站风格的一致性。

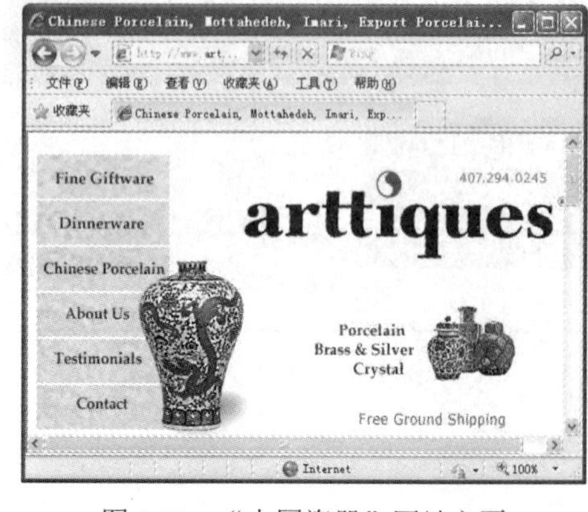

图 1.11 “中国瓷器”网站主页

图 1.12 “北美工艺品”网站主页

（3）“多媒体设计”网站（http://www.newcreativity.com）。这个网站运用的主色就是少见的蓝紫色，明度较低，但更能显出站点的沉稳。页面大量使用流线型的线条做装饰，辅以明度不同的蓝紫色，使页面不至于太沉闷，可以说是比较典型的商务网站的风格，如图 1.13 所示。

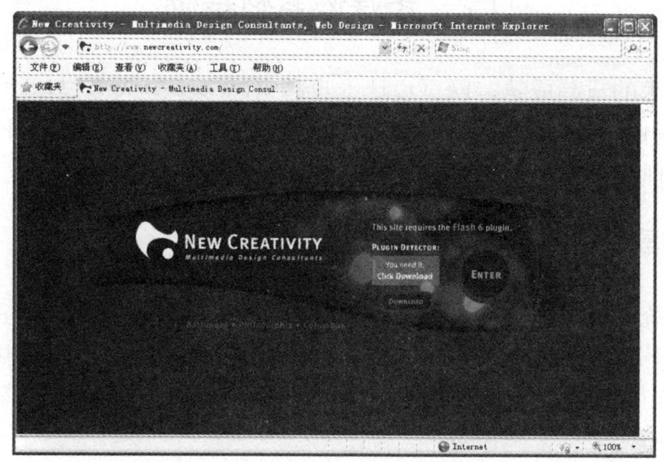

图 1.13　“多媒体设计”网站主页

4. 网页布局

网页是否精彩，能否吸引浏览者，除了色彩的搭配、文字的变化、图片的处理等因素外，网页的布局也是非常重要的因素。

（1）网页布局的基本概念。页面尺寸：网页的尺寸和显示器大小及分辨率有关。一般，在分辨率为 1024×768 像素的情况下，页面的显示尺寸为 1007×600 像素；在分辨率为 800×600 像素的情况下，页面的显示尺寸为 780×428 像素；在分辨率为 640×480 像素的情况下，页面的显示尺寸为 620×311 像素。以上数据表明，分辨率越高，页面的尺寸越大。

（2）页面布局类型。常见的网页布局有以下类型：

1）国字型，也称为“同”字型或“口”字型，是一些大型网站的常用类型。页面顶部是网站的标志、横幅广告条及主导航栏，下面左右两侧是二级导航条、登录区、搜索引擎、广告条、友情链接等，中间是主体部分，底部放置基本信息、联系方式、版权声明、链接区、广告条等。网页实例可参见http://www.pconline.com.cn。

2）拐角型，去掉“国”字型布局最右边的部分，给主内容区释放了更多空间。这种布局上面是标题及广告横幅，左侧是导航链接等，右列是很宽的正文，下面也是网站的辅助信息。网页实例可参见http://www.hao123.com。

3）“三”字型，又称为上中下型，是一种简洁明快的艺术性网页布局，在页面上有横向色块，色块中放置文字、广告条、版权声明等，给浏览者以强烈的视觉冲击。“三”字型网页实例可参见http://www.audi.cn/。

4）“川”字型，整个页面在垂直方向分为三列，网站的内容按栏目分布在这三列中，最大限度地突出主页的索引功能，一般适用在栏目较多的网站里。“川”字型页面布局实例可参见http://www.ctrip.com/。

5）封面型，也称为“POP”型。页面布局类似一张精美的平面设计宣传海报，这种结构常用于时尚类站点和个人网站的首页。网页实例可参见http://www.elle.com/。

6）Flash 型，这种布局与 POP 海报型版面布局是类似的，整个网页就是一个 Flash 动画，画面一般比较绚丽、有趣，由于 Flash 功能强大，所以页面表达的信息更加丰富，视听效果也更具有魅力，是一种比较新潮的布局方式。

1.2 多媒体素材基础

随着多媒体技术的日趋成熟，网页设计中也越来越多地融入多媒体技术，图片、动画、色彩、音频、视频是网页最基本的信息和表现手段。本节主要介绍网页设计中所涉及的多媒体技术，包括图像处理技术、动画技术、音频与视频技术等内容。

1.2.1 颜色的基本概念

颜色是视觉系统对可见光的感知结果，人眼可见光的波长为380~780μm之间的电磁波。颜色与波长有关，不同波长的光呈现不同的颜色。现实中的颜色在计算机中可以用亮度、色相和饱和度来描述，在现实中，人眼看到任意彩色光都是这三个特性的综合效果。

1. *颜色的三要素*

（1）亮度。亮度是指颜色的明暗程度，是光作用于人眼时所引起的明亮程度的感觉，它与被观察物体表面的光线反光系数有关。反射系数越大，它的亮度也就越大。极端情况光线全部被物体所吸收，人们看到的只能是黑色的物体。

（2）色相（或色调）。色相是指颜色的相貌，是人眼看到的一种或多种波长的光时所产生的彩色感觉，它反映颜色的种类和基本特性。简单讲色相就是颜色，不同波长的光构成不同的颜色。如果用三棱镜将白光加以折射，就会产生全部的色相。

（3）饱和度。饱和度也常称为纯度或彩度，是色彩的鲜艳度或深浅程度，是由颜色掺入白色光的程度决定的。对于同一色相的彩色光，饱和度越深颜色越纯。比如当红色加进白光后，由于饱和度降低，红色被冲淡成粉红色。饱和度的增减还会影响到颜色的亮度，比如在红色中加入白光后增加了光能，因而变得更亮了。所以在某色相的彩色光中掺入别的彩色光，会引起饱和度的变化。任何一种色相只要和黑、白、灰中的任意一种混合，饱和度就会降低。

通常把色相、饱和度统称为色度，表示颜色的类别和深浅程度。

2. *三基色原理*

在计算机图像数字化的过程中，色彩的表示，运用到色度学中的三基色（RGB）原理。

三基色是这样的三种颜色，它们相互独立，其中任意色均不能由其他两色混合产生。自然界常见的各种彩色光，都可由三种颜色相互独立的光组成，有两种基色系统，一种是加色系统，其三基色是红（Red）、绿（Green）、蓝（Blue），另一种是减色系统，其三基色是青色（Cyan）、品红（Magenta）和黄色（Yellow）。

不同比例的三基色光相加得到的彩色称为加色混合（见图1.14），其规律如下：

红色+绿色=黄色

红色+蓝色=品红

绿色+蓝色=青色

红色+绿色+蓝色=白色

图 1.14 相加混色原理

因为这种相加混色是利用R、G、B颜色分量产生颜色，所以称为RGB相加混色模型。相加混色用于摄影、舞台照明设计等，同时也是计算机中定义颜色的基本方法。

1.2.2　图像的色彩模式

在对图像和视频信号进行处理和显示时，必须把它们按照一定的模式显示出来。

色彩模式是指在计算机上打印或显示图像时表示颜色的数字方法。通常在不同的应用环境采用不同的色彩模式，比如计算机显示器采用 RGB 模式，打印机输出彩色图像用 CMY 模式，另外还有其他的颜色模式，如灰度模式、HSB 模式、LAB 模式、安全色等。

1. 灰度模式

该模式只有灰度色（图像的亮度），没有彩色。在灰度色图像中，每个像素都以 8 位或 16 位表示，取值范围在 0（黑色）～255（白色）之间。

2. RGB 模式

RGB 模式是工业界的一种颜色标准，通过对红、绿、蓝三个颜色通道的变化及其相互叠加来得到各式各样的颜色。这个标准几乎包括了人类视力所能感知的所有颜色，是目前应用最广的颜色模式之一。

网页制作中使用最广泛的是 RGB 色彩模式的十六进制显示模式，即用 3 个 00～FF 的十六进制数来表示组成颜色的红、绿、蓝色的数值。例如，000000 表示黑色，FFFFFF 表示白色，FF0000 表示红色，0000FF 表示蓝色，总共有 2^{24} 种颜色。

3. CMY 模式

计算机屏幕显示彩色图像时采用的是 RGB 模式，而在打印时一般需要转换为 CMY 模式。CMY 模式是使用青色（Cyan）、品红（Magenta）、黄色（Yellow）三种基本颜色按一定比例合成色彩的方法。CMY 采用相减混色模型。

虽然理论上利用 CMY 三种颜色混合可以制作出所需要的各种色彩，但实际上等量的 CMY 混合后并不能产生完备的黑色或灰色。因此，在印刷时常加一种真正的黑色（Black），这样 CMY 模式又称为 CMYK 模式。

CMYK 色彩不如 RGB 色丰富饱满，在 Photoshop 中会导致运行速度比采用 RGB 色慢或部分功能无法使用。

4. HSB 模式

HSB 模式是基于人类感觉颜色的方式建立起来的，对于人的眼睛来说，能分辨出来的是颜色的色相、饱和度和亮度，而不是 RGB 模式中各基色所占的比例。HSB 颜色就是根据人类对颜色分辨的直观方法，将自然界的颜色看作由色相（Hue）、饱和度（Saturation）、亮度（Brightness）组成。

5. LAB 模式

LAB 颜色模式通过 A、B 两个色调参数和一个光强度来控制色彩，A、B 两个色调可以通过–128~+128 之间的数值变化来调整色相，其中 A 色调为由绿到红的光谱变化，B 色调为由蓝到黄的光谱变化，光强度可以在 0～100 数值范围内调节。

6. 安全色

图像在网络发布时，色彩的显示可能会受到浏览器端的操作系统和浏览器的影响，同一种颜色也会在不同的浏览器中显示出不同的亮度或者色相。通常把在不同操作系统和浏览器中显示效果一致的 2^{16} 种颜色称为网络安全色。辨别一种颜色是否是网络安全色的方法是看其颜色值，任何由 00、33、66、99、CC 或者 FF 组合而成的颜色都是 Web 安全色，如 003366、0066FF 等。通常，在 Photoshop 的颜色拾取框中可以直接选取的颜色都是 Web 安全色。

1.2.3 图像的基本属性

1. 图形与图像

数字图像的种类有两种：图形和图像。它们也是构成动画或视频的基础。

图形又称矢量图形、几何图形或矢量图，是经过计算机运算而形成的抽象化结果，由具有方向和长度的矢量线段构成。计算机在显示图形时从文件中读取指令并转化为屏幕上显示的图形效果，如图 1.15 所示。

图形的描述使用坐标数据、运算关系及颜色描述数据。由于图形不直接采用逐个描述像点的方法，因此数据量很小。但是，图形的显示需要大量的数据运算，稍微复杂的图形要花费较多的运算时间，显示速度受到影响。矢量图形通常用于表现直线、曲线、复杂运算曲线等，主要用于计算机辅助设计、工程制图、广告设计、美术字和地图等。

图像又称点阵图像或位图图像，是指在空间和亮度上已离散化的图像，如图 1.16 所示。一幅图划分为 M 行×N 列，行与列的交叉处为一个像素，每个像素点用若干个二进制位表示该像素的颜色和亮度，因此，在计算机中对应于该像素点的值是它的亮度或颜色等级，像素的颜色等级越多则图像越逼真。

图 1.15 矢量图

图 1.16 位图图像及其放大后的效果

图形与图像的区别为：图形与图像的构成原理不同。图形的数据量相对较小，图像的数据量相对较大。图像的像素点之间没有内在联系，在放大与缩小时，部分像素点被丢失或重复添加，导致图像的清晰度受到影响，而图形由运算关系支配，放大与缩小不会影响图形的各种特征。图像的层次和色彩丰富，表现力较强，适于表现自然的、细节的景物，图形则适于表示变化的曲线、简单的图案和运算的结果等。

2. 图像分辨率

分辨率是用于度量图像单位长度数据量的参数，其高低直接影响图像的质量。分辨率通常表示为 ppi（pixel per inch，像素/英寸）和 dpi（dot per inch，点/英寸）。计算机显示领域用 ppi 度量分辨率，而 dpi 用于打印、印刷领域等。

（1）显示分辨率。显示分辨率是指数字化的图像经过计算机显示系统，如显示卡、显示器描述时，屏幕呈现出横向和纵向像素的个数。单位是 ppi，其值是横向像素×纵向像素。常见的标准显示分辨率有 800×600 像素、1024×768 像素、1280×1024 像素等。

（2）扫描分辨率。扫描分辨率是指每英寸扫描到的点，单位是 dpi。它表示一台扫描仪输入图像的细腻程度，数值越大扫描的图像转化为数字图像越逼真，扫描仪的质量越高。

（3）打印分辨率。打印分辨率是打印机输出图像时采用的分辨率，单位是 dpi。同一台打印机可以使用不同的打印分辨率，打印分辨率越高，图像输出质量越好。

3. 颜色深度

颜色深度是指记录每个像素所使用的二进制位数。对于彩色图像来说，颜色深度决定了该图像可以使用的最多颜色数目。对于灰度图像（颜色数量大于两种的图像）来说，颜色深度决定了该图像可以使用的亮度级别数目。颜色深度值越大，显示的图像色彩越丰富，画面越自然、逼真，但数据量也随之激增。

在实际应用中。彩色图像或灰度图像的颜色分别用 4 位、8 位、16 位、24 位和 32 位二进制数表示，其各种颜色深度所能表示的最大颜色数如表 1.1 所示。

表 1.1　各种颜色深度的颜色数量

颜色深度/bit	数值	颜色数量	颜色评价
1	2^{1}	2	二值图像
4	2^{4}	16	简单色图像
8	2^{8}	256	基本色图像
16	2^{16}	65536	增强色图像
24	2^{24}	16777216	真彩色图像
32	2^{32}	4294967296	真彩色图像
64	2^{64}	68719476736	真彩色图像

图像文件的大小是指在磁盘上存储整幅图像所需的字节数，它的计算公式是：

图像文件的字节数=图像分辨率×颜色深度/8

例如，一幅 640×480 的真彩色图像（24 位），它未压缩的原始数据量为：

640×480×24/8=921600B=900KB

提示：单色图像指颜色单一的图像，最简单的形式是只有黑白两色的图像，称为二值图像。单色图像的复杂形式是同一种颜色的灰度发生变化，形成不同的灰度层次。因此，单色图像又称为“灰度图像”。

1.2.4　图像文件的格式

图像文件格式是图像处理的重要依据。同一幅图像采用不同的文件格式保存时，图像颜色和层次的还原效果不同，这是由于采用了不同压缩算法的缘故。常用的图像文件有以下几种：

1．BMP 格式

BMP（Bitmap）是 Microsoft 公司为其 Windows 系列操作系统设置的标准图像文件格式。BMP 文件格式具有以下特点：每个文件存放一幅图像，可以多种颜色深度保存图像（如 16 色、256 色、24 位真彩色模式）。

BMP 文件可以使用行程长度编码（RLC）进行无损压缩，也可不压缩。不压缩的 BMP 文件是一种通用的图像文件格式，几乎所有 Windows 应用软件都能支持，但文件较大。

2．GIF 格式

GIF（Graphics Interchange Format）格式文件为网络传输和 BBS 用户使用图像文件提供方便。目前，大多数图像软件都支持 GIF 文件格式，它特别适合于动画制作、网页制作及演示文稿制作等领域。GIF 文件格式具有以下特点：采用无损压缩的方式，产生的文件很小，下载速度快，但最多只支持 256 种颜色。

3．JPEG 格式

JPEG（Joint Photographic Experts Group）格式文件用有损压缩方式去除冗余的图像和彩色

数据，在获得极高压缩率的同时能展现十分丰富和生动的图像，换句话说，就是可以用最少的磁盘空间得到较好的图像质量。因此，JPEG 文件格式适用于在 Internet 上传输图像。JPEG 文件格式具有以下特点：适用性广，大多数图像类型都可以进行 JPEG 编码，对于数字化照片和表达自然景物的图像，采用 JPEG 编码方式具有非常好的处理效果。

4. TIF 格式

由 Aldus 和 Microsoft 公司联合开发的，最初用于扫描和桌面出版业，是一种工业标准格式。它被许多图形图像软件所支持。文件有压缩和非压缩两种形式，非压缩的 TIF 文件可独立于软件和硬件环境。

5. PNG 格式的图像文件

PNG（Portable Network Graphic）图像是网络传输中的一种无损压缩图像文件格式，可以保存灰度模式、索引颜色模式、图层、帧等图像信息，在大多数情况下，它的压缩比大于 GIF 格式图像，利用 Alphs 通道可以调节图像的透明度，可提供 16 位灰度图像和 48 位真彩色图像。

6. PSD 格式的图像文件

PSD 图像是著名的图像处理软件 Photoshop 中使用的一种标准图像格式文件，可以不同图层分别存储，从而能够保存图像处理的每一个细节部分，便于图像的编辑和再处理。

1.2.5 计算机动画概述

1. 动画概述

英国动画大师约翰• 海勒斯（John Halas）对动画有一个精辟的描述："动作的变化是动画的本质"。动画是一种源于生活而又以抽象于生活的形象来表达运动的艺术形式。

所谓动画是一种通过连续画面来显示运动和变化的技术，通过一定速度播放画面以达到连续的动态效果。也可以说，动画是一系列物体组成的图像帧的动态变化过程，其中每帧图像只是在前一帧图像上略加变化。计算机动画是指借助于计算机生成一系列连续图像画面，并可动态实时播放的计算机技术。

2. 计算机动画

根据动画的性质和运动方式，计算机动画可分为逐帧动画（又称帧动画）、实时动画（又称算法动画）和矢量动画。按照动画的表现形式分类，可以分为二维动画、三维动画和变形动画三大类。

逐帧动画是指构成动画的基本单位是帧，许多帧组成一幅动画。逐帧动画借鉴传统动画的概念，每帧的内容不同，当连续播放时，通过一帧一帧显示动画的图像序列形成动画视觉效果。逐帧动画具有非常大的灵活性，几乎可以表现任何想表现的内容。逐帧动画主要用在传统动画片的制作、网页的制作及电影特技的制作方面。

实时动画是采用各种算法来实现运动物体的运动控制，计算机对输入的数据进行快速处理，并实时将结果显示出来，如游戏机中的动画就是实时动画。

矢量动画通过计算机的处理，使矢量图产生运动效果形成的动画。其画面只有一帧，主要表现变换的图形、线条、文字和图案。

1.2.6 音频与视频基础

1. 模拟音频和数字音频

声音是通过一定介质（如空气、水等）传播的连续的波。它有三个重要指标：振幅、周期和频率。振幅反映声音的强弱，频率或周期反映声音的音调高低。频率在 20Hz～20kHz 的称为音频波，频率小于 20Hz 的被称为次音波，频率大于 20kHz 的波则称为超音波。

声音质量用声音信号的频率范围来衡量，频率范围又叫“领域”或“频带”，不同种类的声源其频带也不同。一般而言，声源的频带越宽，表现力越好，层次越丰富。

模拟音频，声音是由物体的振动产生的。这种声音的振动通过话筒的转换，可以形成声音波形的电信号，这就是模拟音频信号。

数字音频是由许多 0 和 1 组成的二进制数，可以以声音文件（WAV 或 MIDI 格式）的形式存储在磁盘中。使用音频卡（声卡）的 A/D 转换器（模拟/数字转换器）将模拟音频信号进行采样和量化处理，即可获得相应的数字音频信号。

2. 常见的音频文件格式

声音文件又称为音频文件，用来记录自然声和计算机等电子设备产生的声音。声音文件分为两大类：一类是采用 WAV 格式的波形音频文件；另一类是采用 MIDI 格式的乐器数字化接口文件。对于 WAV 格式文件，通过数字采样获得声音素材；而对于 MIDI 格式文件，则通过 MIDI 乐器的演奏获得声音素材。

WAV 波形音频文件是一种最直接的表达声波的数字形式，扩展名为“.wav”。WAV 是“wave”一词的缩写，意为“波形”。获取波形音频素材可以利用麦克风录音，还可以将音响设备、录音机、收音机、电视机以及所有声源的音频输出信号接入声卡线路输入端进行录音。

MIDI（Musical Instrument Digital Interface）是乐器数字化接口的缩写。它是一种数字音乐的国际标准。MIDI 规定了电子乐器与计算机内部之间连接界面和信息交换方式，MID 格式文件的扩展名为. mid。

3. 视频的基本概念

视频是一组连续地随时间变化的图像，与加载的同步声音共同呈现动态的视觉和听觉效果。常见的视频信号有电影和电视。视频用于电影时，采用 24 帧/秒的播放速率，用于电视时采用 25 帧/秒的播放速率。视频和动画没有本质的区别，只是二者的表现内容和使用场合有所不同而已，视频和动画之间可以借助于软件工具进行格式转换。

4. 视频文件的格式

视频文件可以分为两大类，其一是影像文件，如常见的 VCD。影像文件不仅包含了大量图像信息，同时还容纳了大量的音频信息。所以，影像文件一般可达几 MB 至几十 MB 甚至更大。其二是流式视频文件，它是随着国际互联网的发展而诞生的，如在线实况转播，就是建立在流式视频技术之上的。

AVI 文件是由 Microsoft 公司开发的一种数字音频与视频文件格式，被大多数操作系统直接支持。它将视频和音频混合交错地存储在一起，调用方便、图像质量好。但 AVI 文件没有限定压缩标准，不同压缩标准生成的 AVI 文件，必须使用相应的解压缩算法才能将其播放出来，而且文件体积过于庞大。

MOV 文件是 Apple 公司开发的一种音频、视频文件格式。MOV 格式支持 25 位彩色，支持领先的集成压缩技术，提供了 150 多种视频效果，并配有提供了 200 多种 MIDI 兼容音响和设备的声音装置，包含了基于 Internet 应用的关键特性，具有跨平台、存储空间要求小的技术特点。

另外，还有 MPEG、DAT、RM、ASF、WMV 等格式的文件。

1.2.7 常用多媒体素材及网页制作工具介绍

网页的本质是HTML源代码，但是直接使用HTML语言编辑网页则相对效率较低。现在绝大多数的网页制作工具都是通过“所见即所得”的编辑工具完成的，由于网页中含有文本、图片、图像、动画、音频、视频等多种信息表达形式，所以还需要使用素材处理工具创作一些素材或进行素材加工。

1. 图像处理工具

最常用的图像处理软件是Photoshop和Fireworks。

Photoshop是由Adobe公司推出的功能强大的图像处理软件，也是迄今为止世界上最畅销的图像编辑软件。Photoshop可分为图像编辑、图像合成、校色调色及特效制作部分。Photoshop具有广泛的兼容性，采用开放式结构，能够外挂其他的处理软件和图像输入输出设备，支持多种图像格式及多种色彩模式。Photoshop不仅提供了强大的选取图像范围的功能，可以对图像进行色调和色彩的调整，而且还提供了强大的绘画功能和滤镜功能，并完善了图层、通道和蒙版功能。随着Adobe公司收购Macromedia公司，Photoshop与Dreamweaver等软件的集成也越来越紧密。

Fireworks是由Macromedia公司推出的一款全方位的网页图形制作工具，它既具有图形处理功能，又具有网页编辑功能。它主要用于创建高质量、低尺寸的图形，与Dreamweaver有着非常紧密的集成关系。

2. 媒体处理工具

媒体处理软件主要有Flash、音频处理软件和视频处理软件等。

Flash是一款优秀的Web矢量动画制作软件，它建立了Web上交互式的矢量图形和动画的工业标准。Flash图形是压缩的矢量图形，而且采用了网络流式媒体技术，所以突破了网络宽带的限制，可以在网上迅速传输，同时由于矢量图形不会因为缩放而导致影像失真，因此在Web上有广泛的应用。

常见的音频处理软件有Audition、GoldWave等，常用的视频处理软件有Premiere、After Effect等。

3. 网页编辑工具

网页编辑工具可分为两类：HTML编辑器和“所见即所得”编辑器。

（1）HTML编辑器。使用HTML编辑器可以简化HTML代码的编辑过程，提高网页制作效率。HTML编辑器一般都提供如自动完成、代码显示等方便HTML代码编写的功能。常见的HTML编辑器包括HomeSite（集成在Dreamweaver中）和BBEdit等。

（2）“所见即所得”编辑器。“所见即所得”编辑器的作用就是用直观可视的方式直接编辑网页中的文本、图形、颜色等网页元素及属性，网页设计的效果可以同时展现出来。“所见即所得”编辑器给网页制作带来了极大的方便，是初学者快速掌握网页制作技术的较好选择。目前应用最广泛的网页编辑工具有Dreamweaver和FrontPage。

提示：在“所见即所得”网页编辑器中制作的网页难以精确达到与浏览器完全一致的显示效果，这一点在编辑网页时必须注意。

FrontPage作为微软公司的办公软件之一，和Office的其他软件具有高度的兼容性，适用于初学者使用。

Dreamweaver是由Adobe公司推出的网页编辑工具，支持最新的XHTML和CSS标准。

Dreamweaver 采用了许多先进技术，利用它能够快速、高效地创建出跨越平台和浏览器限制的极具表现力和动感效果的网页，使网页创作过程变得非常简单。值得称道的是，Dreamweaver 不仅提供了强大的网页编辑功能，而且提供了完善的站点管理机制，它是一个集网页创作和站点管理两大利器于一身的创作工具。

1.3　HTML 基础

HTML 语言是制作网页的基础语言，是初学者必学的内容。尽管目前可视化工具是网页设计的主流工具（如 Dreamweaver、FrontPage 等），但作为网页设计人员，学习和掌握一定的 HTML 基本知识，对提高网页设计水平是很有必要的。

1.3.1　HTML 文档基本结构

1. HTML 简介

HTML（HyperText Markup Language，超文本标记语言）是构成 Web 页面的符号标记语言。通过 HTML 将所需要表达的信息按某种规则写成 HTML 文件，并将这些 HTML 文件翻译成可以识别的信息，就是所见到的网页。

HTML 是由 Web 的发明者 TIM Berners-Lee 和同事 Daniel W.Connolly 于 1990 年创立的一种标记式语言，WWW 协会作为制定 HTML 标准的国际性组织，于 1993 年正式推出 HTML 1.0 版，提供简单的文本格式功能。1997 年 12 月，W3C（World Wide Web Consortium，http://www.w3.org）联盟发布了 HTML 4.0，其中增加和增强了许多功能。

2. 一个简单的 HTML 实例

在学习 HTML 前先来看一个简单的用 HTML 编写的网页实例。

【案例 1.1】用 HTML 制作一个简单的网页。

（1）在“记事本”中输入文本，如图 1.17 所示。

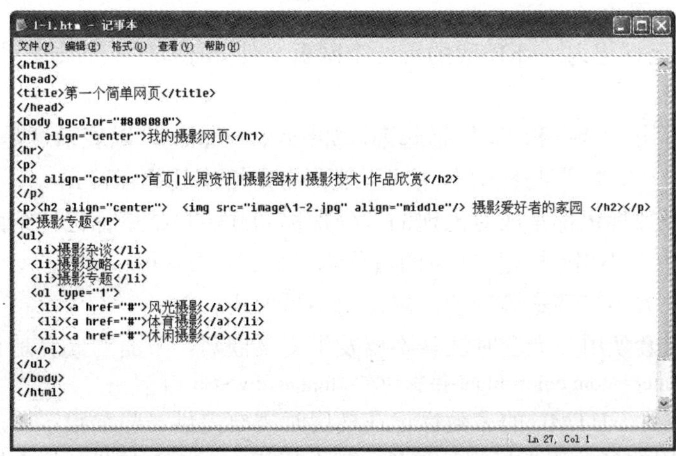

```
<html>
<head>
<title>第一个简单网页</title>
</head>
<body bgcolor="#808080">
<h1 align="center">我的摄影网页</h1>
<hr>
<p>
<h2 align="center">首页|业界资讯|摄影器材|摄影技术|作品欣赏</h2>
</p>
<p><h2 align="center">  <img src="image\1-2.jpg" align="middle"/> 摄影爱好者的家园 </h2></p>
<p>摄影专题</P>
<ul>
  <li>摄影杂谈</li>
  <li>摄影攻略</li>
  <li>摄影专题</li>
  <ol type="1">
   <li><a href="#">风光摄影</a></li>
   <li><a href="#">体育摄影</a></li>
   <li><a href="#">休闲摄影</a></li>
  </ol>
</ul>
</body>
</html>
```

图 1.17　记事本编写的“1-1.html”网页文件

（2）在“记事本”中，选择【文件】→【保存】命令，将该文件保存为“1-1.htm”（HTML 文件的扩展名是.htm 或.html），此时该文件将显示 IE 图标，表示可以用 IE 打开。

（3）双击“1-1.htm”，此时浏览器的显示如图 1.18 所示。

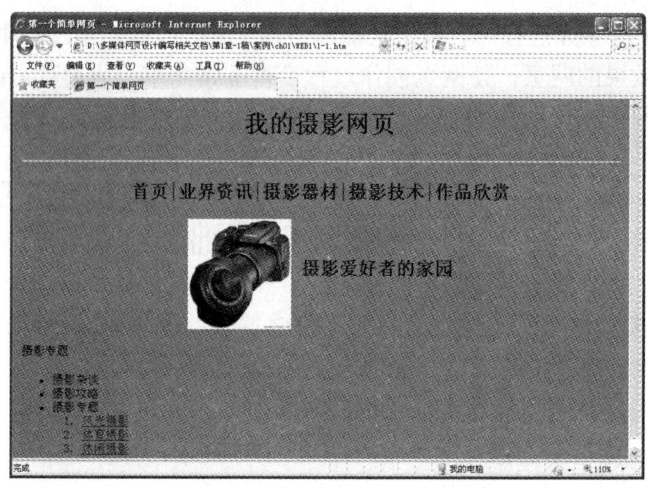

图 1.18　打开 IE 看到的“1-1.html”网页

对照图 1.17 和图 1.18 可以看到，一个最基本的网页一般由 3 个部分构成：

<html>…</html>

<head>…</head>

<body>…</body>

其中，“第一个简单网页”出现在浏览器的标题栏，是网页的标题。“我的摄影网页”等则是网页的实际内容。尖括号“<>”及其限定的代码是 HTML 的标记命令，这些内容不显示在浏览器中。

3. 标记和属性

（1）HTML 标记。HTML 文档中用于描述功能的标识符称为标记，标记的作用是指定浏览器如何显示被标记的相关内容。标记符由一些字母组成，大都为相应的英文单词首字母或缩写，如 p 表示 paragraph（段落）、img 为 image（图像）的缩写，很好记忆。

HTML 文件可支持多种标记符，不同的标记代表不同的含义。格式为：

<标记>受标记影响的内容</标记>

例如，一级标题标记为：<h1>我的第一个网页文件</h1>

说明：

1）任何标记都用 “<” 和 “>” 括起来，如<b>、<table>，以表示这是 HTML 代码而非普通文本。注意，“<”、“>”与标记名之间不能留有空格或其他字符。

2）HTML 的多数标记都是成对出现的，分别称为开始和结束标记，结束标记需在标记名前加上符号“/”，也有不用</标记>结束的，称为单标记，如<hr>、<img>、
。

3）任何标记的大小写都是等价的，建议用小写形式。

4）标记可以嵌套使用，嵌套时注意不要发生交叉嵌套。下面的嵌套是正确的：

<b><div align=center><font color=blue>摄影动态</font></div></b>

（2）标记的属性。HTML 的多数标记在使用时需要提供一些参数，以进一步明确标记的功能。在标记中使用的参数称为标记的属性。每个标记有一系列属性，每个属性都有对应的属性值，标记通过属性来实现各种效果，格式为：

<标记名 属性名 1="属性值 1" 属性名 2="属性值 2"…>受标记影响的内容</标记名>

例如，段落标记 p 的一种使用形式：

<p align="center">

其中，“align”是标记 p 的属性，“center”是属性“align”的值，该标记将其后的段落居中显示。

说明：

1）属性只可加于开始标记中，并非所有的标记都有属性，如换行标记就没有属性。

2）根据需要可以使用某标记的所有属性，也可以只使用其中的几个属性。在使用时属性之间没有顺序要求。

3）属性和标记一样，不区分大小写，但建议使用小写字母表示。

4）任何标记的属性都有默认值，当使用默认值时属性描述可省略。

【案例 1.2】标记属性示例。

```
<html>
   <head>
      <title>标记属性示例</title>
   </head>
   <body>
      Hello!网页设计学习从 HTML 开始！
      <p align="center">HTML 语言是建立网页的规范</p>
   </body>
</html>
```

其中，“<p align="center">HTML 语言是建立网页的规范</p>”的段落标记由于使用了属性值为 center 的 align 属性，使得段落文字“HTML 语言是建立网页的规范”在浏览器中居中显示，效果如图 1.19 所示。

图 1.19　标记属性示例

1.3.2　HTML 的基本结构标记

1. 文档标记<html>…</html>

格式：

<html>html 文档的内容</html>

<html>是开始标记，处于文档的最前面，表示文档的开始，即浏览器从<html>开始解释，直至遇到</html>结束。其他所有的 HTML 标记都位于这两个标记之间。

<html>…</html>标记不是必需的，但最好不要省略这两个标记，以保持 Web 文档结构的完整性。

2. 文档头部标记<head>…</head>

格式：

<head>头部的内容</head>

头部标记<head>…</head>用来设定有关页面的一些信息，其内容可以是标题名、文本文件地址、创作信息等。例如，用<title>…</title>标记来设置网页的标题，用<style>…</style>标记来定义样式表。

3. 文档标题标记<title>...</title>

格式：

```
<title>标题名/<title>
```

一般来讲，标题概括了网页的内容，能使浏览者迅速了解网页的主题。浏览网页时标题名显示在浏览器的标题栏中。

4. 文档主体标记<body>...</body>

<body>…</body>标记定义网页上显示的主要内容与显示格式，是整个网页的核心，网页正文中的所有内容，包括文字、表格、图像、声音和动画等都包含在本标记中。

body 常用的标记有排版标记、图像标记、超链接标记、表格标记等，这些标记在后面陆续介绍，这里只介绍 body 的常用属性。格式如下：

```
<body bgcolor="色彩值" background="图像文件名" text="色彩值" link="色彩值" alink="色彩值" vlink="色彩值" leftmargin="像素值" topmargin="像素值" >
网页的内容
</body>
```

其中：

（1）bgcolor 属性。设置网页的背景色，格式为：

```
bgcolor="RGB 颜色编码"（或者 bgcolor="颜色标识符"）
```

“RGB 颜色编码”是一组 6 位的十六进制数值，第 1、2 位代表红色值（R），第 3、4 位代表绿色值（G），第 5、6 位代表蓝色值（B）。例如，红色为 ff0000，绿色为 00ff00，蓝色为 0000ff。

“颜色标识符”在 HTML 的预定义颜色中取值。常用的颜色标识符有 red（红）、green（绿）、blue（蓝）、black（黑）、white（白）等。

（2）其他常用属性。background，用来设置网页的背景图像，如<body background="image\bird.gif">。text 用来设置非链接文字的色彩。link 设置尚未被访问过的超文本链接的色彩，默认为蓝色，alink 设置超文本链接在访问瞬间的色彩，默认为蓝色。

5. 注释标记

需要时可在 HTML 文档中添加“注释”文字，以方便阅读和修改。格式为：

```
<!--注释内容-->，或者<!注释内容>
```

其中的“注释内容”被浏览器解释为注释，而不在浏览器窗口中显示。例如：

```
<!--下一个标记设立链接-->
```

1.3.3 文字与段落排版标记

1. 文字控制标记

（1）控制文本的字体、字号、颜色。文字控制标记<font>…</font>用于控制文字的显示形式，常用的属性有 face、size、color，格式为：

```
<font face=字体名称 size=字号大小 color=颜色属性值>文本内容</font>
```

其中，face 用于设置文字的字体，只有当前系统中能够使用的字体（中英文），设置才有效；size 用于设置文字的字号大小，取值范围是 1~7，数值越大字越大，默认值是 3 号字；color 用于设置文字的颜色，默认颜色是黑色。

【案例 1.3】font 常用属性应用示例。

```
<html>
    <head>
        <title>font 常用属性示例</title>
    </head>
    <body>
        <font color=red >只设置文字的颜色为红色</font>
        <font size=+2 color=blue face=仿宋_GB2312>设置文字为 5 号蓝色仿宋字</font>
    </body>
</html>
```

请读者上机浏览上面的网页，分析 font 标记的作用。

（2）控制字体特殊效果的标记。HTML 控制字体特殊效果的标记有多种，如加粗、斜体、加下画线等，见表 1.2。

表 1.2　常用字体特效控制标记

标记名称	标记作用	标记格式
b	文字加粗	<b>文字</b>
i	文字斜体	<i>文字</i>
u	文字加下画线	<u>文字</u>
strike	文字加删除线	<strike>文字</strike>
sup	文字为上标	^{文字}
sub	文字为下标	_{文字}

2. 段落排版标记

段落排版标记是对网页的页面版式进行控制的标记，主要包括标题标记、段落标记、换行标记等。

（1）标题标记。标题标记用于设置文本的各种题目，标题号越小，字号越大。格式如下：

<hn align=对齐方式>标题文字</hn>

其中，hn 用来指定标题文字的大小，分别为 h1、h2、…、h6。align 属性用来设置标题在页面中的对齐方式，取值为 left（左对齐）、right（右对齐）和 center（居中）。

【案例 1.4】标题标记应用示例，如图 1.20 所示。

```
<html>
    <head>
        <title>标题标记应用示例</title>
    </head>
    <body>
        <h1>1 级标题的显示效果</h1>
        <h2>2 级标题的显示效果</h2>
        <h3>3 级标题的显示效果</h3>
        <h4 align=left>4 级标题的显示效果（左对齐）</h4>
        <h5 align=center>5 级标题的显示效果（居中）</h5>
        <h6 align=right>6 级标题的显示效果（右对齐）</h6>
    </body>
</html>
```

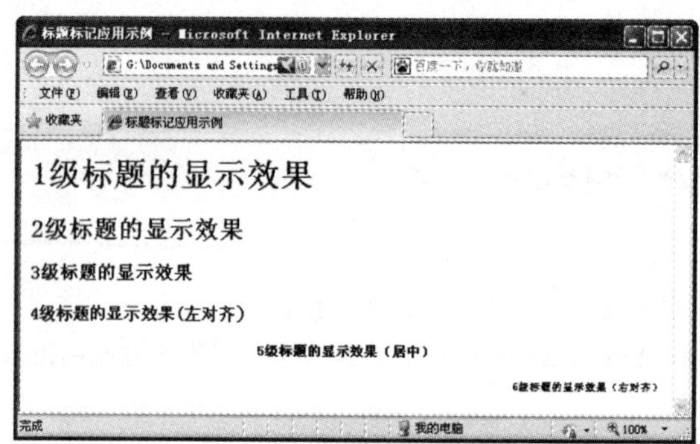

图 1.20 设置标题文字格式

（2）换行和段落标记。在 HTML 文档中，无法使用多个回车、空格、Tab 键来调整文档段落的格式，只能用换行、段落标记来强制实现。

换行标记 br 是一个单标记，其作用是产生换行。格式如下：

仅产生一个新行，并不产生新段落。若在一个段落中使用该标记，产生的新行仍然具有原段落的属性。

段落标记用于定义一个段落，并对段落的属性进行说明。它位于各段落起始位置部位，使用该标记后，每块文本段落之间都会空出一行。

P 标记有多个属性，最常用的是 align 属性，用于定义段落的对齐方式，格式为：

<p align=对齐方式>文本</p>

其中，“对齐方式”为 left、right、center。

【案例 1.5】换行、段落标记应用示例，如图 1.21 所示。

```
<html>
    <head>
        <title>换行、段落标记应用示例</title>
    </head>
    <body>
        <p>
        诺贝尔奖简介。
        诺贝尔奖的由来<!该行和上一行是同一段落>
        <p align="center" >诺贝尔奖的奖项<br>物理、化学、生理或医学、文学、和平、经济<p>诺贝尔奖的故事
    </body>
</html>
```

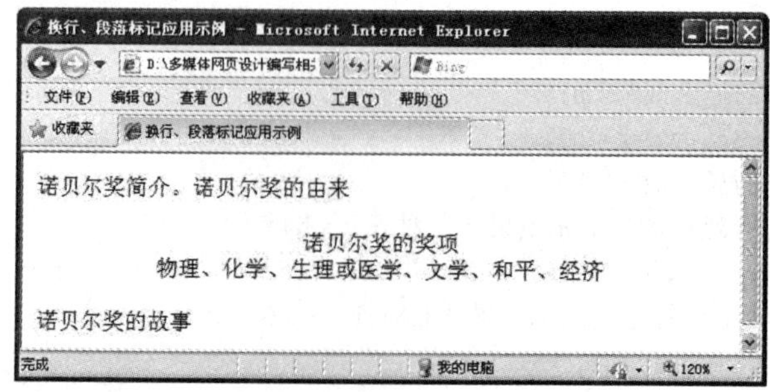

图 1.21 换行、段落标记实例

提示：由浏览结果可见，文件中的
标记产生了换行效果，但产生的新行“物理、化学、生理或医学、文学、和平、经济”与“诺贝尔奖的奖项”属同一段落，仍居中显示。

3. 其他标记

（1）水平线标记。水平线标记可以在网页中插入一条水平线，将不同功能的文字分隔开来。

```
<hr align=对齐方式 size=数字 width=数字 color=颜色>
```

其中，align 属性设置水平线的位置；size 属性设置水平线宽度，以像素为单位，默认值为 2；width 属性设置水平线的长度，可以是像素或相对于当前窗口的百分比，默认值为 100%；color 属性设置水平线的颜色。

（2）有序列表标记。有序列表是在各列表前面显示数字或字母的所排列表，可以使用有序列表标记 ol 和列表项标记 li 来创建。格式为：

```
<ol   start=整数值  type=有序列表标识符>
    <li>表项 1
    <li>表项 2
    …
</ol>
```

其中，start 属性设置数字或字母的起始值，可以取整数值；type 属性设置序列的样式，有序列表标识符可以设置为：A～大写英文字母；a～小写英文字母；1～阿拉伯数字；I～大写罗马字母；i～小写罗马字母。

【案例 1.6】有序列表标记应用示例，如图 1.22 所示。

```
<html>
    <head>
        <title>有序列表应用示例</title>
    </head>
    <body>
        <p align="center" ><font color="blue" size=6><b>璀璨的诺贝尔奖</b></font></p>
        <font color=red>诺贝尔奖项</font>
        <ol type =1 start=1>
            <li>诺贝尔物理学奖
            <li>诺贝尔化学奖
            <li>诺贝尔生理或医学奖
            <li>诺贝尔文学奖
            <li>诺贝尔和平奖
            <li>诺贝尔经济学奖
        </ol>
        <font  color=red>华裔诺贝尔物理学
奖</font>
        <ol type=A start=1>
            <li>杨振宁
            <li>李政道
            <li>丁肇中
            <li>朱棣文
            <li>崔琦
            <li>高锟
        </ol>
```

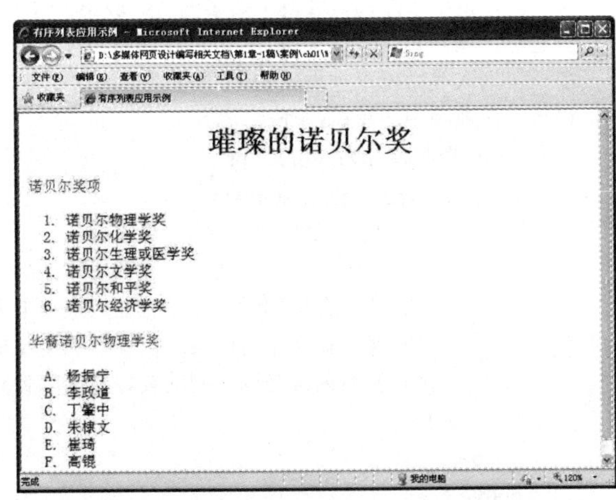

图 1.22　有序列表标记应用示例

```
    </body>
</html>
```

（3）无序列表标记。无序列表是在各列表前面显示特殊符号的缩排列表，可以使用无序列表标记 ul 和列表项标记 li 来创建。格式为：

```
<ul    type=无序列表标识符>
    <li type=无序列表标识符>表项 1
    <li type=无序列表标识符>表项 2
    …
</ul>
```

其中，type 属性设置每个表项左端的符号类型，取值有 disc（实心圆点）、circle（空心圆点）、square（方块）。

4. 文字与段落排版综合实例

【案例 1.7】制作一个介绍诺贝尔奖的页面，如图 1.23 所示。

```
<html>
    <head>
        <title>诺贝尔奖简介</title>
    </head>
    <body>
        <h1 align="center" ><font color="blue" face="仿宋_GB2312">诺贝尔奖(Nobel Prize)</font></h1>
        <hr align="center" size=6 width=60% color="yellow" noshade><!--设置一条宽度为 6 的黄色水平线-->
        <p>    诺贝尔奖（Nobel Prize）是根据瑞典化学家阿尔弗雷德·诺贝尔的遗嘱所设立的奖项。诺贝尔是炸药的发明者，因此也获得了巨大的财富。但他对自己的发明用于破坏感到震惊，于 1895 年 11 月 27 日在法国巴黎的瑞典-挪威人俱乐部上立下遗嘱，用其遗产中的 920 万美元成立一个基金会，将基金所产生的利息每年奖给在前一年中为人类作出杰出贡献的人，以表彰那些对社会做出卓越贡献，或做出杰出研究、发明以及实验的人士。</p>
        <p align="center"><font color="blue" size=5 face="楷体_GB2312">
诺贝尔奖的由来 </font><br></p>
        <p>     诺贝尔一生没有结婚所以没有妻子、儿女，死前连亲兄弟也去世了。但他发明了炸药，取得了众多的科研成果，成功地开办了许多工厂，积聚了巨大的财富。在即将辞世之际，诺贝尔立下了遗嘱："请将我的财产变做基金，每年用这个基金的利息作为奖金，奖励那些在前一年为人类做出卓越贡献的人。"根据他的这个遗嘱，从 1901 年开始，具有国际性的诺贝尔奖创立了。诺贝尔在遗嘱中还写道：<br>
        <p>把奖金分为 5 份：<br>
            <ul type =square start=1>
                <li>奖给在物理学方面有最重要发现或发明的人
                <li>奖给在化学方面有最重要发现或新改进的人
                <li>奖给在生理学和医学方面有最重要发现的人
                <li>奖给在文学方面表现出了理想主义的倾向并有最优秀作品的人
                <li>奖给为国与国之间的友好、废除使用武力与贡献的人
            </ul>
        </p>
    </body>
</html>
```

提示：" "是非换行的空格符号，从本例可以看出，HTML 语言总是忽略多余空格，最多只空一个空格。在需要空格的位置，可以用" "插入一个空格。本例在段落标记<p>后面连续插入 4 个" "空格符号。

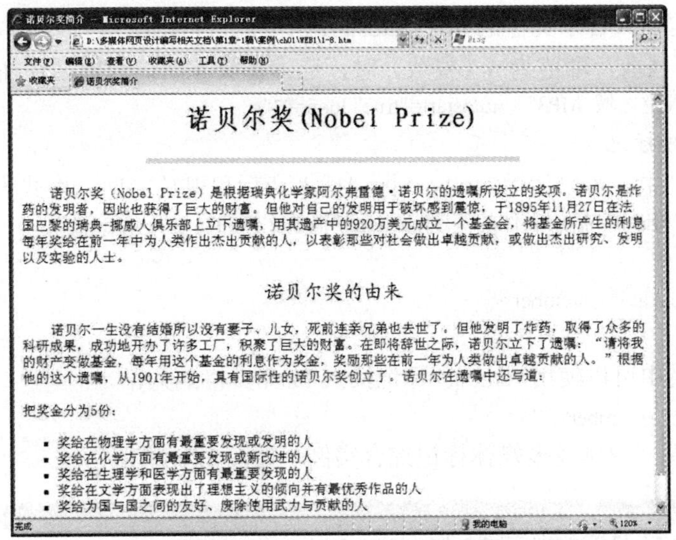

图 1.23　文字与段落排版综合实例

1.3.4　多媒体标记

图像、声音等多媒体信息是美化网页的重要元素，在 HTML 文档中这些网页元素用多媒体标记进行描述。

1．图像标记

图像标记<img>用于在网页中插入图像。格式为：

<img src=url [align="对齐方式"] [alt ="提示文本"][border="边框宽度"] [width="宽度像素大小"][height="高度像素大小"][hspace="水平空白像素值"][vspace="垂直空白像素值"]>

标记中的属性及其说明如表 1.3 所示。

表 1.3　图片标记属性说明

属性名	属性用途	功能
src	src="url"	设置插入图像的 url
align	align="top"	图像两侧的文字与图像顶部对齐
	align="center"	图像两侧的文字与图像中部对齐
	align="bottom"	图像两侧的文字与图像底部对齐
	align="left"	图像位置左对齐
	align="right"	图像位置右对齐
alt	alt="图像替代文字"	在浏览器还没有装入图像时，在图像位置显示的文字
border	border="图像边框宽度"	设置图像边框宽度（像素）
width	width="图像宽度"	设置图像宽度（像素）
height	height="图像高度"	设置图像高度（像素）
hspace	hspace="水平空白像素值"	设置图片与文本之间水平方向的空白（像素）
vspace	vspace="垂直空白像素值"	设置图片与文本之间垂直方向的空白（像素）

2．背景音乐标记

<bgsound>用于插入背景音乐，格式为：

<bgsound src="url" autostart="true|false" loop="n|infinite">

其中，url 指定插入音乐文件的 url；autostart 指定是否自动播放音乐，取 true 时自动播放；loop 指定是否循环播放，取值为 n（整数）时，连续播放 n 次，否则循环播放，如：

```
<bgsound srd="天空之城. MP3"  autostart="true" loop="3">
```

3. 音频和视频标记

在 HTML 文档中，可以使用<ember>标记插入音频和视频文件。格式为：

```
<ember src="url" width="播放文件的宽度" heigth="播放文件的高度"></ember>
```

例如：

```
<ember src="clock..avi" ></ember>
```

4. Flash 标记

在 HTML 文档中可以使用<ember>标记插入 Flash。格式为：

```
<ember src="url" "></ember>
```

【案例 1.8】图文混排及多媒体标记综合实例，如图 1.24 所示。

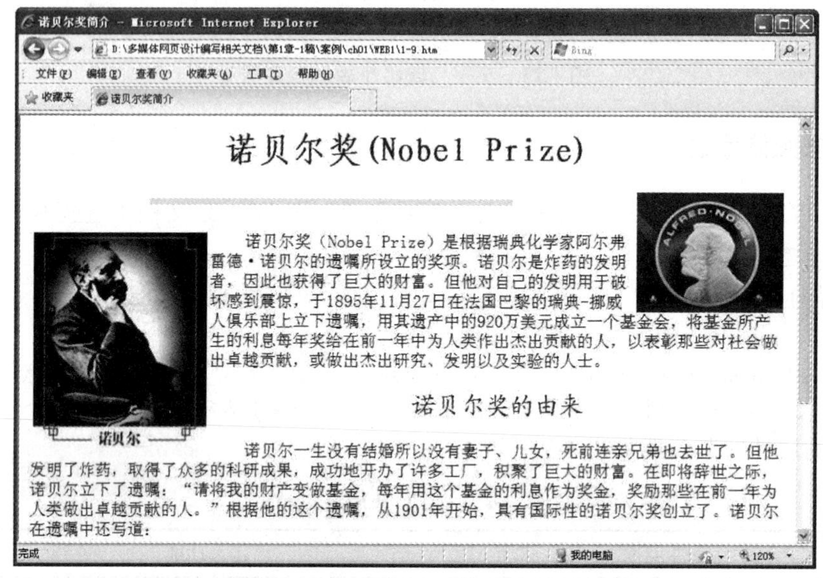

图 1.24 图文混排及多媒体标记综合实例

在【案例 1.7】的基础上进行修改，添加背景音乐和图像，具体修改如下：

（1）在<body>中增加播放音乐文件的功能：

```
<bgsound src= "\audio\天空之城.wma"  autostart="true" loop="3">
```

（2）在<body>的一级标题</h1>后面插入右对齐的图像：

```
<p><img src="诺贝尔奖章.jpg" align="right" ></p>
```

（3）在水平线<hr>标记后面插入左对齐的图像：

```
<p><img src="诺贝尔像.jpg" align="left"></p>
```

请读者自行完成上述修改，并分析显示结果。

1.3.5 超链接标记

超链接是网页的重要特性，超链接是由源端点到目标端点的一种跳转。源端点可以是文字或图像等，目标端点可以是多种对象（如其他网页或站点、图片、E-mail 地址、页内段落等），根据目标端点的不同，网页中的超链接可以分为文件链接、图像链接、E-mail 链接等。

1. 超链接路径

超链接的路径设置非常重要，如果路径不正确，可能会出现无法跳转的情况。路径一般分为绝对路径和相对路径。

绝对路径是指 Internet 上资源的完整地址，形式为“协议://计算机域名/文档名”。当链接到其他网站中的文件时必须用绝对路径，如 href=http://www.zzti.edu.cn/。绝对路径主要用于创建外部链接。

相对路径是指相对于当前页面的地址，它包含从当前页面指向目标页面位置的路径。例如，public/html1.htm 表示当前页面所在目录下的 public 子目录中的 html1.htm 文档。相对路径适用于网站内部的链接。

2. 建立文件链接

在 HTML 中，使用<a>标记建立文件链接，格式为：

```
<a href=url title =字符串  target=打开窗口方式>链接标识</a>
```

说明：

1）参数 href 是必选项，用于指定要链接到的目标文件名称。

2）title 属性是可选项，用来设置指向超链接时所显示的标题文字。

3）target 属性用来设置目标网页打开的窗口，默认是在当前窗口打开链接目标。可取值为_blank、_parent、_top、_self。

4）链接标识以超链接的形式呈现在网页中，单击该标识，浏览器将 url 的资源显示在屏幕上。例如：

```
<a href="http://www.zzti.edu.cn">中原工学院</a>
```

用户单击当前网页中的“中原工学院”时，即可打开中原工学院首页。

3. 链接到 E-mail

单击指向电子邮件的链接，将打开默认的电子邮件程序，如 Foxmail、Outlook Express 等，并自动填写邮件地址。格式为：

```
<a href="mailto:E-mail 地址"> 链接标识</a>
```

其中，“E-mail 地址”是要链接到的 E-mail 的实际地址。例如：

```
<a href="mailto:123456@qq.COM">请给我写信</a>
```

4. 用图像建立链接

可以用图像作为链接标识建立超链接，格式为：

```
<a href="url"> <img src="url"></a>
```

其中，<img src="url">将插入一个图像并以该图像作为超链接标识，单击该图像将跳转到链接目标位置。

提示：若要创建空链接，只需在 a 标记的 href 属性设置为 href=#即可。

【案例 1.9】使用 a 标记创建超链接示例。

```
<html>
    <head><title>超链接标记的应用</title></head>
    <body>
        <p><a href="1-4.htm" title="链接另一页面" target= _black>标题标记应用示例
        </a><br>
        <p><a href="http://www.zzti.edu.cn" title="链接其他站点" >中原工学院</a><br>
        <p><a href="hp.jpg"    title="链接到一个图像文件" >惠普海报</a><br>
        <p><a href="image\flower.jpg" > <img src="image\flower1.jpg"></a><br>
```

```
        <p><a href="mailto:jsjjc@zzti.edu.cn"> 请给我回信</a><br>
    </body>
</html>
```

1.3.6 框架标记

框架是进行网页布局的常用技术，使用框架可以将浏览器窗口划分为多个相互隔离的区域，每个区域显示一个 HTML 文件，从而可以取得在同一个浏览器窗口中同时显示不同网页的效果。

1. 建立框架

框架标记有两个：框架组标记<frameset>…</frameset>和框架标记<frame>…</frame>。<frameset>标记用来划分框架，<frame>标记用来声明其中框架页面的内容，并且必须在<frameset>…</frameset>范围内使用。框架标记的基本格式如下：

```
<frameset>
  <frame src="url">
  <frame src="url">
  …
</frameset>
```

（1）框架组标记<frameset>。框架组标记<frameset>…</frameset>用来定义一个框架，格式为：

```
<frameset rows="横向框架数" cols="纵向框架数" border="像素值"
 bordercolor="像素值" frameborder="yes|no" framespacing="像素值">
 …
</frameset>
```

1）rows 和 cols 属性。rows 设定横向分割的框架数目，cols 设定纵向分割的框架数目。属性的取值主要有以下形式：

- 百分比和“*”的组合形式。如 rows="30%,40%,*"，表示垂直方向分割成 3 个窗口（即窗口分成 3 行），各个子窗口的高度占大窗口的百分比依次为 30%、40%和 30%，其中“*”对应的子窗口的高度为剩余部分的高度。
- 像素值和“*”的组合形式。cols="200,100,*"，表示水平方向分割成 3 个窗口（即窗口分成 3 列），前两个子窗口的宽度分别为 200 像素、100 像素，第 3 个子窗口的宽度为大窗口剩余的宽度。

2）border 设定边框的宽度，单位为像素。

3）bordercolor 设定边框的颜色。

4）frameborder 设定子窗口是否有边框，“yes”代表有边框，“no”代表无边框。

5）framespacing 设定各子窗口之间的间隔大小，单位是像素，默认值是 0。

（2）框架标记<frame>。框架标记<frame>是一个单标记，定义各子窗口的属性，在 frameset 标记中分割几个窗口，就要使用几个<frame>标记。其格式为：

```
</frame src="url" name="框架名" frameborder="yes|no" marginwidth="像素值" marginheight="像素值"
scrolling="yes|no|auto" noresize>
```

框架标记的属性及其说明如表 1.4 所示。

提示：在 HTML 文档中，如果包含 frameset 标记，则不能再包含与之同级的 body 标记，反之亦然。

表 1.4　框架标记的属性及说明

属性名	说明
src	指定子窗口所对应的 HTML 文件地址
name	指定子窗口的名称
frameborder	指定子窗口有无边框
marginwidth	指定框架内容和框架左右边框之间的距离
marginheight	指定框架内容和框架上下边框之间的距离
scrolling	指定框架是（yes）/否（no）/自动（auto）加入滚动条
noresize	不允许各窗口改变大小

2. 在框架中显示独立的网页

在框架中打开的网页有两种：一种是相互独立彼此之间没有任何联系；另一种是网页之间存在链接关系。要在一个框架窗口中打开独立的网页，只需在定义窗口的 frame 标记中使用 src 属性即可。

【案例 1-10】一个简单的框架应用示例，如图 1.25 所示。

```
<html>
    <head><title>框架应用 1</title></head>
    <frameset cols="20%,40%*">
        <frame src="1-5.htm" >
        <frame src="1-7.htm" >
    </frameset>
</html>
```

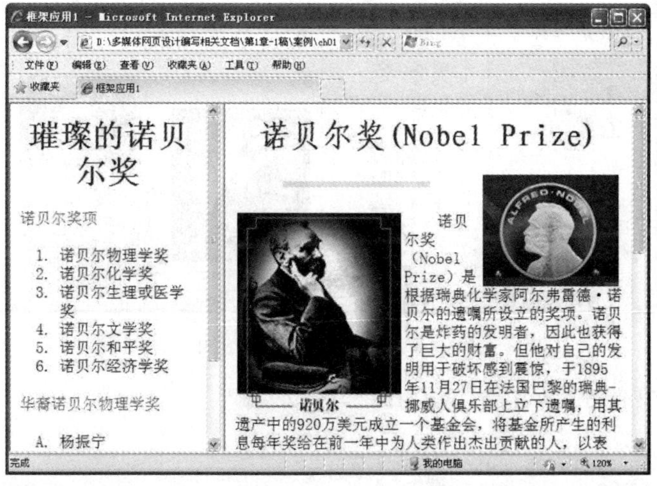

图 1.25　框架简单应用

3. 建立框架间的链接

在很多网页中，常在一个框架窗口中显示一个所有网页内容的目录，而通过单击其中的某项，在另一个框架窗口中显示相应内容。这些目录是链接文本，需要在框架之间建立超链接，并指明要显示目标文件的框架。

使用<a>的 target 属性可以控制目标文件在哪个框架内显示。当单击超链接文本时，目标文件将显示在指定的框架内。具体要经过以下两个步骤：

（1）为超链接的目标框架指定一个名字。所谓超链接的目标框架就是链接指向的网页所在的子窗口。为目标框架命名的方法，是在建立目标框架时，使用 frame 标记的 name 属性。格式如下：

```
<frame name="目标框架名">
```

（2）指定超链接的目标框架。即在定义超链接时，使用链接标记 a 的 target 属性。格式如下：

```
<a href="url" target="目标框架名">链接标识</a>
```

【案例 1-11】框架间的链接应用示例。

要求：使用超链接的 target 属性控制目标文件显示的位置，如图 1.26 所示。

```
<html>
    <head><title>框架间链接应用实例</title></head>
    <frameset rows="100,*">
        <frame src="top.htm" name="top" ><!--上侧窗口-->
        <frameset cols="25%,*">
        <frame src="left.htm" name="left"><!--左侧窗口-->
        <frame src="main.htm" name"main"><!--主窗口-->
    </frameset>
</html>
```

图 1.26　框架间链接示例

上侧窗口框架文件 top.htm 的代码为：

```
<html>
    <head><title>top 窗口内容</title></head>
    <div align="center">
        <h2>HTML 应用实例</h2>
    </div>
</html>
```

左侧窗口框架文件 left.htm 的代码为：

```
<html>
    <head><title>left 窗口内容</title></head>
    <div align="center">
```

```
        <h3>HTML 演示实例</h3>
        <a href="1-4.htm" target="main">【案例 1-4】</a></br>
        <a href="1-5.htm" target="main">【案例 1-5】</a></br>
        <a href="1-6.htm" target="main">【案例 1-6】</a></br>
        <a href="1-7.htm" target="main">【案例 1-7】</a></br>
        <a href="1-10.htm" target="main">【案例 1-10】</a></br>
    </div>
</html>
```

主窗口框架文件 main.htm 的代码为：

```
<html>
    <head><title>main 窗口内容</title></head>
    <body>
        <div align="center">
            <h3>  左侧是 HTML 的演示实例，请选择，希望对您的学习有帮助！
            </h3>
            <img src="\image\main.jpg">
        </div>
    </body>
</html>
```

提示：<div>…</div>是定位标记，用来设定文字、图像、表格的摆放位置。格式为：

```
<div align="left|center|right">文本、图像或表格</div>
```

习题一

一、问答题

1．分析一些著名网站的网页设计风格、色彩的运用、网页布局及组成元素，叙述网页与网站之间的关系。

2．简要说明网页的本质及 HTML 的基本原理。

3．根据自己的经验和体会，谈谈你对网页配色的看法。

4．上网查看不同的网页，并分析其属于哪种布局。

5．阐述矢量图形与位图图像的区别。

6．图像分辨率的单位是什么？阐述其意义。

7．简要说明在网页制作过程中涉及的各种常用技术。

二、操作题

1．用 HTML 创建一个简单的网页文档，要求该网页背景填充一幅图像，有背景音乐，插入。插入有图像、Flash 动画，网页中的文字、标题要有不同的设置。

2．用 HTML 创建一个简单的网页文档。要求该网页中有各种超链接（文字链接、图像链接、动画链接）。

3．用 HTML 创建一个简单的网页文档。要求该网页中有两个纵向框架（水平比例自己设定），在左侧单击项目，右侧显示相应的内容。

第 2 章　图像基本编辑

网站中包含了大量图片素材，Web 设计者应该有针对性地掌握一些网页图像处理的方法和技巧。本章从 Photoshop CS3 的基本操作入手，介绍网页图像的基本编辑和操作。

- Photoshop CS3 的操作界面和基本操作方法
- 图像的缩放、裁剪和倾斜矫正
- 图像的曝光补偿与色彩校正，图像的美化和修饰

2.1　Photoshop CS3 界面

Photoshop CS3 安装成功后，在【开始】菜单的【所有程序】组以及桌面上创建有运行该软件的快捷方式，通过此快捷方式可以启动 Photoshop CS3 软件。

2.1.1　窗口布局

1. 软件界面

启动 Photoshop CS3，选择菜单【文件】→【打开】命令，弹出“打开”对话框，找到教学资源中的文件“ch02\素材\0201.jpg”，单击“打开”按钮，如图 2.1 所示。

图 2.1　Photoshop CS3 界面

2. 工作区布局

图 2.1 所示为 Photoshop CS3 的默认工作区布局，可用于各种常见的图像处理。针对某些特殊的图像处理任务，Photoshop CS3 还提供了一些经过优化的布局方式，其不同主要体现在各种面板窗口的选择、组合与位置有所差别，目的在于提高操作的效率。

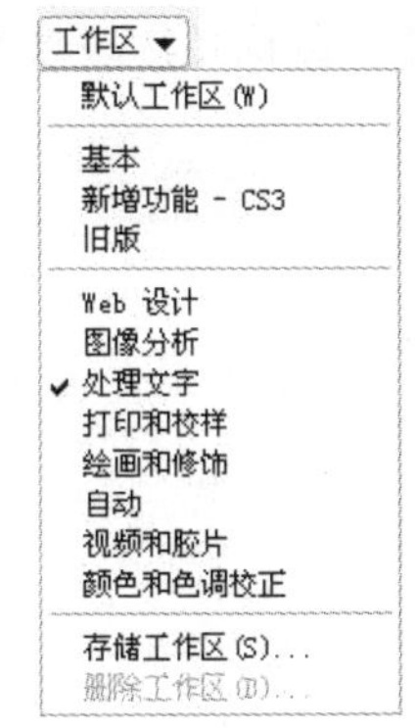

图 2.2　选择工作区

改变工作区布局有两种方法：

（1）单击图 2.1 窗口右上角的【工作区】按钮，在下拉菜单中选择所需的布局方式，如图 2.2 所示。

（2）选择菜单【窗口】→【工作区】命令，在其中选择需要的布局方式。

例如，在图 2.2 的下拉菜单中选择【处理文字】命令，则 Photoshop CS3 窗口布局如图 2.3 所示。

图 2.3　“处理文字”布局

3. 屏幕模式

除改变工作区布局方式外，Photoshop CS3 还可通过改变屏幕模式进一步提高操作效率。图 2.1 所示的屏幕模式称为“标准屏幕模式”。根据习惯及使用熟练程度不同，Photoshop CS3 还可以切换为其他 3 种模式，分别称为“最大化屏幕模式”、“带有菜单栏的全屏模式”和“全屏模式”，切换方法有以下两种：

（1）选择【视图】→【屏幕模式】命令，在其中选择相应的菜单项。

（2）单击工具箱下方的按钮，在 4 种模式间循环切换。

提示：该按钮对应的快捷键为 F，按此键可在 4 种屏幕模式间循环切换。按住鼠标或者右击按钮，可在弹出的快捷菜单中快速选择所需屏幕模式。

2.1.2　工具箱

工具箱位于 Photoshop CS3 窗口的左侧，其中包含几十个用于图像处理的工具按钮。为了方便选取，功能相近的工具被分组，并以一个按钮位置显示在工具箱中，这类按钮的右下角以黑三角进行标识，如图 2.4 中的 T 按钮。用鼠标单击此类按钮，表示选取当前图标所代表的功能，鼠标长按或者右击按钮，弹出菜单可用来切换工具，如图 2.4 所示。

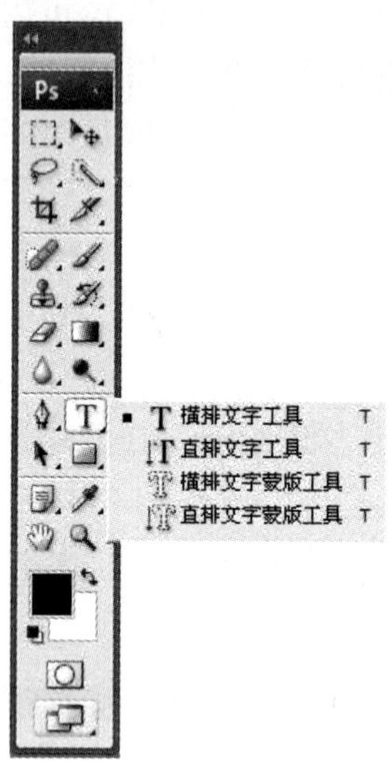

图 2.4　工具箱

提示：功能切换后，相应位置上的工具图标也会变化，使用时须看清图标以免选错工具。

选择好工具后，在使用前常需要调整该工具的选项，如压力、大小、与现有图像的运算方式等，这些都是通过工具属性栏实现的。工具属性栏位于窗口顶部，菜单栏的下方（参考图 2.1）。图 2.5 所示是在选中“橡皮擦工具”后，属性栏显示的内容。不同工具的可调参数和选项是不同的，图 2.1 对应为“移动工具”的属性栏。

图 2.5　“橡皮擦工具”属性栏

表 2.1 列出了 Photoshop CS3 提供的所有工具，读者对此可以先有一个大致的了解。对于如何使用这些工具，将在下面的章节中通过案例进行说明。限于篇幅，有些工具本书没有详细介绍，读者可以参考其他相关文献。

表 2.1　Photoshop CS3 工具简介

图标	功能
	矩形选框工具。组中还有椭圆选框工具、单行选框工具和单列选框工具。用于建立规则选区，通过属性栏的设置，还能以并（交）等方式变换选区
	移动工具。基本功能是移动（或复制）选区（或图层）。通过调整属性栏，可实现变换选区及对齐选区和图层的功能
	套索工具。组中还有多边形套索工具和磁性套索工具。用于建立不规则选区，通过属性栏的设置，还能以并（交）等方式变换选区
	快速选择工具（CS3 的增强工具）。根据鼠标扫过位置的颜色建立并扩展选区。组中还有魔棒工具，根据鼠标单击位置的颜色及容差的设置，确定选区的范围，容差决定选区的精细程度
	裁剪工具。根据属性栏指定的参数，从现有图像中取一部分。当要求两个需要合成的图像具有相同参数时非常有用
	切片工具。作用是帮助美工人员，将网页效果图快速转换为符合要求的布局网页。组中还有切片选择工具，将由切片工具产生的“普通切片”（不可编辑）转换为“用户切片”（可编辑）

续表

图标	功能
	污点修复画笔工具。根据画笔所覆盖区域内的颜色统计信息，修复异常的像素点。组中还有修复画笔工具，以取样点为参考起点，覆盖修复画笔扫过位置上的图像；修补工具，用选区确定修补范围，对（或利用）选区进行修补；红眼工具，专用于去除照片中的红眼
	画笔工具。根据设置的颜色、画笔形状等参数在画布上绘制图像。组中还有铅笔工具，功能同画笔工具，只是不能实现硬度变化的效果；颜色替换工具，替换图像中某指定范围的颜色
	仿制图章工具。将采样点周围的图像原样复制到目标位置。组中还有图案图章工具，用选定的图案在画布上作画
	历史记录画笔工具。根据在"历史记录"面板中指定的还原位置，将图像的部分区域还原到指定操作步骤时的状态；组中还有历史记录艺术画笔工具，与历史记录画笔工具相似，只是增加了些艺术创作样式
	橡皮擦工具。擦除部分图像，擦除的区域为背景色（对背景图层）或为透明（对普通图层）。组中还有背景橡皮擦工具，擦除图像中特定范围的颜色；魔术橡皮擦工具，以与魔棒相同的原理擦除图像中的内容。后两种工具常用于抠图操作
	渐变工具。根据属性栏中的设置，对选区或图层制作渐变填充效果。组中还有油漆桶工具，以与魔棒相似的方式，在图像中填充颜色或图案
	模糊工具。创造图像的模糊效果。组中还有锐化工具，强化局部图像的边缘效果；涂抹工具，以类似用手指沾颜料作画的方式，在图像中增加艺术效果
	减淡工具。对图像中指定明暗区段的像素进行亮化处理。组中还有加深工具，与减淡工具功能相反；海绵工具，通过"去色"的方式使图像区域渐变为灰度效果，通过"加色"的方式使图像区域变得艳丽
	钢笔工具。与组中的其余 4 个工具（自由钢笔工具、添加锚点工具、删除锚点工具及转换点工具）结合使用，完成路径的建立、编辑修改等任务。结合属性栏，还可快速创建图层矢量蒙版
T	横排文字工具。与组中的直排文字工具功能相似，向作品中加入文字信息。组中的横排文字蒙版工具和直排文字蒙版工具，可以用输入文字的轮廓建立选择区，进而用作蒙版
	路径选择工具。选择、缩放和移动已经建立的路径（整体）。组中还有直接选择工具，通过调整路径中的线条和锚点，对路径进行编辑
	矩形工具。与钢笔工具组类似，只是用常见的几何形状建立路径（或图层矢量蒙版）。组中还有圆角矩形工具、椭圆工具、多边形工具、直线工具和自定形状工具
	附注工具。在作品中加入文字说明。组中还有语音批注工具，可在作品中加入语音。两个工具均可实现多人协同创作
	吸管工具。吸取指定位置的颜色作为后续制作的前景色。组中还有颜色取样器工具，可最多设置 4 个颜色观察点，点的颜色信息显示在"信息"面板中，帮助创作者精确控制特定位置的颜色；标尺工具，显示所绘线段的角度、长度、起点位置及高、宽等信息；计数工具123，对作品中的对象或选区计数
	抓手工具。用于滚动窗口中的图像
	缩放工具。缩小或放大工作窗口中的图像
	颜色设置工具。大色块用于调整前景、背景颜色，小色块用于还原成默认前景、背景色，双向箭头用于互换前景、背景色
	快速蒙版工具。在已建立选区的基础上，利用蒙版的原理及方法，对选区的范围进行调整
	更改屏幕模式工具。参考 2.1.1 节中有关"屏幕模式"部分的说明

2.1.3 面板

在使用 Photoshop 处理图像的过程中，通常要经历多个步骤，每个步骤除了选择不同的工具和选项，还需要通过在特定的窗口中设置选项来实现，这种窗口在 Photoshop 中称为面板或者调板。例如，当选择“画笔工具”后，除了笔触的大小、形状和硬度外，往往还需要选择其颜色，这就需要用到“颜色”面板。

Photoshop CS3 右侧有一组面板（参考图 2.1），如“导航器”、“直方图”、“颜色”、“图层”等都是不同的面板窗口。这些面板可以折叠和展开，选择菜单【窗口】→【工作区】命令中的某项功能，如“Web 设计”，Photoshop 会根据不同的任务，自动选取并组合不同的面板（参考 2.1.1 节）。

在日常处理图片时，还可根据个人喜好、习惯或者根据不同的任务，选用不同的面板，改变面板的布局等。选择【窗口】菜单，可打开或者关闭指定的面板。拖动鼠标，可移动面板的位置，改变面板的大小，还可将不同的面板组合为一个新的面板组。

提示：要关闭暂时不需要的面板，还可单击面板标题文字旁的按钮。

每个面板都有自己的功能菜单，打开方法是：先选择某个面板，然后单击面板窗口右侧的按钮。不同面板的功能菜单是不相同的，图 2.6 所示分别为“颜色”面板和“直方图”面板的功能菜单。

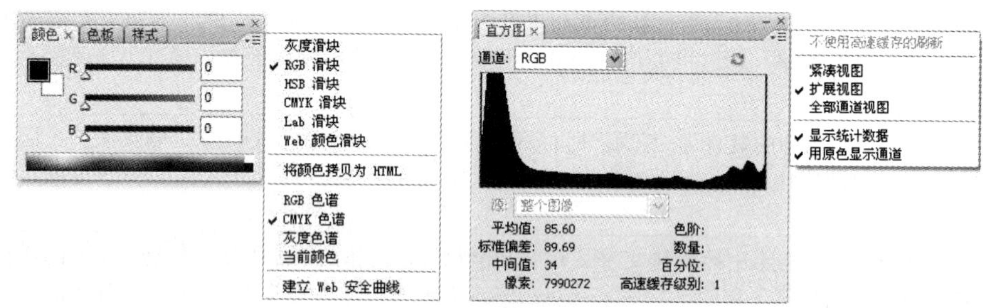

图 2.6 不同面板的功能菜单

2.2 文件操作与画布调整

用 Photoshop 处理或制作好图像后，需要选择适当的文件格式进行存储。在创建一幅图像时，则需要考虑模式和创作空间的大小等。

2.2.1 文件操作

创作作品最终以文件的形式保存在外部存储器中，如何创建文件、保存作品及以何种格式保存作品，是必须了解清楚的。

1. 创建文件

除必要的素材外，创作通常是白手起家的，创建文件的方法是选择【文件】→【新建】命令，之后会弹出如图 2.7 所示的“新建”对话框。

图 2.7 中各项设置的说明如下：

（1）名称：创建时的文件名，也可在保存时修改。

（2）预设：预先存储各种选项模板，可方便、快速地确定新建文件的各项参数。

（3）宽度/高度：设置作品的大小。先确定度量单位，再设置画布大小。

（4）分辨率：图像在单位尺度上的像素数。尺度有英寸、厘米两种。

（5）颜色模式：在计算机上创作时应选择 RGB 颜色，右侧选择每个颜色通道的灰度等级（以若干比特位描述）。输出创作结果时，再根据目标传媒来决定转换为 CMYK 或 Lab 等颜色模式。

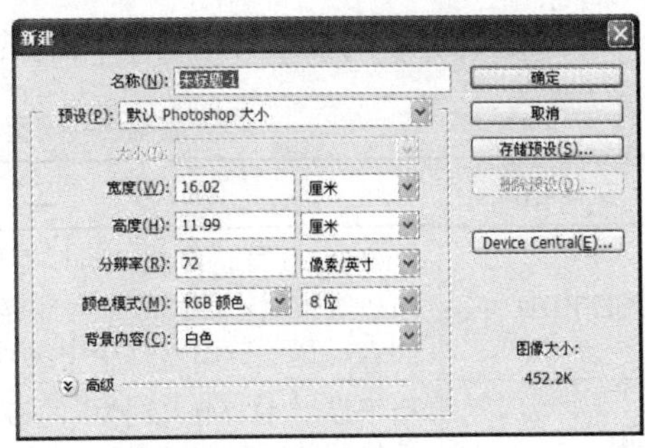

图 2.7　“新建”对话框

（6）背景内容：默认背景为白色，也可设置为背景色或透明。

提示：若经常使用某种选项设置，可在配置好上述选项后，单击图 2.7 右侧的“存储预设”按钮，保存当前设置模板。今后创建新文件，就可直接从图 2.7 所示的“预设”下拉列表框中快速选择该预设模板。

2. 文件类型

在保存创作作品的原件（文件）时，默认保存为*.PSD 文件类型。这是 Photoshop 的固有格式，能很好地保存层、通道、路径、蒙版，以及压缩方案而不会导致数据丢失。但是，很少有其他应用程序能够支持这种格式。

创作作品的最终结果是要在具体场景中使用，因此要将其保存为通用的图像格式。常见的通用图像格式有 BMP、PNG、JPEG、GIF、TGA、TIFF 等，还有一种 PDF 文件格式也经常使用。导出创作结果的方法是，选择菜单【文件】→【存储为】命令，在打开的“存储为”对话框中，输入文件名，确定文件格式，单击“保存”按钮，如图 2.8 所示。

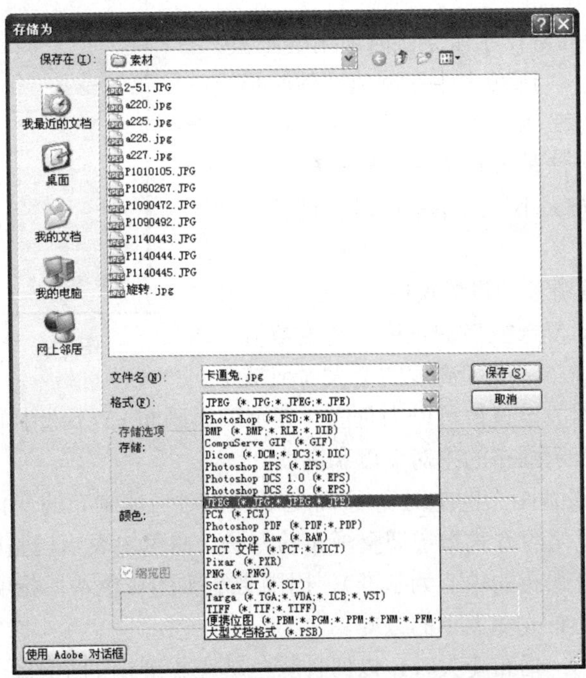

图 2.8　导出创作结果

表 2.2 列出了网页设计时经常用到的几种文件格式。

表 2.2　网页设计常用文件格式及其说明

文件格式	说明
PSD/PDD	Photoshop 默认格式，可以存储成 RGB 或 CMYK 模式，可以保存 Photoshop 的层、通道、路径等信息，是目前唯一能够支持全部图像色彩模式的格式，缺点是存储文件占用磁盘空间大，在一些图形程序中没有得到很好支持
GIF	用于显示 HTML 文档中的索引颜色图形和图像。GIF 采用无损压缩存储，在不影响图像质量的情况下，可以生成很小的文件，但最多只支持 8 位（256 色）图像
JPEG	用于显示 HTML 文档中的照片和其他连续色调图像。与 GIF 格式不同，JPEG 保留 RGB 图像中的所有颜色信息，但其采用的有损压缩会丢失部分数据，并影响图像品质
PNG	作为 GIF 的替代品开发，用于无损压缩和在 Web 上显示图像。与 GIF 不同，PNG 支持 24 位图像。PNG 保留图像中的透明度，可使图像中某些部分不显示出来，用来创建一些有特色的图像
BMP	Windows 操作系统中的标准图像文件格式，能够被 Windows 应用程序广泛支持，其包含的图像信息较丰富，几乎不进行压缩，但占用磁盘空间过大

3. 保存文件

保存创作作品（文件）的方法有两种，其一是选择菜单【文件】→【存储】命令，再者就是选择菜单【文件】→【存储为】命令。两者主要的区别是，前者以原文件名及格式保存文件，后者可以不同的位置、文件名或格式保存文件。

提示：选择【文件】→【存储为】命令的主要目的是导出创作结果，常在测试作品或设计完成后执行。

2.2.2 画布调整

Photoshop 中的画布好比手工绘画时所用的画板，它限定了作品的空间大小。画布大小在创建文件时指定，如图 2.7 所示的“宽度”和“高度”值，但可以在需要时随时调整。调整的方法是选择【图像】→【画布大小】命令，在打开的“画布大小”对话框中进行调整，如图 2.9 所示。

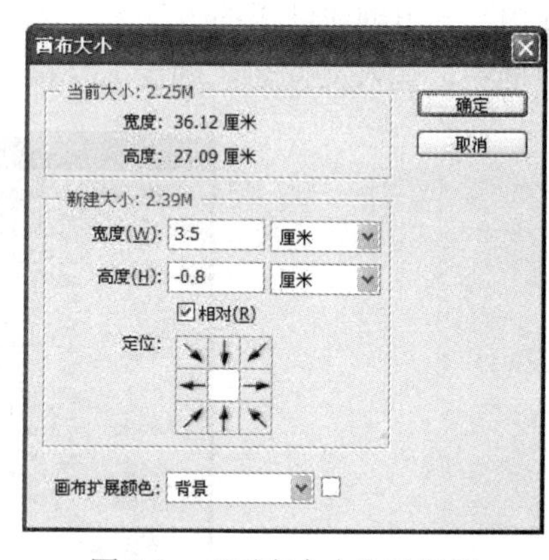

图 2.9　“画布大小”对话框

图 2.9 所示对话框中各项设置说明如下：

- 相对：选中此复选框后的宽度和高度数值，表示相对当前画布宽度和高度的增大（或减小）的值，此时相关设置值可以为负值（表示缩小画布）。不选中此项，则相关设置值必须为正数，表示画布的绝对宽度和高度。
- 宽度/高度：设置画布的绝对宽度/高度，或相对当前画布的变化量。
- 定位：以可视化的方式指定调整画布的方法。白色块表示调整的参考位置（图 2.9 所示表示以现有画布的中心为基准），周围带箭头的灰色块，指明根据当前的高度和宽度设置值，画布改变大小的方向。
- 画布扩展颜色：画布变大时，以何种颜色填充扩展出的空间。可以是当前的前景色、背景色，也可以指定某种颜色。

提示：无论是减小画布的宽度还是高度，都会造成现有作品的部分内容被剪切，因此在必须缩小画布前要认清这一点。

2.3　屏幕显示控制

在编辑和处理图像时，经常需要通过改变图像的显示比例，将屏幕上显示的图像放大，以便观察图像的细节，或者缩小图像显示以查看全局效果。本节介绍的图像缩放显示，对图像不产生任何实质性的改变，不要与 2.4.1 节介绍的缩放图像相互混淆。

2.3.1　放大显示图像

在实际操作中经常需要对图像进行缩放显示，熟练掌握这方面的操作可以有效提高处理图像的效率。下面介绍的几种方法可根据不同场合灵活运用。

1. 使用“缩放工具”

打开教学资源中的文件“ch02\素材\0202.jpg”，如图 2.10 所示，此时，图像窗口左下角显示比例为“100%”，表示该图像以原始大小显示。单击工具箱中的“缩放工具”，移动鼠标到图像中，鼠标指针变为“放大工具”，单击图像，显示比例变为 200%，如图 2.11 所示。继续单击图像，显示比例每次递增 100%，依次为“300%”、“400%”……。

图 2.10　图像显示比例 100%

图 2.11　图像显示比例 200%

如果要放大一个指定的区域，可以用“放大工具”进行框选。例如，想要查看图 2.10 中蝴蝶的头部，可在图像的选定区域单击鼠标并拖拽出一个矩形区域，如图 2.12 所示。松开鼠标，就会放大选定区域中的图像并使其充满整个窗口，如图 2.13 所示。

图 2.12　用“放大工具”框选

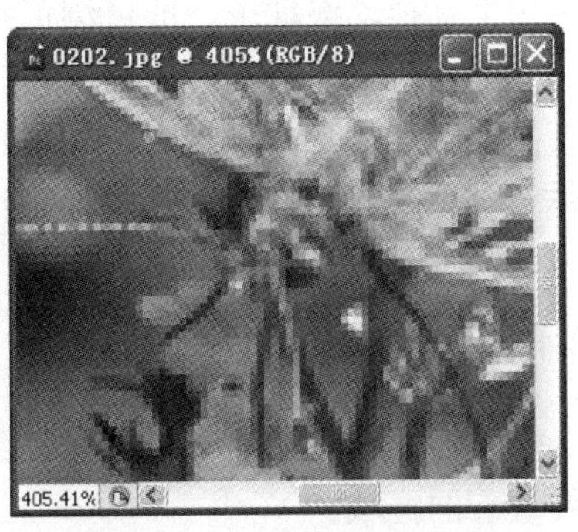

图 2.13　框选后的显示效果

2. 使用快捷键

使用快捷键 Ctrl +“+”（加号键）可以方便地逐级放大（每次递增 100%）图像。如果原来的显示比例是 100%，按一次 Ctrl+“+”可使显示比例变为 200%，再按一次则变为 300%，依次递增。

提示：无论当前选用的是何种工具，按住 Ctrl + Space（空格键），鼠标指针立即变为“放大工具”，单击或者框选均可进行图像的放大显示。

2.3.2 缩小显示图像

缩小显示图像是放大显示图像的逆操作，两者的操作方法类似，只是在选用工具时有所不同。

1. 使用“缩放工具”

单击工具箱中的“缩放工具”，移动鼠标到图像中，如果鼠标指针为“放大工具”，则需在图 2.14 所示的“缩放工具”属性栏中单击按钮，待鼠标指针变为“缩小工具”后，单击图像可使显示比例依次递减。例如，原来的显示比例为 300%，单击一次缩小为 200%，再次单击变为 100%，后面的比例为 66.67%、50%……。

□调整窗口大小以满屏显示 □缩放所有窗口 实际像素 适合屏幕 打印尺寸

图 2.14 “缩放工具”属性栏

提示：按住 Alt 键可改变当前的缩放功能。若当前工具为“缩小工具”，按住 Alt 键可变为“放大工具”，而当前为“放大工具”时，按住 Alt 键则可转换为“缩小工具”。

2. 使用快捷键

使用快捷键 Ctrl +“-”（减号键）可以逐级缩小图像。例如，可将显示比例为 300%的图像，逐级缩小为 200%、100%、66.7%、50%……。

提示：无论当前选用的是何种工具，按住 Alt + Space（空格键），鼠标指针立即变为“缩小工具”。

2.3.3 观察放大的图像

放大后的图像，在窗口中看到的往往只是其局部，要想查看图像的其余部分，可以利用图像编辑窗口的滚动条、“抓手工具”和“导航器”面板（参考 2.3.4 节）。

当编辑窗口的大小不足以容纳整个图像时，系统会自动产生滚动条，包括水平方向和垂直方向。用鼠标拖动滚动条，即可浏览到整个图片。

使用“抓手工具”浏览全图更加方便，单击工具箱中的按钮，移动鼠标到图像，鼠标指针变为手的形状，拖拽鼠标即可移动图像。

提示：无论当前选用的是何种工具，按住 Space（空格键），鼠标立即切换为“抓手工具”。

2.3.4 使用“导航器”

“导航器”面板可用来控制图像的缩放显示，在需要观察放大显示的图像时，还可用来移动需要查看的区域。

在图 2.15 中，左图为图像窗口，右图为“导航器”面板。面板窗口中的红色方框对应图像窗口中所显示的那部分内容，按下鼠标移动红色方框，可使图像窗口中显示的内容同步移动。

图 2.15　利用“导航器”浏览图片

在“导航器”面板右下方，有一个滚动条，其左右两侧各有一个按钮。左侧的按钮略小，用来缩小显示图像；右侧的按钮大一些，用来放大显示图像。单击左侧按钮，图像逐级缩小显示；单击右侧按钮，图像逐级放大显示。拖拽滚动条上的滑块，可以自由地放大或者缩小图像的显示比例。

提示：在图片窗口和“导航器”面板的左下角均有当前图像的显示比例，可在此处直接输入一个数字，如 138，按回车键确认，可将图像的显示比例改为 138%。

2.4　图像的缩放、裁剪与倾斜

通过前面的介绍，相信读者对 Photoshop CS3 已经有了初步的认识。从本节开始，将逐步延伸到图像的编辑、修饰等具体操作。

2.4.1　缩放图像

在网页设计中经常要根据版面大小改变图片的尺寸。例如，网页某处为图像的预留空间为 400×300 像素，或者网站允许上传的图片最大为 300kB 等。前者指定了图片本身的尺寸大小，而后者规定了图片文件的最大存储空间。

缩小一张图片，不会影响其图像质量，而放大图片则会使得图像变得模糊，从而影响视觉效果。就像数码相机中采用的“数码变焦”，虽然可使拍摄景物放大，但清晰度会有所下降，且变焦倍数越大，清晰度越低。

在日常处理图片时，很少需要放大图像，故下面的实例以缩小图像为例。

【案例 2.1】将教学资源中的文件“ch02\素材\e0201.jpg”（1024×768 像素，1013KB），缩小为 400×300 像素，大小不超过 100kB。

分析：由于缩放前后图片的长宽比例均为 4:3，因此本例为等比例缩放。

（1）打开教学资源中的指定文件“ch02\素材\e0201.jpg”。

（2）选择【图像】→【图像大小】命令，弹出“图像大小”对话框，如图 2.16 所示。

（3）在“像素大小”区域的“宽度”文本框中输入“400”，选中“约束比例”复选框。

（4）单击“确定”按钮，关闭对话框，完成图片的缩放。

（5）选择【文件】→【存储为】命令，弹出“存储为”对话框，将文件名改为“e0201-1.jpg”。

（6）单击“保存”按钮，弹出“JPEG 选项”对话框，如图 2.17 所示。

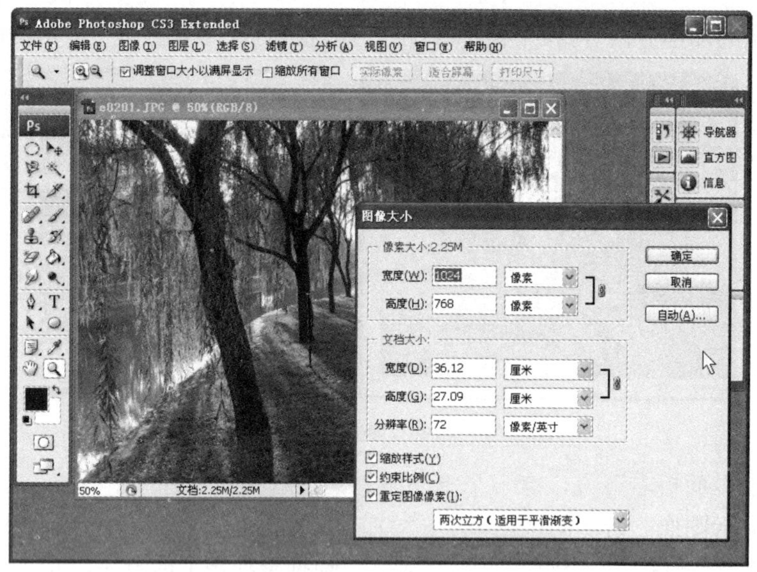

图 2.16 改变图像大小

（7）用鼠标拖动对话框中的滑块，直到右侧显示的文件大小满足要求，如图 2.18 所示。

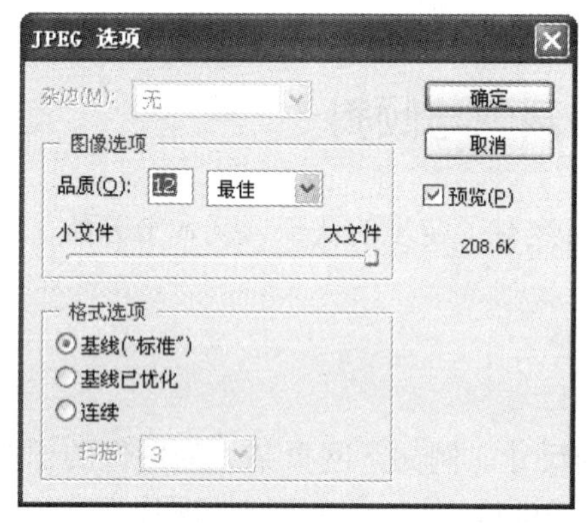

图 2.17 “JPEG 选项”对话框

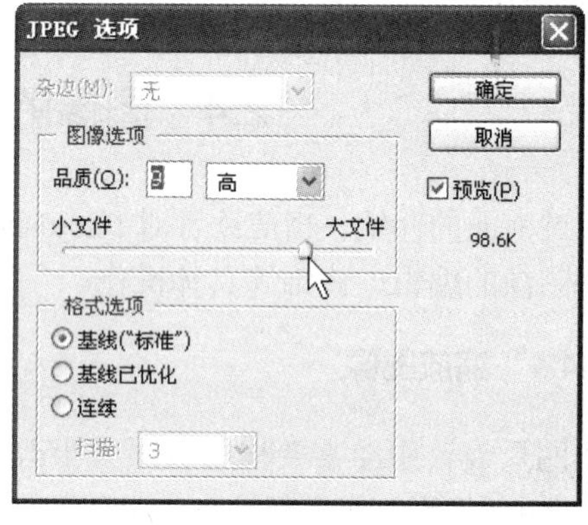

图 2.18 改变存储文件的大小

（8）单击“确定”按钮，缩小之后的图片以文件名“e0201-1.jpg”存储。

2.4.2 裁剪图像

一幅成功的图片，除了其鲜明的主题，还包括色彩和构图。以摄影为例，拍摄照片时通过取景框，已经有了第一次取舍，但由于拍摄位置、距离、镜头等条件限制，往往不能获得最佳构图。在照片的后期处理中，适当进行裁剪，通过二次构图，能使主体更加突出，画面的构成更趋合理，从而使照片焕发出新的活力。

1. 按照构图裁剪

【案例 2.2】按照构图，裁剪出一张可用于网页标题的图片。

（1）打开教学资源中的文件“ch02\素材\e0202.jpg”，如图 2.19 所示。

（2）选择“裁剪工具”，在图片上用鼠标拖拽出一个裁剪框，如图 2.20 所示。

（3）根据构图需要，对裁剪框的大小和位置进行调整。方法是：将鼠标移动到裁剪框内，按下鼠标可以移动裁剪框的位置。通过裁剪框四周的 8 个控制柄，可以改变裁剪框的大小，如

图 2.21 所示。

图 2.19　原始图片

图 2.20　拖拽裁剪框

（4）调整结束，按 Enter 键。

（5）将缩小后的图片另存为“e0202-1.jpg”，如图 2.22 所示。

图 2.21　调整裁剪框的位置和大小

图 2.22　裁剪后的图片

提示：确认裁剪，除了按 Enter 键外，还可以用鼠标双击裁剪框，或者单击属性栏中的按钮。若要取消裁剪，可以按 Esc 键，或者单击属性栏上的按钮。

2. 按照比例裁剪

有时，图片的长宽比必须符合指定的比例。例如，6 寸照片的长宽比为 6:4，宽屏的比例通常为 9:6 或者 16:9。而在网页制作中，版面上为图片预留的位置除了大小的限制，往往也有一定的长宽比要求。

在裁剪图片的过程中，还常常需要旋转原有图像以达到某种需求。下面的案例针对旋转裁剪，并在裁剪过程中保持了一定的长宽比。

【案例 2.3】旋转裁剪图片，要求裁剪的长宽比为 5:4。

（1）打开教学资源中的文件“ch02\素材\e0203.jpg”。

（2）选择“裁剪工具”，在属性栏上的“宽度”和“高度”文本框中分别输入数字“5”和“4”。

（3）在图片上用鼠标拖拽出一个裁剪框，将鼠标移动到裁剪框外，当指针显示为旋转形状时，按下鼠标旋转裁剪框，如图 2.23 所示。

（4）可以根据需要调整裁剪框的大小和位置，方法同上例。

（5）在调整过程中，可以重复进行步骤（3）、（4），按 Enter 键完成操作。

（6）将图像文件另存为“e0203-1.jpg”，效果如图 2.24 所示。

图 2.23 旋转裁剪框

图 2.24 裁剪后的效果

提示：若要恢复不按比例任意裁剪图片，可单击属性栏上的 清除 按钮，以清除“宽度”和“高度”文本框中设定的数字。

2.4.3 度量矫正倾斜的图片

图片存在一定的倾斜是一种常见的现象。例如抓拍的照片，在运动过程中（坐在车、船上）拍摄的图片，都难免会产生图像的倾斜。利用“标尺工具”，在图片上画出一条参考线，可以精确测量出参考线与屏幕水平线之间的倾斜角度，并获得理想的矫正效果。

【案例 2.4】度量矫正画面倾斜的图片，矫正后再按 9:6 的宽屏比例裁剪。

（1）打开教学资源中的文件“ch02\素材\e0204.jpg”。

（2）选择“标尺工具”，用鼠标在图片上沿着地平线画出一条参考线，如图 2.25 所示。

图 2.25 用“标尺工具”画参考线

（3）选择【图像】→【旋转画布】→【任意角度】命令，弹出“旋转画布”对话框，系统已经自动填入了需要旋转的角度和方向（逆时针 6.98°），如图 2.26 所示。

图 2.26 “旋转画布”对话框

（4）单击“确定”按钮，矫正倾斜后的图片还需进行裁剪，如图 2.27 所示。

（5）选择“裁剪工具”，按照 9:6 的比例进行裁剪。

（6）将图片另存为“e0204-1.jpg”，效果如图 2.28 所示。

图 2.27　度量矫正后的图片

图 2.28　图片的最终效果

2.4.4　改变倾斜透视

图片上的倾斜透视有两类：一类是物体自身存在倾斜面，如楼梯、房顶、斜坡等；另一类是因视点太高或太低，产生俯视倾斜透视或仰视倾斜透视。本节讨论的属于第二类现象。

图 2.29 所示为某景区的导游图，由于人的站立位置较低，不能平视拍摄，使得图片中下面的部分大于上面的，产生了严重的倾斜透视现象。以下案例要求裁剪出导游图中的地图，同时消除其倾斜透视。

图 2.29　发生倾斜透视的图片

【案例 2.5】矫正图片中的倾斜透视。

（1）打开教学资源中的文件“ch02\素材\e0205.jpg”，如图 2.29 所示。

（2）选择“裁剪工具”，用鼠标在图片上拖拽出一个裁剪框，然后在工具属性栏上选中☑透视复选框。

（3）用鼠标拖动裁剪框四周的控制柄，使裁剪框正好包围地图部分，如图 2.30 所示。

图 2.30　裁剪并矫正倾斜透视

（4）双击裁剪框，保存文件。完成后的效果如图 2.31 所示。

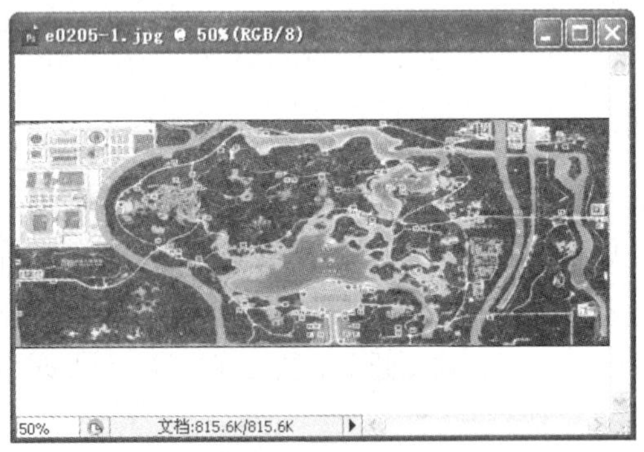

图 2.31　完成后的效果

2.4.5　拼接图片

人眼的视角约为 50°，标准镜头的视觉通常也是 50°，超过 90°就是广角镜了。在拍摄一些宽大场面时，有时候连广角镜也不能胜任。对于大部分使用普通相机的人而言，为了获取广阔的视角效果，采用分段拍摄、后期拼接的方法，最终效果完全能达到甚至超过广角镜头的表现能力。

在教学资源“ch02\素材”文件夹中有 3 个文件，即“e0206a.jpg”、“e0206b.jpg”、“e0206c.jpg”，如图 2.32 所示。3 张图片在同一位置拍摄，画面之间相互重叠，下面的案例介绍如何将它们拼接成一张图片。

图 2.32　3 张原始图片

【案例 2.6】风景图片的无缝拼接。

（1）在 Photoshop CS3 中打开文件“e0206a.jpg”、“e0206b.jpg”、“e0206c.jpg”。

（2）选择【文件】→【自动】→【Photomerge】命令，打开“照片合并”对话框，单击 添加打开的文件(F) 按钮，将打开的图片添加到对话框中，如图 2.33 所示。

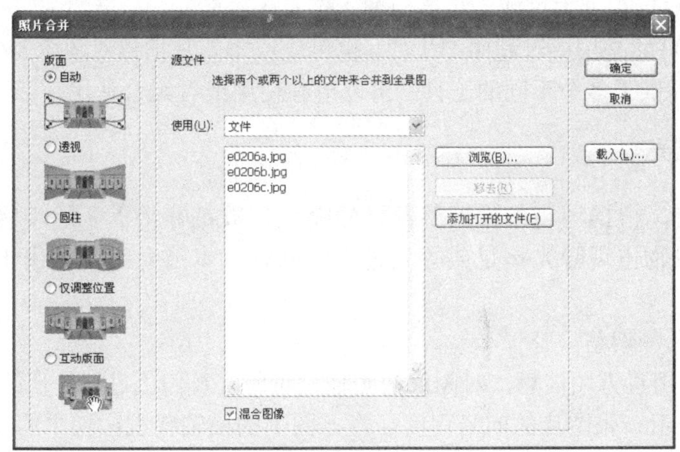

图 2.33　“照片合并”对话框

（3）在左侧“版面”栏中选中“仅调整位置”单选按钮，单击“确定”按钮。拼接效果如图 2.34 所示。

图 2.34　拼接后的图片

（4）选择“裁剪工具”，根据构图需要裁剪画面，最终效果如图 2.35 所示。

图 2.35　拼接图片的最终效果

提示：为了保证拼接效果，减少后期处理的难度，拍摄时最好锁定曝光，即每张照片须使用相同的光圈和速度，并使相邻照片的画面有一定的重叠度（30%左右），以及旋转相机拍摄时尽可能减少水平方向的高度差。

2.5　色调调整与图像修饰

由于天气、环境、拍摄器材参数及拍摄对象等各种原因，都可能造成拍摄的图像出现偏色、过亮、过暗、鲜艳程度太过或不足等问题。除上述情况外，拍摄的图像中还可能存在局部的瑕疵，这些瑕疵可能是拍摄过程中产生的，也可能原本就是拍摄对象本身的问题。针对上述问题，Photoshop 提供了多个不同的工具，可以单独使用或者组合使用。

2.5.1　调整曝光

在拍摄景物前，根据环境条件调整器材的曝光参数是非常重要的步骤，若设置不当就会造成拍摄出的景物出现曝光不足或曝光过度的问题。本节介绍几种用于调节曝光的工具和方法。

1. 直方图与色阶调整

色阶调整是利用直方图信息，对图像的明暗、对比度及偏色进行处理的基本手段。

直方图用来表示一张图片的明暗程度。直方图中的横轴代表图像中的亮度，由左向右表示从全黑逐渐过渡到全白。纵轴代表图像中对应某个亮度的像素数量。

在图 2.36 中，左边的直方图表示图片中黑暗的像素多，画面偏暗。右边的直方图中明亮的像素多，画面偏亮。中间的直方图像素分布均匀，画面明暗适当。

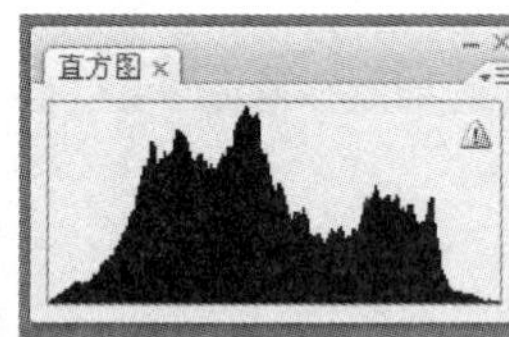

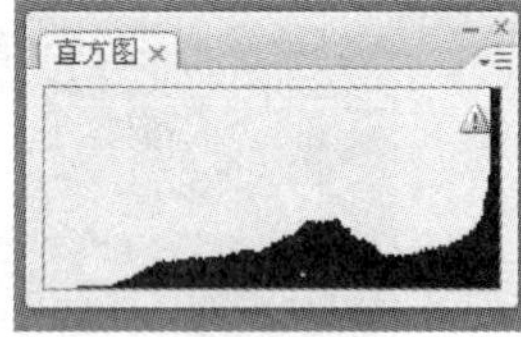

图 2.36　表示图片明暗分布的“直方图”

在 Photoshop 中打开某个文件后，选择【图像】→【调整】→【色阶】命令，打开“色阶”对话框，如图 2.37 所示。对其中的选项说明如下：

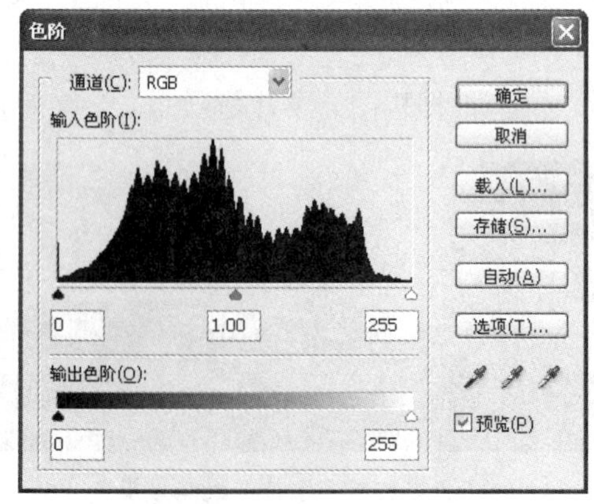

图 2.37　“色阶”对话框

（1）通道：色阶调整影响的范围。可以是全部通道（RGB），也可以仅针对红、绿、蓝中的某个通道。

（2）输入色阶：当前状态下的直方图信息。下方有黑、灰、白 3 个滑钮，分别用于黑场、灰场、白场的调节。拖动“黑场”滑块，表示其左侧所有像素将变成黑色。拖动“白场”滑块，则表示其右侧的所有像素将变成白色。“灰场”滑块用来调节中间色调。

（3）输出色阶：用来调整图像整体的明暗度。

【案例 2.7】利用色阶调整图像的明暗。

（1）打开教学资源中的文件“ch02\素材\e0207.jpg”，选择右侧“直方图”面板。直方图中黑暗像素丰富，图片曝光不足，整体画面偏暗，如图 2.38 所示。

图 2.38　照片原图及其“直方图”面板

（2）选择【图像】→【调整】→【色阶】命令，打开“色阶”对话框，拖动右侧“白场”滑块。拖动时注意观察图片的变化效果，完成后单击“确定”按钮，如图 2.39 所示。

（3）将文件保存为“e0207-1.jpg”，最终效果如图 2.40 所示。

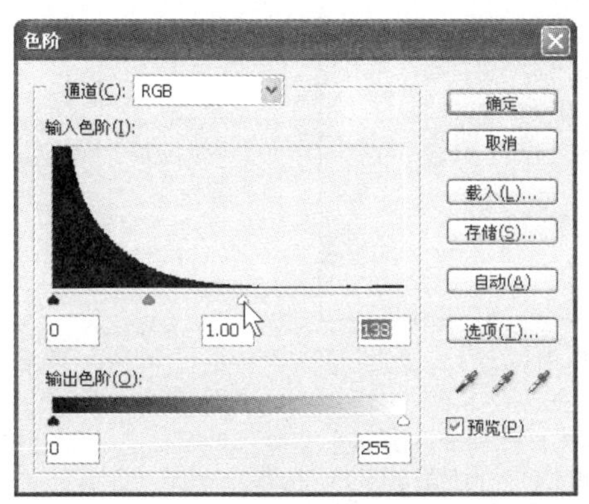

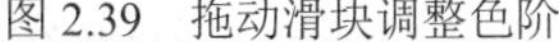

图 2.39　拖动滑块调整色阶

图 2.40　调整色阶后的图片

提示：若在调整过程中欲重置各选项的值，可按下 Alt 键，之后“取消”按钮文字会变成“复位”，单击该按钮即可。其他工具对话框都有此项功能。

“色阶”对话框还可用来调整偏色。打开“色阶”对话框，在“通道”下拉列表框中选择某个通道，如“红”，即可实现对图片中“红色”部分的单独调整，如图 2.41 所示。读者可自行选择一张偏色的图片进行调整。

2. 曲线调整

“色阶”对话框仅包含白场、黑场和灰场 3 项调整，而“曲线”调整从阴影到高光，可最多设置 14 个不同的调整点，并可对图像中的单个颜色通道进行精确调整。

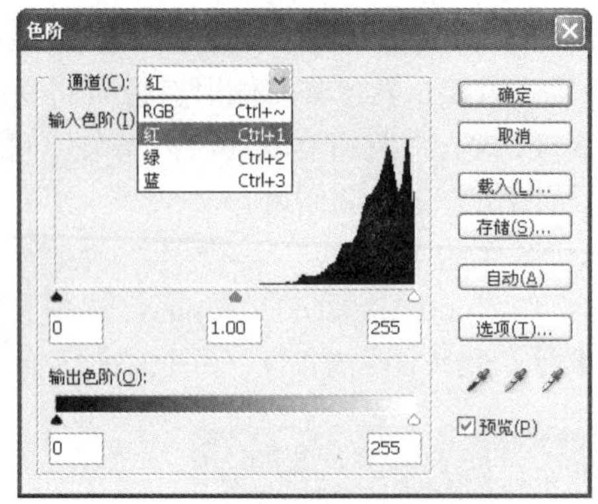

图 2.41 选择“红”通道

【案例 2.8】调整曝光过度的水仙花。

（1）打开教学资源中的文件“ch02\素材\e0208.jpg”（图 2.43）。

（2）选择【图像】→【调整】→【曲线】命令，在“曲线”对话框的“通道”下拉列表框中选择“RGB”选项，按图 2.42 调整曲线（鼠标单击并拖拽曲线），注意观察图片变化的效果。

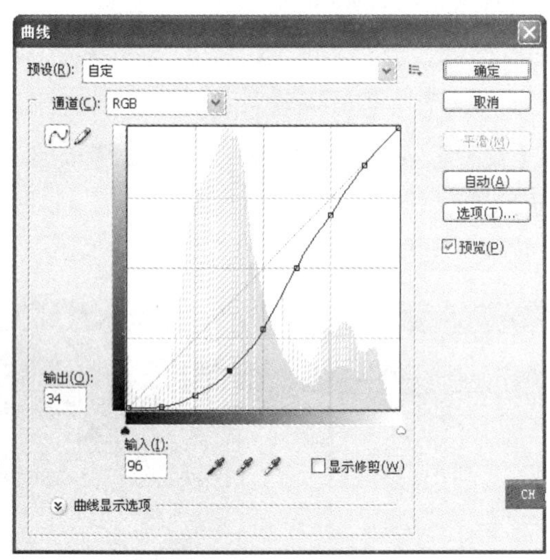

图 2.42 “曲线”对话框

（3）完成后单击“确定”按钮，将文件保存为“e0208-1.jpg”。

图片调整前后对比如图 2.43、图 2.44 所示。调整后的图片层次清晰，颜色鲜艳。

图 2.43 原始图片

图 2.44 调整后图片

关于“曲线”对话框的说明如下：

- 无论是 RGB 全通道模式，还是红、绿、蓝单通道模式，默认总有两个控制点。在调整线上单击可添加（或选中）控制点，按 Delete 键可删除选中的控制点。
- 选中控制点后，“输入”中的值表示控制点代表的原始明度值，“输出”中的值代表调整后的明度值。若“输出”值大于“输入”值（控制点在对角线上方），表示加亮操作；反之表示暗化操作。

3. 阴影/高光

逆光拍摄的影像，往往远景亮而近景暗，而夜晚近距离闪光拍摄的影像则正好相反。“阴影/高光”命令适用于校正强逆光拍摄的照片，或者校正过于接近闪光灯而发白的区域。该命令不是简单地将图像整体调亮或调暗，而是将阴影或高光区周围相邻的像素区调亮或调暗。

【案例 2.9】调整逆光拍摄的风景。

（1）打开教学资源中的文件“ch02\素材\e0209.jpg”（图 2.46）。

（2）选择【图像】→【调整】→【阴影/高光】命令，打开“阴影/高光”对话框，按照图 2.45 所示调节参数，单击“确定”按钮。

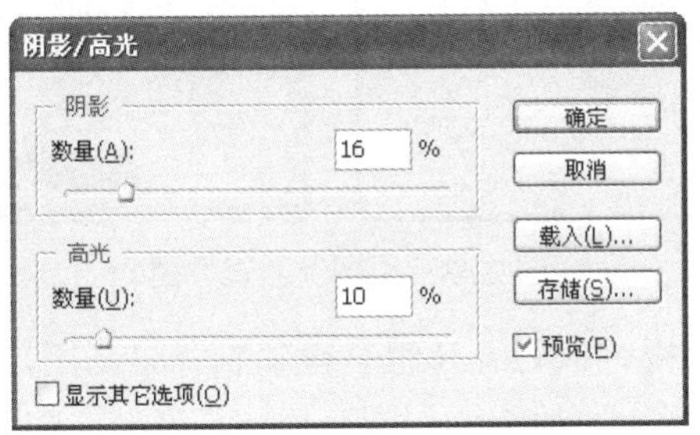

图 2.45　“阴影/高光”对话框

（3）将文件保存为“e0209-1.jpg”。

调整前后的对比如图 2.46、图 2.47 所示。可以看到调整后的图片，无论是高亮部分的云层还是较暗的山体部分，图像层次都得到了提高。

图 2.46　调整前

图 2.47　调整后

关于“阴影/高光”对话框的说明如下：

- 阴影数量：图像中暗的部分亮度提高的比例。

- 高光数量：图像中亮的部分亮度降低的比例。

4. 正片叠底

正片叠底是Photoshop中的一种减色混合模式，可以在画笔中使用，也可以用于图层，其最基本的应用就是调整曝光过度的数码照片。

【案例 2.10】调整曝光过度的图片。

（1）打开教学资源中的文件“ch02\素材\e0210.jpg”。单击“直方图”面板，可以看到该图片中绝大部分像素处于明亮的区域，如图 2.48 所示。

图 2.48 原图及其直方图

（2）切换到“图层”面板，按 Ctrl+J 组合键复制背景图层，文件中新增一个名为“图层 1”的新图层。单击选择“图层 1”，将“图层混合模式”列表框中的“正常”改为“正片叠底”，如图 2.49 所示。

（3）观察图像的变化（读者可以对比图 2.48 和图 2.49）。

（4）如果感觉调整不到位，可单击选择“图层 1”，然后按 Ctrl+J 组合键复制该图层，再进行一次“正片叠底”，效果如图 2.50 所示。

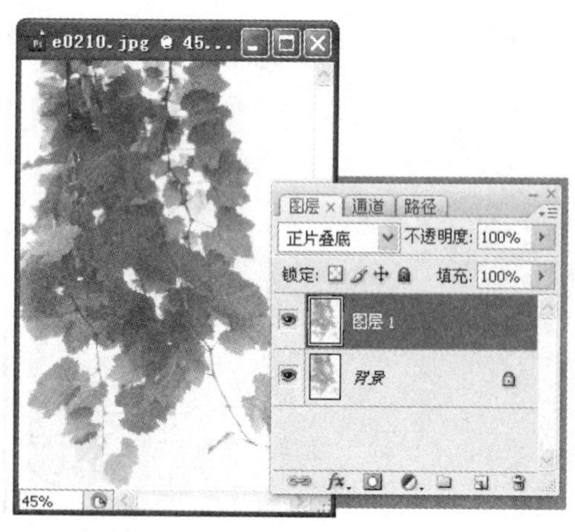

图 2.49 一次“正片叠底”效果

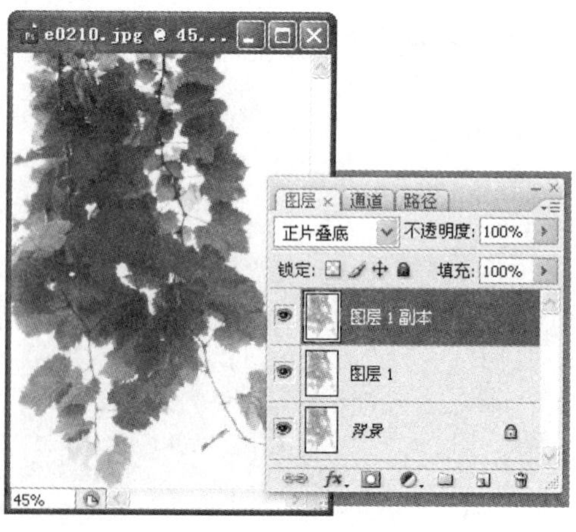

图 2.50 两次“正片叠底”效果

提示：“图层”面板上方还有“不透明度”和“填充”两个选项，可设置本层的不透明度及混合的强度。复制图层与原图层有相同的特征，包括混合模式、不透明度等。

2.5.2　校正偏色

物质原本是黑、白、灰色的，在正常白光照射下，反射的 RGB 三个颜色分量相等。当眼睛（或拍摄器材）出了问题，或在数字化（如扫描）过程中使用了错误的设置，或是在不同色温的复杂光源照射下，得到的照片中物体的 RGB 值就不相等了，这就是偏色。

【案例 2.11】利用“色阶”工具校正偏色。

（1）打开教学资源中的文件“ch02\素材\e0211.jpg”（参见图 2.52）。

（2）选择【图像】→【调整】→【色阶】命令，打开“色阶”对话框，其中有 3 个吸管工具，从左到右分别为“设置黑场”、“设置灰场”和“设置白场”，如图 2.51 所示。

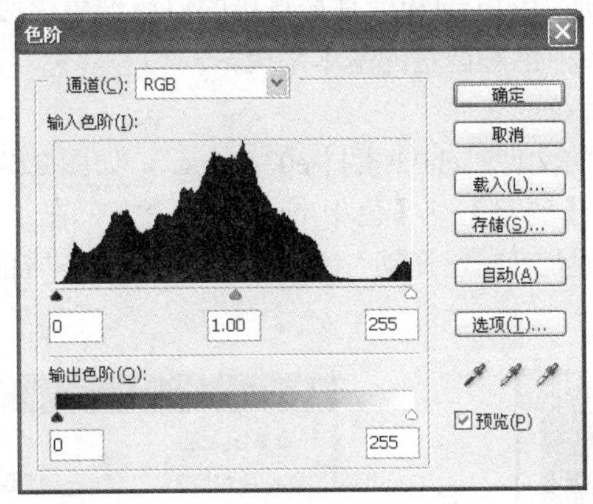

图 2.51　“色阶”对话框

（3）选择“设置黑场”工具，在图像中找到并单击最暗的点。

（4）选择“设置白场”工具，在图像中找到并单击最亮的点。

说明：黑场定得太暗，会导致较暗部分丢失层次，太亮则导致暗部太亮。白场定得太亮，会导致较亮部分丢失层次，太暗则导致整个图片偏暗。

（5）选择“设置灰场”工具，在图像中选择并单击中性灰色的部分，观察图片颜色的变化，如果没有达到预想效果，可在其他位置单击，寻找到理想的效果。

（6）完成后单击“确定”按钮。

调整前、后的对比如图 2.52、图 2.53 所示。原图片发红，天空和草坪的偏色尤为突出，校正后的图片较好地还原了色彩。

图 2.52　存在偏色的图片

图 2.53　校正后的图片

说明：本案例的重点及难点都在灰场取样，仅调整黑场和白场是不能校正偏色的，必须同时确定正确的灰场。

2.5.3 渲染色彩

图像处理目的除了修正图像在色相、明度及饱和度等方面的问题外，还有另一个重要的目的，那就是将普通的图像再加工、艺术化。艺术化可以基于现有的图像，也可以从无到有进行原创。

1．色相/饱和度

色相/饱和度是基于视觉感受的色彩模式，共有色相（所属色系）、饱和度（鲜艳程度）和明度（亮度）3 个调整选项。色相/饱和度是最直接的原色调整手段，可以在原图基础上进行颠覆性的改变，因此它是一种色彩调整的基本手段。

【案例 2.12】红花变蓝花。

（1）打开教学资源中的文件“ch02\素材\e0212.jpg”，如图 2.54 所示。

（2）选择【图像】→【调整】→【色相/饱和度】命令，在“色相/饱和度”对话框中选择“编辑”目标为“红色”通道，向左拖动“色相”滑钮，直到下方的红色完全被蓝色覆盖（替换），如图 2.55 所示。

图 2.54 红花图片

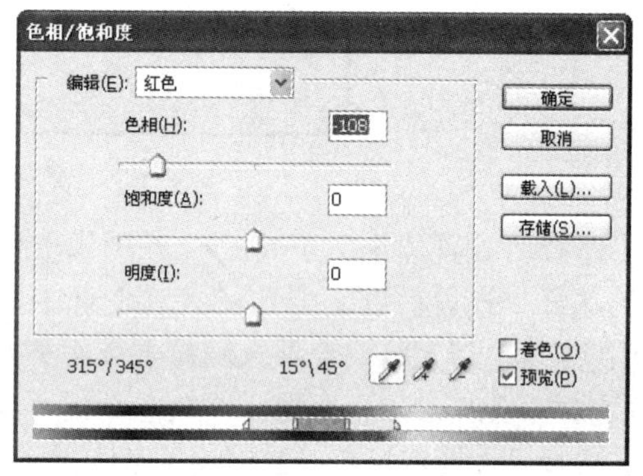

图 2.55 替换红色

（3）再选择“编辑”目标为“洋红”通道，向左拖动“色相”滑钮，直到下方的洋红色完全被蓝色覆盖（替换），如图 2.56 所示。

（4）完成后单击“确定”按钮，保存图片，效果如图 2.57 所示。

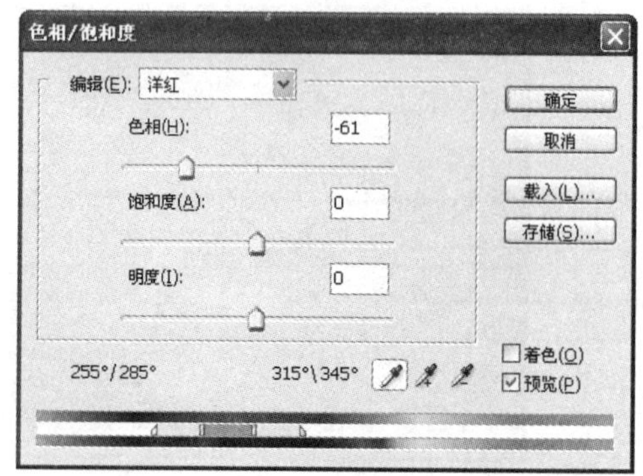

图 2.56 替换洋红色

图 2.57 蓝花图片

说明：色相/饱和度工具的功能是将指定的颜色域用另一颜色域替换，从而改变图像的色相。结合使用“饱和度”和“明度”，可调整图像的艳丽度和亮度。

2. 曲线调整

曲线工具是 Photoshop 中非常有特色的工具之一，其功能是在忠于原图的基础上对图像做调整。通过曲线工具，可调节全部或单个通道的对比度、任意局部的亮度、颜色。

【案例 2.13】多云的白昼变艳丽的黄昏。

（1）打开教学资源中的文件“ch02\素材\e0213.jpg”，如图 2.58 所示。

图 2.58　原始图像

（2）向图像中增加黄色，改变图像的色相。选择【图像】→【调整】→【曲线】命令，在弹出的“曲线”对话框的“通道”下拉列表框中选择“红”通道，向左拖动右上角的控制点，如图 2.59 所示。再选择“蓝”通道，向下拖动右上角的控制点，如图 2.60 所示。

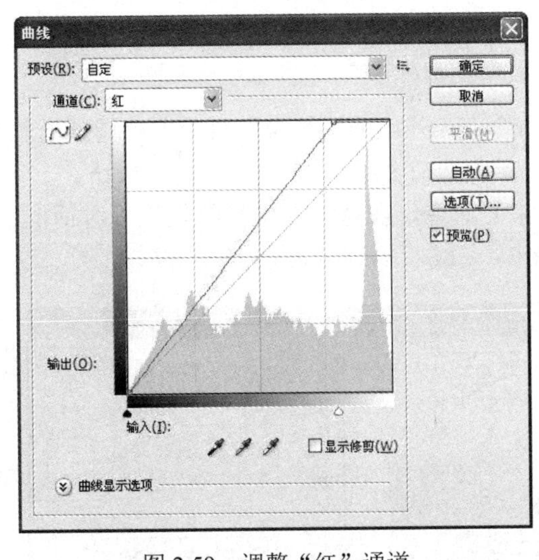

图 2.59　调整“红”通道

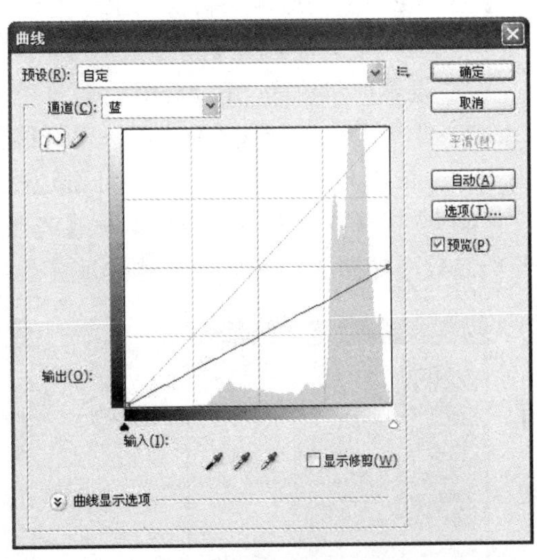

图 2.60　调整“蓝”通道

（3）降低图像亮度，增强颜色对比度。选择“RGB”通道，按图 2.61 所示调整曲线。

（4）设置黑场，调亮图像。在 RGB 通道下单击“设置黑场”工具，然后在图像中最暗的位置单击定义黑场。

（5）完成后单击“确定”按钮，保存文件。最终效果如图 2.62 所示。

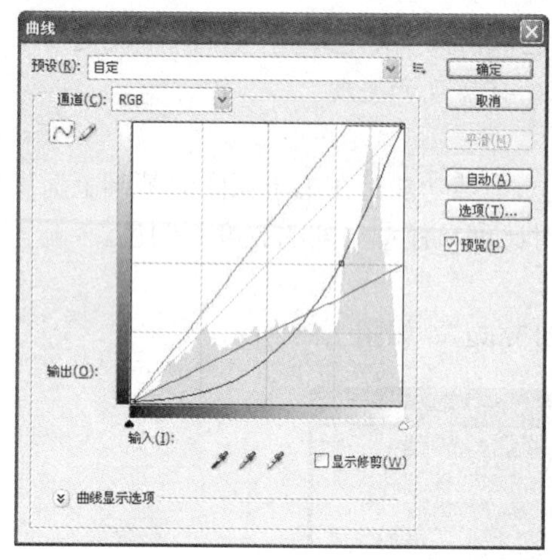

图 2.61 调整“RGB”通道

图 2.62 最终效果

关于“曲线”对话框的说明如下：

- 无论是 RGB 全通道模式，还是红、绿、蓝单通道模式，默认总有两个控制点。在调整线上单击可添加（或选中）控制点，按 Delete 键可删除选中的控制点。
- 选中控制点后，“输入”中的值表示控制点代表的原始明度值，“输出”中的值代表调整后的明度值。若“输出”值大于“输入”值（控制点在对角线上方），表示加亮操作；反之，表示暗化操作。

3. 滤镜

滤镜是 Photoshop 开发商（或第三方）制作的用于特定目的的增效工具。该类工具的数量庞大，但每种滤镜的适用范围却相对较小，应根据需要去选择。

【案例 2.14】创造木头材质效果。

（1）选择【文件】→【新建】命令，创建一个 800×600 像素、RGB 模式的图像。

（2）设置前景色为“B28850”，背景色为“996C33”。

（3）选择【滤镜】→【渲染】→【纤维】命令，在弹出的“纤维”对话框中调整“差异”（决定纤维长短）和“强度”（决定纤维边缘），如图 2.63 所示，单击“确定”按钮。

（4）选择【滤镜】→【渲染】→【光照效果】命令，在弹出的“光照效果”对话框中设置各项参数，如图 2.64 所示，单击“确定”按钮。完成后的效果如图 2.65 所示。

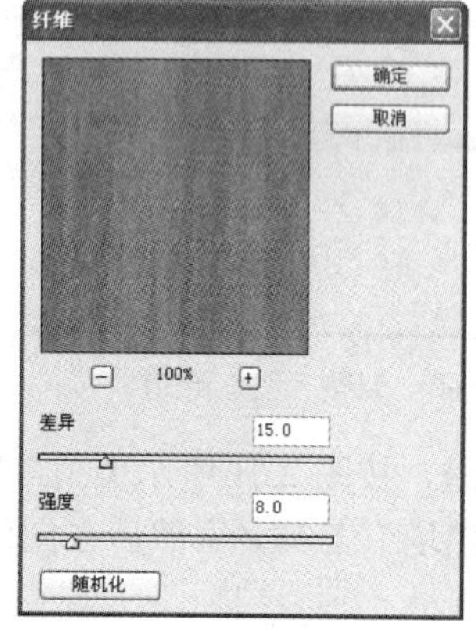

图 2.63 “纤维”对话框

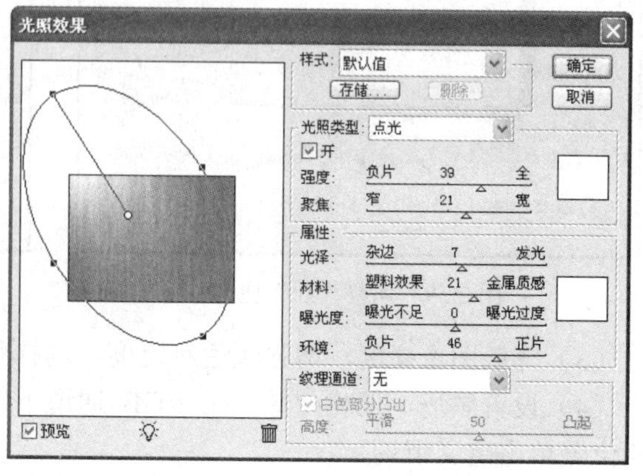

图 2.64 “光照效果”对话框

2.5.4 修饰图像

1. 消除红眼

在暗环境下拍摄的人像或动物图像，由于瞳孔扩张会出现红眼现象。消除红眼在 Photoshop CS3 中已经变得非常容易。

【案例 2.16】修复红眼。

（1）打开教学资源中的文件“ch02\素材\e0216.jpg”。

（2）选择“红眼工具”，在属性栏中设置“瞳孔大小”及“变暗量”，如图 2.69 所示。其中，“瞳孔大小”用来增大或减小受红眼工具影响的区域；“变暗量”设置校正的暗度。

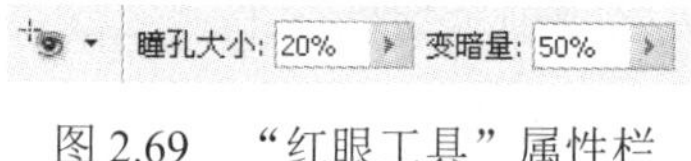

图 2.69　“红眼工具”属性栏

（3）单击图像中的红眼区域，前后对比效果如图 2.70 所示。

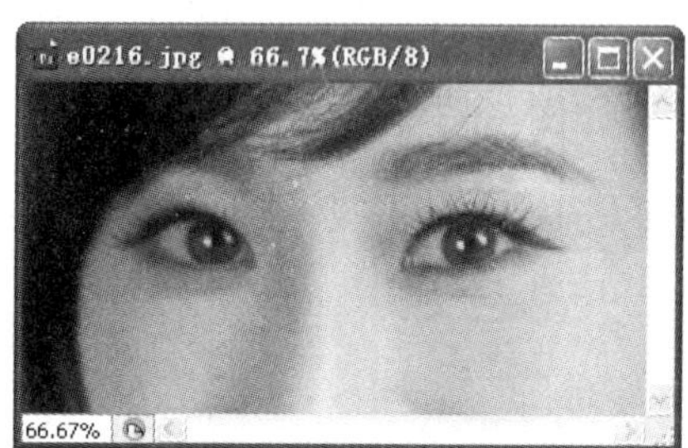

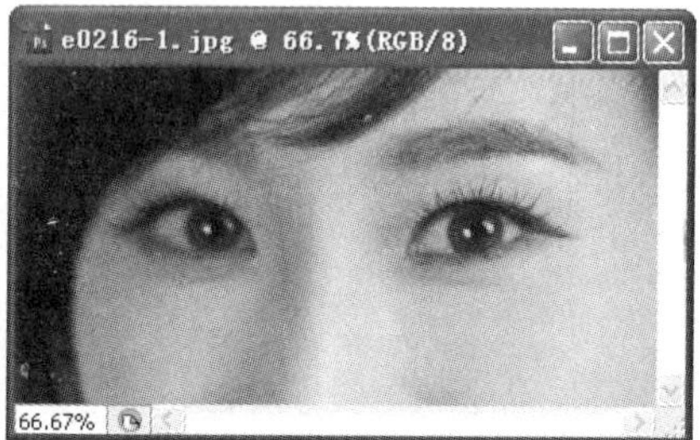

图 2.70　消除前后对比图

2. 修复污点

由于相机镜头、环境干扰和人物自身的原因，拍摄的图像中都可能出现污点。照片存放时间久了，数字化后也会出现此类情况。修复此类图像，最基本的工具是“污点修复画笔工具”和“修复画笔工具”。

【案例 2.17】修复脸上的污点。

（1）打开教学资源中的文件“ch02\素材\e0217.jpg”。

（2）选择工具箱中的“污点修复画笔工具”，通过属性栏设置“画笔”的“直径”和“硬度”，如图 2.71 所示。

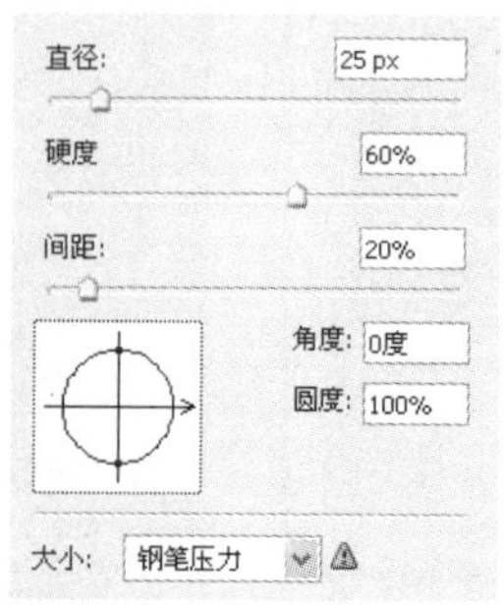

图 2.71　设置笔触

（3）在图像中单击有瑕疵的位置，消除污点。

图 2.72 是修复前与修复后的效果对比。

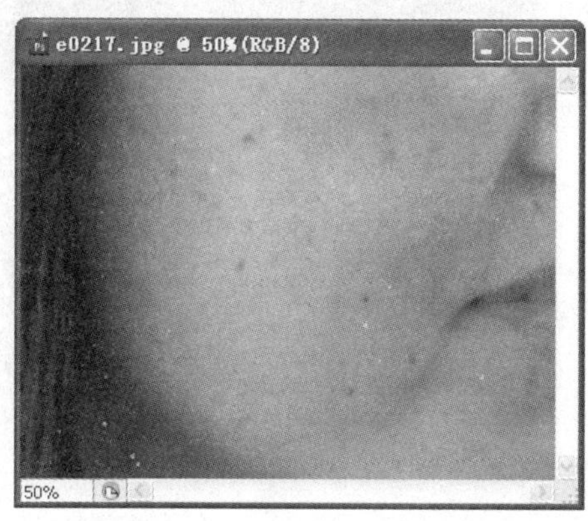

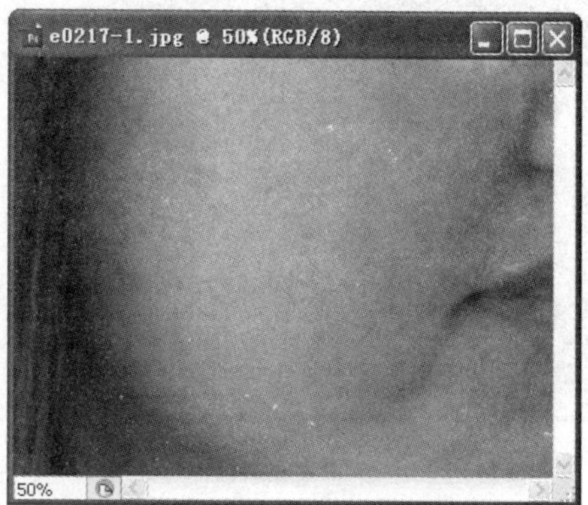

图 2.72　修复前、后对比

提示："修复画笔工具"与"污点修复画笔工具"功能相似，不同的是"修复画笔工具"要先按住 Alt 键取一个参照位置，然后用参照位置上的像素修复目标位置上的像素。

3. 抹除多余景物

"仿制图章工具"可以将图像中的一部分绘制到另一部分，这对于复制对象或移去图像中的缺陷非常有用。

【案例 2.18】抹除照片右侧人物，并将主体人物平移，如图 2.73 和图 2.74 所示。

（1）打开教学资源中的文件"ch02\素材\e0218.jpg"，如图 2.73 所示。

图 2.73　原图片

图 2.74　最终效果

（2）在工具箱中选择"仿制图章工具"，属性栏设置如图 2.75 所示。

图 2.75　"仿制图章工具"属性栏

（3）按下 Alt 键单击鼠标，得到初始取样点，然后移动到目标位置拖动鼠标，用水面图像覆盖右侧人物，完成部分区域后松开鼠标，如图 2.76 所示。

（4）根据具体情况决定是否需要再次取样，或者改变笔触的大小。继续拖动鼠标，覆盖不需要的图像，如图 2.77 所示。

（5）再次使用"仿制图章工具"，将人物向右侧复制，以获得较佳的布局效果。

图 2.76 用水面覆盖右侧人物

图 2.77 抹除右侧人物

（6）完成后保存文件，如图 2.74 所示。

提示：如果选中“仿制图章工具”属性栏上的☑对齐复选框，表示根据鼠标移动的位置“相对”取样，否则为“绝对”取样，即松开鼠标后再次复制，仍是第一次选定的原始取样点。选择“仿制图章工具”后，按左方括号键“[”可以缩小画笔的直径，按右方括号键“]”则增加画笔的直径。如果不能调节，须用 Caps Lock 键更改笔触的形状，并切换到英文输入法。

习题二

一、问答题

1．Photoshop CS3 的界面由哪几部分组成？如何改变工作区布局？

2．举个例子说明，如何选用工具箱中的不同工具？如何调整工具选项？

3．简述如何打开或关闭面板，如何折叠和展开面板，如何改变面板的布局。

4．Photoshop 常用的文件格式有哪几种？

5．在 Photoshop CS3 中，如何指定画布的大小？如何调整画布的大小？

6．简述“缩放工具”的功能和操作方法。

7．如何利用“抓手工具”和“导航器”面板查看放大显示后的图像？

8．利用“色阶”对话框，能对图像中的哪些方面进行调整或修饰？

二、操作题

1．选择一张不小于 1024×768 像素的图片，按 6:4 的比例进行裁剪，裁剪时须考虑构图，最后将图片缩小为 600×400 像素。

2．选择一张倾斜的图片，利用“标尺工具”进行度量矫正。

3．选择一张存在倾斜透视的图片，利用“裁剪工具”进行矫正。

4．打开素材“ch02\素材\h0204a.jpg”、“ch02\素材\h0204b.jpg”，将这两张图片拼接成一张图片。

5．选择一张曝光不足或曝光过度的图片，利用“色阶”对话框或者“曲线”对话框进行调整。

6．选择一张明显偏色的图片，利用“色阶”对话框进行校正。

7．选择一张内含花朵素材的图片，利用“色相/饱和度”改变花朵的颜色。

8．选择一张秋天拍摄的风景图片，利用“色相/饱和度”、“色阶”、“曲线”或者“滤镜”中的某种方法，改变其中树叶的颜色，使图片中的秋意更加浓郁。

（或者选择一张傍晚拍摄的天空图片，选用上述方法，使得晚霞更具色彩）

9．选择一张人像图片，利用“污点修复画笔工具”或“修复画笔工具”，修复图像中的污点或瑕疵。

10．选择一张图片，利用“仿制图章工具”，抹除画面中多余的人物或景物。

第3章　图像综合处理

在掌握 Photoshop CS3 基本操作的基础上，通过本章的学习，进一步了解和掌握复杂图像处理的技术与手段，并能制作出具有特殊效果的图像。

- 图层的概念、操作方法，图层样式与混合模式，图层的填充与调整
- 抠图工具与抠图方法，图像合成技术
- 蒙版、路径与通道的概念与应用
- Photoshop 中的文字处理方法

3.1　图层的概念与操作

在 Photoshop 中，图层是制作复杂图像效果所必需的处理手段。图层就像玻璃纸，当在每张玻璃纸上分别画上不同的图案，并将它们叠放在一起，就会看到组合出的新图案，去除或修改某张玻璃纸上的内容会产生不同的结果，且并不影响其余玻璃纸上的内容。

3.1.1　图层基本概念

Photoshop 的图层主要分为背景图层和普通图层两大类。

在“图层”面板中，背景图层的名称以斜体形式显示为“背景”字样，且右侧带有锁形标记。在背景图层上，不能执行移动操作及与图层相关的大部分操作，如图层样式、对齐等。但是在背景图层上，可以使用绘画与修饰工具，如“画笔工具”、“橡皮擦工具”等，对背景图像进行修改，本教材第 2 章的大多案例均是如此。

普通图层是设计中广泛使用的一类图层。在普通图层上，默认可以进行所有的图形图像处理操作，这一点在本章后续的案例中将有充分的体现。

在“图层”面板中双击“背景”图层，可将其转变为普通图层。选择【图层】→【新建】→【背景图层】命令可创建背景图层。

提示：按住 Alt 键并双击“背景”图层，可快速将“背景”图层变成普通图层。

3.1.2　图层操作方法

“图层”面板（图 3.1）是 Photoshop 中非常重要的面板窗口，专门用于图层的操作和管理，其中有各种用于操作图层的按钮及选项，现说明如下：

- “正常”下拉列表框。用于设置当前图层（图中蓝色选中者）向下的混合模式，可以产生一二十种不同的图层混合效果。

图 3.1　“图层”面板

- “不透明度”。调整该百分比可以产生半透明效果。该设置对整个图层起作用，包括各种图层特效，如阴影、外发光等。
- “填充”。调整该百分比也可产生半透明效果。该设置只对图层上的填充颜色起作用，而对图层特效不起作用。
- “锁定”。其右侧 4 个按钮及功能分别是：锁定透明像素（图层透明像素不可编辑）、锁定图像像素（图层非透明像素不可编辑）、锁定位置（图层图像不可移动）及锁定全部（禁止任何操作）。
- 图层可见性。每个图层左侧都有一个指示图层可见性的图标，控制图层是否可见，不可见的图层不参与图像运算。
- “链接图层”按钮。将两个以上的图层链接起来，链接的图层右侧都会显示该图标。链接的图层具有同时移动、缩放、变形及合并的特点。当某个局部由多个图层构成时，此功能非常重要。
- “添加图层样式”按钮。为选中的图层添加图层样式，同样的操作也可选择菜单【图层】→【图层样式】命令来完成。
- “添加图层蒙版”按钮。为选中的图层添加蒙版，当在蒙版中绘制黑、白、灰色像素时，并不破坏实际图像，但却可达到隐藏、显示及透明化局部图像的效果。
- “创建填充或调整图层”按钮。填充图层包含特定的填充效果，结合图层混合模式可产生丰富的混合效果。调整图层记录的是调整方式及参数信息，类似于使用【图像】→【调整】命令中的工具进行图像处理。重要的是，这两种图层均不对实际像素做任何修改，不需要时可随时删除。
- “创建新组”按钮。若图像中的某个局部由多个层描述，则可用此按钮创建组（类似文件夹），将相关图层放在其下，使图层关系更清晰。
- “创建新图层”按钮。在当前选中的图层之上建立新的图层，若拖动已有图层至此按钮上，可达到复制现有图层的目的。
- “删除图层”按钮。拖动选中的图层至此按钮上可删除该图层。

【案例 3.1】分层绘制 RGB 三原色。

（1）新建一个图像，大小为 500×500 像素，分辨率为 72 像素/英寸，背景透明。

（2）选择“椭圆选框工具”，同时按住 Alt 和 Shift 键，拖动鼠标画一个圆形选区。

（3）设置前景色为纯红（RGB:255,0,0），然后选择“油漆桶工具”，单击选区将其填充为红色，按 Ctrl+D 组合键取消选区。打开“图层”面板，双击“图层 1”文字，将图层说明改为“红”。

（4）按 Ctrl+J 组合键复制“红”图层，双击“红副本”文字，将图层说明改为“绿”。设置前景色为纯绿（RGB:0,255,0），选择“油漆桶工具”，单击“绿”图层中的红色圆，将其替换为绿色。用“移动工具”将绿色圆拖动到左下方。

（5）仿照步骤 4 制作“蓝”图层，填充纯蓝（RGB:0,0,255），并移动到右下方。

（6）完成后的效果及“图层”面板如图 3.2 所示。

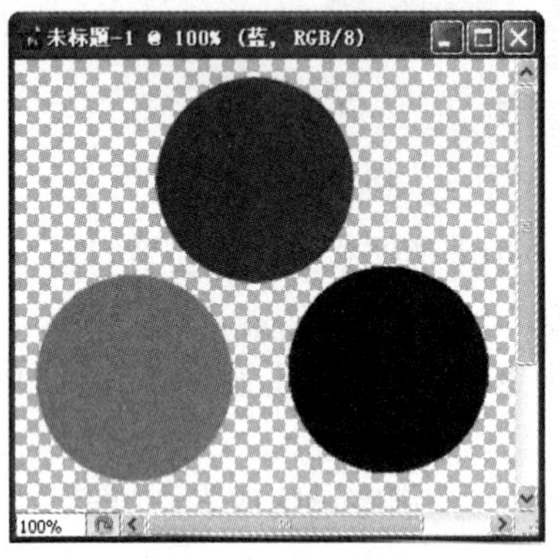

图 3.2 分层绘制 RGB 三原色

3.1.3 图层样式及混合模式

图层样式是针对单个图层加入的特殊效果，混合模式是两个或多个图层之间对应像素颜色的运算方式。这两种手段都可以产生丰富的效果，在图像处理中使用得非常广泛。

1. 图层样式

图层中除可以放置图像及使用 Photoshop 的各种绘图工具绘制外，还可以对图层整体执行风格化处理，从而产生各种特效，这些特效称为图层样式。

为图层添加图层样式的方法是，选择相应图层后，选择【图层】→【图层样式】→【XXX】（其中“XXX”为子菜单项）命令，如图 3.3 所示。之后会打开“图层样式”对话框，如图 3.4 所示。

去除图层样式的方法是，选择具有图层样式的图层后，选择【图层】→【图层样式】→【清除图层样式】命令。

图层样式添加后，还可以方便地应用到其他图层上。在图 3.3 中，“拷贝图层样式”和“粘贴图层样式”子命令即是用于以上目的。

上面提到的图层样式的各种操作，同样可以通过“图层”面板快速地完成。

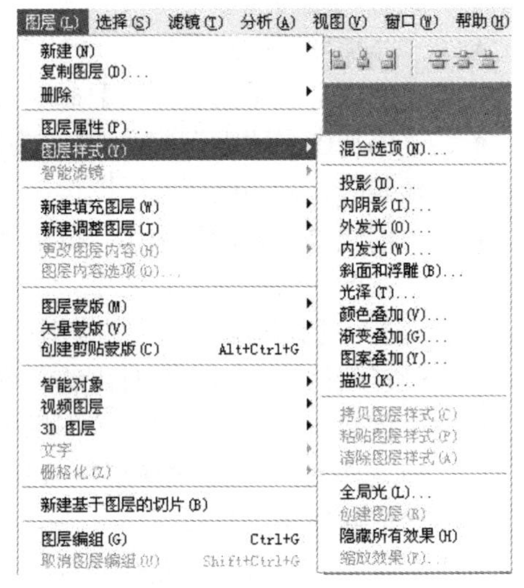

图 3.3 添加图层样式

【案例 3.2】利用酒瓶与天空合成新的效果图。

分析：混合颜色带是 Photoshop 中很早就出现的图像合成技术，其基本原理是设置上、下两个图层的明暗区间值，屏蔽上层的区间外像素，置顶下层的区间外像素。

（1）用 Photoshop 打开教学资源文件“ch03\素材\e0302.jpg”（图 3.5）和“ch03\素材

\e0303.jpg”（图 3.6），选择“移动工具”拖动酒瓶至天空窗口，关闭原始的酒瓶窗口，调整酒瓶图层与天空图层对齐。

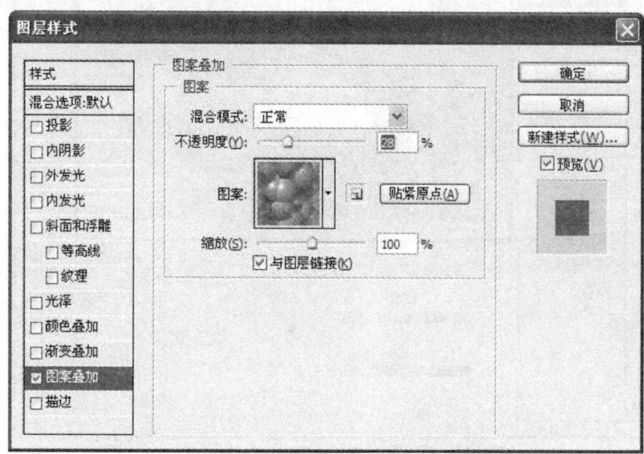

图 3.4　“图层样式”对话框

图 3.5　蓝天图像

图 3.6　酒瓶图像

（2）选择“图层 1”（酒瓶图层），选择【图层】→【图层样式】→【混合选项】命令，在左侧列表中选择“混合选项：默认”（参考图 3.4）。

（3）在“混合颜色带”列表框中选择“灰色”，将“本图层”右侧的滑钮向左调整至“242”位置，将“下一图层”右侧的滑钮向左调整至“175”。

（4）按住 Alt 键，将“下一图层”右侧的滑钮向左拖动至“137 / 175”位置。

（5）“图层样式”对话框及完成后的图像效果如图 3.7 所示。

对“图层样式”对话框中的几个选项说明如下：

- “混合颜色带”。共有“灰色”、“红”、“绿”及“蓝”4 种方式。“灰色”表示所有 RGB 原色使用相同的明度过滤值，其余 3 种方式仅依据单个原色。
- “本图层”。下方的黑、白两个滑钮设置本图层中欲保留的灰度范围。两个滑钮两侧明度范围的所有像素被屏蔽。
- “下一图层”。下方的黑、白两个滑钮的含义与“本图层”刚好相反，两个滑钮两侧明度范围的所有像素被翻转至顶层显示。
- 黑、白滑钮均可以通过按住 Alt 键分开，用于描述一个过渡范围，使边缘柔和，从而产生更真实的效果。

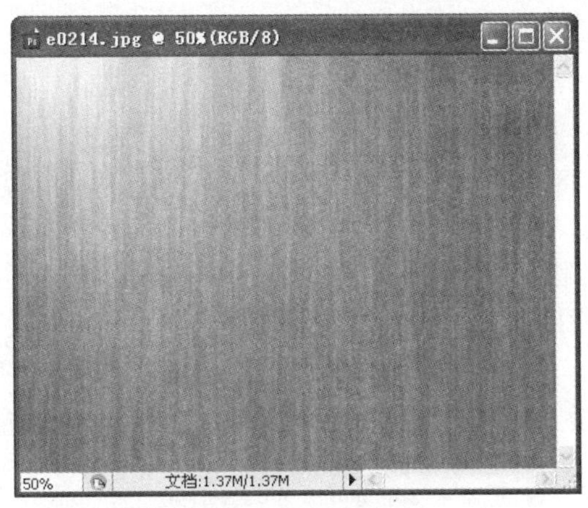

图 2.65　木头材质效果

【案例 2.15】模拟彩色滤镜。

（1）打开教学资源中的文件“ch02\素材\e0215.jpg”（参见图 2.67）。

（2）选择【图像】→【调整】→【照片滤镜】命令，打开“照片滤镜”对话框，选择“滤镜”为“冷却滤镜（80）”，调整“浓度”为 65%，如图 2.66 所示。

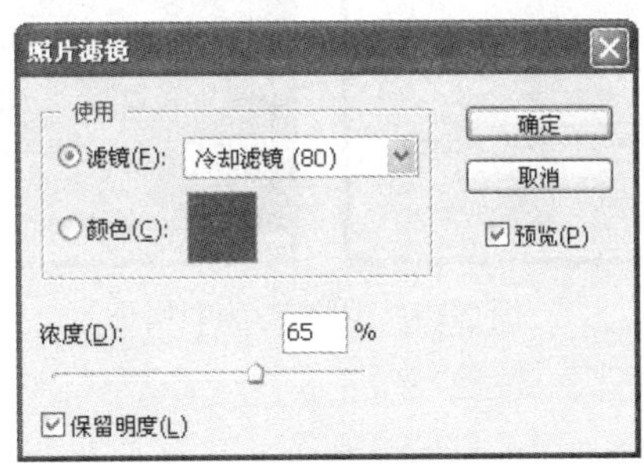

图 2.66　“照片滤镜”对话框

（3）完成后单击“确定”按钮。

调整前、后对比效果如图 2.67、图 2.68 所示。原图发黄，给人一种浑浊的感觉。调整后的图片冷峻、洁白，透出一股寒气。

图 2.67　原图片

图 2.68　模拟滤镜效果

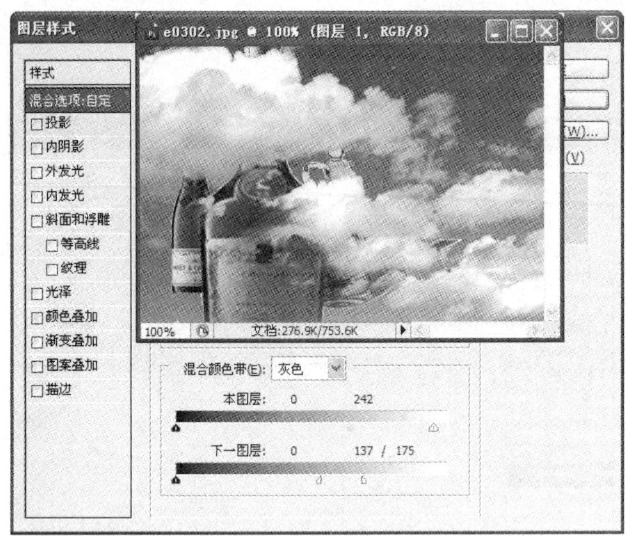

图 3.7 选项及效果

2. 混合模式

图层间不仅仅只有相互覆盖的关系，上下层之间还可按照特定的算法进行像素颜色的合成运算，这称为图层混合模式。完全覆盖的关系在图层混合模式中称为“正常”模式。

【案例 3.3】加色原理与减色原理。

分析：发光体（如显示器）的成色原理为“加色原理”，指的是所有原色以最大明度混合最终得到白色。印刷技术的成色原理为“减色原理”，指的是所有原色以最大浓度混合最终得到黑色。本案例就是利用图层混合模式，来模拟这两种成色原理。

模拟加色原理的步骤如下：

（1）重复【案例 3.1】的步骤制作出分层 RGB 图像。

（2）在“图层”面板中分别设置“红”、“绿”、“蓝”图层的混合模式为“滤色”。

（3）利用“移动工具”，参考图 3.8 分别移动各个图层。

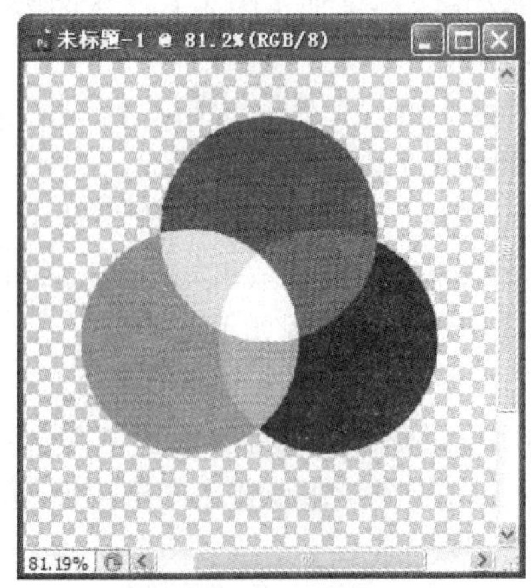

图 3.8 加色原理

（4）观察重叠部分的颜色，可以看到利用“加色原理”产生的混色效果。红、绿重叠变为黄色，红、蓝重叠为品红色，绿、蓝重叠为青色。中间三色重叠的区域为白色。

模拟减色原理的步骤如下：

（1）利用“油漆桶工具”，将上面 3 个图层中的红色替换为青色（CMY:100%,0,0），绿色与蓝色分别替换为品红色（CMY:0,100%,0）和黄色（CMY:0,0,100%）。

（2）将 3 个图层的混合模式都设置为“正片叠底”。

（3）完成后将看到反映印刷效果的减色原理效果，如图 3.9 所示。

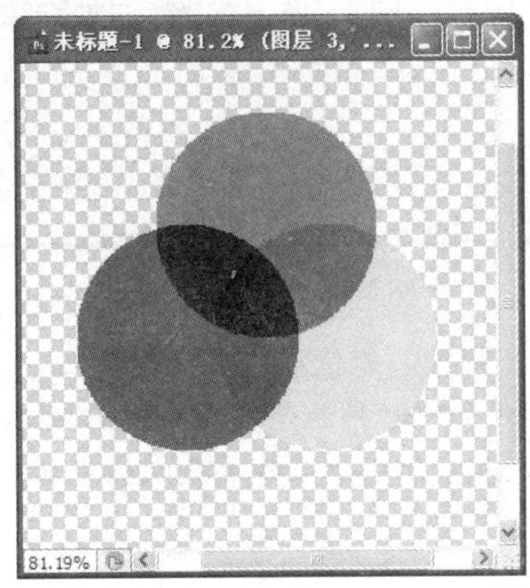

图 3.9　减色原理

【案例 3.4】合成人物与风景。

（1）用 Photoshop 打开教学资源文件“ch03\素材\e0304.jpg”（图 3.10）和“ch03\素材\e0305.jpg”（图 3.11）。利用“矩形选框工具”选中人像（不含边框），再使用“移动工具”将人像复制到另一窗口（天空）中，关闭原始的人像窗口。

图 3.10　人像

图 3.11　海景

（2）选择“图层 1”（人像），然后选择“移动工具”，并勾选“显示变换控件”，移动并等比缩小人像，使其与背景层左对齐且等高。

提示：缩放选区或图像时，同时按住 Shift 键可保证比例不变。

（3）选择【编辑】→【变换】→【水平翻转】命令，改变人像面部朝向。

（4）选中“图层 1”（人像），在“图层”面板上方选择混合模式为“滤色”。完成后的效果如图 3.12 所示。

图 3.12 人像风景合成效果

说明：滤色是一种加色混合模式，能使混合区亮度提高。同组中还有“变亮”、“颜色减淡”、“线性减淡（添加）”和“浅色”4 种混合模式，它们与“滤色”的效果非常接近，读者可试着练习并对比。与此组效果相反的是“正片叠底”组中的混合模式，在【案例 3.3】及第 2 章的案例中已经用过。

3.1.4 填充图层和调整图层

填充图层是具有实色、渐变或图案等填充效果的层，可以通过混合模式、不透明度及填充不透明度等方式影响其下面的图层。调整图层是包含图像调整信息（如色阶、曲线等）的层，可以像图像调整工具（如色阶、曲线等）那样调整其下面的图层。

添加填充图层的方法是选择【图层】→【新建填充图层】命令，添加调整图层的方法是选择【图层】→【新建调整图层】命令。以上操作打开的子菜单如图 3.13 和图 3.14 所示。

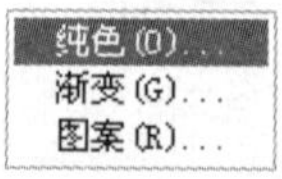

纯色(O)...
渐变(G)...
图案(R)...

图 3.13 新建填充图层

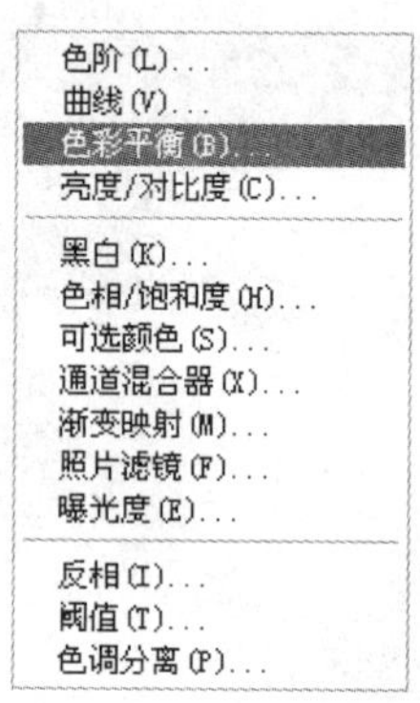

图 3.14 新建调整图层

添加这两种图层后，可以在“图层”面板中双击其左侧的缩略图来调整控制选项。也可以选择【图层】→【更改图层内容】命令，以改变填充图层和调整图层的影响方式，甚至可以将填充图层转变为调整图层或反之。

填充图层和调整图层的图层样式同样可以复制并应用到其他图层，这与普通的图层样式操作方式相同。删除填充图层和调整图层的方法也与普通图层相同。

【案例 3.5】利用填充图层制作淡出风格的雪景。

（1）用 Photoshop 打开教学资源文件“ch03\素材\e0308.jpg”。

（2）单击“图层”面板下方的“创建新的填充或调整图层”按钮，在弹出菜单中选择“渐变”命令。

提示：选择【图层】→【新建填充图层】→【渐变】命令，也可新建填充图层。不同在于通过菜单添加填充图层可以先设置图层的混合模式及不透明度，之后才打开“渐变填充”对话框。

（3）在弹出的“渐变填充”对话框中，将“渐变”设置为“黑色、白色”，其余选项参照图 3.15 所示进行设置。

提示：单击“渐变”右侧的颜色条，可打开“渐变编辑器”对话框，在其中可以对渐变的各项参数进行调整，最重要的莫过于对色标及不透明度色标的设置和调整。

（4）单击“渐变填充 1”图层，设置图层混合模式为“滤色”，不透明度为“80%”。

（5）完成后的最终效果可参考图 3.16。

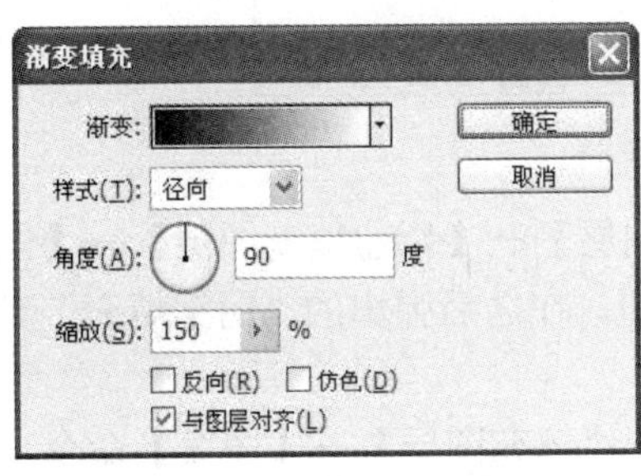

图 3.15　渐变填充选项

图 3.16　最终效果

提示：双击填充图层左侧的缩略图，可打开“渐变填充”对话框对各个选项进行调整。改变“渐变”、“样式”及“角度”等的设置可组合出非常多的奇妙效果。

【案例 3.6】利用填充图层及调整图层制作玉贝壳。

（1）用 Photoshop 打开教学资源文件“ch03\素材\e0309.jpg”（图 3.17）和“ch03\素材\e0310.jpg”（图 3.18）。

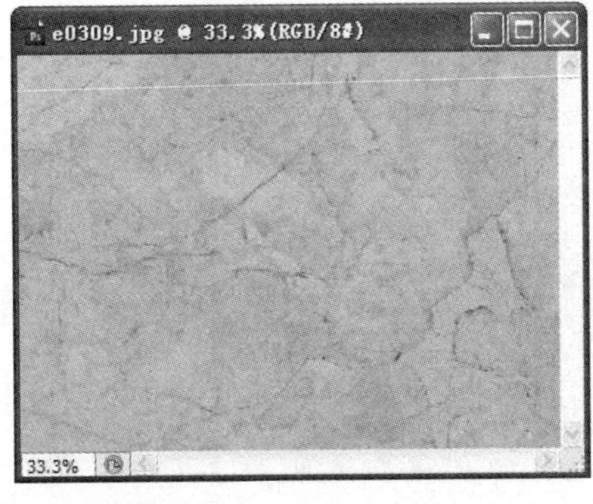

图 3.17　大理石素材

图 3.18　贝壳素材

（2）选择大理石图像窗口，选择【编辑】→【定义图案】命令，在弹出的对话框中设置“名称”为“大理石”，并单击“确定”按钮，然后关闭大理石图像窗口。

（3）选择贝壳窗口并按 Ctrl+A 组合键全选整个图像，按 Ctrl+C 组合键拷贝图像，再按 Ctrl+N 组合键建新的图像，在弹出的“新建”对话框中直接单击“确定”按钮，建立一个与贝壳整图同样尺寸的新图像。

（4）切换回贝壳图像窗口，并按 Ctrl+D 组合键取消选择。选择“磁性套索工具”，利用该工具将贝壳区域选中，然后选择“移动工具”，按住 Shift 键将选中的贝壳复制到新建文档的中心位置。完成后的新文档窗口及其“图层”面板状态应如图 3.19 所示。

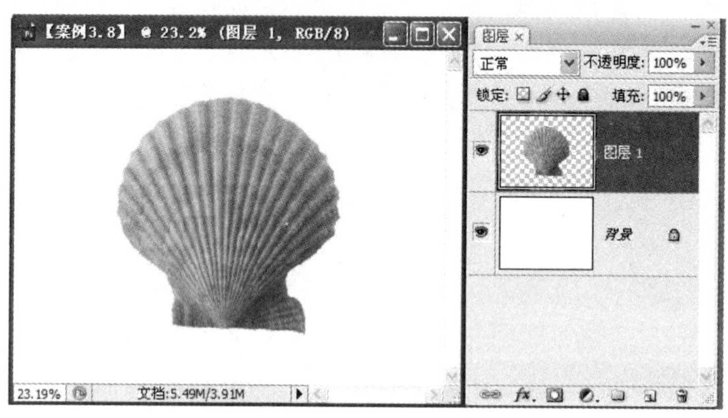

图 3.19　取出贝壳后的结果

（5）在新文档窗口中选择“背景”图层，选择【图层】→【新建填充图层】→【图案】命令，在弹出的“新建图层”对话框中单击“确定”按钮，在之后弹出的“图案填充”对话框中，选择“木质”图案并单击“确定”按钮。

（6）选择“图层 1”（贝壳），选择【图层】→【新建填充图层】→【图案】命令，在弹出的“新建图层”对话框中，勾选“使用前一图层创建剪贴蒙版”复选框并单击“确定”按钮，在之后弹出的“图案填充”对话框中，选择“大理石”图案并单击“确定”按钮。调整该填充图层的混合模式为“颜色”，完成后的结果如图 3.20 所示。

提示：勾选“使用前一图层创建剪贴蒙版”复选框后，添加的填充图层及调整图层将以其下的图层作为剪贴蒙版，此类图层共同对其下方某个相邻的图层起作用，这在“图层”面板中以缩进及箭头来明确地表示。

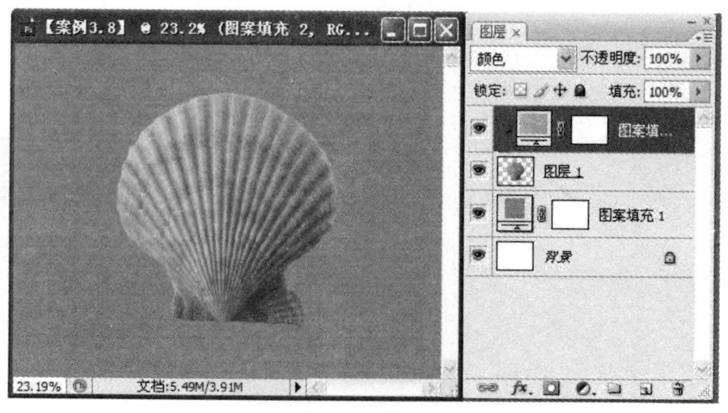

图 3.20　大理石材质效果

（7）选择“大理石”填充图层，选择【图层】→【新建调整图层】→【色相/饱和度】命令，在弹出的“新建图层”对话框中，勾选“使用前一图层创建剪贴蒙版”复选框并单击“确定”按钮，在之后弹出的“色相/饱和度”对话框中，调整“色相”的值为“+116”并单击“确定”按钮。最终效果及图层状态如图 3.21 所示。

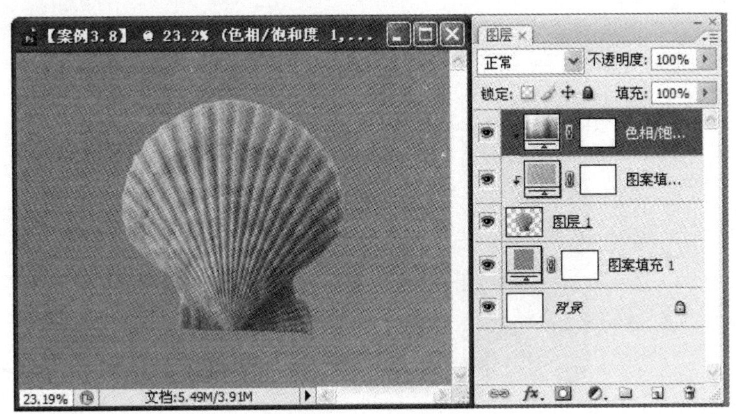

图 3.21　最终效果

使用填充图层和调整图层的最大好处在于，原始素材不会受到任何影响，还可以随时改变填充图层的各项参数及调整图层的调整手段，不需要时可随时删除。增加更多的填充或调整图层可复合多种填充或调整方式以制作更精妙的效果。

3.2　抠图与合成

在日常处理图片时，经常需要将某一部分图像从原始图片中分离出来，成为单独的图层，然后再将这些图层与其他素材合成新的图像或作品。抠图的方法有很多，如利用套索、魔棒、橡皮擦、滤镜等工具，或者采用蒙版、通道、路径等方法。

3.2.1　选区的概念

在编辑和处理图像时，可以根据需要创建一个可编辑区域，称为选区。建立选区后，所有操作只对选区内的图像起作用，这样就不会影响选区外的图像。例如，可以仅选择图片中的花朵部分，渲染其色彩，以免影响到枝干、叶片等部分的颜色。抠图，其实也就是要创建一个符合要求的选区。

1. 建立规则选区

使用“矩形选框工具”或者“椭圆选框工具”可以建立规则选区。打开教学资源中的文件“ch03\素材\e0311.jpg”，在工具箱中选择“矩形选框工具”，在图片上拖动鼠标，形成一个矩形选区，其边界由动态虚线包围，称为“蚁行线”，如图 3.22 所示。

2. 建立不规则选区

建立不规则选区的工具和方法很多，也是本章重点介绍的内容，如利用套索工具、魔棒工具、快速选择工具，还可以将通道、路径等转换为选区。图 3.23 所示为利用“快速选择工具”创建的不规则选区，该选区边界较好地包围了图中的植物，以便将其从图像中分离出来，如图 3.23（b）所示。

3. 选区操作

建立选区后，单击【选择】菜单，可以选用多种命令对选区进行操作，如“取消选择”、

“反向选择”、“调整边缘”、“变换选区”，还能对选区的边界进行“扩展”、“收缩”和“羽化”等，如图 3.24 所示。具体操作方法及其应用将通过后面的案例详细介绍。

图 3.22 建立规则选区

（a）

（b）

图 3.23 建立不规则选区

全部(A) Ctrl+A
取消选择(D) Ctrl+D
重新选择(E) Shift+Ctrl+D
反向(I) Shift+Ctrl+I
所有图层(L) Alt+Ctrl+A
取消选择图层(S)
相似图层(Y)
色彩范围(C)...
调整边缘(F)... Alt+Ctrl+R
修改(M)
扩大选取(G)
选取相似(R)
变换选区(T)
载入选区(O)...
存储选区(V)...
边界(B)...
平滑(S)...
扩展(E)...
收缩(C)...
羽化(F)... Alt+Ctrl+D

图 3.24 操作选区

按照图 3.23 所示创建选区后，选择【选择】→【调整边缘】命令，打开“调整边缘”对话框，单击下面的一组图标，可以在 5 种不同背景下预览选区的效果，还可以方便地调整选区边界的对比度、平滑度，以及边界的羽化效果、收缩或者扩展选区等，如图 3.25 所示。

图 3.25　“调整边缘”对话框

为了便于今后使用，表 3.1 列出了如图 3.25 所示对话框中的参数说明。

表 3.1　“调整边缘”对话框参数及其说明

参数名称	说明
半径	决定选区边界的宽度。增加半径可以在包含柔化过渡的区域中创建更加精确的选区边界，用来处理毛发、模糊边界等
对比度	增加对比度可锐化选区边缘，消除由于“半径”设置过高而导致选区边缘附近产生的杂色
平滑	去除边缘上的锯齿，以创建更加平滑的轮廓
羽化	模糊选区边缘，在选区及周围像素之间创建柔化边缘过渡
收缩/扩展	对选区进行收缩或扩展。可对柔化边缘进行微调，或收缩选区以消除边缘不需要的背景色

一次建立的选区往往不能完全符合要求。例如，不能完全贴近被选对象的轮廓，多选或者少选了一些内容，则可以通过若干方法来增加选区，或者减小选区，以使选区的边界更加贴近所要包围的图形。这些也将通过后面的案例予以说明。

3.2.2　套索抠图

套索工具组中包含 3 个工具。“套索工具”可直接用鼠标画出形状任意的选区。“多边形套索工具”适用于选区边界包含较多直线段的图形。“磁性套索工具”适合于背景对比强烈且边缘复杂的对象。

使用套索工具组中的工具时，应在选项栏中指定一个选区选项，其中：

- 新选区。建立一个新选区，原有选区将自动取消。
- 添加到选区。将新选区域添加到原有选区中。
- 从选区中减去。从原有选区中扣除新选区域。

1. 套索工具

“套索工具”对于绘制手绘线段十分有用。在选区边缘的任意位置按下鼠标，然后沿着边界拖动鼠标到目标位置后，释放鼠标即可创建自由形状的选区。由于在实际操作中很难控制鼠标移动的轨迹，所以“套索工具”常用来修改已经存在的选区，如在选区内部抠除一个区域。

2. 多边形套索工具

【案例 3.7】使用“多边形套索工具”抠图。

（1）打开教学资源中的指定文件“ch03\素材\e0312.jpg”。

（2）选择“多边形套索工具”，在工具选项栏上单击“新选区”。

（3）单击要创建选区边缘任意处，设置起始点。

（4）沿着边界移动鼠标到需要转折的位置，单击鼠标产生一个端点（锚点）。

（5）重复步骤（4），当鼠标指针与起始点重合时，指针旁边会出现一个闭合的圆，如图 3.26 所示，此时单击将完成并建立选区（修改选区可参考下一个案例）。

（6）双击“图层”面板上的“背景”层，弹出“新建图层”对话框，单击“确定”按钮，将背景图层转换为普通图层。

（7）选择【选择】→【反向】命令，反向选择选区，然后按 Del 键删除背景，按 Ctrl+D 组合键取消选区，最终效果如图 3.27 所示。

图 3.26 建立选区

图 3.27 最终效果

3. 磁性套索工具

有些对象的轮廓虽然复杂，但其边界与背景的对比较强烈，此时采用“磁性套索工具”更为方便快捷。“磁性套索工具”有几个比较重要的选项，其中：

- 宽度。指定检测的宽度。如果边缘明显，可以适当增加宽度，而进行精细选择时，应该减少宽度。
- 对比度。指套索对图像边缘的灵敏度。如果边缘不清晰，则需要提高对比度。
- 频率。频率越高产生的控制点（锚点）越多，选取的区域越精细。

在边缘清晰的图像上，可以采用较大的“宽度”和较低的“对比度”，然后大致跟踪边缘。在边缘较柔和的图像上，则应反之，以便精确地跟踪边缘。

提示：按 CapsLook 键，可以将鼠标指针由改为圆形，或者反之。当鼠标指针为圆形时，按右方括号键“]”，可使圆形指针变大；按左方括号键“[”，可使圆形指针变小。

【案例 3.8】使用“磁性套索工具”抠图。

（1）打开教学资源中的指定文件“ch03\素材\e0313.jpg”。

（2）选择“磁性套索工具”，工具选项栏上设置如图 3.28 所示。

羽化: 3 px ☑消除锯齿 宽度: 15 px 对比度: 35% 频率: 60

图 3.28 选项设置

（3）单击选区边缘任意处，设置起始点。沿着边界移动鼠标，将在边界上自动产生一个个锚点。当鼠标指针移动到起始点，指针旁出现一个闭合圆时，单击完成选区，如图 3.29 所示。

提示：在软件不能很好选取的地方，可以单击鼠标手工设置锚点。按 Del 键可以删除前一个锚点。

（4）放大显示图像，观察选区边缘，对于多选或者少选的部分，可选用“套索工具”或者“多边形套索工具”对局部进行修整。修整时根据需要，选择“添加到选区”（图 3.30），或者“从选区中减去”（图 3.31）。

图 3.29　建立选区

图 3.30　局部加选

（5）双击“图层”面板上的“背景”层，将背景图层转换为普通图层。

（6）选择【选择】→【反向】命令，按 Del 键删除背景，按 Ctrl+D 组合键取消选区，如图 3.32 所示。

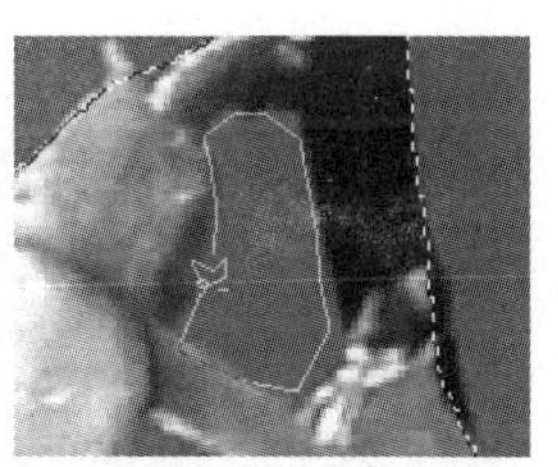
图 3.31　局部减选

图 3.32　最终效果

3.2.3　魔棒抠图

“魔棒工具”适合选择颜色较一致的区域，而不必像使用“套索工具”那样跟踪物体的轮廓。使用该工具，应在选项栏上指定颜色的容差、选区的范围等，其中：

- 容差。确定与选定点像素的颜色近似值，数值越大选择的相近颜色的范围越大。
- 连续。只选中连续的区域，否则将会选择整个图像中的相近颜色区域。
- 消除锯齿。创建较平滑边缘的选区。

【案例 3.9】使用“魔棒工具”抠图。

（1）打开教学资源中的指定文件“ch03\素材\e0314.jpg”。

（2）选择“魔棒工具”，工具选项栏上设置如图 3.33 所示。

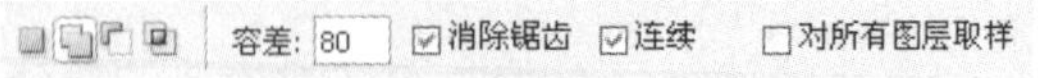

容差: 80 ☑消除锯齿 ☑连续 □对所有图层取样

图 3.33 “魔棒工具”选项

（3）单击紫色花朵中颜色适中的部位，如图 3.34 所示，即可自动产生选区。

（4）使用套索工具，将花蕾及内部没有选中的区域添加到选区。有必要时，放大显示以修改选区的边缘部分。

使用“魔棒工具”时，“容差”的选择和鼠标单击的位置都很重要。“容差”不同，或者单击位置不同，都会影响选区的范围。图 3.35 和图 3.36 显示为在相同位置单击鼠标，但“容差”不同时的选区效果。

图 3.34 “容差”为 80

图 3.35 “容差”为 30

图 3.36 “容差”为 150

提示： 使用魔棒后，选区内部难免存在若干没有选中的地方，可用套索工具将其添加到选区。对于外部多选的区域，同样可以用套索工具将其去除。

【案例 3.10】使用“魔棒工具”抠图，并合成一张更换天空的图片。

（1）打开教学资源中的文件“ch03\素材\e0315a.jpg”和“ch03\素材\e0315b.jpg”，如图 3.37 和图 3.38 所示。

图 3.37 院落素材

图 3.38 天空素材

（2）双击图 3.37 所示文件“图层”面板上的“背景”层，将其转换为普通图层。

（3）选择“魔棒工具”，参考图 3.39，在选项栏上设置工具选项。

图 3.39 魔棒选项

（4）单击某处天空产生选区，按 Del 键删除选区中的图像，如图 3.40 所示。

（5）继续单击未被删除的天空部分，可调整“容差”及“连续”选项以获得更好的效果。

（6）完成后按 Ctrl+D 组合键取消选区，并选择“橡皮擦工具”，擦除右上角的黑色三角及部分“毛刺”，用“仿制图章工具”修补画面，效果如图 3.41 所示。

图 3.40　魔棒选取并删除

图 3.41　去除天空并修补图像

（7）利用“移动工具”将图 3.38 窗口中的“天空”移动到图 3.41 窗口中，然后在“图层”面板中移动“天空”到底层。

（8）可根据需要缩放“天空”图层，移动“天空”的位置，以及调整其色彩、亮度、对比度等，以获得更佳效果，如图 3.42 所示。

图 3.42　最终效果

（9）选择【文件】→【存储为】命令，将文件保存为“e0315a.psd”。

3.2.4　快速选择工具

“快速选择工具”是对魔棒的升级，可以拖动“快速选择工具”绘制出一个选区。拖动时，如果选择了“添加到选区”，选区会向外扩展并自动查找图像中定义的边缘。选择“从选区中减去”时，拖动将减少选区。

单击选项栏上画笔 25 右侧箭头，可以在图 3.43 所示界面中更改“快速选择工具”的画笔大小、硬度等。选中选项栏中的☑自动增强复选框，可自动增强边缘，以得到更好的选区。单击调整边缘...按钮，打开“调整边缘”对话框，可手动调节“平滑”、“对比度”和“半径”等选项，具体内容可参考 3.2.1 节中的图 3.25 和表 3.1。

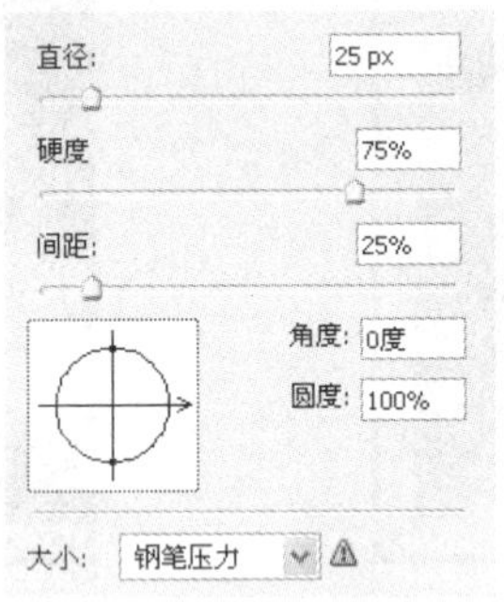

图 3.43 画笔选项

【案例 3.11】使用“快速选择工具”抠图。

（1）打开教学资源中的指定文件“ch03\素材\e0311.jpg”和“ch03\素材\e0316.jpg”，如图 3.44 和图 3.45 所示。

图 3.44 花朵素材

图 3.45 丛林素材

（2）选择“快速选择工具”，参考图 3.46 调整工具选项。

图 3.46 工具选项

（3）在图 3.44 所示的侧花瓣处按下鼠标左键，并在花朵内拖动选中整个花朵区域，如图 3.47 所示。

提示：若出现了多选的部分，可先单击选项栏上的“从选区中减去”按钮，再在多选的部分单击或拖动鼠标，将其从选区中去除。在选取细节部分时，还需要调整“画笔”的大小。

（4）选择“移动工具”，将选区中的图像拖动复制到图 3.45 图像窗口。按 Ctrl+T 组合键打开变形控件，调整花朵的位置及大小，完成后如图 3.48 所示。

提示：按 CapsLock 键，可以切换工具指针的形状。当工具指针变为圆形时，按右方括号键“]”，可增大“快速选择工具”画笔的大小；按左方括号键“[”，可减小“快速选择工具”画笔的大小。其他带有“画笔”选项的工具均有此操作特点。

图 3.47　建立选区

图 3.48　合成图像

3.2.5　橡皮擦抠图

橡皮擦工具组中包含 3 个工具：“橡皮擦工具”、“背景橡皮擦工具”和“魔术橡皮擦工具”。下面将逐一介绍它们的功能和使用方法。

1. 橡皮擦工具

在背景层或者锁定透明度的普通图层中，“橡皮擦工具”擦除过的区域为背景色，其他情况，擦除过的区域为透明。

对于形状简单或者不需要精确控制边界的图形，可使用“橡皮擦工具”抠图。

【案例 3.12】使用“橡皮擦工具”抠图并合成图像。

（1）打开教学资源中的指定文件“ch03\素材\e0317a.jpg”、“ch03\素材\e0317b.jpg”。如图 3.49 和图 3.50 所示。

图 3.49　花朵素材

图 3.50　小狗素材

（2）使用“移动工具”将“e0317b.jpg”中的“小狗”拖动复制到“e0317a.jpg”的“花朵”窗口中。按 Ctrl+T 组合键显示“自由变换”控件，根据“花朵”图层调整“小狗”图层的位置与大小，按 Enter 键完成变换。

（3）选择“橡皮擦工具”，并参考图 3.51 调整工具选项。

（4）按下并拖动鼠标，擦除“小狗”周围图像，如图 3.52 所示。

（5）完成后调整小狗在图层中的位置，最终的效果如图 3.53 所示。将作品保存为“e0317a.psd”。

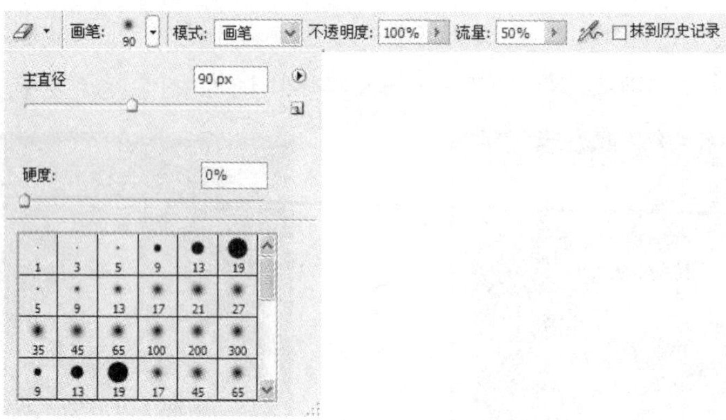

图 3.51 橡皮擦工具选项

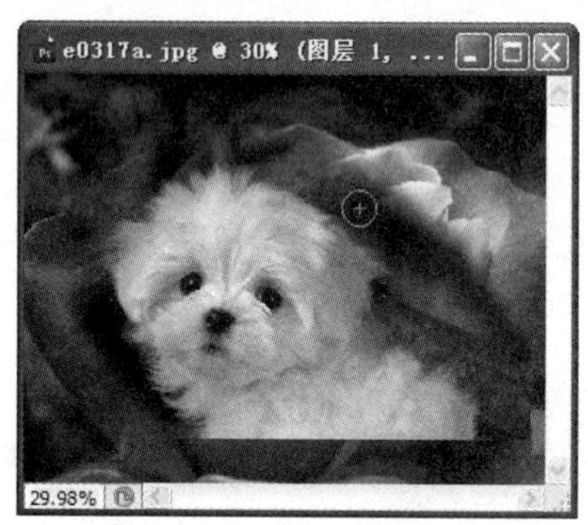

图 3.52 擦除图像

图 3.53 合成效果

提示：选择“橡皮擦工具”后，还可根据需要设置选项栏中的“不透明度”和“流量”。

2. 背景橡皮擦工具

“背景橡皮擦工具”是以类似于“魔棒工具”的原理删除图像中的内容。使用时应先设置适当的工具选项，如图 3.54 所示。有关说明如下：

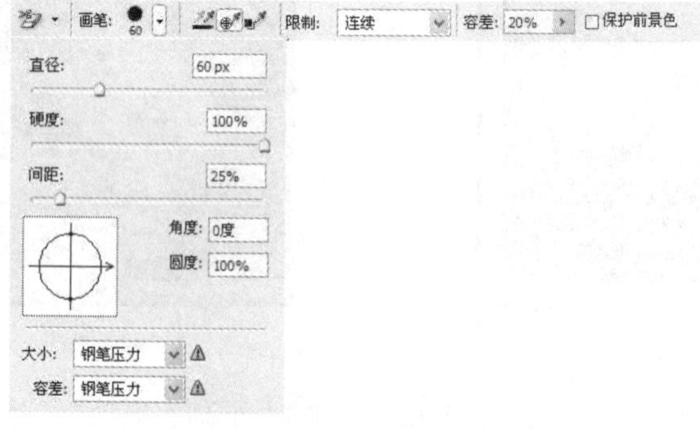

图 3.54 背景橡皮擦工具选项

- “画笔”大小。决定了排查范围的大小，对颜色变化细微的部分宜取大值，反之则应取小值。
- “取样”方式。决定了样本颜色的选取方式。选中“取样：连续”，表示样本颜色随画笔中心点的颜色值按一定的尺度比例不断重新选取；选中“取样：一次”，表示样本颜色在每次按下鼠标左键时在画笔中心点采集得到；选中“取样：背景色板”，表示始终以当前背景色的值作为样本颜色，常用于欲去除区域颜色非常接近的情况。

- “限制”。决定了查找及删除像素点的方式，有“不连续”、“连续”和“查找边缘”三种。“连续”表示以上下、左右邻近发现的方式查找并删除满足条件的像素点；“不连续”表示在“画笔”大小所指定的范围内查找并删除相关像素，无论其是否相邻；“查找边缘”是在“连续”的基础上再对边缘实施优化处理。
- “容差”。决定了对像素点颜色过滤的宽或严，其值小表示符合条件的像素点必须与样本颜色有更高的相似度，反之则更宽松以实现大面积的删除。
- “保护前景色”。勾选此项可保护与当前前景色非常接近的像素点不被删除。

【案例 3.13】使用“背景橡皮擦工具”抠图并合成。

（1）打开教学资源中的文件“ch03\素材\e0318a.jpg”和“ch03\素材\e0318b.jpg”，如图 3.55 和图 3.56 所示。

图 3.55　树林素材

图 3.56　山地车素材

（2）选择“山地车”图像窗口，单击工具箱中的“背景橡皮擦工具”，参照图 3.54 在选项栏上调整“画笔”，选择“取样：一次”，设置“容差”为“20%”。

（3）沿山地车外轮廓附近的背景区单击或拖动，去除邻近的图像，如图 3.57 所示。然后调整工具选项为“取样：连续”，以适当的“画笔”和“容差”快速清除山地车四周的其余背景，如图 3.58 所示。

图 3.57　清理轮廓

图 3.58　清理外部背景

（4）选择“移动工具”，移动山地车至“树林”图像窗口，然后按Ctrl+T组合键打开任意变形控件，调整山地车的位置及大小并单击✓按钮返回，图3.59可作参考。

（5）采用与步骤（2）、（3）相似的方法去除山地车内部区域的背景，最终效果可参考图3.60。

图3.59 初步合成图像

图3.60 最终效果

3. 魔术橡皮擦工具

可以将“魔术橡皮擦工具”理解为“魔棒工具”和“橡皮擦工具”的结合。使用“魔棒工具”单击图像仅选择颜色相似部分，而使用“魔术橡皮擦工具”单击图像则在选择的同时，还会删除这些颜色区域。被删除的部分成为图层中的透明区域。

【案例3.14】利用“魔术橡皮擦工具”更换背景。

（1）打开教学资源“ch03\素材”中的“e0319a.jpg”和“e0319b.jpg”，如图3.61和图3.62所示。

图3.61 海鸟素材

图3.62 天空素材

（2）选择“魔术橡皮擦工具”所示，参考图3.63所示调整选项栏上的设置。

图3.63 选项栏设置

（3）选择“海鸟”窗口并单击背景天空将其去除，擦除细节时可适当调整“容差”，如图3.64所示。

（4）使用“移动工具”，将海鸟拖动到图3.62所示的图像窗口中，调整位置、大小等，最终效果如图3.65所示。

图 3.64　去除天空背景

图 3.65　最终效果

3.2.6　滤镜抠图与合成

执行从照片中抠取人像的任务时，经常会遇到人物的头发（或服装）非常难与背景分离的情况。Photoshop 针对此种问题提供了“抽出”滤镜。

【案例 3.15】利用“抽出”滤镜抠图。

（1）打开教学资源“ch03\素材”中的“e0317b.jpg”，如图 3.50 所示。

（2）选择【滤镜】→【抽出】命令打开“抽出”对话框，单击其左上角的“边缘高光器工具”按钮，然后以类似使用画笔的方式，用半透明的颜色带覆盖人像与背景的边界（包括那些异常交错的）区域。

提示：如果出现过分的填涂部分，可选择窗口左上的“橡皮擦工具”进行擦除。

（3）选择“填充工具”按钮，单击需要保留（此指动物）的区域，如图 3.66 所示。

图 3.66　预览前的状态

（4）单击“预览”按钮查看抽出效果。如果边缘有多余或缺失的内容，可单击“清除工具”按钮或“边缘修饰工具”按钮，进行擦除或修补。

（5）完成后的效果如图 3.67 所示。

图 3.67　抽出后的图像

提示：虽然该滤镜功能非常强大、方便，但它不是万能的，当背景与人物的毛发形状或颜色非常接近时，就只有靠“魔棒工具” 人工操作了。

消失点滤镜是 Photoshop 中另一个很有用的工具，常用于修补具有透视效果的图像，也常用来按照透视的原理合成图像。

【案例 3.16】利用“消失点”滤镜合成图像。

（1）打开教学资源“ch03\素材”中的“e0320a.jpg”（图 3.68）和“e0320b.jpg”（图 3.69）。

图 3.68　液晶电视素材

图 3.69　雪景素材

（2）选择液晶电视图像窗口，选择【滤镜】→【消失点】命令打开“消失点”对话框，单击其中的“创建平面工具”按钮 ，在电视屏幕的 4 个角单击，完成后将出现描述透视的平面网格，图 3.70 所示。单击“确定”按钮，关闭“消失点”对话框。

提示：若想调整描述透视平面的大小和角点，可单击“编辑平面工具”按钮来执行调整操作。

图 3.70　创建透视平面

（3）选择雪景图像窗口，按 Ctrl+A 组合键选中全部图像内容，接着按 Ctrl+C 组合键复制图像。选择液晶电视图像窗口，再次打开“消失点”对话框，然后按 Ctrl+V 组合键粘贴雪景图像，利用“变换工具”，将雪景图像移入透视网格中，再在透视网格中调整观察位置及大小，完成后单击“确定”按钮返回，最终效果如图 3.71 所示。

图 3.71　合成后的效果

提示：在将雪景图像移入透视网格前，若因误操作造成选区消失，可先按 Ctrl+Z 组合键撤消，再按 Ctrl+V 组合键粘贴。

3.3　使用蒙版

蒙版是Photoshop图像处理中经常使用的一种手段。使用蒙版可以隐藏图层中的局部区域，也可使局部或整体产生半透明的效果，结合图层混合模式会产生更多的图像效果。最重要的是，蒙版与填充和调整图层一样，能保护原始素材不被破坏。

蒙版类似一张覆盖在图层上的玻璃纸，可任意在玻璃纸上涂抹而不会破坏图像本身，被涂黑的部分无法看到图像（即相应部分被屏蔽）。在后面的例子中将看到，添加了蒙版的图层上会多出一个或多个缩略图，这些多出的即是蒙版缩略图。

蒙版中只能绘制黑色、白色和灰色三类颜色，黑色区表示屏蔽区，白色区表示非屏蔽区，灰色区表示具有一定不透明度的区域。

Photoshop 中的蒙版有图层蒙版、矢量蒙版和剪贴蒙版 3 类。图层蒙版是位图形式的蒙版，可使用画笔等绘图工具在其中绘画以描述显示与隐藏的部分。矢量蒙版中只能用钢笔等矢量工具绘制，以封闭的矢量图形描述显示与隐藏的部分。剪贴蒙版比较特别，它是用一个图层去填充另一个图层，即用另一图层（基层）的形状（或非透明区）来限制剪贴蒙版中的显示内容。

图层蒙版的添加方法是选择图层后，选择【图层】→【图层蒙版】命令，在展开的子菜单（图 3.72）中选择添加方式。矢量蒙版的添加方法是选择图层后，选择【图层】→【矢量蒙版】命令，在展开的子菜单（图 3.73）中选择添加方式。剪贴蒙版的添加方式为，先选择欲作为剪贴蒙版的图层，然后选择【图层】→【创建剪贴蒙版】命令。

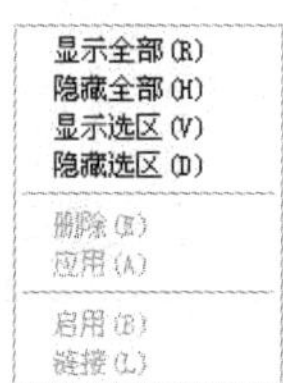

图 3.72　图层蒙版子菜单

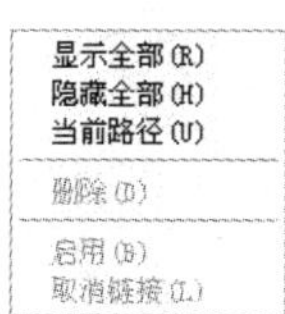

图 3.73　矢量蒙版子菜单

蒙版也可以复制、移动和删除，在“图层”面板中拖动蒙版缩略图可移动蒙版，按住 Alt 键并拖动蒙版缩略图可复制蒙版，拖动蒙版缩略图至“删除图层”按钮可删除蒙版，以上的操作也可从图 3.72 及图 3.73 所示菜单中找到相应的功能项。选择【图层】→【释放剪贴蒙版】可将作为剪贴蒙版的图层恢复为普通图层。

【案例 3.17】狮王的守护。

分析：合成图像时常会遇到这样的问题，那就是各图像素材来源各异，拍摄环境及参数设置各不相同，如果直接合成在一起会显得过于虚假。为解决此类问题，Photoshop 提供了一个重要的图像调整功能，那就是“匹配颜色”。

（1）打开教学资源“ch03\素材”文件夹中的“e0321a.jpg”（图 3.74）和“e0321b.jpg”（图 3.75）。

图 3.74　雪景素材

图 3.75　狮子素材

（2）选择“雪景”图像窗口，然后选择【图像】→【调整】→【匹配颜色】命令，参考图 3.76 所示调整“匹配颜色”对话框中的选项，完成后单击“确定”按钮返回。

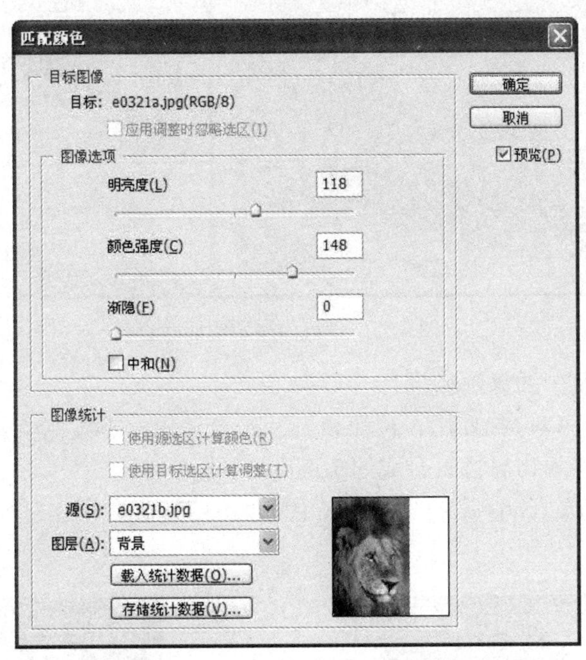

图 3.76　“匹配颜色”对话框

对“匹配颜色”对话框中的选项说明如下：

- 源。调整当前图像（此指“雪景”图）的依据，可以是其他图像或当前图像。
- 图层。可依据当前图像的其他层来调整某个层，此时“源”一定是当前图像。
- 明亮度与颜色强度。调整图像的明度与饱和度。
- 渐隐。当前图像或图层的颜色影响力。
- 中和。以当前图像色调和“源”图像色调的中间色调作为新的主色调。

（3）选择“移动工具”，然后将“狮子”图像移动复制到“雪景”窗口中。在“雪景”窗口中选择狮子图层，参考图 3.77 所示调整图像的位置及大小。

提示：如果能用 3.2 节所介绍的抠图方法先将狮子抠出来，再与雪景合成，则最终效果会更好。若能再结合 3.1.3 小节的图层样式，会更加完美。

（4）选择“椭圆选框工具”，在“狮子”图层画一个覆盖狮子头的椭圆选区，然后单击“添加图层蒙版”按钮，依据选区为“狮子”图层添加蒙版。

（5）选择“渐变工具”，以“径向渐变”的方式，在蒙版的椭圆区内填充“黑色、白色”渐变（注意先勾选“反向”复选框）。

提示：步骤（5）是在蒙版中操作，因此要确保蒙版处于选中状态，单击图像缩略图及蒙版缩略图，可以很容易辨别各自的选中状态。

（6）调整“狮子”图层的“不透明度”为“60%”，完成后的效果及图层面板中的状态可参考图 3.77。

专业人员拍摄的景物及人像，光、影、色的配置非常讲究，普通人很难拍摄出同样效果的图像。不过只要情景类似，利用 Photoshop 匹配颜色的功能可以快速将专业图像的配置信息应用到自己的图像中，这是匹配颜色最主要的用途。

图 3.77 最终效果及图层状态

【案例 3.18】草丛中的舞蹈精灵。

分析：蒙版不仅可以单独使用，也可以互相结合使用。本案例就是先以适量蒙版抠出人物，再使用图层蒙版将人物与背景合成的实例。

（1）打开教学资源“ch03\素材”文件夹中的“e0322a.jpg”（图 3.78）和“e0322b.jpg”（图 3.79）。

图 3.78 草丛素材

图 3.79 舞蹈者素材

（2）选择“舞蹈者”图像窗口，按住 Alt 键双击“背景”图层将其转换为普通图层。选择“快速选择工具”勾出人物轮廓（画笔选项可参考图 3.80 所示调整，局部的加选可使用 50px 和 10px 的画笔直径），完成后的效果如图 3.81 所示。

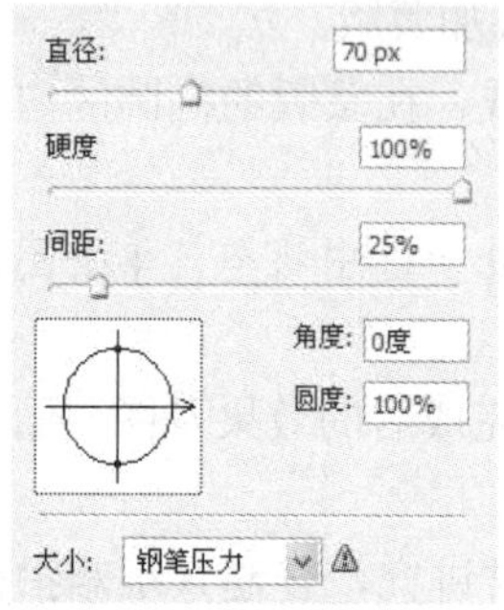

图 3.80 画笔选项

图 3.81 勾选后效果

（3）选择【选择】→【反向】命令将选区取反，然后打开“路径”面板并单击其下方的“从选区生成工作路径”按钮。接着选择【图层】→【矢量蒙版】→【当前路径】命令，用矢量蒙版将人物抠出。

（4）右击“图层 0”，在弹出的快捷菜单中选择“复制图层”命令，在打开的“复制图层”对话框中，调整目标“文档”为已经打开的“草丛”图像文档（图 3.82），并单击“确定”按钮。选择“草丛”图像窗口，可看到如图 3.83 所示的效果。

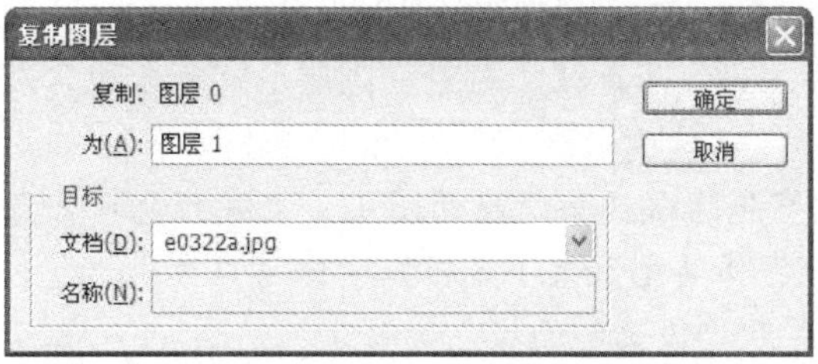

复制图层

复制：图层 0　　确定

为(A)：图层 1　　取消

目标

文档(D)：e0322a.jpg

名称(N)：

图 3.82　设置目标文档

图 3.83　复制图层后的结果

（5）选择“移动工具”并勾选“显示变换控件”复选框，移动并保持比例（按住 Shift 键）缩放人物图层，位置及大小可参考图 3.84（最终效果图）。

（6）选择人物图层并单击“图层”面板下方的“添加图层蒙版”按钮，然后选择“画笔工具”，以适当的画笔直径及 100%的硬度在图层蒙版上绘制黑色，透出部分背景图像，绘制位置可参考最终效果图，如图 3.84 所示。

图 3.84　最终效果

【案例 3.19】虎虎生威。

分析：剪贴蒙版可用某个图层的内容来遮盖其上方的图层。遮盖效果取决于底部图层或基底图层的内容。基底图层的非透明内容将在剪贴蒙版中裁剪，并显示它上方图层的内容。剪贴图层中的所有其他内容将被遮盖掉。

（1）打开教学资源“ch03\素材”文件夹中的“e0323.jpg”，如图 3.85 所示。

（2）使用“矩形选框工具”选择虎头所在的矩形区域，按 Ctrl+C 组合键复制选区，然后按 Ctrl+N 组合键新建文档，在打开的“新建”对话框中单击“确定”按钮，接着按 Ctrl+V

组合键粘贴虎头至新文档中。此时新文档窗口及图层如图 3.86 所示。

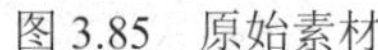

图 3.85 原始素材

图 3.86 抠出虎头

（3）选择“背景”图层，利用“横排文字工具” T，在“背景”图层上建一个包含双行文字的图层，文字内容是“虎”、“Tiger”。

说明：为了能在图像窗口中看到文字，最好先隐藏虎头所在的图层。文字颜色可任意设置，只要能与“背景”图层的颜色区分开即可。字体类型及大小可根据图像窗口大小调整，能显示完整即可，调整过程可能需要用到“字符”及“段落”面板。

（4）选择并显示出“图层 1”（虎头），然后选择【图层】→【创建剪贴蒙版】命令。最终效果及图层面板如图 3.87 所示。

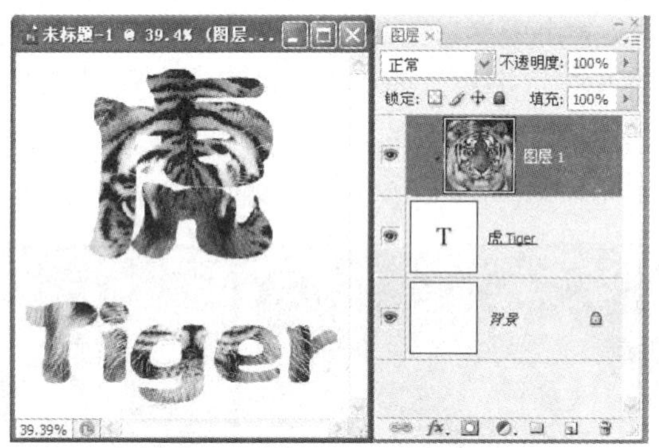

图 3.87 最终效果及“图层”面板

3.4 使用路径

Photoshop 工具箱中有 3 个与矢量图形相关的工具组，分别是“钢笔工具”组、“矩形工具”组和“路径选择工具”组。前两个工具组用于绘制矢量形状，结合绘制模式分别可以绘制“形状图层”、“路径”和“填充像素”。最后一个工具组提供对矢量图形进行编辑与修改的功能。

“形状图层”方式下绘制出的是矢量蒙版图层（即由矢量形状描述蒙版的图层），“填充像素”方式下绘制的是指定形状的实体像素图像。比较特别的就是“路径”方式，可以自由绘制矢量图形，这些图形可以是封闭的，也可以是不封闭的。创建的“路径”有两个主要的用途：一是作为引导路径指明变化方向（参考【案例 3.23】）；二是可以变换为选区帮助进行像素的处理。

编辑修改路径最主要的 3 个工具是“钢笔工具”、“转换点工具”和“直接选择工具”。“钢笔工具”的使用方法是，单击画布可以绘制折线式的路径，单击并拖动可以绘制曲线式的路径，单击起点可绘制闭合路径，图 3.88 所示为用“钢笔工具”绘制的路径。

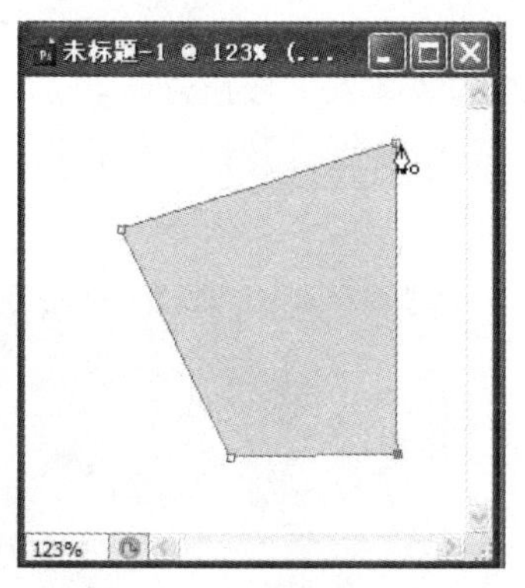

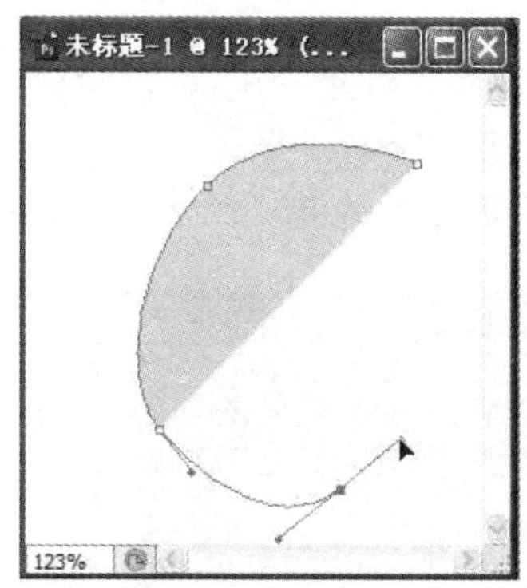

图 3.88　“钢笔工具”绘制路径

说明：在绘制路径时，路径上的点称为锚点，控制路径方向及曲率的两个点称为控制点，锚点与控制点间的连线称为控制线，具体情形可参考图 3.88（右图）。

“转换点工具”的特点是，单击路径上的平滑锚点，可将其转变为尖锐锚点，单击并拖动尖锐锚点则反之，单击路径可显示局部路径段的锚点及控制点状态，单击并拖动路径可调整局部路径的形状，单击并拖动控制点可改变锚点单侧或双侧的曲率及方向。

“直接选择工具”的特点是，单击锚点可显示锚点及其控制点的状态，单击并拖动锚点可改变锚点位置及相关路径的形状，单击并拖动控制点可改变锚点单侧的曲率及方向，按住 Alt 键并拖动控制点可同时改变锚点两侧的路径方向，单击并拖动路径可改变局部路径的曲率及方向。

【案例 3.20】用路径抠图并合成。

分析：利用“钢笔工具”，沿景物边缘绘制一个封闭的路径，然后将其变换为选区并抠出该区域。

（1）打开教学资源中的文件“ch03\素材\e0324a.jpg”和“ch03\素材\e0324b.jpg”，如图 3.89 和图 3.90 所示。

图 3.89　树干素材

图 3.90　蝴蝶素材

（2）选择“树干”图像窗口，选择【文件】→【存储为】命令，在弹出的“存储为”对话框中调整“格式”为“Photoshop（*.PSD;*.PDD）”，并单击“保存”按钮。选择“蝴蝶”图像窗口，选择“钢笔工具”，并在属性栏选择“路径”方式，然后使用该工具沿蝴蝶边缘绘制一条封闭路径，如图 3.91 所示。

说明：触须部分比较难处理，要多花些时间，也可在此处先粗略处理，待抠出蝴蝶后再仔细调整。

（3）打开“路径”面板，单击“将路径作为选区载入”按钮。然后选择“移动工具”将选区内的图像复制到树干图像窗口，按 Ctrl+T 组合键打开自由变换控件，调整蝴蝶至适当的大小和位置，如图 3.92 所示。

图 3.91　绘制路径

图 3.92　初步合成

（4）在“树干”窗口中选择蝴蝶图层，选择【滤镜】→【扭曲】→【置换】命令，参考图 3.93 调整“置换”对话框中的选项并单击“确定”按钮。在之后出现的“选择一个置换图”对话框中，选择步骤（2）所保存的树干 PSD 文件并单击“确定”按钮。

说明：“置换”滤镜的作用类似三维动画软件中的贴图工作，可使蝴蝶依据树干的明暗变化更好地与之融合，实质就是将蝴蝶作为贴图置于树干上。

（5）设置蝴蝶图层的混合模式为“柔光”，完成后的最终效果如图 3.94 所示。

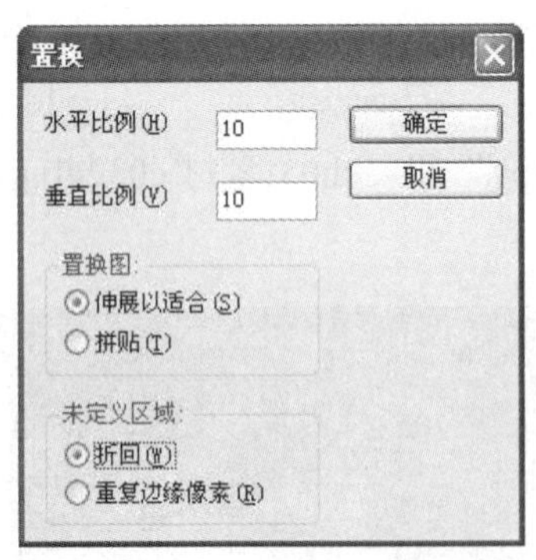

图 3.93　“置换”对话框

图 3.94　最终效果

3.5　使用通道

通道是 Photoshop 中非常重要的一部分内容，根据其保存信息的含义，通道可分为原色通道、专色通道和 Alpha 通道。无论是哪种类型的通道，都与蒙版类似，只能在其中看到黑色、白色和灰色 3 类颜色。

原色通道存储的是各原色（RGB 或 CMYK）的亮度或浓度值，RGB 模式下黑色表示亮度为零，CMYK 模式下黑色表示浓度最高。改变原色通道中的信息将直接造成图像的颜色变化，因此其基本用途是调色，第 2 章中不少案例中都有针对某个通道调整的操作。

专色通道是专门针对印刷业的颜色描述通道，其中同样记录着颜色的色值信息，只不过相应的颜料是特别配制的，能产生诸如镏金等特殊效果。专色通道需要单独创建，其中的黑、白、灰色的含义与原色通道相同。

Alpha 通道是一种特殊通道，专门用于存储选区及针对选区进行处理后的信息。在 Alpha 通道中，黑色表示非选区，白色表示选区，灰色表示对选区处理后的影响范围及强弱。

在“通道”面板下方，有“将通道作为选区载入”、“将选区存储为通道”、“创建新通道”及“删除当前通道”4 个按钮。无论是通过选区建立还是直接新建的通道都是 Alpha 通道，是描述选区的一类通道。

【案例 3.21】利用通道抠图（苹果 G3 火焰字）。

分析：原色通道虽然用于存储各原色颜色值信息，但如果运用适当，也可以利用其达到其他的目的，常见的一种操作就是利用通道抠图。本案例就是利用通道抠出火焰及文字，并将其与雪景图像合成。

（1）打开教学资源中的指定文件“ch03\素材\e0325a.tif”和“ch03\素材\e0325b.jpg”，如图 3.95 和图 3.96 所示。

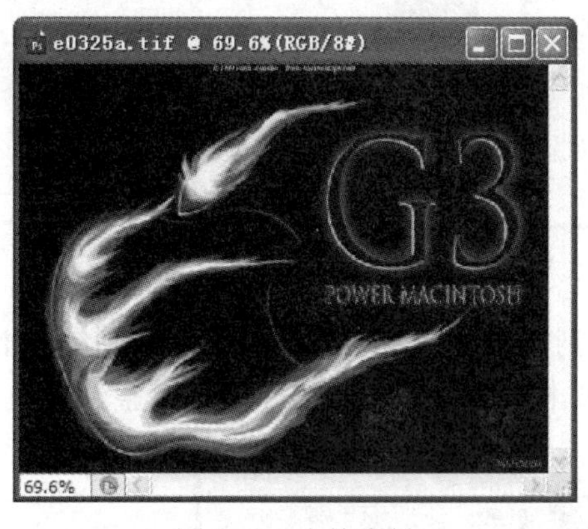

图 3.95　火焰素材

图 3.96　雪景素材

（2）选择火焰字图像窗口并打开“通道”面板。在“通道”面板中，分别选择并拖动红、绿、蓝通道至面板底部的“创建新通道”按钮，建立 3 个通道的副本，完成后如图 3.97 所示。

说明：原色通道中的任何变化都会即刻造成图像的变化，为避免此种情况，通常会像步骤（2）一样制作需要利用的原色通道的副本。

（3）在“通道”面板中，按住 Ctrl 键并单击“红副本”通道以该通道建立选区。然后切换到“图层”面板并新建一个图层，设置前景色为红色（255,0,0），再按 Alt+Delete 组合键在新图层中将选区填充为红色。

（4）重复步骤（3），分别以“绿副本”和“蓝副本”通道建立选区，并在两个新图层中分别填充绿色（0,255,0）和蓝色（0,0,255）。完成后的“图层”面板如图 3.98 所示。

（5）在图 3.98 所示的“图层”面板中，分别选择“图层 3”和“图层 2”，并调整图层混合模式为“滤色”。然后将图层 1、2、3 全部选中，按 Ctrl+E 组合键合并图层并隐藏“背景”

图层。完成后的图像窗口及“图层”面板如图 3.99 所示。

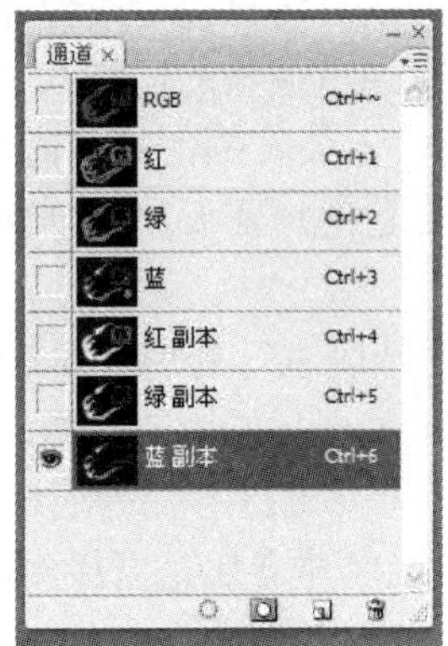

图 3.97 建立通道副本图

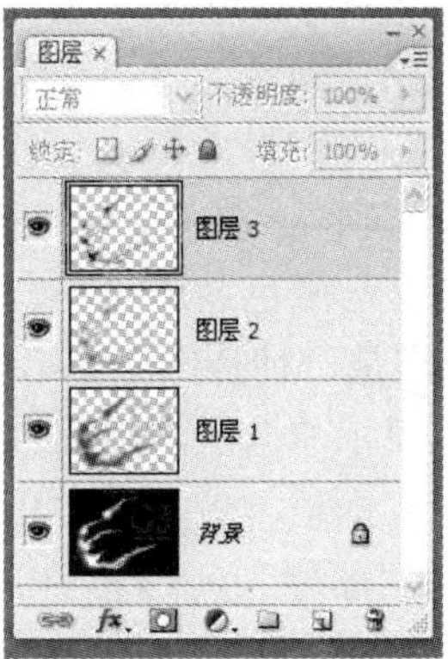

图 3.98 “图层”面板

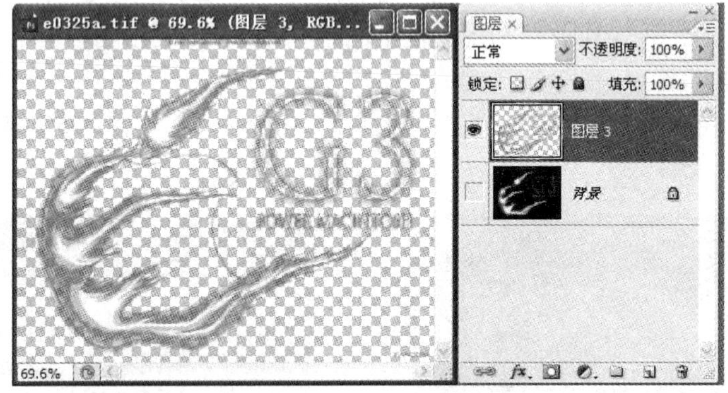

图 3.99 抠出的火焰文字

（6）使用“移动工具”将火焰字图层复制到雪景图像窗口，调整火焰字图层的混合模式为“明度”，勾选属性栏的“显示变换控件”复选框，并参照图 3.100 所示调整位置及大小。

图 3.100 调整图层大小及混合模式

（7）复制火焰字图层并选中图层副本，选择移动工具，在勾选“显示变换控件”复选框的条件下，拖动控制框顶部中间的控制点向下随意翻转图层中的图像。变换过程中，属性栏将显示相应的变换选项，设置变换参考点为，并调整大小为 W: 100.0% H: -100%，然后按 Enter 键完成变换。

（8）选择“图层 1 副本”，调整其“不透明度”为“30%”。最终效果及“图层”状态如图 3.101 所示。

图 3.101　最终效果及“图层”状态

利用通道抠图没有普遍适用的方法，要根据图像的具体情况或各通道的特别之处来分析和选择。本案例是根据图像整体背景为黑色的特点，采用实色还原的方法，分别取出红、绿、蓝三原色，再以加色原理还原出火焰文字。

3.6　文字处理

文字是图像处理中非常重要的增效内容，为图像配上适当的说明文字可起到画龙点睛的作用。Photoshop 中文字的使用方法有两种：一种是以文字层的方式使用；另一种是以文字蒙版的方式使用。前者是以文字层并配合图层样式产生文字效果，后者则是以文字轮廓制作图层蒙版产生文字效果。

添加文字图层可使用“横排文字工具”T或“直排文字工具”IT，添加文字蒙版的方法是使用“横排文字蒙版工具”T或“直排文字蒙版工具”IT。

【案例 3.22】使用文字图层产生文字效果。

分析：本案例将结合实际应用，讲述文字层的建立、文字内容的编辑及文字属性的调整等内容。

（1）新建一个图像，大小为 1024×768 像素，分辨率为 72 像素/英寸，RGB 颜色，8 位色深，背景白色，并保存此文件为“文字图层.psd”。

（2）用 Photoshop 打开教学资源中的指定文件“ch03\素材\e0325b.jpg”。按 Ctrl+A 组合键选择全部图像，接着按 Ctrl+C 组合键复制图像，切换到“文字图层.psd”窗口，按 Ctrl+V 组合键粘贴雪景图像，然后关闭原始的雪景图像窗口。

（3）选择雪景图层，调整图层的“不透明度”为“65%”。选择“横排文字工具”T，参考图 3.102 调整工具的字体类型、字体大小、对齐方式及字体颜色等选项，然后参考图 3.103 拖出一个矩形区域。

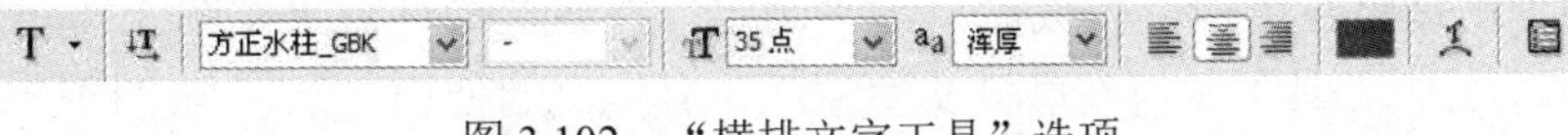

图 3.102　“横排文字工具”选项

提示：选择了“横排文字工具”T后，也可单击图像中的任何位置来创建文字图层。与步骤（3）的区别是先拖出矩形区的文字层具有段落自动换行的特点，而单击建立的文字层则无此特点。

图 3.103 矩形文字区

（4）通过键盘录入或复制粘贴的方式在矩形文字区内填写毛泽东诗词《沁园春·雪》。然后选择诗词的标题文字“《沁园春·雪》”，利用“属性”栏调整字体大小为“50 点”。此时的效果可参考图 3.104 所示。

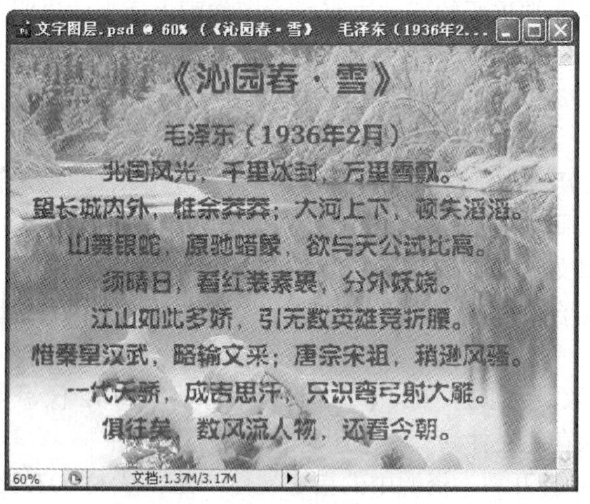

图 3.104 填写文字区

提示：无论任何时刻，双击“图层”面板中文字层左侧的缩略图，都可以快速切换到文字工具，并同时进入到文字的编辑状态。通过“窗口”菜单可以打开与文字相关的“字符”和“段落”面板，以方便对字符或段落选项进行调整。

（5）选择【图层】→【图层样式】→【渐变叠加】命令，在打开的“图层样式”对话框中，参考图 3.105 调整各选项，完成后单击“确定”按钮。最终效果如图 3.106 所示。

“横排文字蒙版工具”与“直排文字蒙版工具”的使用方法，与“横排文字工具”相似。不同之处在于，文字蒙版工具根据所选的字体类型及大小等选项，以输入的文字轮廓创建选区，之后可在相应的图层上单击“图层”面板下方的“添加图层蒙版”按钮，为图层创建文字类型的蒙版。图 3.107 是一个应用的效果。

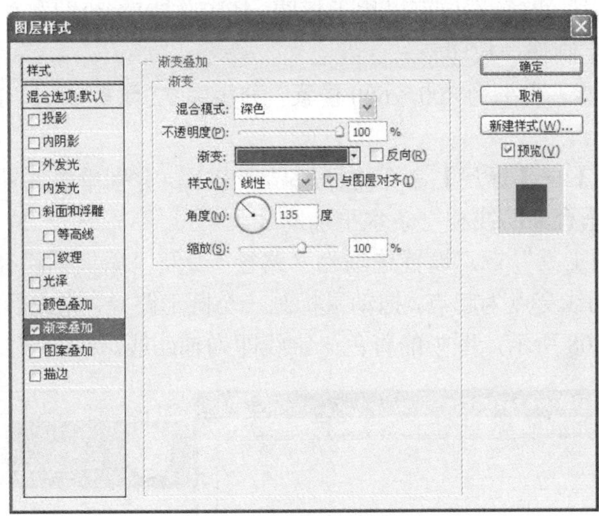

图 3.105　“渐变叠加”选项

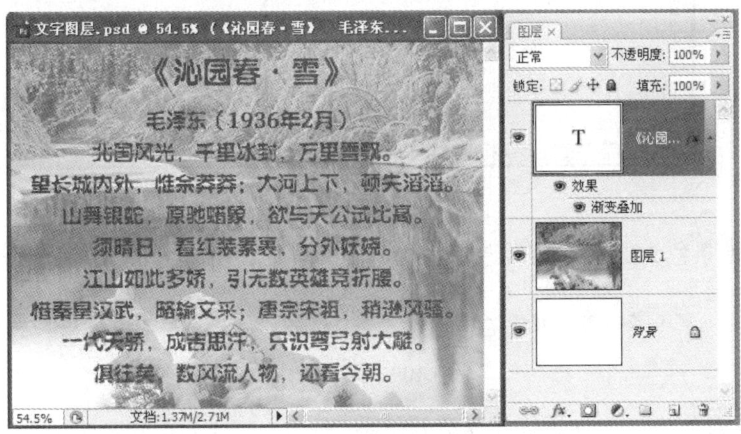

图 3.106　最终效果

图 3.107　文字蒙版效果

【案例 3.23】用路径引导文字。

分析：如 3.4 节所述，路径不仅可以用于抠图，还可作为路径引导文字沿指定的方向分布。本例利用路径引导文字制作一枚印章。

（1）新建一个图像，大小为 800×600 像素，分辨率 72 像素/英寸，RGB 颜色，8 位色深，背景白色。

（2）选择【视图】→【标尺】命令将标尺显示出来，分别单击并拖动垂直和水平标尺至窗口中央，添加一条垂直辅助线和一条水平辅助线。

（3）选择“椭圆工具”，设置选项为“路径”及“添加到路径区域”，同时按住 Alt 和 Shift 键，以辅助线交点为起点，拖动鼠标画一个圆形路径，完成后的图像窗口及“路径”面板中的状态如图 3.108 所示，图中的青色十字线即为辅助线。

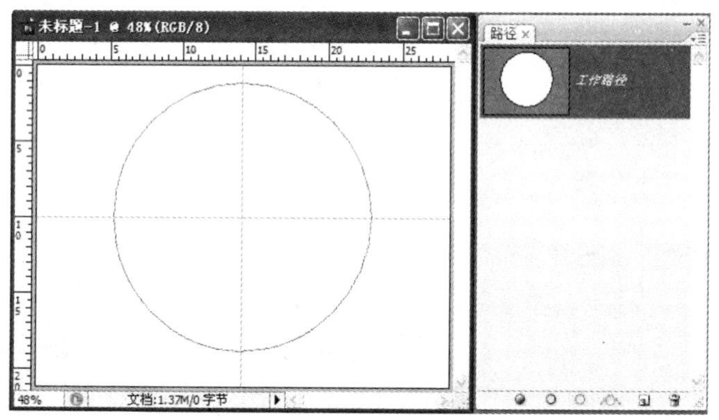

图 3.108 添加辅助线

（4）设置前景色为红色，然后选择“画笔工具”，并参考图 3.109 调整画笔属性。

图 3.109 画笔属性

提示：此步骤是为下一步的路径描边作准备。

（5）单击“路径”面板底部的“用画笔描边路径”按钮，然后双击“工作路径”层，在弹出的“存储路径”对话框中设置“名称”为“印章边缘”。重复步骤（3）再画一个同心的新“工作路径”，完成后的图像窗口及“路径”面板状态如图 3.110 所示。

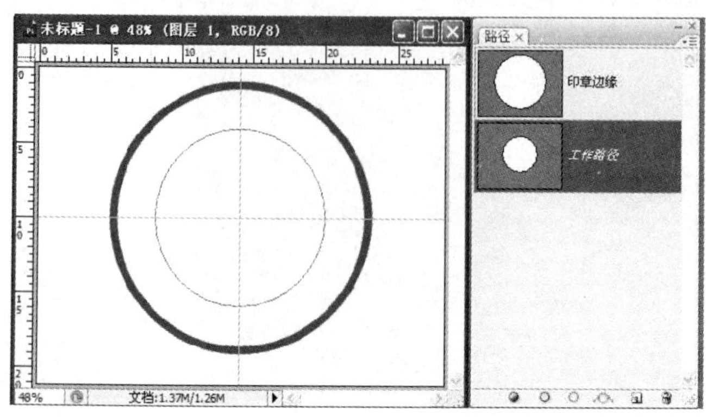

图 3.110 路径描边

（6）选择“横排文字工具” T，在选项栏设置字体类型（如黑体）、字体大小（如 55 点）及居中对齐方式，单击内部圆形路径的边缘线，然后输入“太阳系地球村管理委员会”的字样。选择“路径选择工具”，拖动文字调整其在路径上的位置。若文字大小等不合适，可再使用文字工具重新调整。完成后图像窗口及“路径”面板状态如图 3.111 所示。

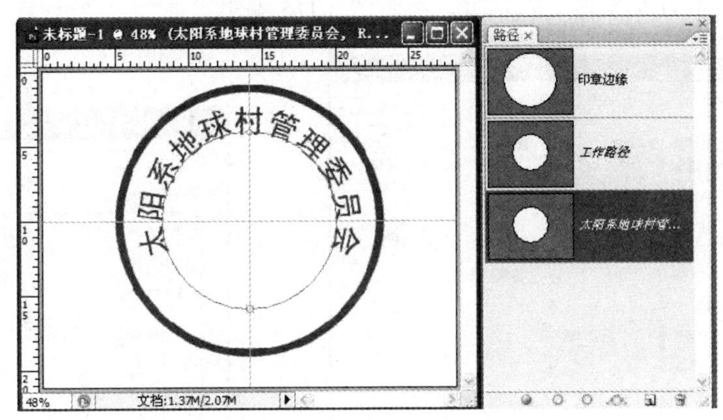

图 3.111　路径引导文字

提示：若路径的大小不合适，可用“路径选择工具”选择相应的路径，并在属性栏中勾选“显示定界框”复选框，然后调整路径的位置及大小。

（7）选择“横排文字工具” T，在所有路径之外单击，分别建立“★”和“人口专用章”两个文字图层。然后使用“移动工具”移动图层文字到适当的位置，完成印章的制作。最终效果及“路径”面板的状态如图 3.112 所示。

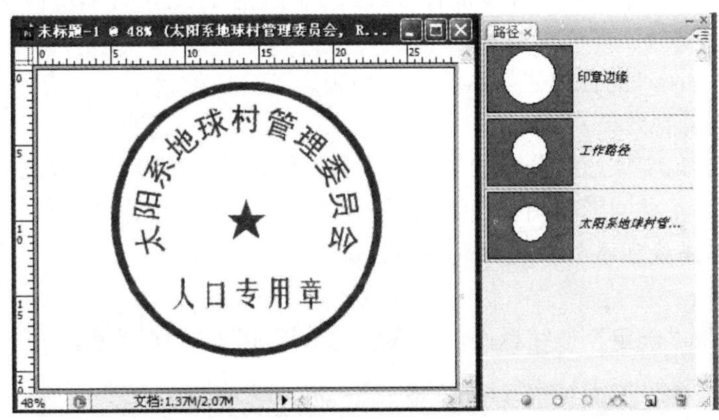

图 3.112　最终效果

提示：使用“移动工具”可将不需要的辅助线拖离图像窗口。

【案例 3.24】制作金属质感的文字。

（1）新建一个图像，大小为 600×300 像素，分辨率为 72 像素/英寸，背景白色。

（2）选择“横排文字工具” T，改变“属性”面板中的“设置文本颜色”的值为 ffba00，参考图 3.113 设置其余工具选项。

图 3.113　文字工具选项

说明：此处的字型为“方正水柱_GBK”，若读者计算机中无此字型，可选用其他的艺术字型。

（3）单击画布中央并输入“计算机学院”字样。然后选择【图层】→【图层样式】→【内阴影】命令，打开“图层样式”对话框，参考图 3.114 设置各选项。然后单击“等高线”右侧的按钮打开“等高线编辑器”对话框，参考图 3.115 编辑等高线。

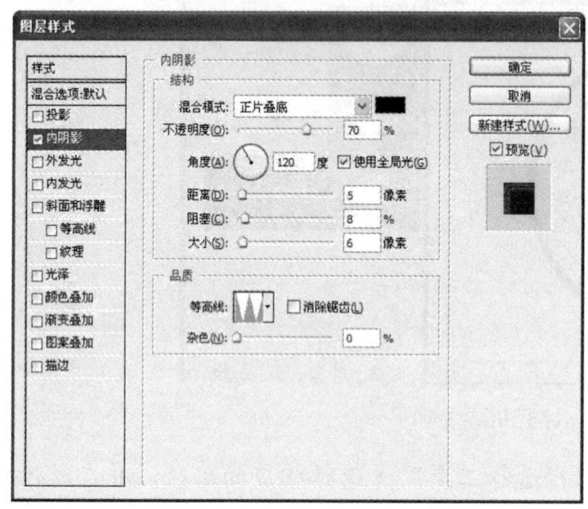

图 3.114 “内阴影”选项

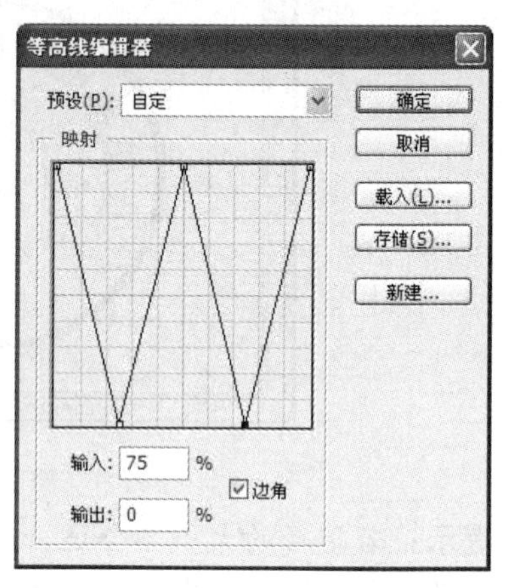

图 3.115 “内阴影”等高线

对“内阴影”样式的选项说明如下：

1）混合模式。添加“内阴影”样式后，相应图层上好似又多了一个层，“混合模式”即指该隐含图层与当前实体层间的像素混合方式。不同图层样式皆有体现自身特点的“混合模式”，所以一般不作改变。

2）阴影颜色。在“混合模式”右侧，控制阴影部分的颜色。因设有“混合模式”，所以常不能以所设置色看到效果。

3）距离。阴影与文字边缘分开的像素数，具体位置由“角度”设置决定。

4）阻塞与大小。共同影响阴影边缘的渐变程序，“大小”设置越大渐变效果越明显。

提示：单击等高线可添加或选择线上的控制点，若勾选“边角”复选框可将控制点由圆滑形转变为尖角形。

（4）两次单击“确定”按钮返回，完成后的效果如图 3.116 所示。

图 3.116 最终文字效果

“图层样式”对话框中还有其他的样式可以添加到文字图层上产生特殊效果，组合不同的样式能产生更复杂的文字特效，读者可自行练习。

【案例 3.25】制作 Logo 标志。

（1）新建一个图像，大小为 400×400 像素，分辨率为 72 像素/英寸，背景白色。

（2）设置前景色为红色（255,0,0），选择“圆角矩形工具”，设置选项为“形状图层”、“半径”为 10px 及“创建新的形状图层”，同时按住 Alt 和 Shift 键，拖动鼠标画一个圆角正方形。

提示：后续几个步骤中有设置字体大小的操作，要参照步骤（2）所创建的正方形的大小来设置。文字位置可参考图 3.117 所示来调整。

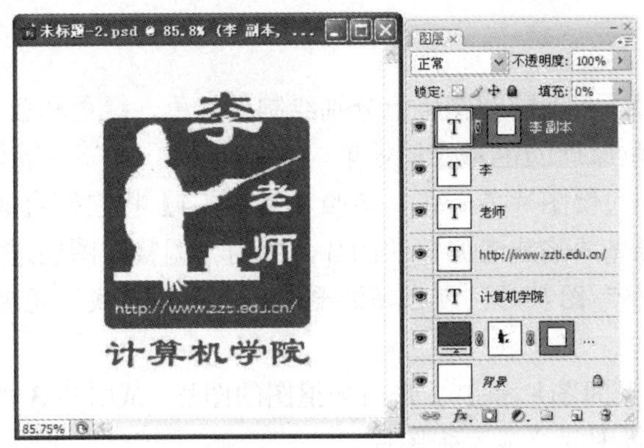

图 3.117　Logo 标志

（3）选择“横排文字工具”，在选项栏设置字体类型（如隶书）、字体大小及居中对齐方式，在正方形下方输入“计算机学院”的字样。

（4）按 Ctrl+J 组合键复制文字图层，双击新文字层的缩略图并将文字修改为“http://www.zzti.edu.cn/”，改变字体大小。选择【图层】→【图层样式】→【混合选项】命令打开“图层样式”对话框，在“高级混合”中调整“填充不透明度”为 0，并设置“挖空”为“深”。

（5）仿照步骤（4）创建“老师”图层并设置相同的混合选项。复制“计算机学院”图层产生“李”图层。改变文字方向可通过单击属性栏中的“更改文本方向”按钮实现。

（6）打开教学资源文件夹“ch03\素材\”中的“e0301.tif”，选择“魔棒工具”，以“新选区”方式选中教师剪影区域。鼠标拖动该选区至 Logo 窗口，并移动该选区至合适位置。单击选中正方形图层，单击工具箱中的按钮复位前景及背景色，在按住 Alt 键的同时单击“添加图层蒙版”按钮。

（7）选中“李”图层，按 Ctrl+J 组合键复制该层。在按住 Alt 键的同时，用鼠标拖动“正方形”图层的矢量蒙版到“李 副本”图层。仿照步骤（4）设置相同的混合选项。

（8）完成后的 Logo 图像及图层信息如图 3.117 所示。

习题三

一、问答题

1．Photoshop 中的图层有哪几类？使用图层能带来哪些好处？

2．如何打开“图层”面板？简述“图层”面板的组成。

3．什么是图层样式？如何添加、删除图层样式？

4．什么是混合模式？如何改变图层的混合模式？

5．什么是“填充”图层？什么是“调整”图层？为什么要使用这两种类型的图层？

6．常用的抠图方法有哪几种？各有什么特点？

7．什么是图层蒙版？什么是剪贴蒙版？它们各有什么特点？

8．什么是路径？简述路径的特点与作用。

9．通道分哪几类？各有什么特点？

10．文字有哪几种使用方式？各自的特点是什么？

二、操作题

1．模仿【案例 3.1】，在不同的图层上分别绘制出红色、绿色和蓝色矩形。然后，利用图层混合模式，模拟出加色原理的色彩叠加效果。

2．选取风景图片和人像图片各一张，仿照【案例 3.4】将它们合成为一张图片。

3．选取一张具有曝光缺陷或者偏色的图片，利用“调整”图层进行校正。

提示：在新建“调整”图层时，可根据需要选用色阶、曲线、亮度/对比度、色相/饱和度等方法。

4. 选取一张用作背景的图片和 1~2 张用来抠图的图片，试用 2~3 种不同的方法进行抠图，然后将抠取的图形与背景图片合成一张图片。

提示：不同的抠图方法适用于不同特点的图形，操作时可预选若干种方法进行比较，根据抠图效果选出一种较合理的方法后，再精细地抠取出所需图形。

5．选用操作题 4 中的素材（或者另行选取），采用蒙版进行图片的合成。

要求：至少选用 3 张图片，一张作为背景图层，另外两个图层分别选用两张不同的图片，采用蒙版技术将它们组合为一幅完整的作品。

6．练习使用路径方法抠取图形。可以使用前面操作题中的图片，或者另选图片。

7．模仿【案例 3.25】，为自己设计并制作一个 Logo 标志。

8．模仿某影视剧海报，或者某婚纱摄影，设计并制作一个完整作品。

要求：根据所选题材搜集所需图文资料。具体制作前，先画出草图，再利用前一章和本章学到的理论、方法和手段完成制作。要求作品布局合理，色彩协调，画面简洁、美观，必须配有相关文字。

第 4 章　Flash 动画基础

Flash 作为一款当今最为流行的动画制作工具，以其操作简单、功能强大、易学易用、浏览速度快等特点深受广大网页设计人员的喜爱。本章以 Flash CS3 的工作环境介绍入手，全面讲述了 Flash CS3 的动画制作基础知识，包括 Flash 绘图、帧、图层、时间轴、元件等。

- Flash CS3 的工作环境和基本操作
- Flash 绘图基础和绘图工具
- 帧、时间轴、图层与元件

4.1　Flash CS3 工作环境概述

Flash CS3 以便捷、完美、舒适的动画编辑环境，深受广大动画制作爱好者的喜爱，在制作动画之前，先对工作环境进行介绍。

4.1.1　工作环境简介

1. 欢迎屏幕

运行 Flash CS3，首先看到的是“欢迎屏幕”，“欢迎屏幕”将常用的任务都集中放在此界面中，包括“打开最近的项目”、“新建”、“从模板创建”、“扩展”以及对官方资源的快速访问，如图 4.1 所示。

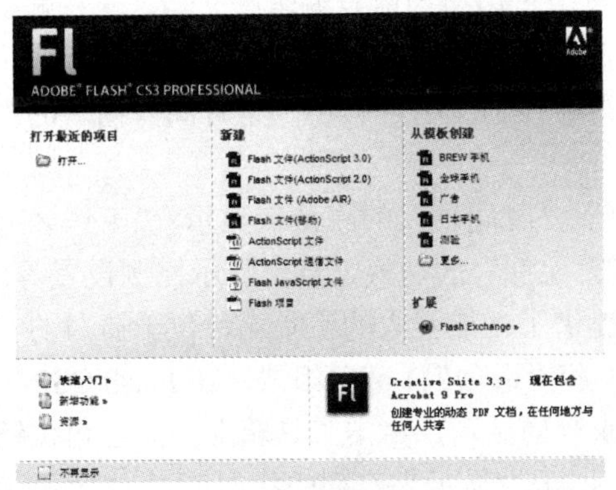

图 4.1　欢迎屏幕

如果要隐藏“欢迎屏幕”，可以选中“不再显示”复选框，然后在弹出的对话框单击“确定”按钮。

如果要再次显示欢迎屏幕，可以通过选择【编辑】→【首选参数】命令，打开“首选参数”对话框，然后在“常规”类别中设置“启动时”选项为“欢迎屏幕”即可。

2. 工作窗口

在“欢迎屏幕”中，选择“新建”下的“Fash 文件”，即可启动 Flash CS3 的工作窗口并新建一个影片文档，如图 4.2 所示。

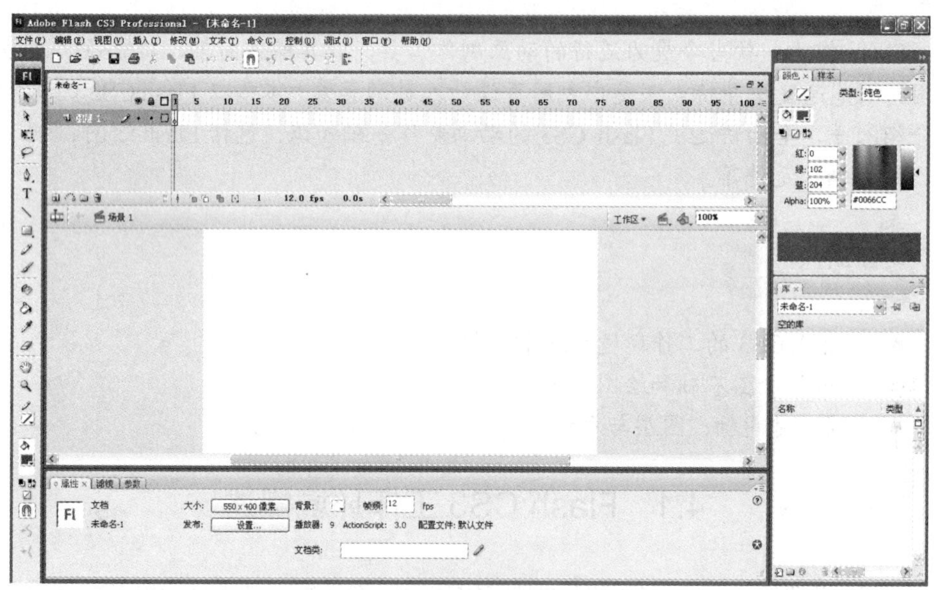

图 4.2　Flash CS3 的工作窗口

Flash CS3 的工作窗口由标题栏、菜单栏、主工具栏、文档选项卡、编辑栏、时间轴、工作区和舞台、工具箱及各种面板组成。

（1）标题栏。自左到右依次为控制菜单按钮、软件名称、当前文档名称和窗口控制按钮。

（2）菜单栏。在其下拉菜单中提供了几乎所有的 Flash CS3 命令项。

（3）主工具栏。通过它可以快捷地使用 Flash CS3 的控制命令。

（4）文档选项卡。主要用于切换当前要编辑的文档，其右侧是文档控制按钮。

（5）时间轴。用于组织和控制文档内容在一定时间内播放的图层数和帧数。

（6）编辑栏。可以用于“时间轴”的隐藏或显示、“工作区布局”的切换、“编辑场景”或“编辑元件”的切换、舞台显示比例设置等。

（7）工具箱。Flash 提供了功能强大的工具箱，位于窗口的左边，由“工具”、“查看”、“颜色”和“选项”4 部分组成。在 Flash CS3 中，工具箱可以自由地安排为单列或双列显示，单击工具箱上方的三角按钮可以在两种状态之间变换，图 4.3 所示为显示为双列的状态。

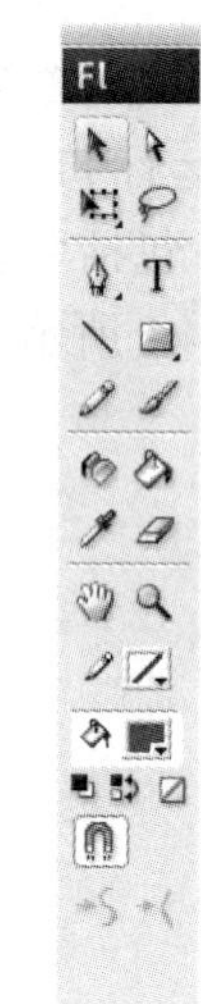

图 4.3　工具箱

（8）工作区和舞台。Flash CS3 中最大的矩形区域即为工作区，可以在上面存储多个项目。

舞台是在工作区中放置动画内容的矩形区域，可以是矢量插图、文本框、按钮、导入的位图图形或视频剪辑等。

提示：工作时根据需要可以改变舞台显示的比例大小，可以在“编辑栏”右侧的“显示比例”中设置显示比例，最小比例为 8%，最大比例为 2000%。在“显示比例”的下拉菜单中有 3 个选项，“符合窗口大小”选项用来自动调节到最合适的舞台比例大小；“显示帧”选项可以显示当前帧的内容；“显示全部”选项能显示整个工作区中（包括在“舞台”之外）的元素。选择工具箱中的“手形工具”，在舞台上拖动鼠标可平移舞台；选择“缩放工具”，在舞台上单击可放大或缩小舞台的显示。选择“缩放工具”后，在工具箱的“选项”下会显示出两个按钮，分别为“放大”和“缩小”，分别单击它们，可在“放大视图工具”与“缩小视图工具”之间切换。选择“缩放工具”后，按住键盘上的 Alt 键，单击舞台，可快捷缩小视图。

（9）面板。多个面板围绕在舞台的下面和右面，包括常用的“属性”、“滤镜”、“参数”面板组，还有“颜色”面板组和“库”面板等。

4.1.2　面板

1. 面板的基本操作

（1）打开面板。选择“窗口”菜单中的相应命令打开指定面板。

（2）关闭面板。在已经打开的面板标题栏上右击，然后在弹出的快捷菜单中选择“关闭面板”命令即可，或者也可直接单击面板右上角的“关闭”按钮。

（3）折叠或展开面板。单击标题栏或标题栏上的折叠按钮，可以将面板折叠为其标题栏。再次单击即可展开。

（4）移动面板。可以通过拖动标题栏区域或者将固定面板移动为浮动面板。

（5）将面板缩为图标。在已经打开的面板标题栏上右击，然后在弹出的快捷菜单中选择“折叠为图标”命令，或者也可直接单击面板右上角的“折叠为图标”按钮。它能将面板以图标的形式显现，进一步扩大了舞台区域，为创作动画提供了良好的环境。

（6）恢复默认布局。选择【窗口】→【工作区布局】→【默认】命令即可。

2. “帮助”面板

“帮助”面板包含了大量信息和资源，对 Flash 的所有创作功能和 ActionScript 语言进行了详细的说明。“帮助”面板可以随时对软件的使用或动作脚本语法进行查询，使用户更好地使用软件的各种功能，如图 4.4 所示。

如果从未使用过 Flash，或者只使用过有限的一部分功能，可以从“使用 Flash”选项开始学习。在其上方有一组快速访问的工具按钮，在文本框中输入词条或短语，然后单击“搜索”按钮，包含该词条或短语的主题列表即会显示出来。

3. “动作”面板

“动作”面板可以创建和编辑对象或帧的 ActionScript 代码，主要由“动作工具箱”、“脚本导航器”和“脚本”窗格组成，如图 4.5 所示。

4. “属性”面板

使用“属性”面板可以很方便地设置舞台或时间轴上当前选定对象的最常用属性，从而加快了 Flash 文档的创建过程，如图 4.6 所示。

当选定对象不同时，“属性”面板中会出现不同的设置参数。

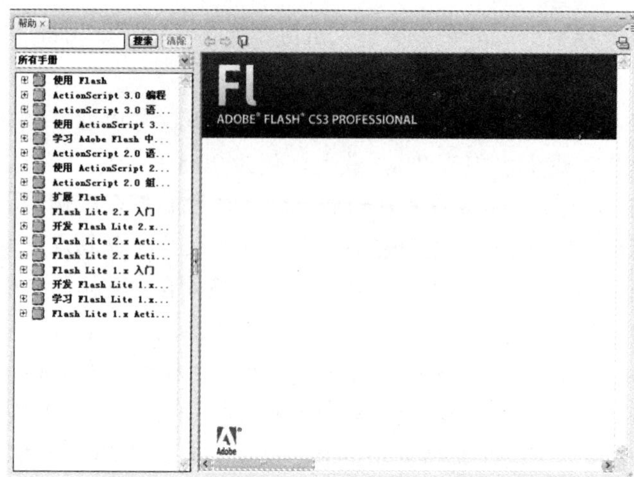

图 4.4 “帮助”面板

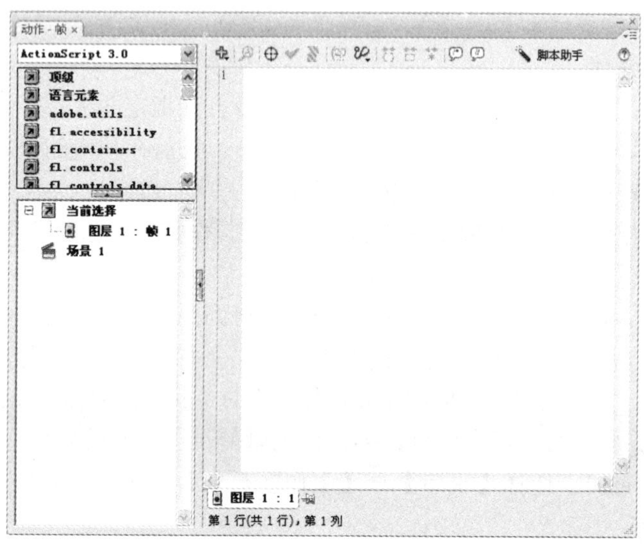

图 4.5 “动作”面板

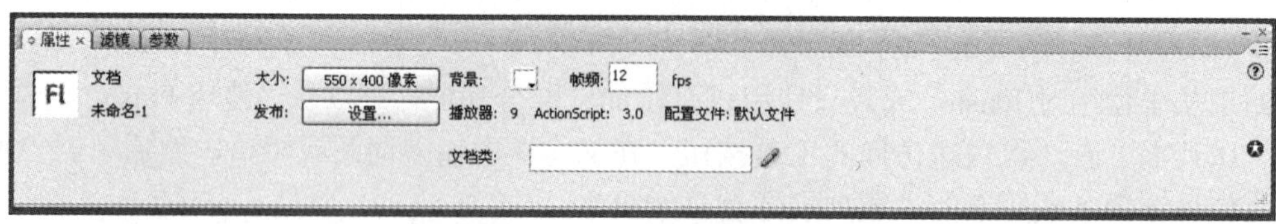

图 4.6 “属性”面板

5. “滤镜”面板

滤镜对制作 Flash 动画产生了较大的便利，Flash CS3 又新增了复制和粘贴滤镜的功能，使滤镜的使用更加方便。默认情况下，“滤镜”面板、“属性”面板和“参数”面板组成一个面板组，如图 4.7 所示。

6. “变形”面板

“变形”面板主要用于缩放、旋转和倾斜所选择的实例、组及文字，具体变形的程度可以修改文本框中的数据来控制，如图 4.8 所示。

图 4.7　“滤镜”面板

7. “对齐”面板

“对齐”面板可以重新调整选定对象的对齐方式和分布，如图 4.9 所示。

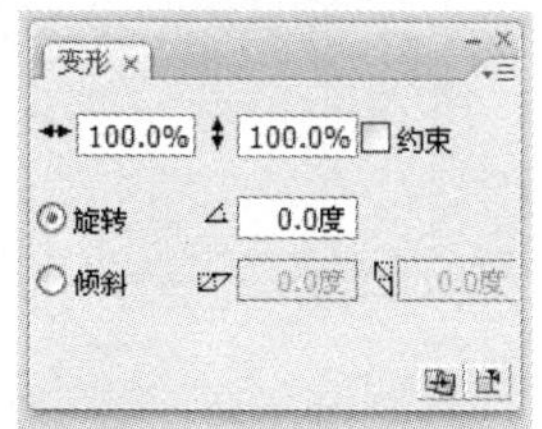

图 4.8　“变形”面板

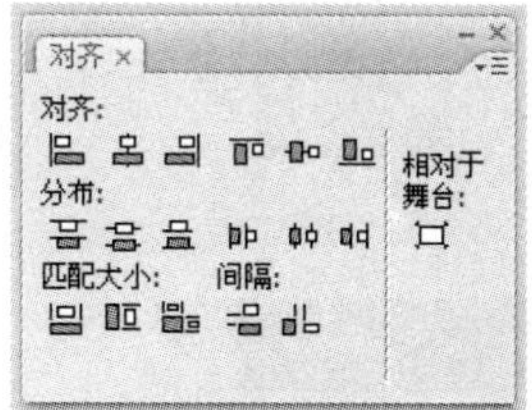

图 4.9　“对齐”面板

“对齐”面板分为 5 个区域。

- 相对于舞台。单击此按钮后可以调整选定对象相对于舞台尺寸的对齐方式和分布；如果没有单击此按钮则是两个以上对象之间的相互对齐和分布。
- 对齐。用于调整选定对象的左对齐、水平中齐、右对齐、上对齐、垂直中齐和底对齐。
- 分布。用于调整选定对象的顶部、水平居中和底部分布，以及左侧、垂直居中和右侧分布。
- 匹配大小。用于调整选定对象的匹配宽度、匹配高度或匹配宽和高。
- 间隔。用于调整选定对象的水平间隔和垂直间隔。

8. “颜色”面板

“颜色”面板可以创建和编辑“笔触颜色”和“填充颜色”颜色，如图 4.10 所示。默认为 RGB 模式，显示红、绿和蓝的颜色值，“Alpha”值用来指定颜色的透明度，其范围在 0%~100%，0%为完全透明，100%为完全不透明。“颜色代码”文本框中显示的是以“#”开头十六进制模式的颜色代码，可直接输入。可以在面板的“颜色空间”单击鼠标，选择一种颜色，上下拖动右边的“亮度控件”可调整颜色的亮度。

9. “库”面板

“库”面板是存储用户在文档中使用而创建或导入的媒体资源，还可以包含已添加到文档的组件，组件在“库”面板中显示为编译剪辑，如图 4.11 所示。

在 Flash CS3 中沿用了“单一库面板”功能，可以使用一个“库”面板来同时查看多个 Flash 文档的库项目。

10. “场景”面板

一个动画可以由多个场景组成，“场景”面板中显示了当前动画的场景数量和播放的先后顺序。当动画包含多个场景时，将按照它们在“场景”面板中的先后顺序进行播放，动画中的“帧”是按“场景”顺序连续编号的。例如，如果影片中包含两个场景，每个场景有 10 帧，则场景 2 中的帧编号为 11～20。单击“场景”面板下方的 3 个按钮可以执行“复制”、“添加”和“删除”场景的操作。双击“场景名称”可以重新命名，上下拖动“场景名称”可以调整“场景”的先后顺序，如图 4.12 所示。

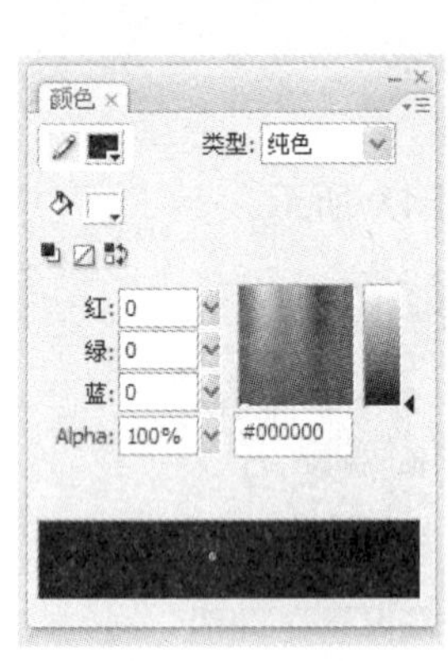

图 4.10 “颜色”面板

图 4.11 “库”面板

图 4.12 “场景”面板

4.1.3 Flash CS3 文档的基本操作

使用 Flash CS3 制作动画，就要熟练掌握文档的基本操作。

1. 新建文件

在 Flash CS3 中选择【文件】→【新建】命令，选取相应的 Flash 文件类型即可。当创建空白 Flash 文件后，文档属性是默认的。

2. 文档属性设定

要想查看或修改文档属性，可以在“属性”面板，还可以执行【修改】→【文档】命令，打开相应的对话框，设置文档的“标题”、“尺寸”、“背景颜色”等选项。

3. 保存文件

选择【文件】→【保存】命令，将 Flash 文件保存为 FLA 格式的文件。Flash 中一个完整的动画文件包括两种格式的文件，一个是源文件，格式是 FLA；另一个是浏览文件，格式是 SWF，后者只作为浏览动画使用。

4. 测试动画

选择【控制】→【测试影片】命令，可以在 Flash 播放器中测试动画，也可以按 Ctrl+Enter 组合键测试动画。

5. 打开文件

选择【文件】→【打开】命令，可以在 Flash 中打开格式为 FLA 或者 SWF 的文件，前者可以编辑。

6. 导入文件

选择【文件】→【导入】下的相应命令，可以完成相应的导入操作。

7. 发布动画

选择【文件】→【发布设置】命令，可以设置输出文件的类型等，然后单击“发布”按钮，即可发布动画。

4.2　Flash CS3 绘图基础

Flash CS3 提供了丰富易用的绘图工具和强大便捷的动画制作系统，可以帮助用户制作出丰富多彩的 Flash 动画。工欲善其事，必先利其器，要想真正制作出好的动画，必须对 Flash 中的各种工具有充分的认识，并能熟练地使用。

4.2.1　Flash 绘图基础

使用工具箱中的绘图工具，可以方便地创建各种基本形态的对象。

Flash 中绘制的矢量图形是由笔触和填充构成的，在绘制各种图形时，应当设置图形的笔触颜色、填充颜色以及笔触的粗细、样式等属性。在工具箱的“颜色”区可以设置图形的笔触颜色和填充颜色。

Flash 提供了两种绘制模式，即合并绘制模式和对象绘制模式。

- 合并绘制模式　绘制的图形重叠以后会自动合并，移动上面的图形会改变其下方的图形。用这种绘制模式绘制的图形称为“形状”。
- 对象绘制模式　绘制的图形形成独立的图形对象，多个图形之间可上下移动，改变它们的层叠顺序。用这种绘制模式绘制的图形称为“绘制对象”。

4.2.2　线条工具

“线条工具”用于绘制各种笔触样式的矢量直线。选择工具箱中的“线条工具”，将鼠标移动到舞台上，单击并向某个方向拖动，可以绘制出一条直线。通过“属性”面板可以设置线条的颜色、线型和粗细等，如图 4.13 所示。

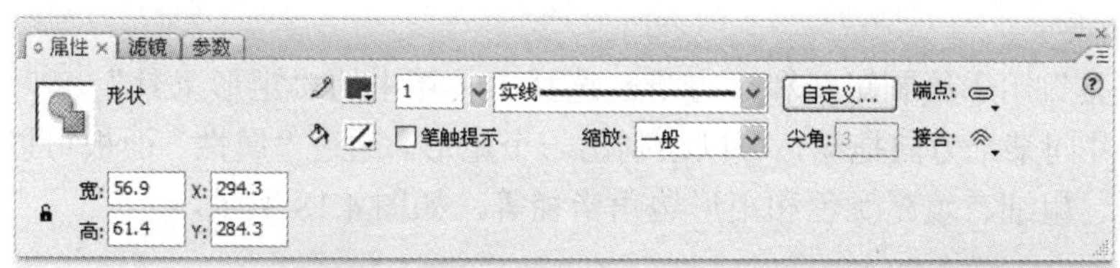

图 4.13　“线条工具”的“属性”面板

单击图 4.13 中的“自定义”按钮，打开“笔触样式”对话框，从中能够对笔触的类型等进行更多的选择，如图 4.14 所示。

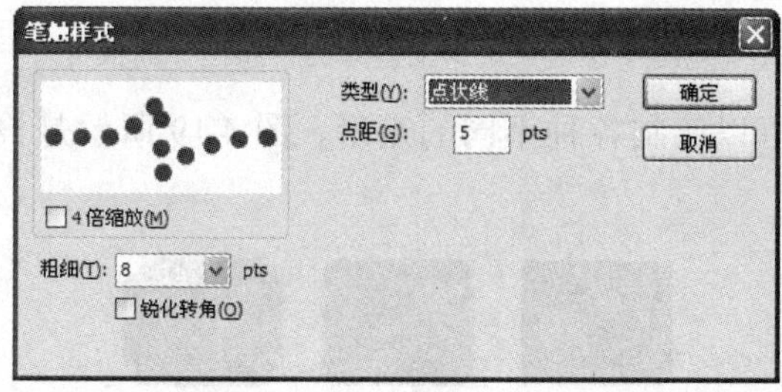

图 4.14　“笔触样式”对话框

使用“线条工具”可以绘制各种样式的线条，图 4.15 所示的从左到右依次为直线、点状线、虚线、斑马线和点描线。

图 4.15　各种样式的线条

提示：按住 Shift 键，可以绘制水平线、垂直线和 45°线条。

4.2.3　铅笔工具

“铅笔工具”用于绘制简单的矢量线条，其绘图方式与使用真实铅笔大致相同。

“铅笔工具”提供了“直线化”、“平滑”和“墨水”3 种绘图模式。绘制前，可先单击工具箱底部的“铅笔模式”，选择一种绘图模式，如图 4.16 所示。

图 4.17 绘制的线条依次采用了“直线化”、“平滑”和“墨水”模式。

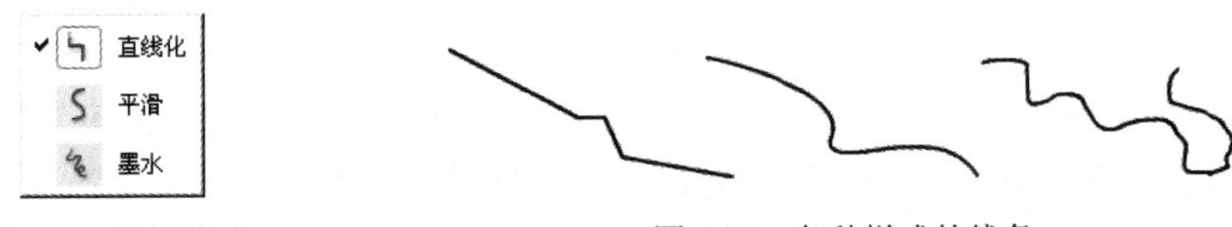

图 4.16　铅笔模式　　　　图 4.17　各种样式的线条

提示：该工具所绘制的线条颜色、粗细和线型等的设置，与“线条工具”类似。

4.2.4　矩形工具和基本矩形工具

Flash 提供了两种绘制矩形的工具，即矩形工具和基本矩形工具。

1. 矩形工具

“矩形工具”用于绘制矩形和正方形。选择工具箱中的“矩形工具”，将鼠标移动到舞台上，单击并向某个方向拖动，可以绘制出一个矩形。通过“属性”面板可以设置矩形的笔触颜色、线型、粗细、填充颜色和矩形边角半径等，如图 4.18 所示。

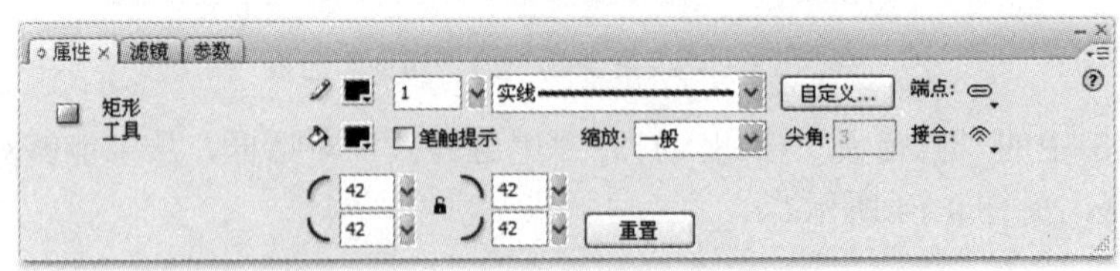

图 4.18　“矩形工具”的“属性”面板

使用“矩形工具”可以绘制各种不同的矩形，图 4.19 所示是设置了不同属性时绘制的矩形。

图 4.19　各种样式的矩形

2. 基本矩形工具

“基本矩形工具”绘制的矩形，如果对矩形圆角的度数不满意，可以随时自由修改。图 4.20 所示是对矩形圆角的度数调整前后的图形。

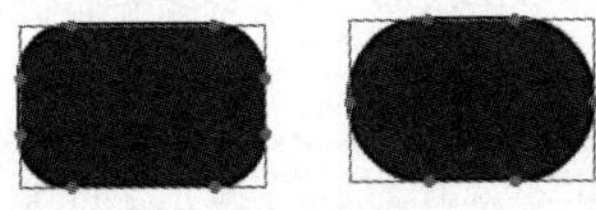

图 4.20　角度调整前后的矩形

提示：按住 Shift 键，即可绘制正方形。

4.2.5　椭圆工具和基本椭圆工具

Flash 提供了两种绘制椭圆的工具，即椭圆工具和基本椭圆工具。

1. 椭圆工具

“椭圆工具”用于绘制椭圆和正圆。选择工具箱中的“椭圆工具”，将鼠标移动到舞台上，单击并向某个方向拖动，可以绘制出一个椭圆。

通过“属性”面板，可以设置矩形的笔触颜色、线型、粗细、填充颜色和起始、结束角度等，如图 4.21 所示。对“属性”面板的设置项目说明如下：

- 设置“起始角度”或者“结束角度”可以形成扇形。
- 设置“内径”可以形成圆环。
- 去掉“闭合路径”形成线段。

图 4.22 所示是设置为不同属性时所绘制的椭圆。

图 4.21　“属性”面板部分设置

图 4.22　各种样式的椭圆

2. 基本椭圆工具

“基本椭圆工具”绘制的椭圆，用户可以随意地调整起始角度、结束角度和内径等。图 4.23 所示是调整前后的椭圆。

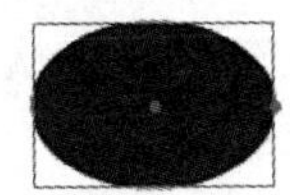   

图 4.23　调整前后的椭圆

提示：使用基本矩形工具和基本椭圆工具，只能用于对象绘制。

4.2.6　多角星形工具

“多角星形工具”用于绘制任意多边形和星形图形。选择工具箱中的“多角星形工具”，将鼠标移动到舞台上，单击并向某个方向拖动，可以绘制出一个多边形或星形。

为了更精确地绘制，单击“属性”面板中的“选项”按钮，在弹出的“工具设置”对话框中可以设置样式、边数和星形顶点大小等，如图 4.24 所示。对话框中的设置说明如下：

- 设置“样式”可以选择“多边形”或“星形”，确定要绘制的图形形状。
- 设置“边数”可以输入 3~32 的数字，确定要绘制图形的边数。
- 设置“星形顶点大小”可以输入 0~1 的数字，确定星形顶点的深度。

图 4.25 所示是使用多角星形工具绘制的不同的多边形和星形。

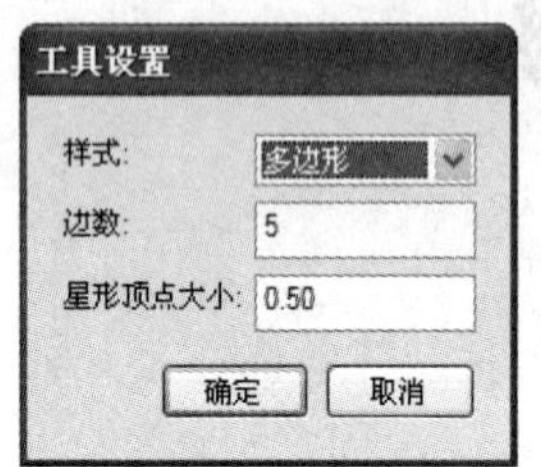

图 4.24 “工具设置”对话框

图 4.25 使用多角星形工具绘制的多边形和星形

4.2.7 选择工具

“选择工具”用于抓取、选择、移动和改变图形形状，它是 Flash 中使用最多的工具。选择工具箱中的“选择工具”，将鼠标移动到舞台上，单击并向某个方向拖动或单击、双击某个对象，就可以选中选取的对象或某个对象。

“选择工具”选中后，在工具箱的“选项”区会出现“紧贴至对象”、“平滑”和“伸直”3 个选项，如图 4.26 所示。单击这些按钮，可以完成“对齐”、“平滑”和“伸直”操作，使用此操作可以减少锚点。

图 4.27 是使用了“平滑”和“伸直”操作后的效果。

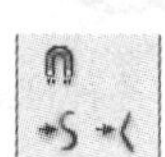
图 4.26 “选择工具”选项

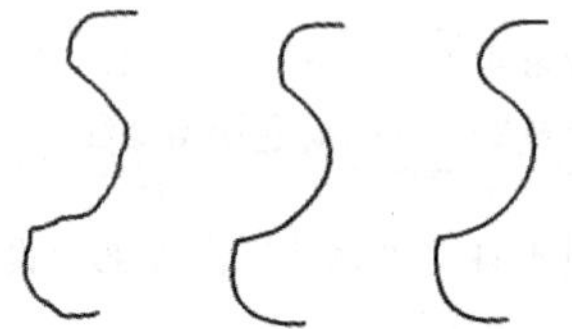
图 4.27 “平滑”和“伸直”效果

【案例 4.1】绘制中国银行标志。

（1）选择【文件】→【新建】命令，打开“新建文档”对话框，从中选择“常规”选项中的“Flash 文件（ActionScript 3.0）”，单击“确定”按钮，新建一个默认大小（550 像素×400 像素）的 Flash 文件。

（2）选择“椭圆工具”，在“属性”面板设置“笔触颜色”为红色，“填充颜色”为无色，“笔触高度”为 15，按下 Shift 键，按下鼠标左键，在舞台中拖动绘制如图 4.28 所示的圆形。

（3）选择“矩形工具”，在“属性”面板设置“笔触颜色”为无色，“填充颜色”为红色，“矩形边角半径”为 20，按下鼠标左键，在舞台中拖动绘制如图 4.29 所示的圆角矩形。

（4）设置“笔触颜色”为无色，“填充颜色”为白色，“矩形边角半径”为 0，按下鼠标左键，在舞台中拖动绘制如图 4.30 所示的矩形。

（5）选择“选择工具”，单击圆形，按下 Shift 键，再双击矩形，选中矩形和圆形，选择【窗口】→【对齐】命令，打开“对齐”面板，单击“水平中对齐”和“垂直中对齐”按钮，执行对齐操作。

（6）选择“线条工具”，在“属性”面板设置“笔触颜色”为红色，“笔触高度”为 15，在舞台中拖动绘制如图 4.31 所示的线段。

图 4.28　绘制圆环

图 4.29　绘制圆角矩形

图 4.30　绘制矩形

图 4.31　绘制线段

【案例 4.2】绘制瓢虫。

（1）选择【文件】→【新建】命令，打开“新建文档”对话框，选择“常规”选项中的“Flash 文件（ActionScript 3.0）”，单击“确定”按钮，新建一个大小（500 像素×500 像素）的 Flash 文件。

（2）选择“椭圆工具”，在“属性”面板设置“笔触颜色”为黑色，“填充颜色”为“红黑渐变”■，按 Shift 键同时按下鼠标左键，在舞台中拖动绘制如图 4.32 所示的圆形。

（3）设置“笔触颜色”为无色，“填充颜色”为黑色，按下鼠标左键，在舞台中拖动绘制 3 个椭圆，如图 4.33 所示。

（4）选择“选择工具”，单击选中一个椭圆，按下 Alt 或 Ctrl 键拖动鼠标复制椭圆，依次完成瓢虫身体斑点的绘制，如图 4.34 所示。

图 4.32　圆形

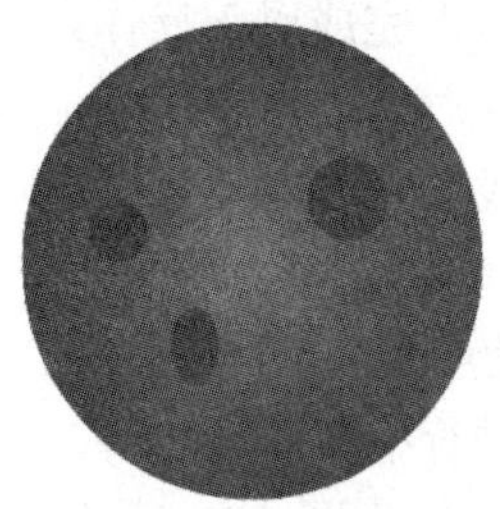

图 4.33　绘制的椭圆

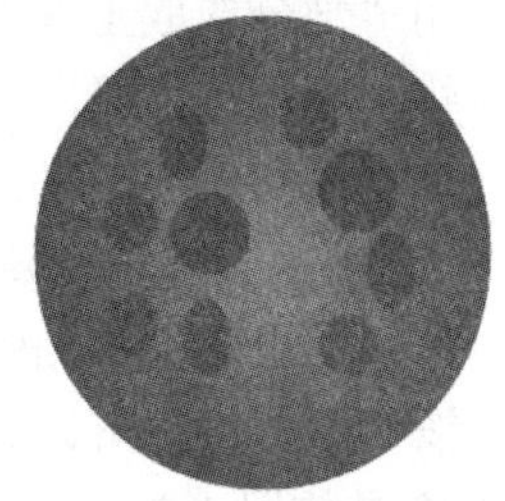

图 4.34　复制椭圆后的效果

（5）选择“线条工具”，在“属性”面板设置“笔触颜色”为黑色，“笔触高度”为 10，配合“椭圆工具”，在舞台中拖动绘制瓢虫的触角，如图 4.35 所示。

（6）选择“选择工具”，把鼠标放在触角上，出现变形时拖动鼠标，使触角弯曲一些，如图 4.36 所示。

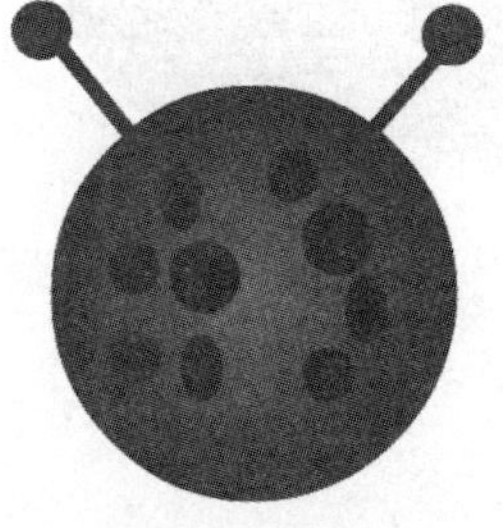

图 4.35　绘制触角的效果

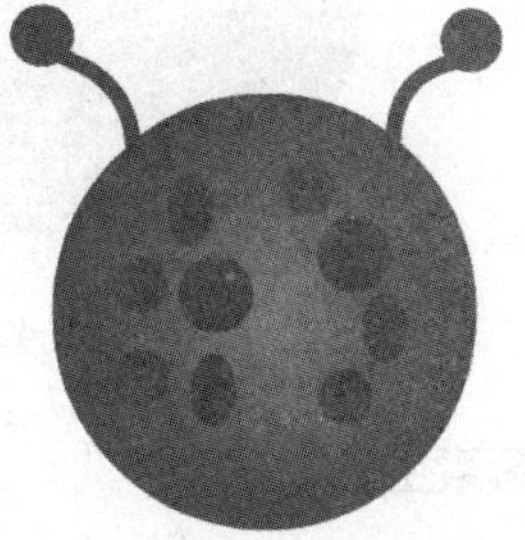

图 4.36　调整触角后的效果

（7）选择“椭圆工具”，在“属性”面板设置“笔触颜色”为无色，“填充颜色”为黑色，按下鼠标左键，在舞台中拖动绘制瓢虫的头部，如图 4.37 所示。

（8）选择“线条工具”，在“属性”面板设置“笔触颜色”为黑色，“笔触高度”为 1，在舞台中拖动绘制瓢虫的甲壳线，如图 4.38 所示。

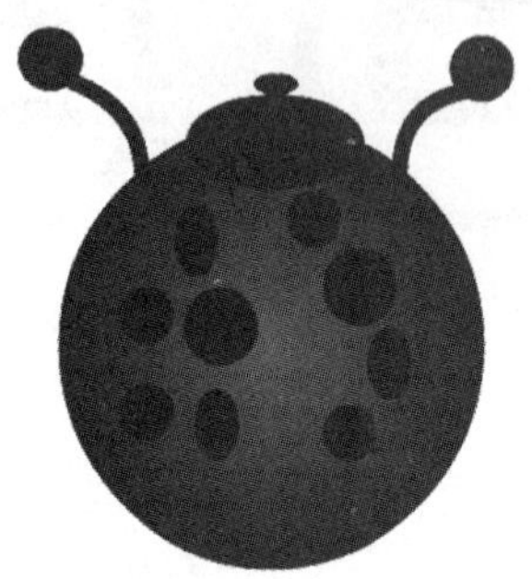

图 4.37 绘制头部后的效果

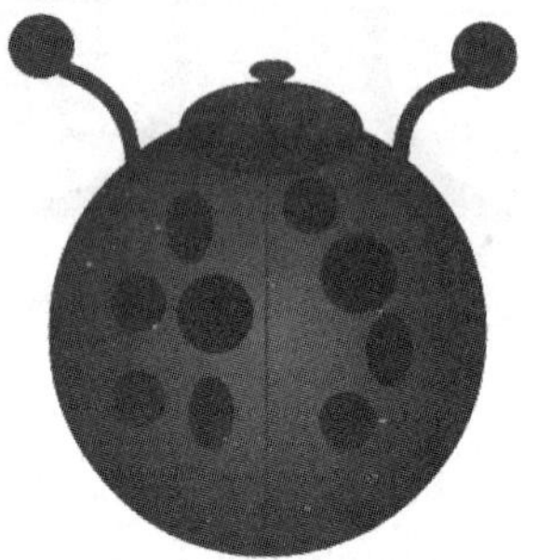

图 4.38 瓢虫最终效果

4.2.8 部分选取工具

“部分选取工具”也可用于抓取、选择、移动和改变图形形状，但它主要用来更精细地调整图形形状。选择工具箱中的“部分选取工具”，将鼠标移动到舞台上，单击并向某个方向拖动或单击线段或图形的边，就可以选中选取的对象或某个对象。使用该工具选取对象时，对象上会出现很多路径点，表示该对象已经被选中。

在使用“部分选取工具”时，可以完成以下操作：

- 移动路径点位置，可以改变对象的形状。
- 拖动控制点，可以改变曲线的弧度。
- 选中路径点后按 Delete 键，可以删除路径点。
- 按住 Alt 键，可以改变路径点类型。
- 按住 Ctrl 键，可以对路径进行缩放、变形等。

图 4.39 是使用“部分选取工具”操作图 4.38 后的效果。

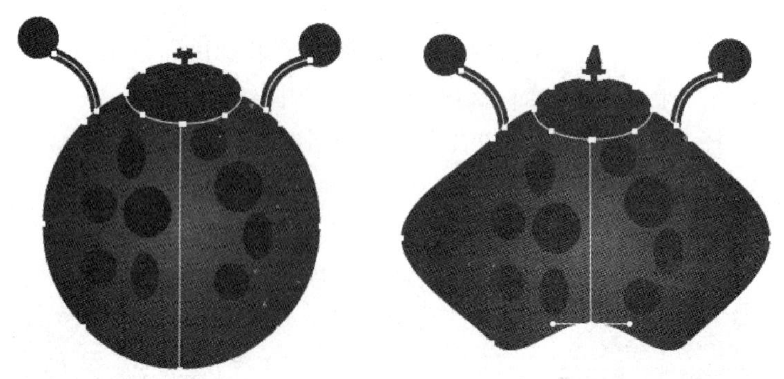

图 4.39 “部分选取工具”操作效果

4.2.9 套索工具

“套索工具”主要用于选取图形中不规则的形状区域。选择工具箱中的“套索工具”，将鼠标移动到舞台上，围绕要选择的区域拖动鼠标即可。

“套索工具”选中后，在工具箱的“选项”区会出现 3 个选项，如图 4.40 所示。

图 4.40　“套索工具”选项

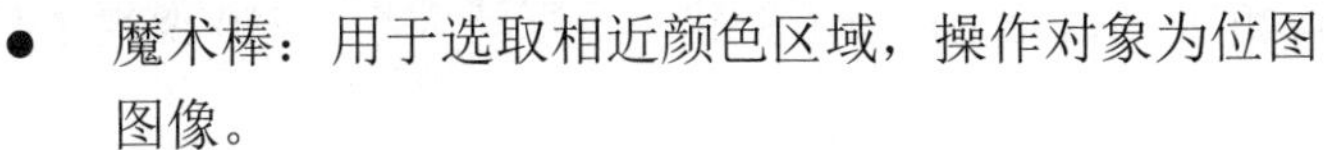

- 魔术棒：用于选取相近颜色区域，操作对象为位图图像。

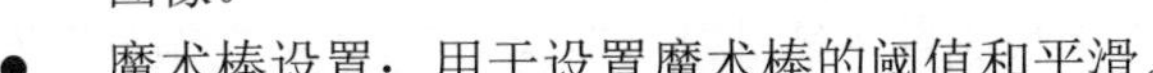

- 魔术棒设置：用于设置魔术棒的阈值和平滑。
- 多边形模式：用于用直线精确地绘制出对象的轮廓。

4.2.10　任意变形工具与渐变变形工具

“任意变形工具”和“渐变变形工具”分别用于对形状的变形和渐变方式的变形。

1. 任意变形工具

“任意变形工具”用于改变工作区中对象的形状。选择工具箱中的“任意变形工具”后，在工具箱的“选项”区会出现 4 个选项，如图 4.41 所示。

图 4.41　“任意变形工具”选项

- 旋转与倾斜：用于旋转和倾斜对象。
- 缩放：用于改变对象的大小。
- 扭曲：用于通过对象的锚点来改变对象的形状。
- 封套：用于通过改变锚点的手柄来改变对象的形状。

图 4.42 是使用“任意变形工具”操作图 4.38 后的效果。

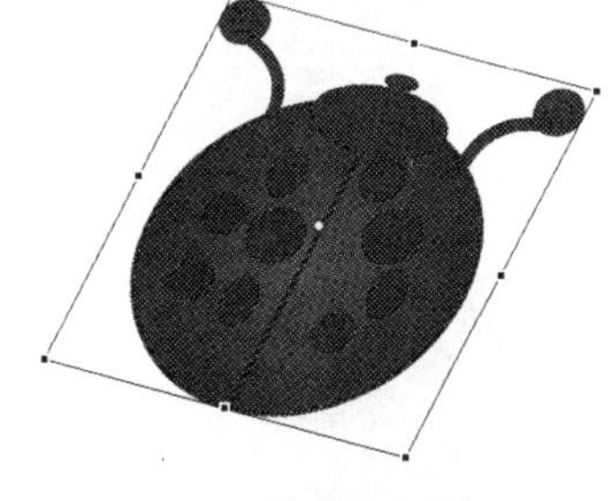

（a）旋转与倾斜

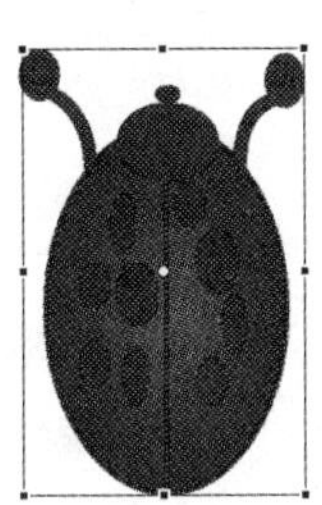

（b）缩放

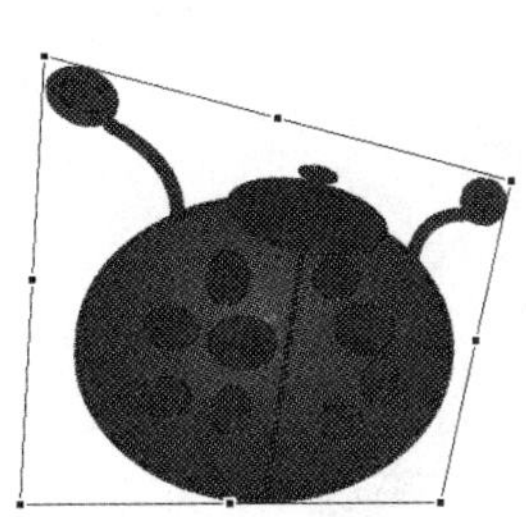

（c）扭曲

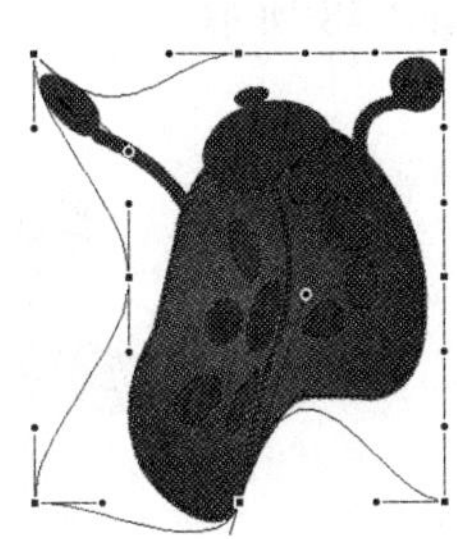

（d）封套

图 4.42　任意变形效果图

2. 渐变变形工具

“渐变变形工具”用于更改渐变的方式。选择工具箱中的“渐变变形工具”，将鼠标移动到舞台上，单击填充了渐变的对象，选择对象上的控制点就可以进行渐变编辑。

渐变是由一种颜色过渡到另一种颜色的变化过程，包括线性渐变和放射状渐变。图 4.43 分别是使用“渐变变形工具”单击线性渐变和放射状渐变对象后的情况。线性渐变（左图）有“中心控点”、“旋转控点”和“方形控点”3 个控制点。放射状渐变（右图）有“中心控点”、“三角控点”、“旋转控点”、“缩放控点”和“方形控点”5 个控制点。

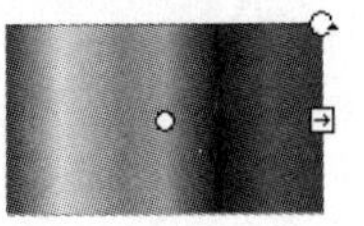

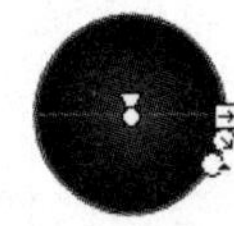

图 4.43　渐变对象上的控制点

- 中心控点：用于改变渐变的中心位置。
- 三角控点：改变渐变的角度。
- 旋转控点：用于改变渐变的方向。
- 缩放控点：用于改变渐变的范围。

- 方形控点：用于改变渐变的宽度。

【案例 4.3】绘制花朵。

（1）选择【文件】→【新建】命令，打开“新建文档”对话框，选择“常规”选项中的“Flash 文件（ActionScript 3.0）”，单击“确定”按钮，新建一个默认大小（550 像素×400 像素）的 Flash 文件。

（2）选择“椭圆工具”，在“属性”面板设置“笔触颜色”为无色，“填充颜色”为红黄渐变，按下鼠标左键，在舞台中拖动绘制如图 4.44 所示的椭圆作为花瓣。

（3）选择“渐变变形工具”，单击椭圆后，调整“旋转控点”，如图 4.45 所示。

（4）选择“任意变形工具”，调整“中心点”到花瓣最下端位置，如图 4.46 所示。

图 4.44　绘制椭圆花瓣

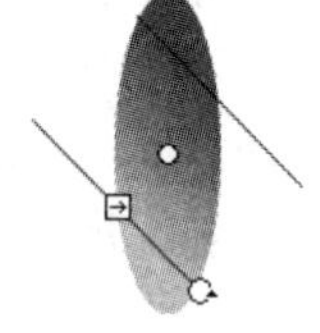

图 4.45　调整花瓣“旋转控点”

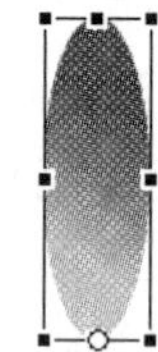

图 4.46　调整花瓣“中心点”

（5）选择【窗口】→【变形】命令，打开“变形”面板，选择“旋转”并设置为 45，然后单击“复制并应用变形”多次，得到如图 4.47 所示的花朵。

（6）选择“选择工具”，选中所有花瓣，再选择“任意变形工具”，对其做变形操作，如图 4.48 所示。

图 4.47　花朵

图 4.48　花朵变形效果

（7）选择“铅笔工具”，设置“笔触颜色”为绿色，“笔触高度”为 3，选择“平滑”模式，绘制一条线段，如图 4.49 所示。

图 4.49　花茎效果

（8）选择“椭圆工具”，设置“笔触颜色”和“填充颜色”为绿色，绘制如图 4.50 所示的椭圆，再选择“选择工具”，对椭圆边缘进行调整，绘制如图 4.51 所示的叶子。

（9）选择“直线工具”，设置“笔触颜色”为黑色，绘制如图 4.52 所示的叶脉。

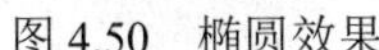

图 4.50　椭圆效果

图 4.51　叶子形状

图 4.52　带叶脉的叶子

（10）选中叶子，按下 Alt 键拖动，复制叶子，再使用“任意变形工具”调整叶子大小和方向，最后合成花瓣和叶子，如图 4.53 所示。

图 4.53　最终绘制效果

4.2.11　钢笔工具

“钢笔工具”主要用于绘制贝塞尔曲线，这是一种由路径点调节路径形状的曲线。“钢笔工具”是一个工具组，在绘制过程中，与组中的其余 3 个工具（添加锚点工具、删除锚点工具及转换锚点工具）结合使用，通过对路径锚点进行相应的调整，绘制出精确的路径。

1. 设置钢笔工具

在使用“钢笔工具”之前，设置钢笔工具的指针外观、所选锚点的外观以及画线段时是否预览等属性。可以选择【编辑】→【首选参数】命令，在弹出的“首选参数”对话框中的“绘图”项进行设置。

2. 绘制直线

选择工具箱中的“钢笔工具”，将鼠标移动到舞台上，单击某点即可增加一个锚点，再在别处单击又可增加一个锚点，两个锚点之间即可连接一条线段，继续单击可创建由转角点连接的直线段组成的路径。通过“属性”面板，可以设置笔触的颜色、线型和粗细等。

图 4.54 是使用“钢笔工具”绘制的直线。

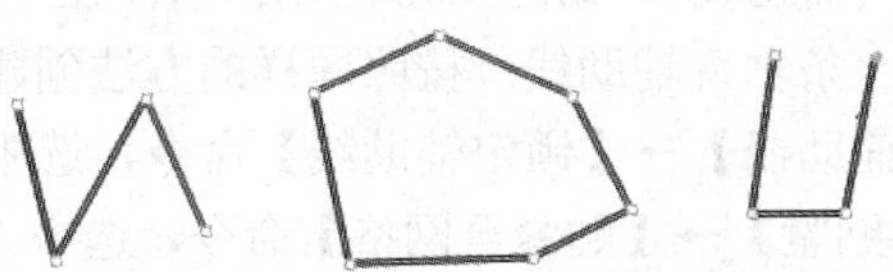

图 4.54　“钢笔工具”绘制的直线

提示：在最后锚点双击，或者按下 Ctrl 键在工作区其他地方单击可结束路径绘制。

3. 绘制曲线

选择工具箱中的“钢笔工具”，将鼠标移动到舞台上，单击某点即可确定一个锚点，再在另一点单击并拖动鼠标，在两个锚点之间会生成一条曲线，并出现一对控制手柄，如图 4.55 所示。

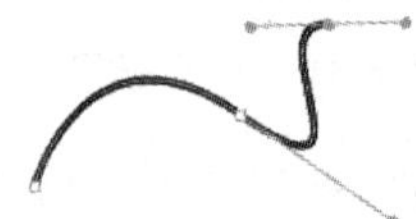

图 4.55 “钢笔工具”绘制曲线

4. 调整锚点

在“钢笔工具”组中，可以使用“添加锚点工具”给路径增加锚点、使用“删除锚点工具”删除路径上的锚点、使用“转换锚点工具”改变曲线的形状。图 4.56 是对一个路径分别执行增加锚点、删除锚点和调整形状后的效果。

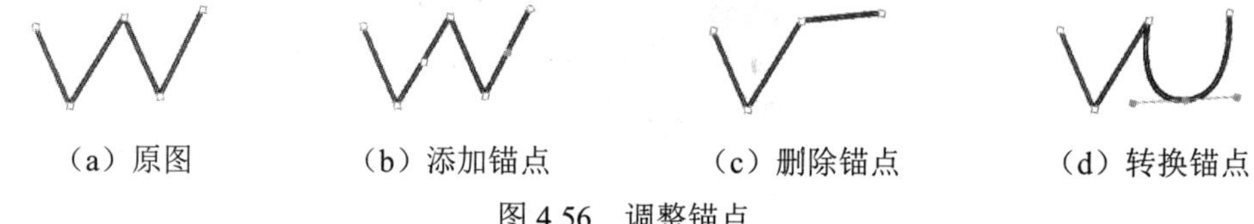

（a）原图　（b）添加锚点　（c）删除锚点　（d）转换锚点

图 4.56 调整锚点

【案例 4.4】绘制中国心。

（1）单击“主工具栏”上的“新建”按钮，在“属性”面板设置大小为 200 像素×200 像素，新建一个 Flash 文件。

（2）选择【视图】→【网格】→【显示网格】命令，在舞台上显示网格线，再选择【视图】→【网格】→【编辑网格】命令，打开“网格”对话框，进行如图 4.57 所示的设置。

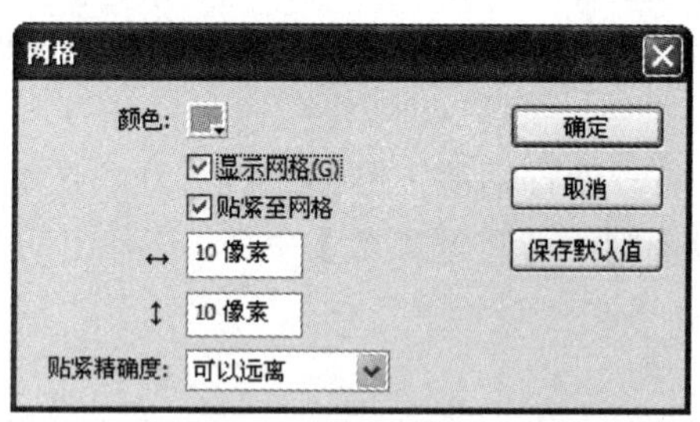

图 4.57 “网格”对话框

（3）选择【视图】→【标尺】命令，在工作区上边界和左边界分别显示“水平标尺”和“垂直标尺”；把鼠标移动到“水平标尺”，按下鼠标向下拖动，在舞台上松开鼠标，即在舞台上显示一水平线，这条线叫“辅助线”，如图 4.58 所示；同样在“垂直标尺”上按下鼠标向右拖动到舞台松开，也可显示一条垂直辅助线；按照同样的方法创建如图 4.59 所示的 6 条辅助线，最后选择【视图】→【辅助线】→【锁定辅助线】命令，选中“锁定辅助线”。

（4）选择【视图】→【贴紧】→【贴紧至网格】命令，选中“贴紧至网格”，再选择【视图】→【贴紧】→【贴紧至辅助线】命令，取消选中“贴紧至辅助线”，如图 4.60 所示。

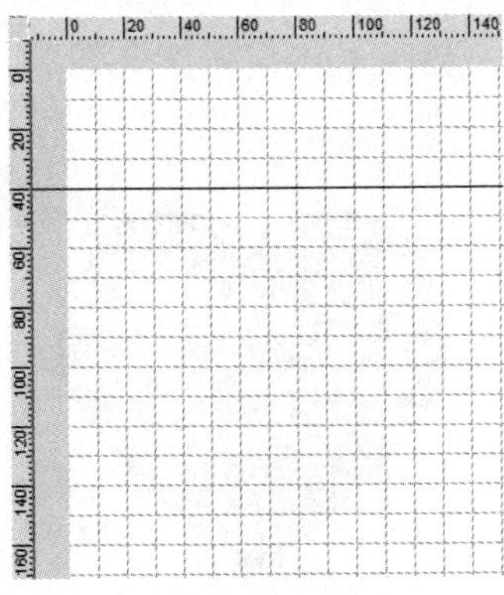

图 4.58　辅助线效果

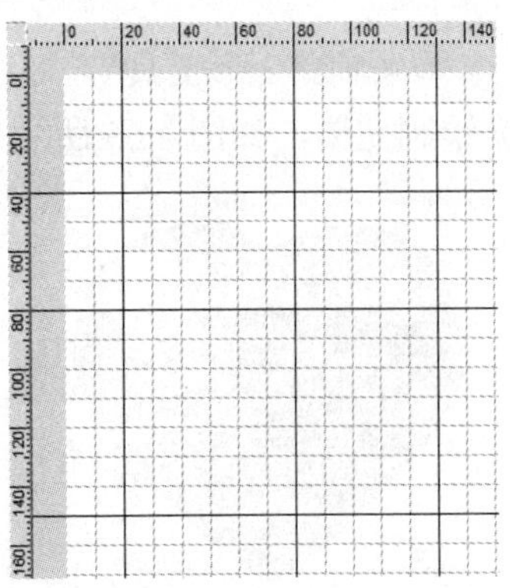

图 4.59　添加辅助线

（5）选择“钢笔工具”，把鼠标移到 90×50 处，按住鼠标向左拖动 3 格，再向上拖动 2 格，释放鼠标；把鼠标移到 30×80 处，按下鼠标向下拖动 3 格，释放鼠标；把鼠标移到 90×150 处，单击一下鼠标；把鼠标移到 150×80 处，按下鼠标向上拖动 3 格，释放鼠标；把鼠标移到 90×50 处，按下鼠标向左拖动 3 格，再向上拖动 2 格，释放鼠标，绘制完成心形，如图 4.61 所示。

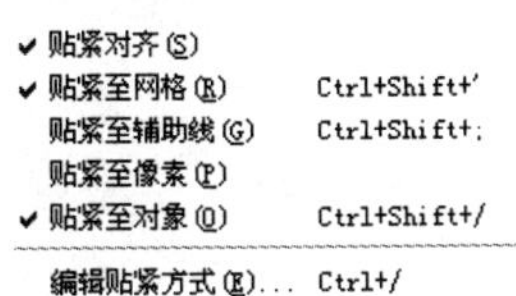

图 4.60　“辅助线”设置

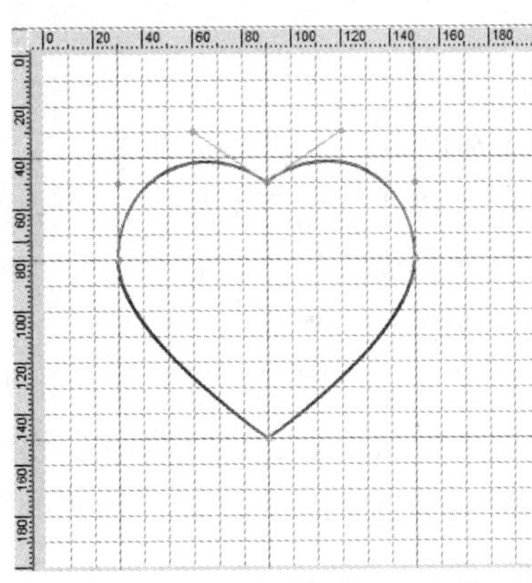

图 4.61　绘制心形

（6）选择【视图】→【辅助线】→【显示辅助线】命令，取消“辅助线”显示。

（7）选择“部分选取工具”，单击心形，如图 4.62 所示，通过锚点可以对心形做一些更细致的调整。

（8）选择【窗口】→【颜色】命令，打开“颜色”面板，设置“填充颜色”为由红到黄的“放射状”，选择“颜料桶工具”，单击心形内部进行渐变填充，如图 4.63 所示。

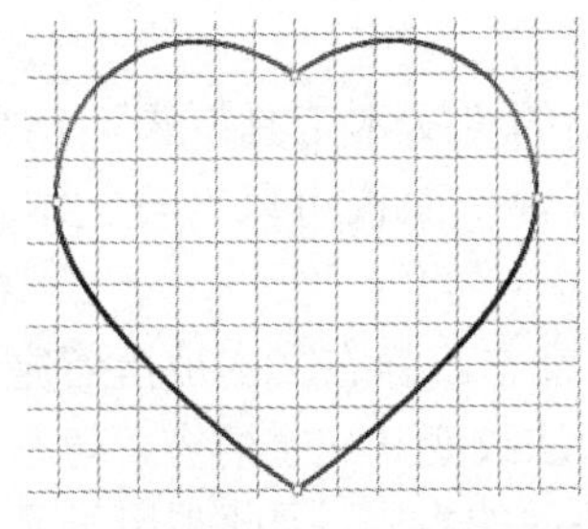

图 4.62　选中心形

图 4.63　填充心形

（9）选择“渐变变形工具”，可以对渐变进行调整，如图 4.64 所示。

（10）绘制完毕，如图 4.65 所示。

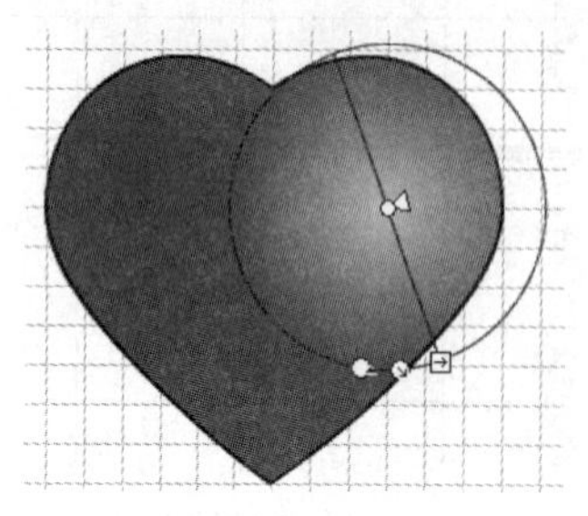
图 4.64 调整心形

图 4.65 心形

提示：使用网格、标尺和辅助线是为了在绘制对象时更加精确和细致。

4.2.12 刷子工具

“刷子工具”用于绘制自由形状的矢量填充，其绘图如同毛笔绘画一般。选择工具箱中的“刷子工具”，将鼠标移动到舞台上，单击并向某个方向拖动，可以绘制出一个矢量的填充。

“刷子工具”选中后，在工具箱的“选项”区会出现 “刷子模式”、“刷子大小”和“刷子形状”3 个选项，如图 4.66 所示。

- 刷子模式：用于选择刷子的模式，其中有“标准模式”、“颜料模式”、“后面绘画”、“颜料选择”和“内部绘制”5 种模式。
- 刷子大小：用于设置笔刷的粗细。
- 刷子形状：用于设置笔刷的形状。

图 4.66 “刷子工具”选项

图 4.67 是分别使用 5 种刷子模式的绘图效果。

（a）原图

（b）标准模式

（c）颜料模式

（d）后面绘画

（e）颜料选择

（f）内部绘制

图 4.67 5 种刷子模式的绘图效果

4.2.13 文本工具

“文本工具”用于输入或编辑文本。选择工具箱中的“文本工具”，将鼠标移动到舞台上单击，可创建文本框，进行文本输入。通过“属性”面板可以设置文本的字体和段落属性。

文本分为 3 种类型，即静态文本、动态文本和输入文本。静态文本是指当建立了文字内容后，此文字在制作动画时，只能改变文字的外形，而无法改变其文字内容。动态文本与静态文本不同，用户可以通过使用程序及变量来改变文字方块内的内容，因此常用于显示动态内容（如动态更新的时间信息等）。输入文本是指用户可以在其中输入文字的文本框，它一般用于

Flash 表单等需要用户输入文字的场合。这里说的文本一般指的都是静态文本。

在创建文本后，选择【修改】→【分离】命令对文本进行分离，可以将多字符文本的每一个文本都放置在单独的文本框中。再次执行【修改】→【分离】命令可以将文本转换为图形对象，从而使文本可以像图形一样被编辑。

图 4.68 是对文本执行 1 次和 2 次分离后的效果。

（a）原文本　　（b）1 次分离　　（c）2 次分离

图 4.68　文本分离效果

提示：执行分离操作时也可以使用 Ctrl+B 组合键。

4.2.14　填充图形对象工具

Flash 工具箱中提供了“墨水瓶工具”、“颜料桶工具”、“滴管工具”和“橡皮擦工具”等用于填充图形对象的工具。

1. 墨水瓶工具

“墨水瓶工具”用于给选定的矢量图形添加边线，还可以更改线条或图形轮廓的笔触颜色、宽度和样式等。选择工具箱中的“墨水瓶工具”，将鼠标移动到对象上，单击即可给对象添加边线或更改边线。通过“属性”面板，可以设置笔触的颜色、宽度和样式等。

图 4.69 是使用“墨水瓶工具”后的效果。

图 4.69　使用“墨水瓶工具”添加边线和改变边线效果

2. 颜料桶工具

“颜料桶工具”用于填充未填色的轮廓线，还可以更改填充，填充的类型包括颜色填充、渐变填充和位图填充等。选择工具箱中的“颜料桶工具”，将鼠标移动到对象上，单击即可给对象添加填充或更改填充。通过“属性”面板可以设置填充类型。

图 4.70 是使用“颜料桶工具”添加和更改填充的效果。

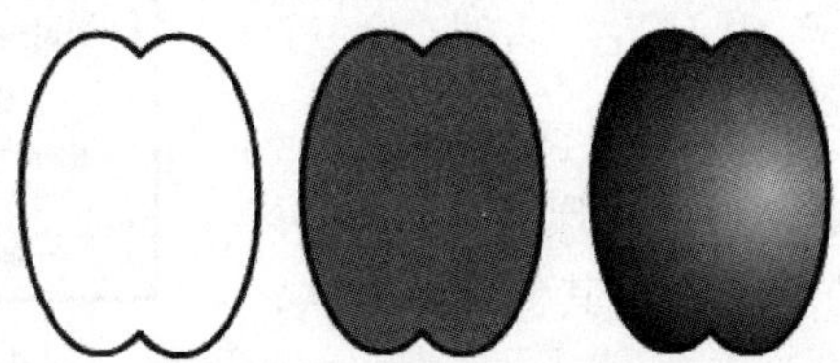

图 4.70　使用“颜料桶工具”添加和更改填充的效果

3. 滴管工具

“滴管工具”用于从一个对象复制填充和笔触属性，用来填充其他对象。选择工具箱中的“滴管工具”，将鼠标移动到对象上，单击即可复制该对象的填充或笔触属性。

4. 橡皮擦工具

“橡皮擦工具”用于擦除图形的轮廓和填充色。选择工具箱中的“橡皮擦工具”，将鼠标移动到舞台上，单击并向某个方向拖动，可以擦除掉鼠标经过的区域轮廓和填充色。

“橡皮擦工具”选中后，在工具箱的“选项”区会出现“橡皮擦模式”、“水龙头”和“橡皮擦形状”3 个选项，如图 4.71 所示。

图 4.71 “橡皮擦工具”选项

- 橡皮擦模式：用于选择橡皮擦的模式，其中有“标准擦除”、“擦除填色”、“擦除线条”、“擦除所选填充”和“内部擦除”5 种模式。
- 水龙头：用于一次性擦除轮廓或填充色。
- 橡皮擦形状：用于设置橡皮擦的形状和大小。

图 4.72 是使用 5 种橡皮擦模式的擦除效果。

（a）原图

（b）标准擦除

（c）擦除填色

（d）擦除线条

（e）擦除所选填充

（f）内部擦除

图 4.72 5 种擦除模式的擦除效果

4.2.15 动画文档的基本操作

对于初步接触 Flash 的读者来说，掌握 Flash CS3 制作动画的工作流程，掌握 Flash 影片文档的基本操作方法是最迫切的要求。

下面利用时间轴特效制作一个特效标语，让读者了解 Flash CS3 制作动画的整体过程。

通过下面的学习，可以掌握如何新建 Flash CS3 工作环境、如何设置文档属性、如何保存文件、如何测试影片、如何导出影片、如何打开文件、如何修改文件及认识 Flash 所产生的文件类型等。

【案例 4.5】制作标语。

（1）新建影片文档和设置文档属性。启动 Flash CS3，出现“欢迎屏幕”，选择“创建新项目”下的“Flash 文件”，这样就启动于 Flash。展开“属性”面板，单击“大小”右边的“文档属性”按钮，弹出“文档属性”对话框。

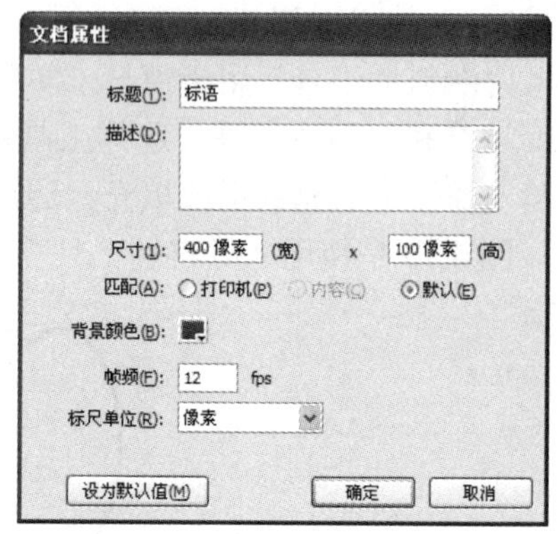

图 4.73 “文档属性”对话框

在“标题”文本框中输入“标语”，在“描述”列表框中输入对影片的简单描述，设置“尺寸”为 400×100 像素，设置“背景颜色”为红色，其他保持默认，如图 4.73 所示。

（2）制作标语。选择“文本工具”，在“文本属性”

面板设置字体为华文新魏，字体大小为 40，字体颜色为黄色，如图 4.74 所示。

图 4.74　“文本属性”设置

再单击舞台输入标语文本，如图 4.75 所示。

图 4.75　输入文本

再选择【插入】→【时间轴特效】→【变形/转换】→【转换】命令，打开“转换”对话框，进行如图 4.76 所示的设置，单击“确定”按钮。

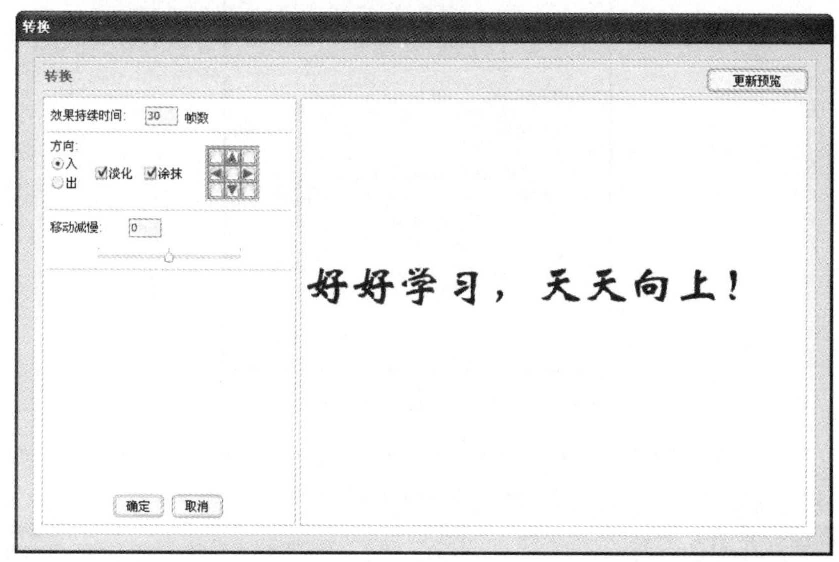

图 4.76　“转换”对话框

3. 保存和测试影片

选择【文件】→【保存】命令（快捷键 Ctrl+S），弹出“另存为”对话框，指定影片保存的文件夹，输入文件名，单击“保存”按钮。这样我们就将影片文档保存起来了，文件的扩展名是.fla。

选择【控制】→【测试影片】命令（快捷键 Ctrl+Enter），弹出测试窗口，在窗口中可以观察到影片的效果，并且还可以对影片进行调试。关闭测试窗口可以返回到影片编辑窗口对影片继续进行编辑。

打开“资源管理器”窗口，定位在影片文档保存的文件夹，可以观察到两个文件，如图 4.77 所示。左边是影片文档源文件（扩展名是.fla），也就是单击“保存”按钮时生成的文件。右边是影片播放文件（扩展名是.swf），是测试影片时自动产生的文件。直接双击影片播放文件可以在 Flash 播放器中播放动画。

图 4.77　文档类型

4. 导出影片

选择【文件】→【导出】→【导出影片】命令，弹出“导出影片”对话框，指定导出影片的文件夹，输入导出影片文件名，单击“保存”按钮，弹出“导出 Flash Player”对话框，如图 4.78 所示。

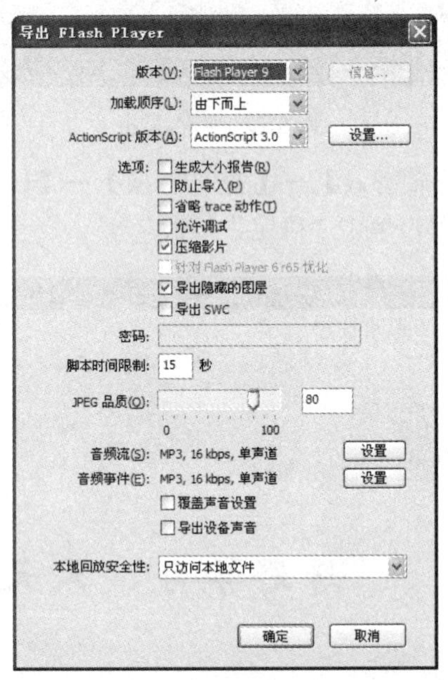

图 4.78　“导出 Flash Player”对话框

在这个对话框中可以设置导出影片的相关参数。这里保持默认参数。单击“确定”按钮，导出影片。导出的影片文件类型是播放文件，文件扩展名为.swf。

5. 关闭和打开影片文档

单击影片文档窗口右上角的“关闭”按钮，关闭影片。

在“欢迎屏幕”页面，单击“打开最近项目”下的“打开”按钮，弹出“打开”对话框。在“查找范围”中定位到要打开影片文件所在的文件夹，选择要打开的影片文件(扩展名为.fla)。单击“打开”按钮，就可以把影片文档重新打开。

按 Ctrl+S 组合键保存文件。按 Ctrl+Enter 组合键测试影片效果，得到一个动态效果的标语文字效果。

提示：为了安全，在动画制作过程中要经常保存文件。按 Ctrl+S 组合键，可以快速保存文件。

4.3　动画制作基础

动画形成的原理是通过迅速而连续地呈现一系列画面来获得的，由于这些画面相邻帧之间的变化较小，再加上人眼的视觉暂留现象，就形成了具有动态效果的动画。

这些静态的画面，在 Flash 中是以帧的形式存在的，帧的概念贯穿了动画制作的始终，可以说，不懂帧的概念与用法，基本上就可以说不会使用 Flash。

4.3.1　帧

1. 帧的概念

电影是由一格一格的胶片按照先后顺序播放出来的，由于人眼有视觉暂留现象，这一格一格的胶片按照一定速度播放出来，看起来就“动”了。动画制作采用的也是这一原理，而这一格一格的胶片，就是 Flash 中的“帧”。

认识帧之前，先认识时间轴。时间轴如图 4.79 所示。随着时间的推进，动画会按照时间轴的横轴方向播放。在时间轴上，每一个小方格就是一个帧，在默认状态下，每隔 5 帧进行数字标示，如时间轴上 1、5、10、15 等数字的标示。

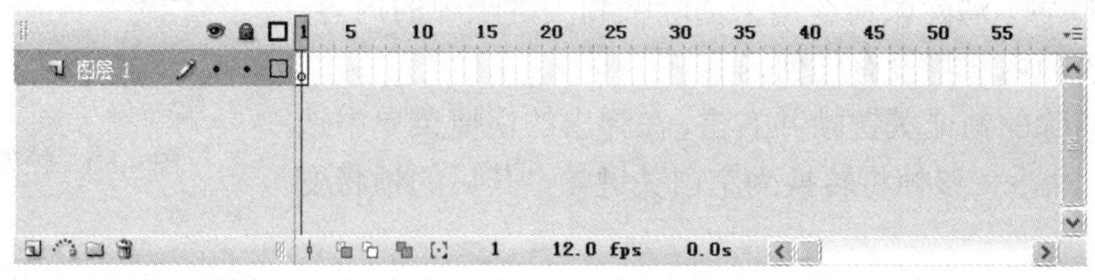

图 4.79　时间轴

2. 帧的分类

在 Flash CS3 中，动画制作是通过改变连续的帧的内容来实现的。帧主要有下面几种：

- 空白帧。时间轴上每隔 4 个帧就有一个颜色加深的帧。
- 关键帧。是用来定义动画中的有变化的帧。时间轴上表示为“实心的圆点”。新建关键帧可按快捷键 F6，删除关键帧可按快捷键 Shift+F6。
- 空白关键帧。即没有内容的关键帧，时间轴上为“空心的圆点”，可以在上面创建内容，从而变成关键帧。新建空白关键帧可按快捷键 F7，删除空白关键帧可按快捷键 Shift+F7。
- 过渡帧。运动或形状补间动画中间为紫色或者绿色的帧称为过渡帧，创建动作补间或者形状补间时自动生成的帧。
- 普通帧。为了在对某一关键帧的内容进行延续，需要插入的帧，没有明显的标记，只是颜色较深一些。新建普通帧可按快捷键 F5，删除普通帧可按快捷键 Shift+F5。

3. 帧的操作

Flash 动画的形成过程就是将一个对象从一帧到另一帧的转变过程，也就是说，动画必须由帧来建立，如何对帧进行操作就十分重要了。

（1）插入帧。插入帧的方法有下面 3 种：

1）插入一个新帧。选择【插入】→【时间轴】→【帧】命令，或用鼠标右键单击时间轴，在弹出的快捷菜单中选择“插入帧”命令，会在当前帧的后面插入一个新帧。

2）插入一个关键帧。选择【插入】→【时间轴】→【关键帧】命令，或用鼠标右键单击时间轴，在弹出的快捷菜单中选择“插入关键帧”命令，会在播放头位置插入一个关键帧。

3）插入一个空白关键帧。选择【插入】→【时间轴】→【空白关键帧】命令，或用鼠标右击时间轴，在弹出的快捷菜单中选择“插入空白关键帧”命令，会在播放头位置插入一个空白关键帧。帧的快捷菜单如图 4.80 所示。

（2）删除帧。删除帧或关键帧的方法很简单，选中需要删除的帧或关键帧，右击，在弹出的快捷菜单中选择“删除帧”命令即可。

（3）移动帧。移动帧只要用鼠标选中需要移动的帧，拖拽至目标位置释放即可。

（4）复制、粘贴关键帧。选中关键帧，右击，在弹出的快捷菜单中选择“复制帧”命令，然后在待复制的位置单击鼠标右键，在弹出的快捷菜单中选择“粘贴帧”命令。另一种方法，选中关键帧，按住 Alt 键不放，在鼠标右上角出现“+”号时，拖拽至待复制位置释放即可。

（5）清除帧。清除帧命令用来清除帧和关键帧中的内容，被清除以后的帧内部将没有任何内容。

选中待清除的帧或关键帧并右击，在弹出的快捷菜单中选择“清除帧”命令，该帧将转换为空白关键帧，其后的帧将变成关键帧。

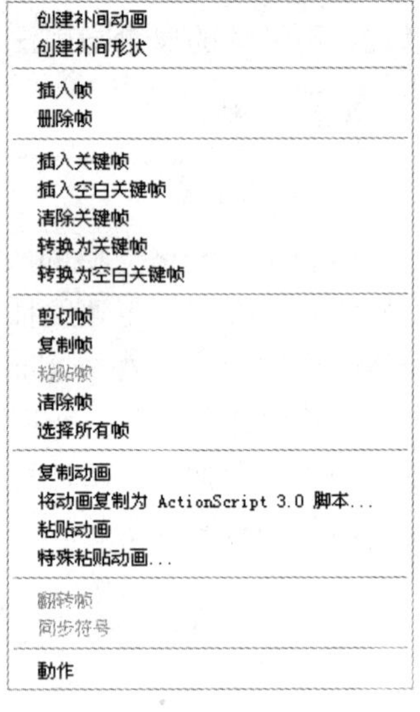

图 4.80 帧的快捷菜单

（6）转换帧。转换单一帧，可以选中目标帧，单击鼠标右键，在弹出的快捷菜单中选择“转换为关键帧/转换为空白关键帧”命令。如果要转换多个帧，可以使用 Shift 键和 Ctrl 键选择需转换的帧，然后单击鼠标右键，在弹出的快捷菜单中选择“转换为关键帧/转换为空白关键帧”命令。

4. 设置帧频

帧频表示每秒中播放的帧数，如果设置的帧频太快，会造成动画的细节一晃而过，而太慢的帧频会使动画出现停顿现象，因此，必须设置合适的帧频。一般来说，设置 8~12 帧比较适合。

对于相对简单的 Flash 动画，可以将帧频设置得高一些，如果设置的帧频过高，Flash 达不到该速度时，将会在时间轴面板下方显示出实际的帧频，用户可以再次调整帧频的设置，将其改变为显示的实际速度。

动画的复杂性及播放动画的计算机性能都会影响播放的流畅性。一个 Flash 动画只能指定一个帧频，在创作动画之前，用户就要设置好帧频，其设置步骤如下：

（1）选择【修改】→【文档】命令，弹出“文档属性”对话框，如图 4.81 所示。

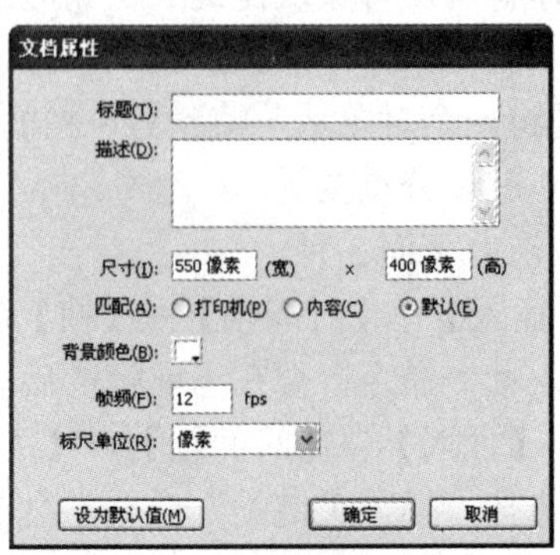

图 4.81 “文档属性”对话框

（2）在“帧频”文本框中输入要设置的帧频。默认状态下，帧频设置为每秒 12 帧。

【案例 4.6】制作笑脸。

（1）选择【文件】→【新建】命令，打开“新建文档”对话框，选择“常规”选项中的“Flash 文件（ActionScript 3.0）”，在“属性”面板，单击“大小”右边的“文档属性”按钮，弹出“文档属性”对话框。在“标题”文本框中输入“笑脸”，在“描述”列表框中输入对影片的简单描述，设置“尺寸”为 300×300 像素，设置“背景颜色”为白色，其他保持默认设置，如图 4.82 所示。单击“确定”按钮，新建一个 Flash 文件。

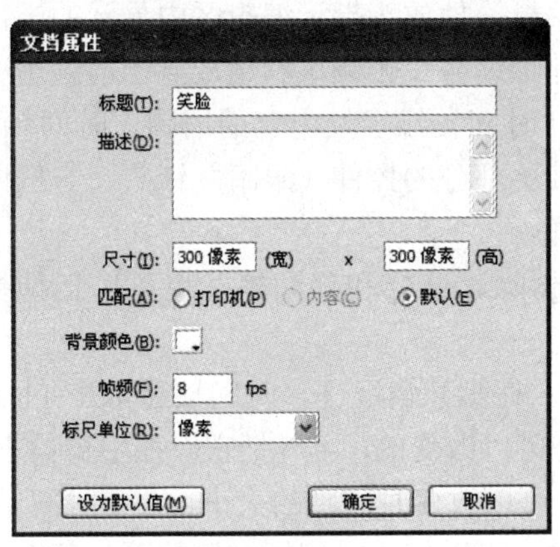

图 4.82　设置“文档属性”对话框

（2）选择“椭圆工具”，在“属性”面板设置“笔触颜色”为黄色，“填充颜色”为无色，“笔触高度”为 5，按下 Shift 键，按下鼠标左键，在舞台中拖动绘制一圆形；再选择“直线工具”，在“属性”面板设置“笔触颜色”为黄色，“笔触高度”为 5，在舞台中画 3 条线，如图 4.83 所示。

（3）在时间轴上选择第 20 帧，按下 F6 键插入关键帧，再分别选择第 5、10、15 帧并右击，在弹出的快捷菜单中选择“转换为关键帧”命令，把这 3 帧转换为关键帧。

（4）使用“选择工具”对第 5 帧作如图 4.84 所示的修改，对第 15 帧作如图 4.85 所示的修改。

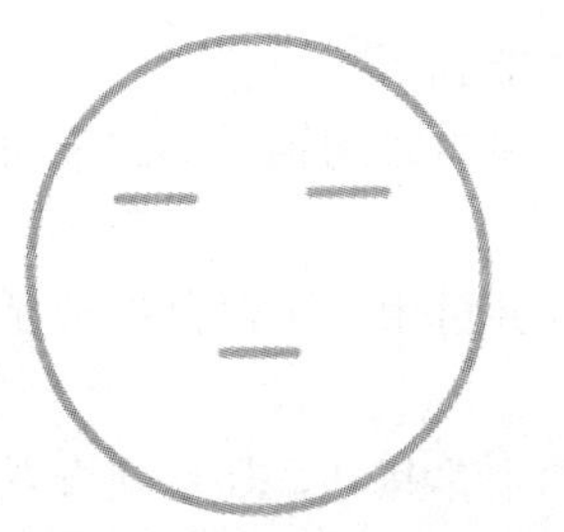

图 4.83　直接绘制效果

图 4.84　第 5 帧效果

图 4.85　第 15 帧效果

（5）选择【文件】→【保存】命令，弹出【另存为】对话框，从中指定影片保存的文件夹，输入文件名，单击“保存”按钮。

（6）选择【控制】→【测试影片】命令，弹出测试窗口，在窗口中可以观察到影片的效果。

4.3.2 时间轴与图层

时间轴与帧和图层的关系密不可分，时间轴用来组织和控制动画，在不同时间播放不同图层和帧的内容。时间轴是创作动画时使用层和帧，组织、控制动画内容的窗口，层和帧中的内容随时间的改变而发生变化，从而产生了动画。时间轴主要由层、帧和播放头组成。

1. 时间轴的基本操作

时间轴左边列出了动画中的图层，每个图层的帧显示在图层名右边的一行中，位于时间轴上部的时间轴标题指示帧编号，播放头指示编辑区中显示的当前帧，如图 4.79 所示。

时间轴的状态行指示当前帧编号、帧频率和播放到当前帧用去的时间。

可以改变帧的显示方式，时间轴显示帧内容的缩图。时间轴显示哪里有逐帧动画、过渡动画和运动路径。使用时间轴层部分的控件（眼睛、锁头、方框图标），可以隐藏或显示、锁定、解锁或显示层内容的轮廓。

可以在时间轴中插入、删除、选择和移动帧，也可以把帧拖到同一层或不同层中的新位置。

（1）改变时间轴的外观。在默认情况下，时间轴显示在 Flash 主窗口的上部，位于编辑区上方。时间轴的显示位置是可以改变的，可以把它停在主窗口下部或两边，或作为一个窗口单独显示，也可以隐藏起来。可以改变时间轴的大小，改变时间轴中可见的层数和帧数。当时间轴窗口不能显示所有的层时，可以使用时间轴右边的滚动条查看其余的层。

要移动时间轴，可用鼠标拖拽时间轴标题栏上面的区域。可以拖拽时间轴到 Flash 主窗口的边缘。按住 Ctrl 键拖拽，可以防止时间轴处于浮动状态。

调整图层区域大小时，可左右拖动时间轴中分隔层名和帧部分的分隔条。要调整时间轴的大小，可执行以下操作之一：

1）如果时间轴在主窗口中，上下拖动分隔时间轴与主窗口的分隔条。

2）如果时间轴没有在主窗口中，拖动时间轴的右下角。

（2）移动播放头。在时间轴上移动播放头，指示编辑区显示的当前帧。时间轴标题栏显示动画的帧编号。要显示编辑区中的某帧，可以在时间轴中把播放头移动到该帧上。当制作的动画包含很多帧，不能在时间轴中一次显示出来时，可以使播放头在时间轴居中，以便更容易地找到当前帧。

- 跳转到某帧 在时间轴标题单击该帧的位置，或把播放头拖到新的位置。
- 使播放头居中 如果播放头位于一个动画中间的某帧时，单击时间轴下部“滚动到播放头”按钮，可以使播放头（当前帧）在时间轴窗口居中。

（3）改变时间轴中帧的显示。可以改变时间轴中帧的大小，并可用一个着色格子显示多帧序列。也可以在时间轴中包括帧内容的缩图预览。

改变时间轴中帧的显示方法，单击“时间轴”右上角的“帧查看”按钮，显示帧查看快捷菜单。选择帧查看快捷菜单的各个选项。

- 要改变帧格子的宽度，选择很小、小、标准、中或大。
- 要减小帧格子行的高度，选择较短。
- 要打开或关闭帧序列着色功能，选择彩色显示帧。
- 要在时间轴显示每帧内容的略图，选择预览。
- 要显示满帧（包括空的空间）的缩图，选择关联预览。

（4）建立帧标签和动画注释。帧标签在标识时间轴中的关键帧很有用。在动作（如 goto）中指向目标帧时，应该使用帧标签而不是帧编号。如果增加或删除了一些帧，帧标签会跟着原来的帧移动，而帧编号则会改变，因而导致帧跳转错误。帧标签随动画数据一起导出，所以要避免使用长的标签名，以减小文件的大小。

帧注释对帮助自己记忆和创作同一动画的其他人都是很有用的。帧注释不随动画数据一起导出，所以需写多长就可以写多长。

建立帧标签或注释的方法，在时间轴中选择要建立帧标签或注释的帧，打开“属性”面板，在属性面板帧标签文本框中，给帧标签输入文本或注释。要使输入的文本成为注释，在输入的文本的每一行前面输入两个斜杠（//）。

（5）在时间轴中处理帧。关键帧是过渡动画的重要组成部分。可以拖拽时间轴中的关键帧，改变过渡动画的长度。在时间轴中还可以看到动画的过渡帧。

可以对帧或关键帧做下面的修改。

- 插入、选择、删除和移动帧或关键帧。
- 拖动帧和关键帧到同一层或不同层的新位置。
- 复制和粘贴帧和关键帧。
- 转换关键帧为（普通）帧。

2. 图层基础知识

在 Flash 中，图层是一个比较重要的概念，可以帮助组织文档中的插图与动画。透过没有内容的图层，可以看到该图层下面的图层，而且图层又是相对独立的，在不同层上编辑不同的动画而互不影响，并在放映时得到合成效果。

图层可以看成是相互堆叠在一起的许多透明纸，每一张纸上绘制着一些图形和文字。可以在图层上绘制和编辑对象，而不会影响其他图层上的对象。

图层具有独立性，当改变其中任何一个图层的对象时，其他图层中的对象保持不变。

Flash 对一个动画中的图层数没有限制，输出时 Flash 会将这些层合并，图层的数目不会影响输出文件的大小。因此灵活运用图层，可以轻松地制作出动感丰富、效果精彩的动画。

Flash 中层的类型可分为 4 种，普通图层在 Flash 中主要是起到组合动画的作用；普通引导层主要是起到帮助编辑对象的定位；运动引导层主要用于设定对象运动轨迹；遮罩层则是起到遮挡某一层的部分内容的作用。

单击位于时间轴下面的“插入图层文件夹”按钮，可以插入图层文件夹，可以将相关的图层放到同一图层文件夹中，以便于查找和管理。

3. 图层和图层文件夹的操作与管理

在动画制作中，图层和图层文件夹操作会经常用到，其操作方法如下：

（1）创建图层/图层文件夹。要创建图层，可单击时间轴底部的“插入图层”按钮。创建图层文件夹，可单击时间轴底部的“插入图层文件夹”按钮。

创建的新图层或新图层文件夹出现在所选图层或图层文件夹的上面。

（2）显示或隐藏图层/图层文件夹。单击图层/图层文件夹名称右侧的“眼睛”列，隐藏该图层/图层文件夹，再次单击重新显示。单击“眼睛”图标隐藏所有的图层/图层文件夹，再次单击重新显示。

（3）锁定或解锁图层/图层文件夹。锁定或解锁图层/图层文件夹与显示或隐藏这类对象的操作类似，单击图层/图层文件夹名称右侧的“锁定”列，锁定或者解锁。单击“锁定”图标🔒，锁定或者解锁所有图层/图层文件夹。

（4）用轮廓查看层上的内容。用轮廓查看层上的内容与显示或隐藏这类对象的操作类似，单击层名称右侧的“轮廓”列，将该图层上的所有对象显示或关闭轮廓显示。单击“轮廓”图标□，显示或关闭所有图层上轮廓显示。

（5）选择图层/图层文件夹。单击图层名称或图层文件夹名称，选择图层/图层文件夹。

提示：配合 Shift 键和 Ctrl 键可以选择连续图层/图层文件夹和选择不连续图层/图层文件夹。

（6）编辑图层/图层文件夹。单击“删除图层”按钮删除当前图层或图层文件夹，或将图层或图层文件夹拖到“删除图层”按钮可以删除图层和图层文件夹。

双击图层或图层文件夹名，输入新的名后按 Enter 键，可以修改图层和图层文件夹名。选中图层或图层文件夹后按住鼠标拖至适当位置，可以改变图层和图层文件夹顺序。将该图层拖到目标图层文件夹中，可以将图层移入图层文件夹。将该图层拖出目标图层文件夹，可以将图层移出图层文件夹。

（7）复制图层/图层文件夹。复制图层操作，可以按照以下步骤进行：

1）选择图层。

2）选择【编辑】→【时间轴】→【复制帧】命令。

3）单击“插入图层”按钮可以创建新图层。

4）单击该新图层，选择【编辑】→【时间轴】→【粘贴帧】命令。

复制图层文件夹操作与复制图层操作相似。

【案例 4.7】制作场景。

（1）选择【文件】→【新建】命令，打开“新建文档”对话框，选择“常规”选项中的“Flash 文件（ActionScript 3.0）”，在“属性”面板，设置“尺寸”为 600×400 像素，设置“背景颜色”为白色，单击“确定”按钮新建一个 Flash 文件。

（2）把“图层 1”图层命名为“背景”，选择“矩形工具”，在“属性”面板，设置“笔触颜色”为无色，“填充颜色”为#006600～#33CCFF 的线性渐变，绘制一个与舞台等大的矩形，再选择“渐变变形工具”修改渐变填充，如图 4.86 所示。

（3）在时间轴单击“插入图层”按钮，新建一个图层命名为“树”，选择“铅笔工具”，绘制树的轮廓，再选择“颜料桶工具”，分别设置“填充颜色”为#700000 和#009900，对树干和树叶进行填充，如图 4.87 所示。

图 4.86 背景效果

图 4.87 绘制树

（4）选中树，按 Ctrl 键，使用“选择工具”拖动鼠标复制一棵树，选择“任意变形工具”进行调整，如图 4.88 所示。

（5）在时间轴单击“插入图层”按钮，新建一个图层命名为“蘑菇”，使用“椭圆工具”和“线条工具”，绘制蘑菇的轮廓，再选择“颜料桶工具”分别设置“填充颜色”为#FF0000、#990000和#FF9900填充蘑菇伞盖，设置为#FFFFFF、#CCCCCC和#999999填充蘑菇柄，如图4.89所示。

图4.88 树的效果

图4.89 绘制蘑菇

（6）选中蘑菇，按Ctrl键，使用“选择工具”拖动鼠标复制2棵蘑菇，选择“任意变形工具”进行调整，如图4.90所示。

（7）在时间轴单击“插入图层”按钮，新建一个图层命名为“草”，使用“钢笔工具”绘制草的轮廓，再选择“颜料桶工具”设置“填充颜色”为#005500填充。使用“选择工具”对草叶形状进行调整，再按（6）步对草进行复制，效果如图4.91所示。

图4.90 蘑菇效果

图4.91 草的效果

（8）在时间轴单击“插入图层”按钮，新建一个图层命名为“云”，使用“线条工具”，结合“选择工具”，绘制云朵的轮廓，再选择“颜料桶工具”分别设置“填充颜色”为#FFFFFF和#EEF9FF填充云朵。删除轮廓线，再按（6）步对云朵进行复制，效果如图4.92所示。

图4.92 云朵效果

（9）在时间轴单击“插入图层”按钮，新建一个图层命名为“太阳”，使用“椭圆工具”，在“属性”面板设置“笔触颜色”为无色，“填充颜色”为#FFFF00，绘制一个太阳，最终效果与时间轴面板如图 4.93 所示。

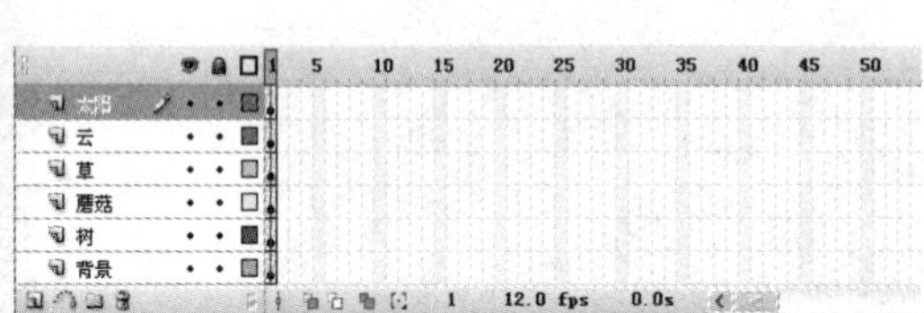

图 4.93　场景效果

（10）选择【文件】→【保存】命令，保存场景。

4.4　元件的创建与编辑

使用 Flash 制作动画影片通常都有一定流程。首先要制作好影片中需要的元件，然后在舞台中将元件实例化，并对实例进行适当的组织和安排，最终完成影片的制作。

Flash CS3 可导入和创建多种资源来填充 Flash 文档。这些资源在 Flash 中作为元件、实例和库资源进行管理。在了解了各类资源一起工作的方式之后，就可以合理地选择如何及何时使用这些资源，并可以预测工作的最佳设计选项。

4.4.1　元件与实例

1. 元件的概念

元件是在 Flash 中创建的图形、按钮或影片剪辑，是 Flash 动画设计最基本、最重要的元素。元件只需创建一次，即可在整个文档或其他文档中重复使用，用户创建的任何元件都会成为当前文档的一部分。每个元件都有自己的时间轴，可以将帧、关键帧和层添加到元件时间轴。如果元件是影片剪辑或按钮，还可以使用动作脚本控制元件。创建元件时要选择元件类型，这取决于用户在文档中如何使用该元件，其类型如下：

（1）图形元件。用于静态图像，并可用来创建连接到主时间轴的可重用动画片段。图形元件与主时间轴同步运行。交互式控件和声音在图形元件的动画序列中不起作用。由于没有时间轴，图形元件在 FLA 文件中的尺寸小于按钮元件或影片剪辑。

（2）影片剪辑元件。可以创建可重用的动画片段。影片剪辑拥有各自独立于主时间轴的多帧时间轴。可以将多帧时间轴看作是嵌套在主时间轴内，它们可以包含交互式控件、声音甚至其他影片剪辑实例。也可以将影片剪辑实例放在按钮元件的时间轴内，以创建动画按钮。此外，还可以使用 ActionScript 对影片剪辑进行改编。

（3）按钮元件。可以创建用于响应鼠标单击、滑过或其他动作的交互式按钮。可以定义与各种按钮状态关联的图形，然后将动作指定给按钮实例。

2. 实例的概念

实例是指位于舞台上或嵌套在另一个元件内的元件副本。实例可以与它的元件在颜色、大小和功能上有差别。编辑元件会更新它的所有实例，但对于元件的一个实例应用效果，则只要更新该实例即可。

元件是指在 Flash 中创建的图形、按钮和影片剪辑，可以自始自终地在影片或其他影片中重复使用，元件是库中也是动画中最基本的元素。

库是元件和实例的载体，它最基本的用处是对动画中的元件进行管理，使用库可以省去很多重复操作及一些不必要的麻烦。

元件和实例都可以包含在库中，而实例一般比元件更为复杂。

4.4.2　创建图形元件

创建元件可以通过舞台上选定的对象来创建元件，也可以创建一个空元件，然后在元件编辑模式下制作或导入内容，并在 Flash 中创建字体元件。元件可以拥有 Flash 的所有功能，包括动画。

1. 直接创建图形元件

【案例 4.8】直接创建图形元件——星星。

（1）设置元件属性。选择【插入】→【新建元件】命令，在弹出的“创建新元件”对话框中为元件命名为“星星”，选择“图形”类型，再单击“确定”按钮完成图形元件的创建，如图 4.94 所示。

图 4.94　创建新“元件”对话框

（2）设置星体颜色。选择“椭圆工具”，在“属性”面板设置“笔触颜色”为无色，“填充颜色”为黑白放射状渐变。

（3）绘制星体。在元件编辑区用鼠标拖动的方法绘制圆形。选择“选择工具”，用鼠标拖动圆形中心，中心见一小圆圈，将小圆圈与十字叉线对正，如图 4.95 所示。

（4）绘制星体的纵向光辉。选择“椭圆工具”，在旁边绘制一纵向细长的椭圆，如图 4.96 所示。使用“选择工具”选定该椭圆，单击“复制”按钮，再单击“粘贴”按钮，则该椭圆粘贴到星体的中心，呈现纵向光晕效果，如图 4.97 所示。

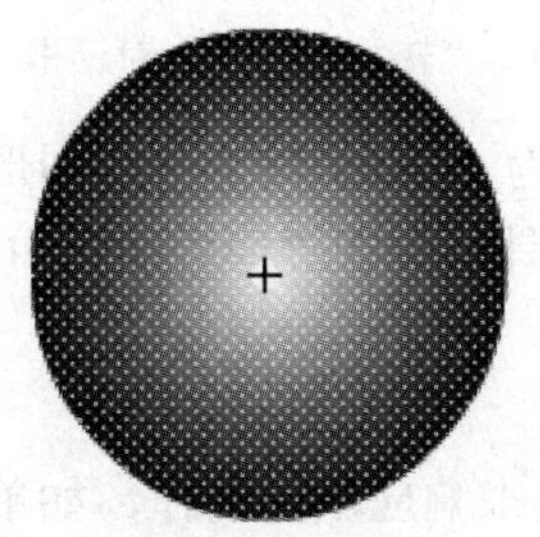

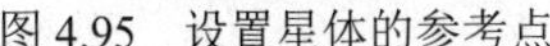

图 4.95　设置星体的参考点

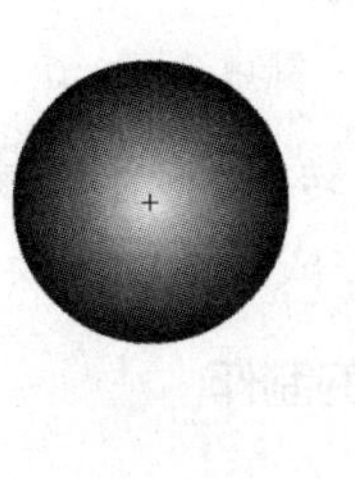

图 4.96　椭圆效果

（5）绘制星体的横向光辉。选定星体的纵向椭圆，单击“复制”按钮，再单击“粘贴”按钮，单击“旋转与倾斜”按钮，用鼠标拖动的方法将纵向椭圆旋转为横向，呈现横向光晕效果。

（6）绘制星体的斜线光晕。用类似的方法，将星体外的横向椭圆旋转为斜线方向，再复制、粘贴到星体，使光晕呈“米”字形，如图 4.98 所示。

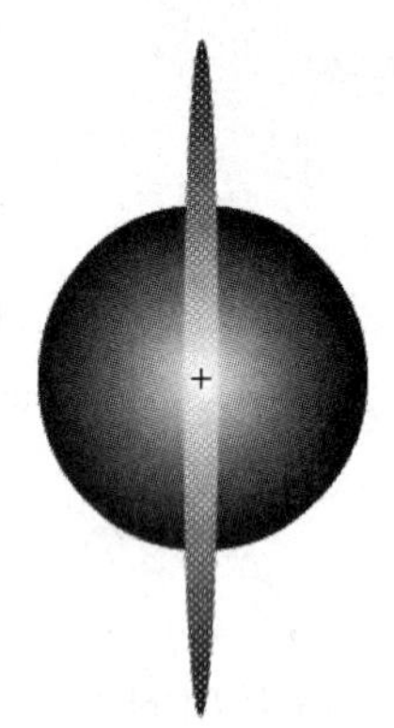

图 4.97 绘制光晕效果

图 4.98 星星效果

（7）删除多余部分。单击星体外的椭圆，按 Delete 键将其删除，单击 场景 1 返回场景。

2. 转换元件

【案例 4.9】转换元件。

（1）打开外部图片。选择【文件】→【导入】→【导入到舞台】命令，从外部导入一张图片，如图 4.99 所示。

（2）转换元件。单击舞台上的图像，选择【修改】→【转换为元件】命令，弹出“转换为元件”对话框，如图 4.100 所示。

图 4.99 瓢虫

图 4.100 “转换为元件”对话框

（3）在弹出的“转换为元件”对话框中为元件命名为“瓢虫”，选择“图形”类型，再单击“确定”按钮，完成元件的转换过程。转换过来的元件可以在“库”面板中进行查看。

4.4.3 按钮元件的制作

按钮元件可以在影片中创建交互按钮，或者利用按钮来响应鼠标动作，如单击、滑过、双击等。其创建过程和图形元件的创建方法大致相同。

创建按钮元件需要 3 个基本过程，即绘制按钮图案、添加按钮关键帧和编写按钮事件。

按钮元件由以下 4 个状态组成：

- 弹起状态：指针不在按钮上面的状态。
- 指针经过状态：指针在按钮上面时的状态。
- 按下状态：鼠标点击时的状态。
- 点击状态：用来设定对鼠标单击动作做出反应的区域，而不直接显示出来。

【案例 4.10】脸色按钮。

（1）设置元件属性。选择【插入】→【新建元件】命令，在弹出的“创建新元件”对话框中为元件命名为“脸色”，选择“按钮”类型，再单击“确定”按钮完成按钮元件的创建，如图 4.101 所示。

图 4.101　“创建新元件”对话框

（2）制作弹起按钮图片。单击“弹起”帧，选择“椭圆工具”，在“属性”面板上设置“笔触颜色”为#FF3300，“填充颜色”为无色，绘制如图 4.102 所示的形状。

（3）制作指针经过按钮图片。单击“指针经过”帧，按 F6 键，使用“选择工具”，绘制如图 4.103 所示的形状。

（4）制作按下按钮。单击“按下”帧，按 F6 绘制如图 4.103 键所示形状。

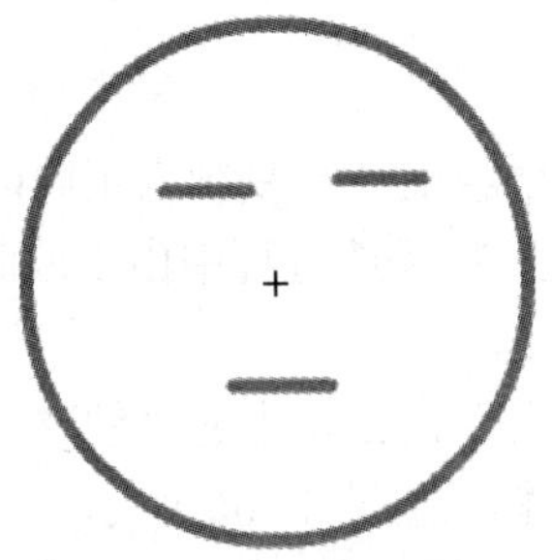

图 4.102　弹起按钮图片

图 4.103　指针经过和按下按钮图片

（5）新建声音图层。单击时间轴左下方“插入图层”按钮，新建一个图层，双击图层名称，命名为“笑声”。

（6）导入声音。选择【文件】→【导入】→【导入到库】命令，弹出“导入”对话框，选择“笑声.mp3”文件，单击“打开”按钮，从外部导入一个声音。

（7）添加声音控制。单击“按下”帧，按 F7 键插入空白关键帧。在“属性”面板中选择声音下拉列表框中的“笑声.mp3”选项，添加声音控制，时间轴变化如图 4.104 所示。

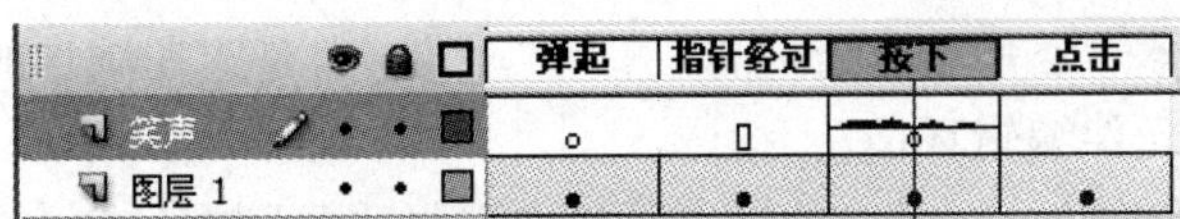

图 4.104　添加声音后的时间轴

（8）制作点击按钮。单击“点击”帧，绘制如图 4.103 所示大小的圆形。

（9）单击标题栏上的场景1，退出按钮元件的编辑环境，在“库”面板中即可看到刚刚制作的按钮元件，如图 4.105 所示。

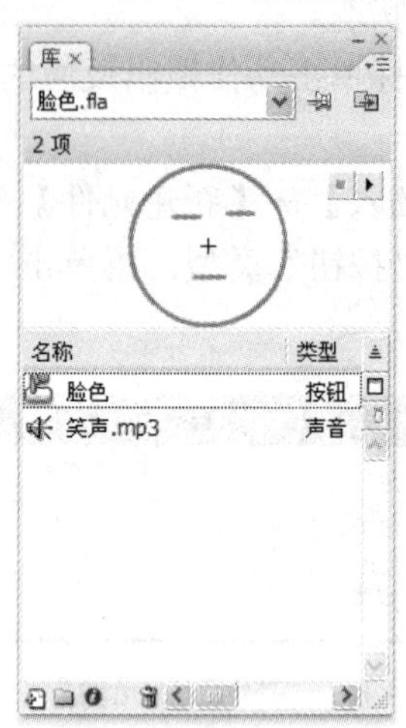

图 4.105 “库”面板效果

4.4.4 影片剪辑元件的制作

影片剪辑元件本身就是一段动画，它和按钮元件一样，有自己的时间轴，使用影片剪辑元件可创建反复使用的动画片段，且可独立播放，可以包括交互式控件、声音，甚至其他影片剪辑实例。

【案例 4.11】闪烁的星星。

分析：可以通过 10 个关键帧来描述闪烁的星星。只要将前 5 帧复制为正向的星星，然后将星星旋转一个角度，后 5 帧复制为旋转一定角度的星星，在播放过程中由于眼睛的误差，星星就闪烁起来了。

（1）设置元件属性。选择【插入】→【新建元件】命令，在弹出的“创建新元件”对话框中为元件命名为“闪烁的星星”，选择“影片剪辑”类型，如图 4.106 所示，单击“确定”按钮，则进入元件编辑环境。

图 4.106 “创建新元件”对话框

（2）到库中调入图形元件“星星”。选择【窗口】→【库】命令，则弹出“库”对话框，现在库中有两个元件，一个是已经绘制的“星星”，另一个是正在制作的“闪烁的星星”。将库中的“星星”拖动到元件编辑环境。

（3）右击第 1 关键帧，在弹出的快捷菜单中选择“复制帧”命令，右击第 2 关键帧，在弹出的快捷菜单中选择“粘贴帧”命令，同样在第 3、4、5、6 帧上粘贴同样的关键帧，如图

4.107 所示。

（4）将星星旋转一定角度。单击第 6 帧，在编辑区选定星星，单击“旋转与倾斜”按钮，拖动星星的角控制点，旋转一定角度，如图 4.108 所示。

图 4.107　复制的关键帧

图 4.108　旋转后的效果

（5）右击第 6 关键帧，在弹出的快捷菜单中选择“复制帧”命令，右击第 7 关键帧，在弹出的快捷菜单中选择“粘贴帧”命令，同样在第 8、9、10 帧上粘贴同样的关键帧。

（6）单击标题栏上的“场景 1”，退出影片剪辑元件的编辑环境，在“库”面板中即可看到刚刚制作的影片剪辑元件，如图 4.109 所示。

图 4.109　“库”面板效果

4.4.5　元件创建实例

创建元件之后，可以在文档中任何地方（包括在其他元件内）创建该元件的实例。当修改元件时，Flash 会更新元件的所有实例。

可以在“属性”面板中为实例提供名称，指定色彩效果、分配动作、设置图形显示模式或更改新实例的行为。除非需另外指定，否则实例的行为与元件行为相同。所做的任何更改都只影响实例，并不影响元件。

Flash 只可以将实例放在关键帧中，并且总在当前图层上。如果没有选择关键帧，Flash 会将实例添加到当前帧左侧的第一个关键帧上。

【案例 4.12】变化的星星。

（1）选择【文件】→【打开】命令，在“打开”对话框中选择“元件.fla”，单击“打开”按钮，即可打开该文件。

（2）选择【窗口】→【库】命令，打开“库”面板，选择“星星”图形元件，将该元件从“库”面板拖到舞台上，即可创建一个元件实例。

（3）分别单击第 10、20、30、40、50 帧，按 F6 键插入关键帧。

（4）选择第 10、30、50 帧，单击该实例，在“属性”面板上设置“颜色”属性如图 4.110 所示。

（5）选择第 20 帧，单击该实例，在“属性”面板上设置“颜色”属性如图 4.111 所示。

图 4.110 “颜色”属性设置 1

图 4.111 “颜色”属性设置 2

（6）选择第 40 帧，单击该实例，在“属性”面板上设置“颜色”属性如图 4.112 所示。

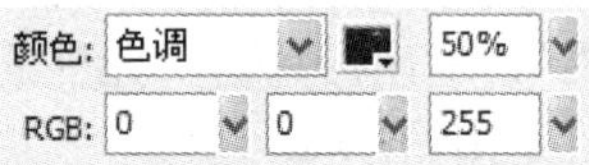

图 4.112 “颜色”属性设置 3

（7）在各关键帧之间创建补间动画，如图 4.113 所示。

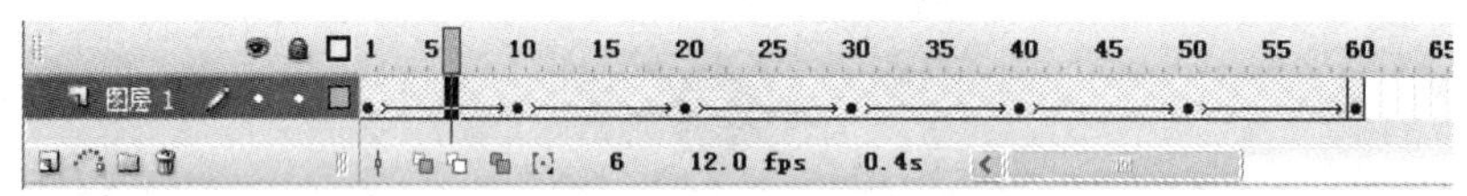

图 4.113 时间轴补间效果

（8）选择【控制】→【测试影片】命令，即可看到变化星星的影片效果。

习题四

一、问答题

1．如何设定和修改矩形的相关属性，画出不同圆角曲度的圆角矩形？
2．如何使用“渐变变形工具”改变一个圆形区域的中心渐变效果？
3．简要叙述一下动画制作的流程。
4．时间轴的功能有哪些？
5．Flash CS3 的默认帧频是多少？怎么设置帧频率？
6．如何将一个对象转换为元件？

二、操作题

1．使用钢笔工具绘制简单图形。
2．利用 Flash 的绘图工具绘制一个场景，用不同的色彩和填充方式表现道路、山、树丛和太阳。

3．制作一个五彩渐变的文字特效。

4．在舞台中输入自己的姓名，使用自己的照片对文本进行位图填充。

5．制作一个简单的文字按钮。

6．新建一个有 3 个图层的文件，分别给 3 个图层取名为“图形元件”、“按钮元件”和“影片剪辑元件”。

7．在上题中创建 3 个元件，分别是图形元件、按钮元件和影片剪辑元件，然后把 3 个元件分别放在对应的 3 个图层上进行实例化。

8．把常用的素材全部保存到一个库面板中。

第 5 章　Flash 动画制作

本章介绍如何用 Flash CS3 提供的多种方式来创建动画和特殊效果，如何在动画中使用声音来增强动画的表现力与感染力，以及如何在动画中使用简单脚本实现动画的交互性。

- 创建动画的各种方式：逐帧动画、形状补间动画、动作补间动画、引导路径动画、遮罩动画、时间轴特效等
- 在动画中使用声音
- Flash 动画简单脚本

5.1　逐帧动画

将动画中的每一帧都设置为关键帧，在每一个关键帧中创建不同的内容，就成为逐帧动画。这就像播放影片一样，将一个连续的动作分解成若干幅只有微小变化的静态图片，将这些静态图片快速连续播放，根据视觉暂留原理，人的眼睛会将原来并不连续的静态图片看成一个连续的动作。

逐帧动画在传统动画制作中使用得比较多，这样虽然麻烦，但制作出来的动画效果却很好。很多大型作品几乎都使用逐帧动画来制作物体、人物的运动，逐帧动画主要应用于创建没有规律的运动动画。

制作逐帧动画，需要将每一帧都定义为关键帧，在每个关键帧中创建不同的图像。下面通过几个实例来学习逐帧动画的制作方法。

【案例 5.1】转动的地球，导入图片建立逐帧动画。

分析：向 Flash CS3 中导入图像时，有两种类型的图片可以形成逐帧动画。一种是序列图像，包括 GIF 和利用第三方软件制作的序列图像等，这些图像有类似帧的结构，Flash 会进行相应帧到帧的转换。另一种是 JPG、PNG、BMP 等格式的静态图片，如果导入的图像文件名以有序的数字结尾，Flash 会自动将其识别为图像序列，并提示是否导入图像序列。

（1）选择【文件】→【新建】命令，在弹出的对话框中选择“常规”→“Flash 文件（ActionScript 3.0/2.0）”选项后，单击“确定”按钮，新建一个影片文档，然后选择【文件】→【保存】命令，将文件命名为“转动的地球.fla”。

（2）在“属性”面板中单击 550 x 400 像素 按钮，打开“文档属性”对话框，设置影片大小为 80 像素×80 像素。

（3）选择【文件】→【导入】→【导入到舞台】命令，导入教学资源中的文件“ch05\素材\转动的地球\img0.gif”，会弹出如图 5.1 所示的对话框，单击“是”按钮。

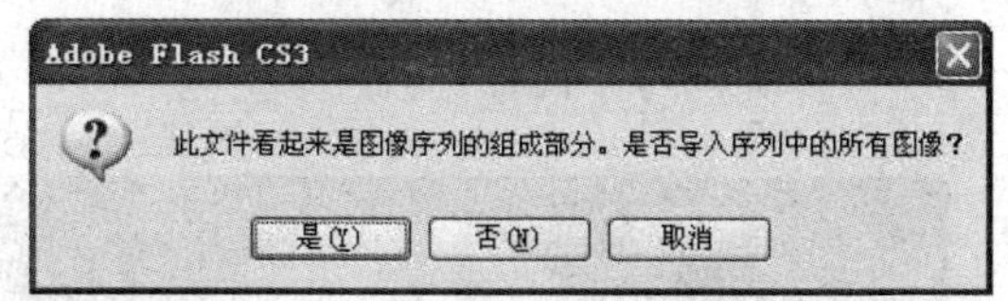

图 5.1 导入图片提示对话框

（4）调整对象位置，单击“时间轴”面板下方的“编辑多个帧”按钮，然后单击“修改绘图纸标记”按钮，在弹出的菜单中选择“绘制全部”命令，选择【编辑】→【全选】命令，然后将图片移动到舞台正中央，这样所有帧中的图片都被移动到舞台正中央了，如图 5.2 所示。

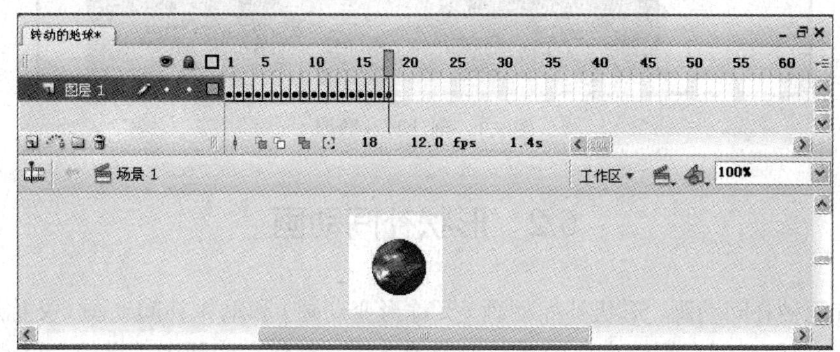

图 5.2 转动的地球

（5）按 Ctrl+Enter 组合键测试并预览动画显示效果。

【案例 5.2】利用逐帧动画，设计一个倒计时计数器。

（1）新建一个影片文档，并将文件保存为“倒计时.fla”，在“属性”面板中将背景色设置为黑色，帧频设置为 1fps。

（2）在“时间轴”面板上，单击“插入图层”按钮，添加 3 个新图层，分别将 4 个图层命名为“外圆”、“内圆”、“直线”和“数字”。

（3）选择“外圆”层，选择“椭圆工具”，将笔触颜色设置为无色，填充色设置为灰色，在舞台中央画一个大圆。

（4）选择“内圆”层，选择“椭圆工具”，将笔触颜色设置为黑色，填充色设置为灰色，在大圆内画一个小圆。

（5）选择“直线”层，选择“线条工具”，将笔触颜色设置为黑色，在水平方向和垂直方向各画一条直线，都通过圆心。

（6）选择“外圆”层，在第 9 帧右击，并在弹出的快捷菜单中选择“插入帧”命令，在“内圆”层、“直线”层第 9 帧执行相同的操作。

（7）选择“数字”层，选择“文本工具”，在“属性”面板中，将字体改为方正姚体，文本颜色设置为蓝色，大小设置为 100，在直线交叉处输入一个“9”字。

（8）在“数字”层的第 2～9 帧重复执行右击，并在弹出的快捷菜单中选择“插入关键帧”命令，然后将第 2～9 帧中的数字分别改为 8、7、6、5、4、3、2、1，如图 5.3 所示。

（9）按 Ctrl+Enter 组合键测试并预览动画显示效果。

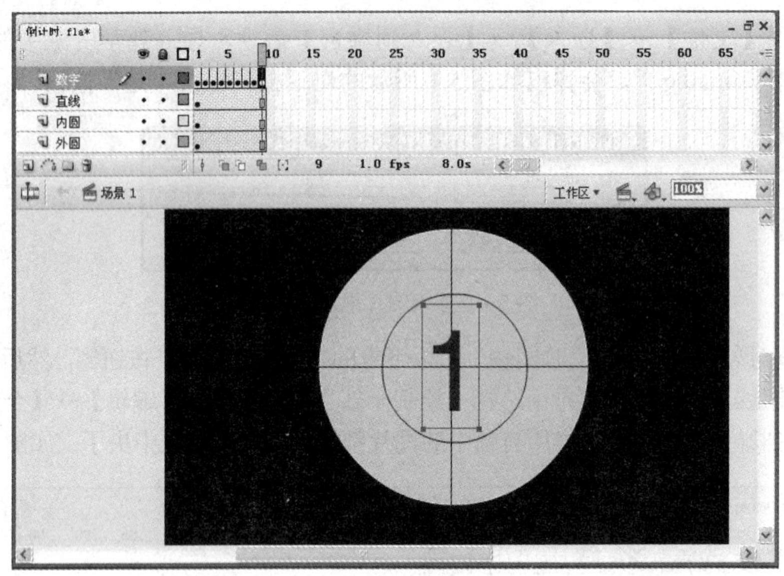

图 5.3　倒计时计数器

5.2　形状补间动画

Flash 有两种补间动画，形状补间动画（又称形变动画）和动作补间动画（又称运动动画）。补间动画是创建随时间有规律变化的动画很好的方法，制作完成两个关键帧，Flash 通过计算自动生成中间各帧，使画面从一个关键帧过渡到另一个关键帧。本节首先学习形状补间动画的制作。

形状补间动画就是在一个关键帧中绘制一个图形，在另一个关键帧中更改该图形或绘制另一个图形，Flash 通过计算生成中间各帧来创建的动画。形状补间动画可以实现两个图形之间颜色、形状、大小、位置等的变化，使用的元素多为绘画出来的“形状”，如果使用图形元件、按钮、文字，则必须先“打散”将其转换为“形状”，才能创建形状补间动画。

创建形状补间动画的具体操作方法为：在“时间轴”面板上动画开始的关键帧设置初始的图形，在动画结束关键帧设置要变成的图形，再单击开始帧，在“属性”面板“补间”中选择“形状”选项，或在开始帧上右击，在弹出的快捷菜单中选择“创建补间形状”命令。

【案例 5.3】图形变形。

（1）新建一个影片文档，并将文件保存为“图形变形.fla”，设置影片尺寸为 550×220 像素，背景色为绿色。

（2）选择“椭圆工具”，在舞台左侧画出一个圆，填充颜色选择红色放射，如图 5.4 所示。

（3）选中第 40 帧，按 F6 键，插入一个关键帧，删除第 40 帧中的圆，选择“多角星形工具”，在舞台右侧画出一个六角星形，填充颜色选择蓝色放射，如图 5.5 所示。

（4）右键单击第 1 帧，在弹出的快捷菜单中选择“创建补间形状”命令。

（5）按 Ctrl+Enter 组合键测试并预览动画显示效果。

【案例 5.4】变形文字。

（1）新建一个影片文档，并将文件保存为“变形文字.fla”，设置影片尺寸为 300×300 像素。

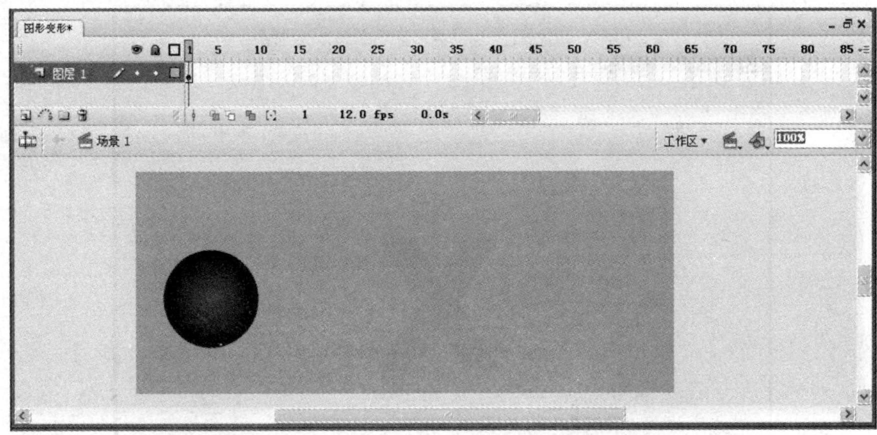

图 5.4　绘制第 1 帧

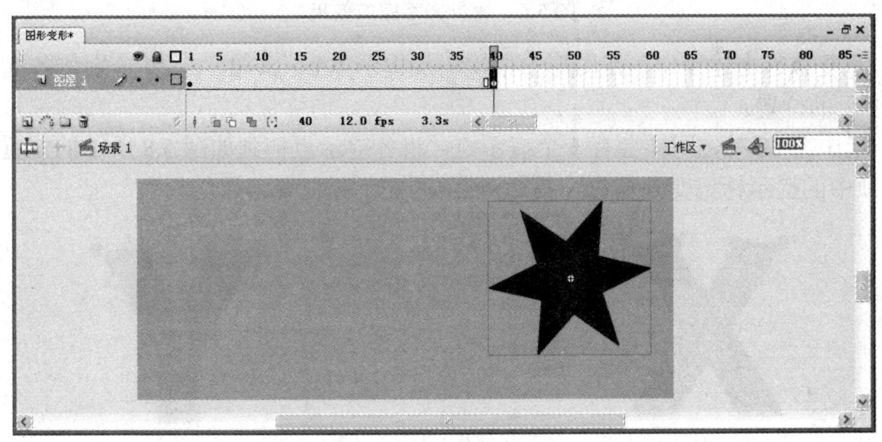

图 5.5　绘制第 40 帧

（2）用“文本工具” T 在舞台中央写一个字母“X”，在“属性”面板中，将其字体改为“Tahoma”，大小设置为 200，颜色为蓝色，字形加粗。

（3）选中第 20 帧，按 F6 键，插入一个关键帧，将第 20 帧中的字母改为“Y”，颜色改为红色。

（4）选中第一帧，选择【修改】→【分离】命令，将文字打散，同样将第 20 帧的文字也打散。

（5）选中第一帧并右击，在弹出的快捷菜单中选择“创建补间形状”命令，如图 5.6 所示，按 Ctrl+Enter 组合键测试并预览动画显示效果，可看到字母“X”变形为字母“Y”，同时文字颜色由蓝色变为红色。

预览上述动画时会发现变形过程显得比较乱，这是因为 Flash 在计算两个关键帧中的图形差异时，并不像想象中的那么智能，前后图形差异比较大时，变形过程就会显得比较凌乱，这时可以使用“形状提示”这一功能，对变形的中间过程进行有效地控制，从而使变形过程得以美化。给上例加上形状提示，再来看动画效果。

【案例 5.5】变形文字（使用形状提示）。

（1）选中第一帧，选择【修改】→【形状】→【添加形状提示】命令，图形中会出现一个红色提示点 a。如果形状提示标记没有显示出来，可选择【视图】→【显示形状提示】命令。

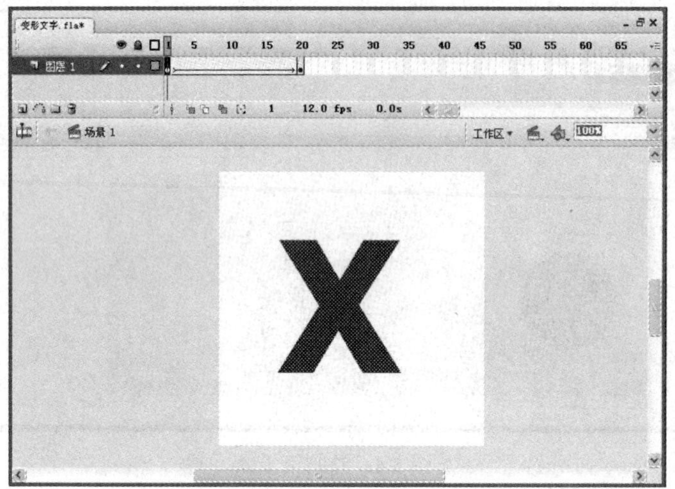

图 5.6 变形文字完成效果

（2）重复执行上述操作，在图形中依次添加提示点 b、c、d、e，并分别将各提示点拖到如图 5.7 所示的位置。

（3）选中第 20 帧，同样会有 5 个提示点，将各提示点拖到如图 5.8 所示的位置，这时会发现第 1 帧中的提示标记变为黄色，第 20 帧中的提示标记变为绿色。

图 5.7 添加形状提示点

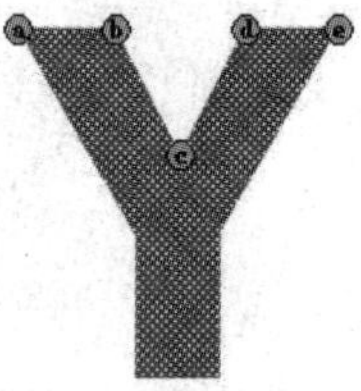

图 5.8 调整提示点

（4）按 Ctrl+Enter 组合键测试并预览动画显示效果，这时变形效果较好。用户还可以调整图形提示标记的个数和位置，观察不同的变形效果，直到满意为止。

5.3 动作补间动画

动作补间动画就是给对象指定一个开始位置和终止位置，Flash 通过计算生成中间各帧，使其产生运动的效果，中间过程对象可以是沿直线运动也可以沿设定的曲线运动，还可以设置对象的旋转效果。动作补间动画可以改变这个元件的大小、颜色、位置、透明度等，还可以创建淡入、淡出动画效果。与形状补间动画相反，构成动作补间动画的元素必须是对象组合或是元件，否则不能设置动作补间动画。

创建动作补间动画的具体操作方法为：在“时间轴”面板上动画开始的关键帧设置一个对象，在动画结束关键帧改变对象的属性，再单击开始帧，在“属性”面板“补间”中选择“动作”选项，或在开始帧上右击，在弹出的快捷菜单中选择“创建补间动画”命令。

【案例 5.6】小车碰撞。

（1）新建一个影片文档，并将文件保存为“小车碰撞.fla”，设置影片尺寸为 1000 像素×300 像素。

（2）先创建“小车”元件，选择【插入】→【新建元件】命令，打开如图 5.9 所示的“创建新元件”对话框，设定元件“名称”为“小车”，元件“类型”为“图形”，单击“确定”按钮，进入图形元件编辑模式。

（3）选择“矩形工具”，将笔触颜色、填充色都设置为黑色，在舞台上绘制一个细长的矩形，然后选择“椭圆工具”，在矩形下面画两个圆，如图 5.10 所示。

图 5.9　创建新元件对话框

图 5.10　小车的绘制

（4）单击舞台左上方的“场景 1”，返回舞台编辑模式，首先制作障碍物和地面作为背景，双击“时间轴”面板上的图层 1，命名为“背景”，选择“线条工具”，笔触高度设置为 10，在舞台下方画一条水平直线，代表地面，用矩形工具在地面直线的右方拖拉绘制出一个矩形，表示障碍物，结果如图 5.11 所示，在第 40 帧处右击，在弹出的快捷菜单中选择“插入帧”命令。

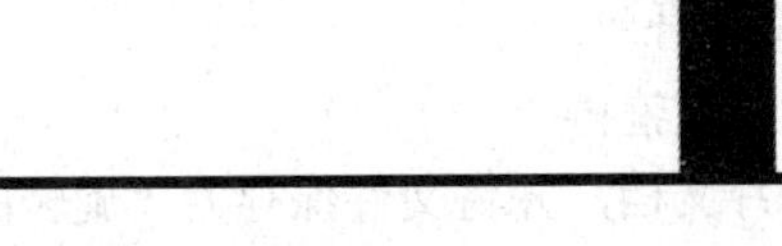

图 5.11　地面和障碍物

（5）在背景层的上方插入一个新图层，将其改名为“加速运动的小车”，从库中将小车拖放到舞台上，选择“任意变形工具”，按下 Shift 键拖动控制点调整小车的大小，然后再将其拖到合适的位置。

（6）插入一个新图层，将其改名为“物体”，用“矩形工具”在舞台上绘制一个矩形，调整到合适大小，并拖动到合适位置，如图 5.12 所示。

图 5.12　载物小车

（7）在“加速运动的小车”图层单击第 35 帧，按 F6 键插入一个关键帧，然后将小车平移到地面的右端，前端和障碍物对齐，可以用方向键精确地移动小车，在第 40 帧处单击右键，在弹出的快捷菜单中选择“插入帧”命令，在“物体”图层的第 35 帧处也插入一个关键帧，将物体移到合适的位置，保持和第 1 帧两者的相对位置不变，如图 5.13 所示，在第 40 帧处右击，在弹出的快捷菜单中选择“插入关键帧”命令。

图 5.13　小车碰撞

（8）在“加速运动的小车”图层右击第 1 帧，在弹出的快捷菜单中选择“创建补间动画”命令，创建第 1～35 帧的补间动画，在“属性”面板中将“缓动”属性设置为-100，在“物体”图层执行相同的操作。

（9）单击“物体”图层的第 40 帧选中物体，选择“任意变形工具”，将物体的中心点调到物体的右下角，移动鼠标待光标变成旋转的箭头时，将物体向右下角拉动放平在车板上，如图 5.14 所示，分别选中第 35 帧和第 1 帧，也将物体的中心点调到物体的右下角。

图 5.14　物体倒下

（10）右击“物体”图层的第 35 帧，在弹出的快捷菜单中选择“创建补间动画”命令，按 Ctrl+Enter 组合键测试并预览动画效果。

说明：默认情况下补间帧之间的变化速率是不变的。“缓动”选项用于调整补间帧之间的变化速率，可以通过调整变化速率创建更为自然的加速或减速效果，以产生更逼真的动作。数值在-1～-100 之间，动画运动的速度为从慢到快，加速补间；数值在 1～100 之间，动画运动的速度为从快到慢，减速补间。

【案例 5.7】旋转的金箍棒。

（1）新建一个影片文档，并将文件保存为“旋转的金箍棒.fla”，设置影片尺寸为 500 像素×500 像素。

（2）先创建“金箍棒”元件，选择【插入】→【新建元件】命令，打开如图 5.15 所示的“创建新元件”对话框，设定元件“名称”为“金箍棒”，元件“类型”为“图形”。

（3）选择“矩形工具”，按下“对象绘制”按钮，将笔触颜色设置为黑色，填充色设置为金黄色，在舞台上绘制一个细长的矩形，然后在矩形两头绘制两个红色矩形，如图 5.16 所示。

图 5.15　创建新元件对话框

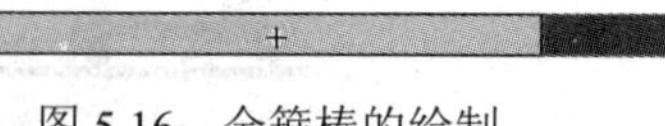

图 5.16　金箍棒的绘制

（4）单击舞台左上方的“场景 1”，返回舞台编辑模式，将库中的“金箍棒”元件拖到舞台中央，右键单击第 40 帧，在弹出的快捷菜单中选择“插入关键帧”命令，右键单击第 1 帧，在弹出的快捷菜单中选择“创建补间动画”命令，在属性面板上将“旋转”设为“顺时针”，设定次数为 1。

（5）在“时间轴”面板上，单击“插入图层”按钮 8 次，添加 8 个新图层，然后将图层 1 移到最上方。

（6）单击“时间轴”面板下方的“绘图纸外观”按钮，在“图层 9”的第 3 帧中插入一个关键帧，将库中的“金箍棒”元件拖到舞台中央，使其与图层 1 中的第一帧图像重叠，然后在第 43 帧处插入一个关键帧，在这两个关键帧之间创建补间动画，并设定“旋转”为“顺时针”，次数为 1。

（7）按住 Shift 键，单击“图层 2”和“图层 8”，选中这些图层中的所有帧，右键单击任一帧，在弹出的快捷菜单中选择“删除帧”命令，删除所有帧。

（8）在“图层 9”中选中第 3 帧到第 43 帧的所有帧，并复制这些帧。

（9）在“图层 8”的第 5 帧处插入一个关键帧，右键单击第 5 帧，在弹出的快捷菜单中选择“粘贴帧”命令，用同样的方法依次在“图层 7”的第 7 帧、“图层 6”的第 9 帧、“图层 5”的第 11 帧、“图层 4”的第 13 帧、“图层 3”的第 15 帧、“图层 2”的第 17 帧插入一个关键帧，并粘贴“图层 9”中的所有帧。这时即可产生金箍棒旋转的效果，下面再来做进一步的渐变透明效果。

（10）再次单击“绘图纸外观”按钮，停止使用，选择“图层 9”的第 3 帧，单击舞台中的实例，在实例的属性检查器中，选择“颜色”列表框中的“Alpha”选项，并设置为 89%，如图 5.17 所示。用同样的方法将“图层 8”到“图层 2”中的实例的 Alpha 值依次设为 78%、67%、56%、45%、34%、23%、12%，使它们的透明度依次增大，全部完成后如图 5.18 所示，按 Ctrl+Enter 组合键测试并预览动画效果。

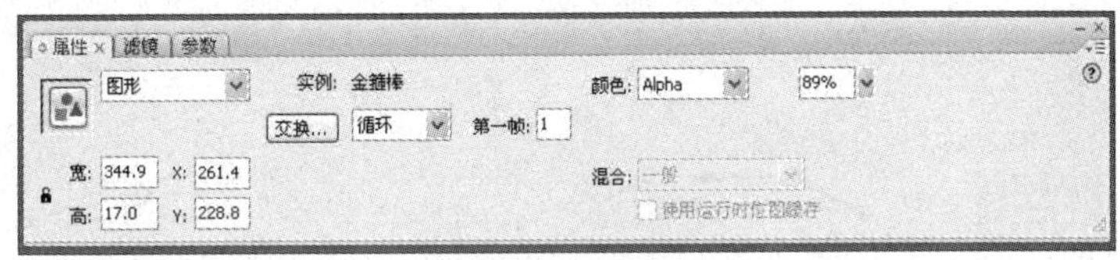

图 5.17　属性设置

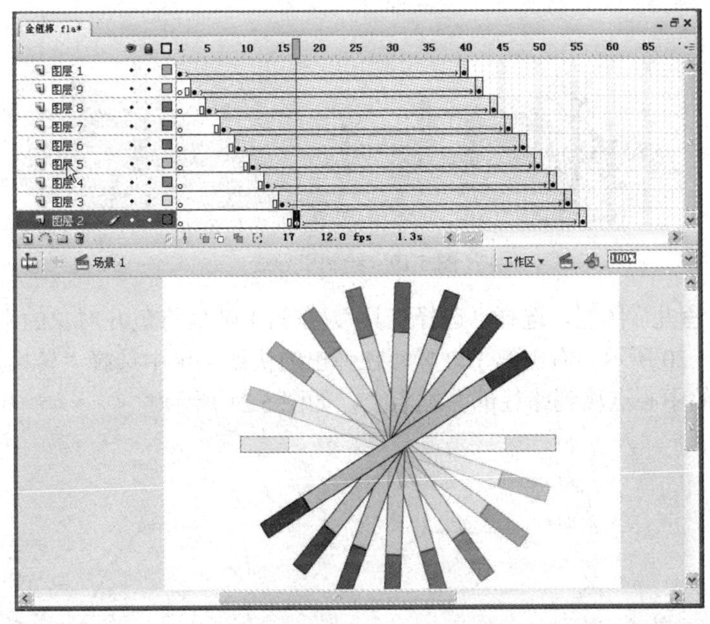

图 5.18　旋转的金箍棒

说明：Alpha 值调节实例的透明度，调节范围是从透明（0%）到完全饱和（100%）。

5.4　引导路径动画

前面介绍的动作补间动画的运动路径都是沿直线的，而实际很多运动是沿曲线或不规则路径的。将一个或多个层链接到一个运动引导层，使一个或多个对象沿同一条路径运动的动画形式被称为引导路径动画。这种动画可以使一个或多个元件完成曲线或不规则运动。由于引导线是一种运动轨迹，可以简单地把引导路径动画理解为动作补间动画的一种，当播放动画时，一个或数个元件将沿着引导路径移动。

创建引导路径动画的具体操作方法为：在包含运动对象的图层上方添加运动引导层，在运动引导层中用“绘图工具”画出一条运动路径，在包含运动对象的图层中，在起始帧把运动对象的中心点移到路径的起始端点，在结束帧把运动对象的中心点移到路径的结束端点，然后在两个关键帧之间创建补间动画，这时运动对象就可以沿着设定的路径运动了。

【案例 5.8】鱼儿游。

（1）打开教学资源中的文件“ch05\实例\鱼儿游（素材）.fla”。

（2）在“时间轴”面板上选中“鱼儿”图层，单击“添加运动引导层”按钮，在“鱼儿”图层上方添加一个引导层。

（3）选中引导层，选择“铅笔工具”，在引导层中画出鱼儿游动的路径，如图 5.19 所示。

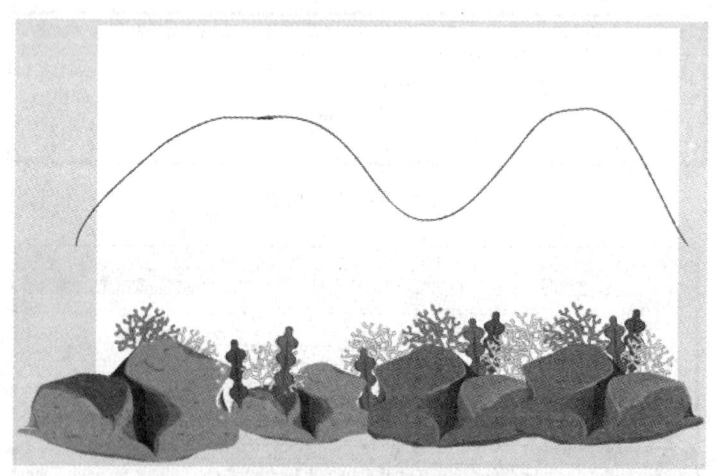

图 5.19　绘制引导线

（4）选中“鱼儿”图层，选择“选择工具”，在第 1 帧处将鱼儿对象的中心点移到路径的右端点上，如图 5.20 所示。右击第 100 帧，在弹出的快捷菜单中选择“转换为关键帧”命令，然后将鱼儿对象的中心点移到路径的左端点上，如图 5.21 所示。

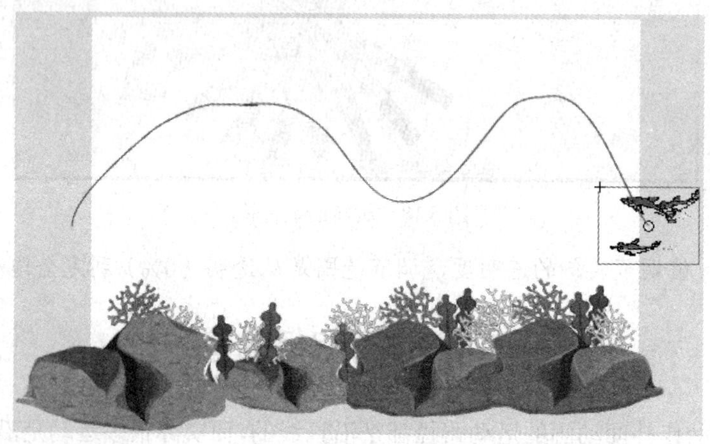

图 5.20　调整位置（一）

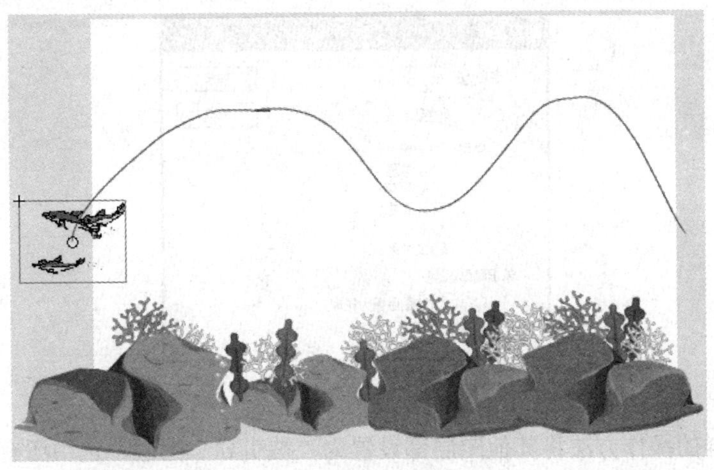

图 5.21　调整位置（二）

（5）在“鱼儿”图层右击第 1 帧，在弹出的快捷菜单中选择“创建补间动画”命令，创建第 1 帧和第 100 帧之间的补间动画。

（6）按 Ctrl+Enter 组合键测试并预览动画效果，这时鱼儿就会沿着设置的运动路径游动了。

【案例 5.9】流动文字。

（1）新建一个影片文档，并将文件保存为“流动文字.fla”，设置影片尺寸为 550 像素×150 像素，将舞台背景设置为蓝色。

（2）用“文本工具”在舞台中输入文本“FLASH”，在属性面板中，将字体改为“Times New Roman”，大小设置为 50，颜色设置为黄色，字形加粗，选择【修改】→【分离】命令，将文本分离，如图 5.22 所示。

图 5.22　文字设置

（3）选择【修改】→【时间轴】→【分散到图层】命令，将文本分别放到不同的图层，将“图层 1”改名为“引导图层”，此时时间轴如图 5.23 所示。

图 5.23　分散文字到图层

（4）用“铅笔工具”在“引导图层”绘制出动画路径，在“时间轴”面板上，右击“引导图层”，在弹出的快捷菜单中选择“引导层”命令，右击“F”图层，在弹出的快捷菜单中选择“属性”命令，弹出“图层属性”对话框，将图层“类型”设置为“被引导”，如图 5.24 所示。

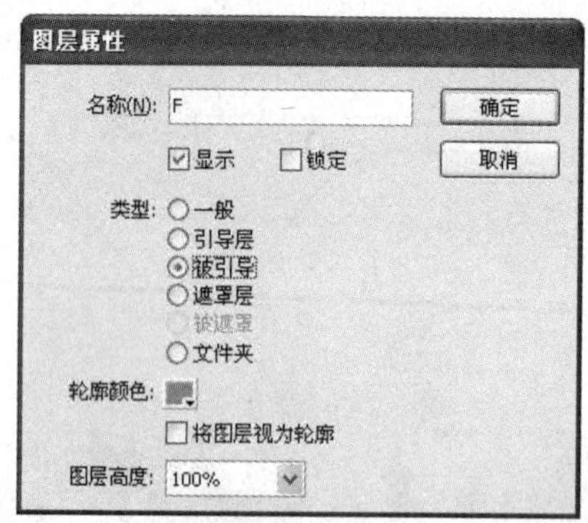

图 5.24 “图层属性”对话框

（5）用同样的操作方法将其他图层都设置为“被引导”图层，选中所有图层的第 30 帧，将其转换为关键帧。

（6）选中“H”图层的第 1 帧，将文本“H”拖放到引导层路径的起始点，选中“H”图层的第 30 帧，将文本“H”拖放到引导层路径的合适位置，如图 5.25 所示，在两个关键帧之间创建补间动画，完成文本“H”的引导动画。

图 5.25 “H”结束点位置

（7）用同样的操作方法完成其他文本的引导动画，完成后的效果如图 5.26 所示，按 Ctrl+Enter 组合键测试并预览动画效果，这时发现几个文本的动画同时开始，而且动画出现重叠，可以通过改变不同文本动画出现的次序来改善动画效果。

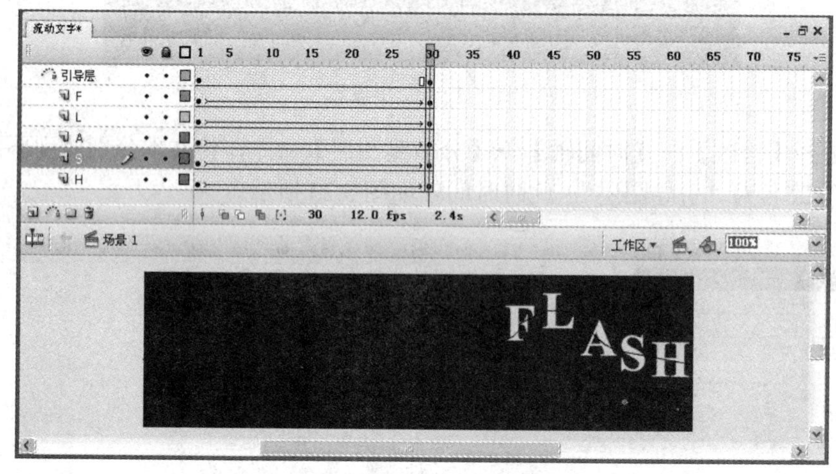

图 5.26 全部文本完成后的效果

（8）将“S”、“A”、“L”、“F”图层动画的起始关键帧分别移动到第 3、5、7、9 帧，让“H”、“S”、“A”、“L”、“F”图层的动画分别从第 1、3、5、7、9 帧开始，此时时间轴如图 5.27 所示。

（9）按 Ctrl+Enter 组合键测试并预览动画效果，这时所有的文本都沿着设置的路径运动。

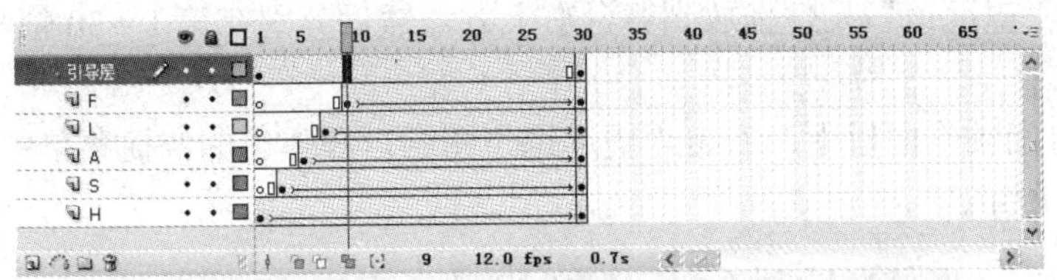

图 5.27　改变动画起始时间

5.5　遮罩动画

遮罩是 Flash 动画制作的一项重要技术，像放大镜、望远镜、探照灯、百叶窗、图片切换、卡拉 OK 歌词等很多特殊效果的动画都可以通过遮罩技术来实现。遮罩动画在 Flash 中主要是通过图层来实现的，可以把它理解为一个特殊的层，为了得到特殊的显示效果，可以在这个特殊的层上创建一个任意形状的“窗口”，遮罩层下方的对象可以通过该“窗口”显示出来，而“窗口”之外的对象将被隐藏起来。在 Flash 中遮罩是指一个范围，它可以是一个形状，也可以是文字，甚至是随意画的一个区域，任何一个不规则形状的范围都可用做遮罩。

创建遮罩动画的具体操作方法为：首先创建或选择一个图层作为被遮罩层，在该图层中应包含将出现在遮罩中的对象，然后在被遮罩层上面创建一个新图层作为遮罩层，在该图层中创建形状、文字或任意的区域等，最后在“时间轴”面板中在遮罩层上右击，在弹出的快捷菜单中选择“遮罩层”命令。在遮罩层和被遮罩层中分别或同时使用其他动画等手段，可以实现各种动态的遮罩效果。

【案例 5.10】望远镜。

（1）新建一个影片文档，并将文件保存为“望远镜.fla”，设置影片尺寸为 800 像素×450 像素，舞台背景设置为黑色。

（2）将“图层 1”的名称改为“背景”，在第一帧中插入图像，选择【文件】→【导入】→【导入到舞台】命令，导入教学资源中的文件“ch05\素材\0510.jpg”，将图形调整到合适大小并拖放到舞台中央。在第 60 帧处执行“插入帧”。

（3）选择【插入】→【新建元件】命令，在“创建新元件”对话框中，设定元件“名称”为“望远镜”，元件“类型”为“图形”，选择“椭圆工具”，在舞台上绘制一个大小合适的圆，然后单击舞台左上方的“场景 1”，返回舞台编辑模式。

（4）在“时间轴”面板上，单击“插入图层”按钮，添加一个新图层，更名为“望远镜”，将“望远镜”元件拖入舞台，并拖放到舞台左上方，如图 5.28 所示。

图 5.28　调整望远镜位置

（5）在第 30 帧插入一个关键帧，将“望远镜”元件拖放到舞台中下方，在第 60 帧插入一个关键帧，将“望远镜”元件拖放到舞台右上方，然后分别在第 1～30 帧和第 30～60 帧之间创建补间动画。

（6）在“时间轴”面板上，右击“望远镜”图层，在弹出的快捷菜单中选择“遮罩层”命令，如图 5.29 所示。

图 5.29　设置遮罩

（7）按 Ctrl+Enter 组合键测试并预览动画效果。

【案例 5.11】闪光文字的制作。

（1）新建一个影片文档，将文件保存为“闪光文字.fla”，设置影片尺寸为 550 像素×150 像素。

（2）将“图层 1”的名称改为“闪光底层”，选择“矩形工具”，在舞台中画出一个 1000×150 的矩形，将填充颜色改为彩色线性渐变。

（3）在“时间轴”面板上，单击“插入图层”按钮，添加一个新图层，更名为“文字”，选择“文本工具”，在舞台中央输入“欢迎光临”，字体设置为华文行楷，字体大小设置为 120，并把文字调整至舞台中间。

（4）在第 10 帧、第 20 帧、第 30 帧、第 40 帧分别插入关键帧，调整第 1 帧中矩形的位置，使矩形的右边线和舞台右边界重合，如图 5.30 所示，调整第 10 帧中矩形的位置，使矩形的左边线和舞台左边界重合，如图 5.31 所示，调整第 20 帧中矩形的位置，使矩形的右边线和舞台右边界重合，调整第 30 帧中矩形的位置，使矩形的左边线和舞台左边界重合，调整第 40 帧中矩形的位置，使矩形的右边线和舞台右边界重合。

图 5.30　第 1 帧中矩形的位置

图 5.31　第 10 帧中矩形的位置

（5）分别在第 1 帧、第 10 帧、第 20 帧、第 30 帧、第 40 帧之间创建补间动画。

（6）在“时间轴”面板上，右击“文字”图层，在弹出的快捷菜单中选择“遮罩层”命令，如图 5.32 所示。

（7）按 Ctrl+Enter 组合键测试并预览动画效果。

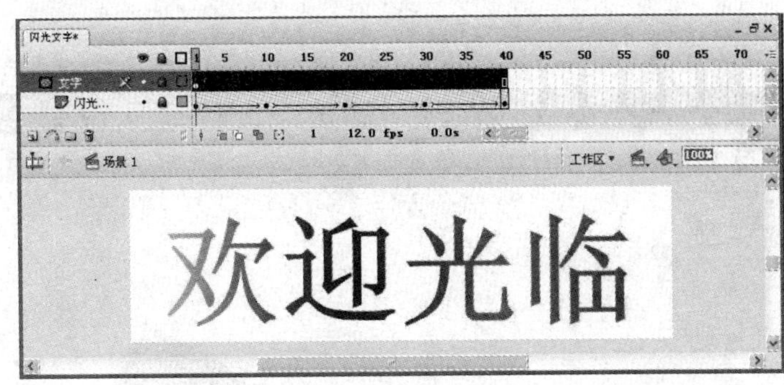

图 5.32　闪光文字

5.6　时间轴特效

Flash 包含了多种预设的时间轴特效，使用预设的时间轴特效可以用最少的步骤创建复杂的动画。恰当合理地运用时间轴特效，可以为动画添加一些特殊的效果，可以应用时间轴特效的对象有文本、图形（包括形状、组及图形元件）、位图图像、按钮元件。

5.6.1　添加时间轴特效

选择【插入】→【时间轴特效】命令，可以看到 Flash 内建的时间轴特效共分为三大类：“变形/转换”、“帮助”、“效果”，在 Flash 影片中添加时间轴特效时，必须先在舞台上选中要添加时间轴特效的对象，然后选择【插入】→【时间轴特效】命令，弹出下一级菜单，选择某一种特效，在打开的相应特效的选项对话框中作好设置，就可将特效添加到这个对象上了。

向对象添加时间轴特效时，Flash 将创建一个图层并将该对象移至此新图层。对象放置于特效图形内，而且特效所需的所有补间和变形都位于此新创建的图层上的图形中，此新图层自动获得与特效相同的名称，而且其后会附加一个数字，代表在文档内的所有特效中应用此特效的顺序，添加时间轴特效时，将向库中添加一个与该特效同名的文件夹，它包含了在创建该特效时所使用的元素。

5.6.2　设置时间轴特效

Flash 内建的时间轴特效共分为三大类，即“变形/转换”、“帮助”、“效果”。“变形/转换”子菜单中包含“变形”和“转换”两项；“帮助”子菜单中包含“分散式直接复制”和“复制到网格”两项；“效果”子菜单中包含“分离”、“展开”、“投影”和“模糊”四项。每种时间轴特效都以特定方式处理图形或元件，通过更改所需特效的各项参数来获得理想的效果，在特效预览窗口显示更改设置后发生的变化。下面逐一介绍这些时间轴特效的功能。

1. 变形特效

选择【插入】→【时间轴特效】→【变形/转换】→【变形】命令，打开“变形”对话框，可以调整元素的位置、缩放比例、旋转、Alpha 和色调。使用“变形”可应用单一特效或特效组合，从而产生淡入/淡出、放大/缩小及左旋/右旋特效，如图 5.33 所示。

2. 转换特效

选择【插入】→【时间轴特效】→【变形/转换】→【转换】命令，打开“转换”对话框，可以使用淡化、涂抹或两种特效的组合产生向内擦除或向外擦除或淡入淡出逐渐过渡的效果，如图 5.34 所示。

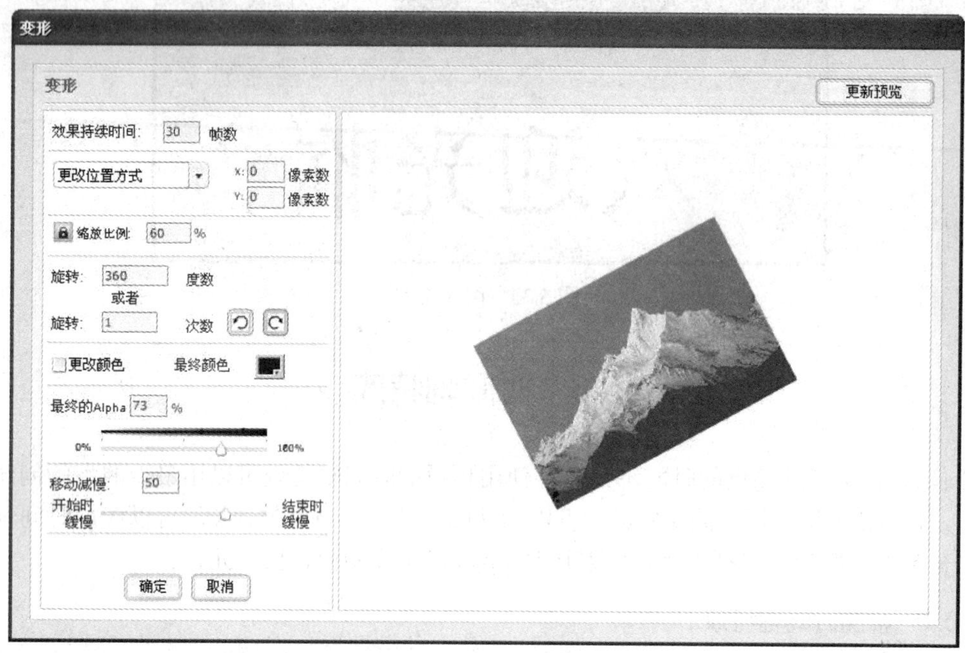

图 5.33 “变形”对话框

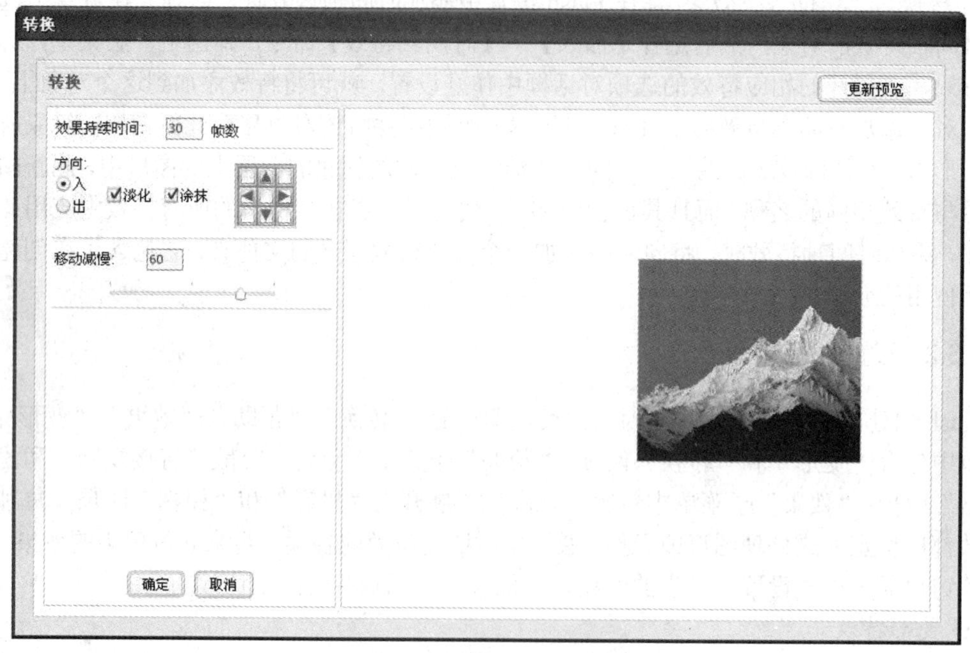

图 5.34 “转换”对话框

3. 分散式直接复制特效

选择【插入】→【时间轴特效】→【帮助】→【分散式直接复制】命令，打开“分散式直接复制”对话框，可以根据设置的数量、偏移距离、比例等参数对选择的对象进行复制，如图 5.35 所示。

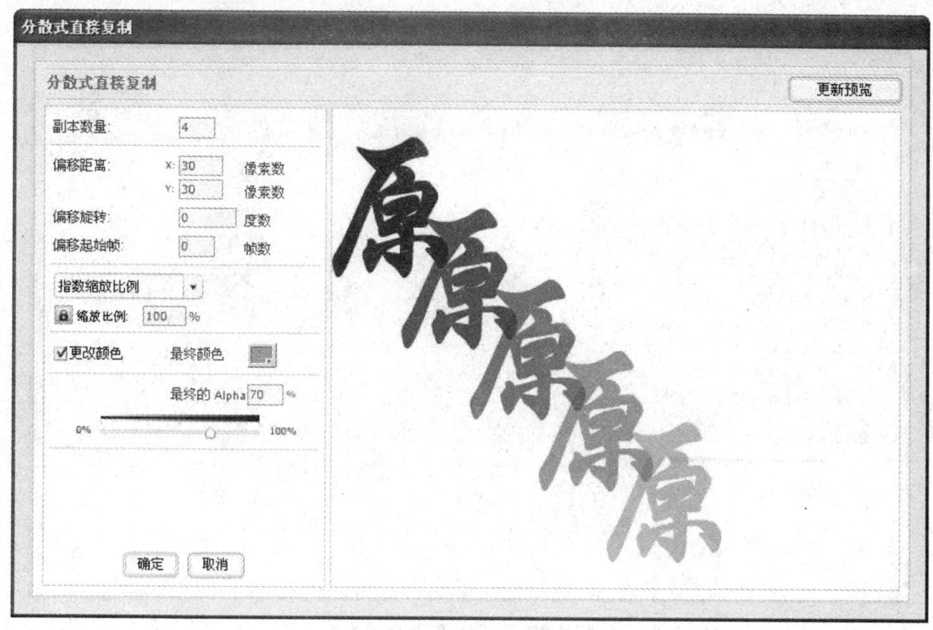

图 5.35　“分散式直接复制”对话框

4. 复制到网格特效

选择【插入】→【时间轴特效】→【帮助】→【复制到网格】命令，打开“复制到网格”对话框，按行和列对选择对象进行复制，可以设置复制的个数，如图 5.36 所示。

图 5.36　“复制到网格”对话框

5. 分离特效

选择【插入】→【时间轴特效】→【效果】→【分离】命令，打开“分离”对话框，可以将对象打散，产生裂开、自旋、向外弯曲和向外抛散的视觉特效，此特效在组合在一起的多个对象或文本上使用效果最好，如图 5.37 所示。

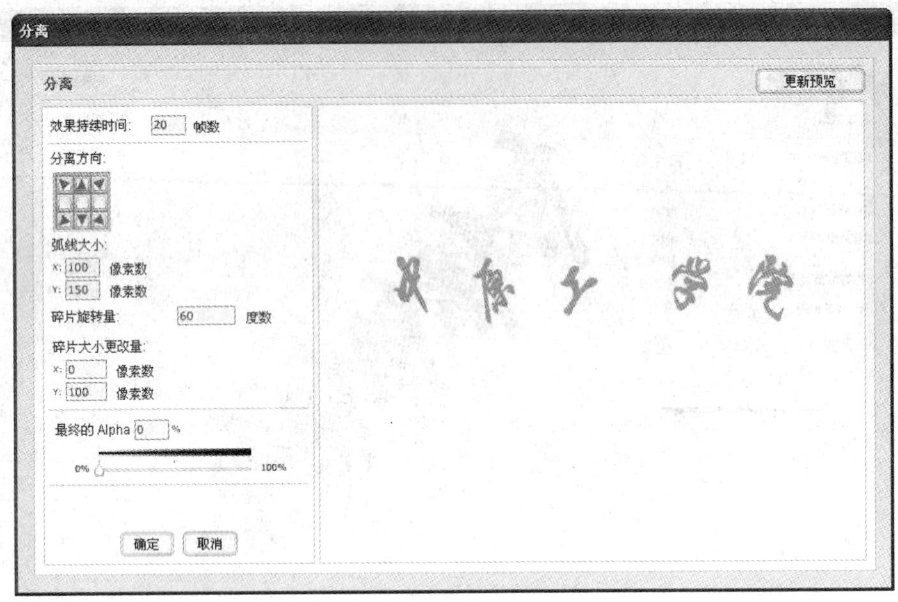

图 5.37 “分离”对话框

6. 展开特效

选择【插入】→【时间轴特效】→【效果】→【展开】命令，打开“展开”对话框，此特效用于在一段时间内扩展、压缩或者扩展和压缩对象。此特效在组合在一起或在影片剪辑或图形元件中组合的两个或多个对象上使用效果最好。尤其适合在包含文本或字母的对象上使用，如图 5.38 所示。

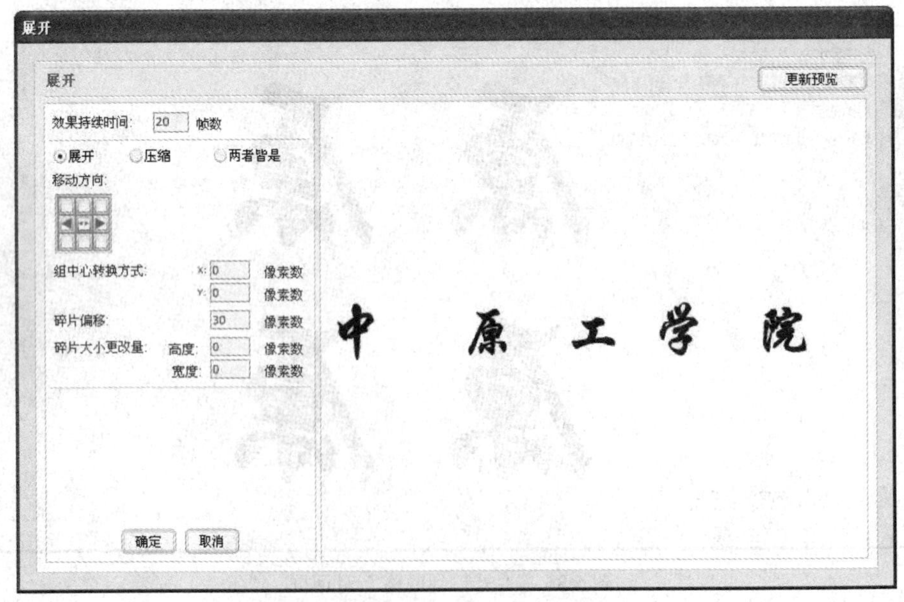

图 5.38 “展开”对话框

7. 投影特效

选择【插入】→【时间轴特效】→【效果】→【投影】命令，打开“投影”对话框，可在选定元素下方创建阴影，并可自由设置阴影的颜色、Alpha 透明度和阴影的偏移量，如图 5.39 所示。

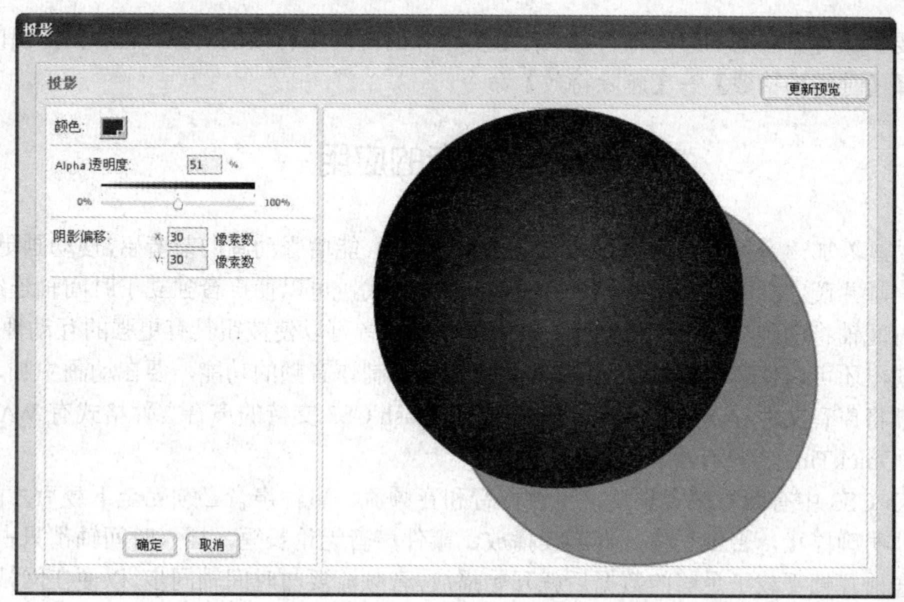

图 5.39　“投影”对话框

8. 模糊特效

选择【插入】→【时间轴特效】→【效果】→【模糊】命令，打开“模糊”对话框，通过更改对象在一段时间内的 Alpha 值、位置或比例创建运动模糊特效，如图 5.40 所示。

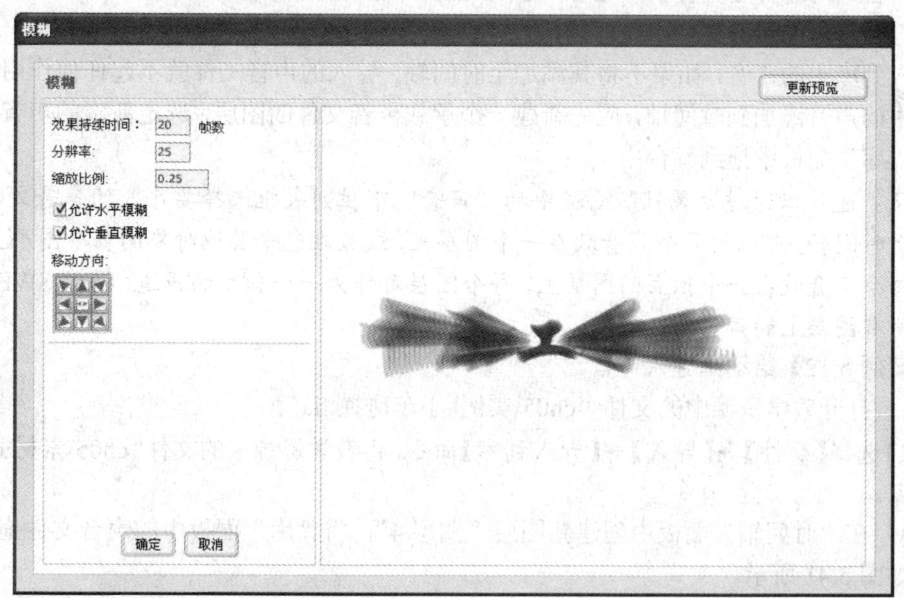

图 5.40　“模糊”对话框

5.6.3 编辑和删除时间轴特效

若要编辑对象应用的时间轴特效，在舞台上选择与特效关联的对象，然后在属性检查器中单击“编辑”按钮，或右击该对象，在弹出的快捷菜单中选择【时间轴特效】→【编辑特效】命令，打开相应特效的选项对话框，然后可根据需要更改相应设置。

若要删除对象应用的时间轴特效，右击要删除的时间轴特效的对象，然后在弹出的快捷菜单中选择【时间轴特效】→【删除特效】命令。

5.7 声音的应用

为动画添加声音可以使动画更具感染力和吸引力，能增强动画的节奏感，使动画更加形象、逼真、声画并茂。Flash CS3 提供多种使用声音的方式，可以使声音独立于时间轴连续播放，或使用时间轴将动画与音轨保持同步，向按钮添加声音可以使按钮具有更强的互动性，通过声音淡入淡出还可以使音轨更加优美。Flash 本身没有制作音频的功能，要在动画中加入声音必须从外部将声音文件导入到 Flash。一般情况下，Flash CS3 支持的声音文件格式有 WAV、MP3、AIFF 和 QuickTime（只有声音）等。

Flash CS3 中有两种声音类型：事件声音和音频流。事件声音必须完全下载后才能开始播放，除非明确停止，否则它将一直连续播放，事件声音无论长短，插入时间轴都只占一个帧。音频流在前几帧下载了足够的数据后就开始播放，音频流要与时间轴同步，以便在网站上播放，音频流只在时间轴上它所在的帧中播放。

5.7.1 声音的导入

将声音文件导入到当前文档的库，这样用户就可以在 Flash 任意位置多次使用，要向 Flash 中导入声音，可选择【文件】→【导入】→【导入到库】命令，在弹出的“导入”对话框中，定位并打开所需的声音文件，也可以将声音从公用库拖入当前文档的库中。

导入到库中的声音，如果不将其添加至时间轴，导入的声音文件就不起任何作用。要将导入到库中的声音添加到时间轴，应先新建一个承载声音文件的图层，选定新建的声音层后，将声音从“库”面板中拖到舞台中。

提示：还可以通过“属性”面板中的“声音”下拉列表框选择要导入的声音文件，把声音添加至时间轴。可以把多个声音放在一个图层上，或放在包含其他对象的多个图层上，但是，建议将每个声音放在一个独立的图层上，每个图层都作为一个独立的声道，播放 SWF 文件时，会混合所有图层上的声音。

【案例 5.12】给动画导入声音。

（1）打开教学资源中的文件“ch05\实例\小车碰撞.fla”。

（2）选择【文件】→【导入】→【导入到库】命令，将教学资源中的文件“ch05\素材\tada.wav”导入到库。

（3）在“时间轴”面板中创建新图层“图层 4”，将“库”面板中的声音文件拖入舞台，时间轴如图 5.41 所示。

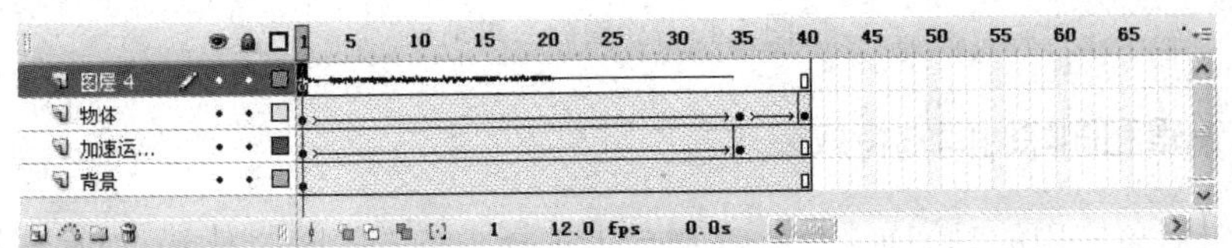

图 5.41 添加声音后的时间轴

（4）按 Ctrl+Enter 组合键测试并预览动画效果。

5.7.2　使用行为控制声音

行为是预先编写好的一段具有特定控制功能的 ActionScript 2.0 动作脚本，以一个命令的形式存放于“行为”面板中，可以将它们应用于对象（按钮或影片剪辑元件），通过使用声音行为可以将声音添加至文档并控制声音的回放。使用这些行为添加声音将会创建声音的实例，然后使用该实例控制声音。

1. 使用行为将声音载入文件

要使用行为将声音载入文件，首先要选择用于触发行为的对象（如按钮），然后在“行为”面板（【窗口】→【行为】）中单击“增加行为”按钮，然后选择“声音”→“从库加载声音”或“加载 MP3 流文件”，会打开如图 5.42 或图 5.43 所示的对话框，在对话框中输入库中声音的链接标识符或 MP3 流文件的声音位置，然后输入这个声音实例的名称，并单击“确定”按钮。

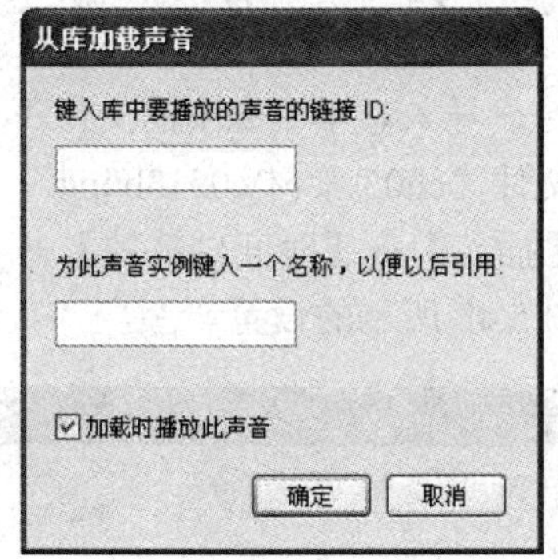

图 5.42　“从库加载声音”对话框

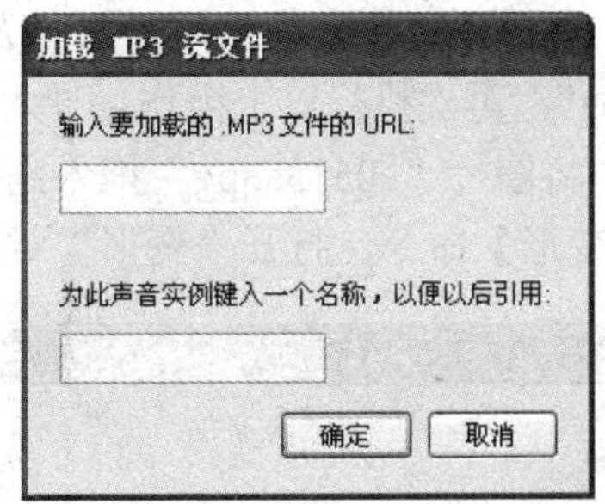

图 5.43　“加载 MP3 流文件”对话框

在“行为”面板中的“事件”栏下单击“释放时”（默认事件），从此菜单中选择一个鼠标事件，如图 5.44 所示。如要使用默认事件则不需要更改此选项。

2. 使用行为播放或停止声音

要使用行为播放或停止声音，首先选择要用于触发行为的对象（如按钮），然后在“行为”面板（【窗口】→【行为】）中单击“增加行为”按钮，然后选择“声音”→“播放声音”或“停止声音”或“停止所有声音”，会打开如图 5.45 或图 5.46 或图 5.47 所示的对话框，在“播放声音”对话框中输入这个声音实例的名称并单击“确定”按钮，在“停止声音”对话框中输入库中声音的链接标识符，然后输入这个声音实例的名称并单击“确定”按钮，在“停止所有声音”对话框中单击“确定”按钮。

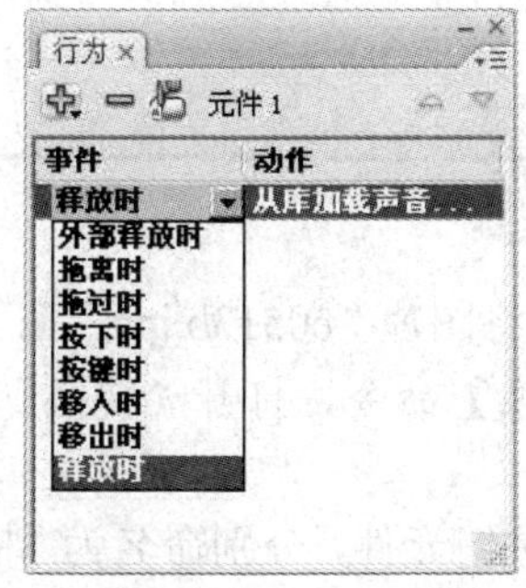

图 5.44　指定事件

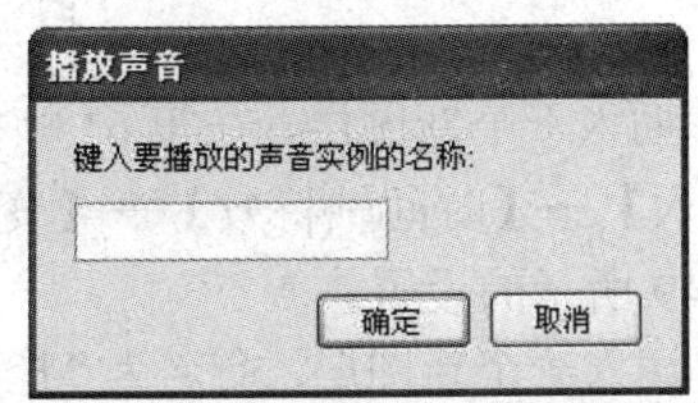

图 5.45　“播放声音”对话框

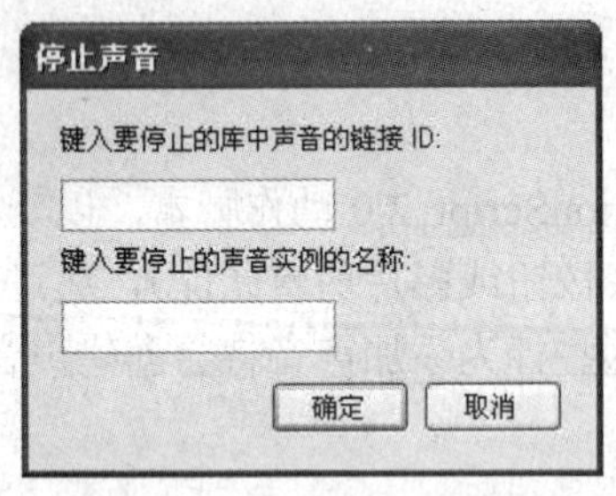

图 5.46 “停止声音”对话框

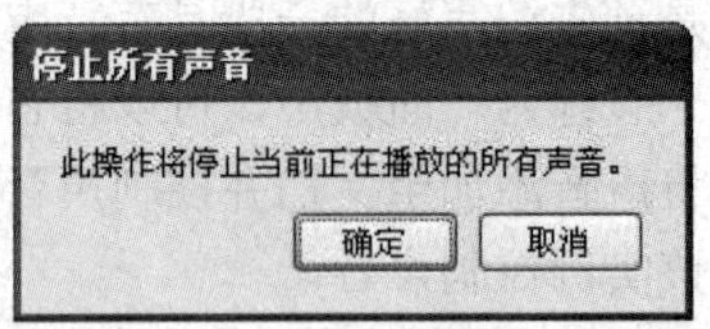

图 5.47 “停止所有声音”对话框

在“行为”面板中的“事件”栏下单击“释放时”(默认事件)，从此菜单中选择一个鼠标事件，如图 5.44 所示。

【案例 5.13】音乐控制。

（1）新建一个影片文档，选择“Flash 文件（ActionScript 2.0)”，将文件保存为“音乐控制.fla”，设置影片尺寸为 660 像素×440 像素。

（2）选择【文件】→【导入】→【导入到库】命令，导入教学资源中的文件“ch05\素材\e0513a.jpg”，再次执行以上操作，导入教学资源中的文件“ch05\素材\e0513b.jpg”。

（3）将图片“e0513a.jpg”拖入到舞台中，选择【插入】→【时间轴特效】→【变形/转换】→【变形】命令，打开“变形”对话框，进行如图 5.48 所示的设置。

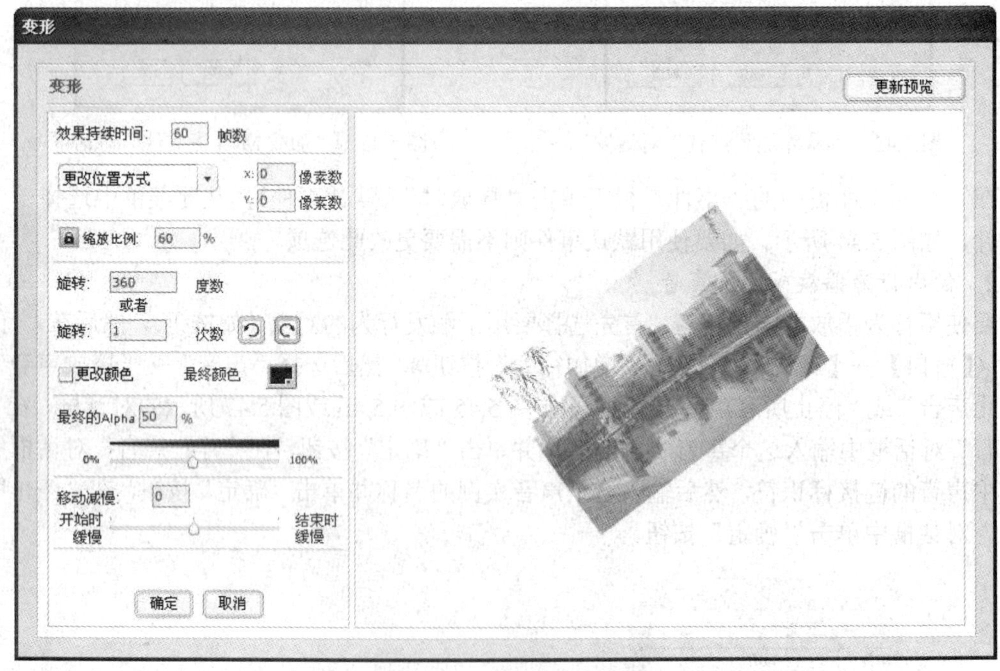

图 5.48 “变形”对话框

（4）插入一个新图层，在第 61 帧插入一个关键帧，将图片“e0513b.jpg”拖入到舞台中，选择【插入】→【时间轴特效】→【变形/转换】→【转换】命令，打开“转换”对话框，进行如图 5.49 所示的设置。

（5）插入一个新图层，命名为“控制层”，创建两个按钮元件，分别命名为“播放”和“停止”，如图 5.50 和图 5.51 所示，将两个按钮元件拖入到舞台中。

图 5.49　“转换”对话框

图 5.50　播放按钮

图 5.51　停止按钮

（6）选择【文件】→【导入】→【导入到库】命令，导入教学资源中的文件“ch05\素材\中原工学院校歌.wav”，在“库”面板中右击此声音文件，在弹出的快捷菜单中选择“链接”命令，在打开的“链接属性”对话框中勾选“为 ActionScript 导出”和“在第一帧导出”复选框，单击“确定”按钮，如图 5.52 所示。

（7）选中舞台中的“播放”按钮，然后在“行为”面板（【窗口】→【行为】）中单击“增加行为”按钮，然后选择“声音”→“从库加载声音”，在弹出的对话框中输入库中声音的链接标识符“中原工学院校歌.wav”，并输入这个声音实例的名称“zg”，如图 5.53 所示，实例名称可随便输入，可以不要扩展名。

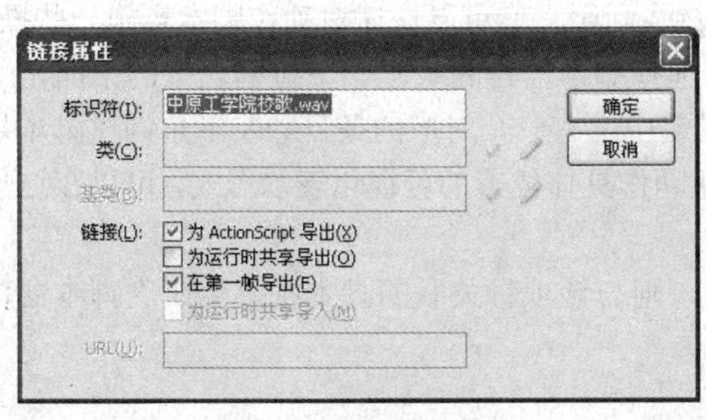

图 5.52　“链接属性”对话框

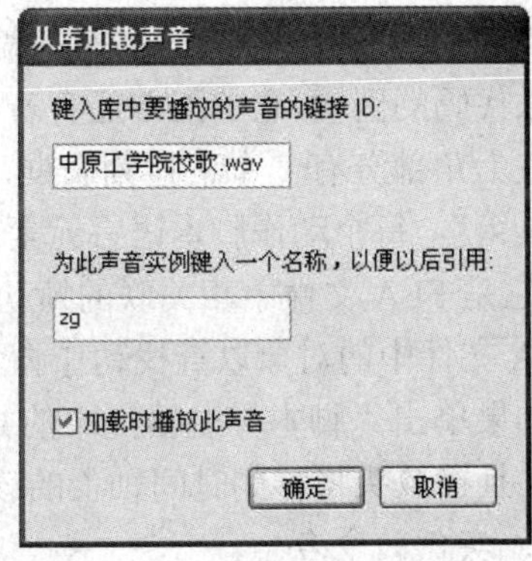

图 5.53　“从库加载声音”对话框

（8）在“行为”面板中的“事件”栏下单击“释放时”（默认事件），从此菜单中选择一个鼠标事件，这里使用默认事件。

（9）选中舞台中的“停止”按钮，再次执行上述两个步骤，这次动作选择“停止声音”，事件选择“按下时”，如图 5.54 所示。

图 5.54 音乐控制

（10）按 Ctrl+Enter 组合键测试并预览动画效果。

5.8 Flash 动画简单脚本

ActionScript 是 Flash 的脚本语言，是一种基于面向对象的编程语言，它在 Flash 内容和应用程序中实现了交互性、数据处理及其他许多功能。在 Flash CS3 中新增了 ActionScript 3.0 版本。由于 ActionScript 3.0 脚本语言对初学者有一定的难度，因此主要介绍 ActionScript 2.0 脚本语言的相关基础知识。

5.8.1 Flash 动画脚本基础

1. “动作”面板的组成

Flash CS3 提供了一个专门用来编写程序的窗口——“动作”面板，如图 4.5 所示。

“动作”面板是 Flash 的程序编辑环境，它由两部分组成。右侧部分是“脚本窗口”，这是输入代码的区域，它的上方还有若干功能按钮，利用它们可以快速对动作脚本实施一些操作。

左上角部分有一个下拉列表框，可用于选择脚本语言的版本。下拉列表框的下面是“动作工具箱”，每个动作脚本语言元素在该工具箱中都有一个对应的条目。左下角为“脚本导航器”，它是 FLA 文件中相关联的帧动作、按钮动作具体位置的可视化表示形式，可以在这里浏览 FLA 文件中的对象以查找动作脚本代码。

如果单击“脚本导航器”中的某一项目，则与该项目关联的脚本将出现在“脚本窗口”中，并且播放头将移到时间轴上的该位置。

2. 实例的命名

在程序的编写过程中，一般都需要选择被控制的对象，这些对象可以是影片剪辑实例或者按钮实例。为了能控制这些对象，就需要为这些对象命名。

实例的命名方法是选中舞台中的实例，通过“属性”面板的“实例名称”框输入对象名来完成的。

3. 点语法的使用

点语法的使用可以用来表示对象之间的父子关系或存取对象的属性。点语法的书写格式为“.”。

例如，在舞台中放置一个影片剪辑实例，可以将该实例命名为“ball”，如果要在程序中控制或改变“ball”的属性，就要使用点语法来实现。

下面利用程序来改变“ball”的属性，让“ball”对象显示在舞台的（50,50）位置，并且让“ball”对象的透明度变为 40。要实现该操作，需要选中第 1 帧，打开“动作”面板，输入以下语句：

```
ball._x=50;
ball._y=50;
ball._alpha=40;
```

其中，_x 为舞台 x 轴位置；_y 为舞台 y 轴位置；_alpha 为对象的透明度属性。

4. 常用时间轴控制函数

ActionScript 2.0 中常用的时间轴控制函数如表 5.1 所示，使用这些函数可以控制时间轴动画的播放属性。

表 5.1　常用的时间轴控制函数

函数	说明
play()	开始播放动画
stop()	停止播放动画
gotoAndPlay()	跳转到某帧处继续播放动画
gotoAndStop()	跳转到某帧处停止播放动画
stopAllsounds()	停止播放所有的声音

5.8.2　添加动作的位置

根据实际制作动画效果的需要，可以在动画影片的 3 个位置添加动作。

1. 给关键帧添加动作

关键帧除了可以放置图形图像外，还可以添加动作，当播放头到达该关键帧时，就会执行该关键帧上的动作。

【案例 5.14】给关键帧添加动作。

（1）打开教学资源中的文件“ch04\实例\标语.fla”，在“时间轴”面板上单击“插入图层”按钮，新建一个图层，命名为“控制”。

（2）在“控制”图层，选中第 30 帧，按下 F6 键在第 30 帧插入一个关键帧。

（3）选择【窗口】→【动作】命令，打开“动作”面板，在“脚本”窗口输入“stop();”命令，如图 5.55 所示。

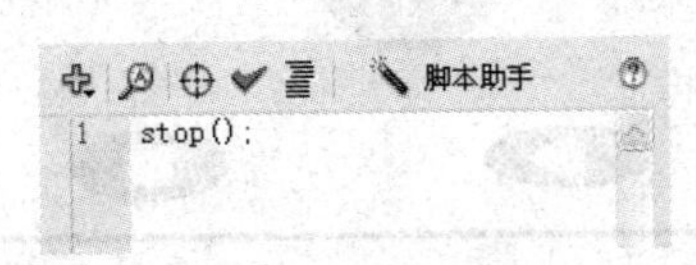

图 5.55　输入命令

（4）选择【控制】→【测试影片】命令，当播放到第 30 帧时，就执行“stop()”命令，停止播放。

2. 给按钮元件添加动作

给按钮元件添加动作，就可以通过按钮来控制影片的播放或控制其他元件。一般这些动作或程序都是在特定的按钮事件发生时才会执行，如按下（Press）或松开（Release）鼠标时等。

【案例 5.15】给按钮元件添加动作。

（1）打开教学资源中的文件“ch04\实例\滚动的球.fla”，在“时间轴”面板上单击“插入图层”按钮，新建一个图层，命名为“控制”。

（2）在“控制”图层，选中第 1 帧，选择【窗口】→【动作】命令，打开“动作”面板，在“脚本”窗口输入“stop();”命令。

（3）选择【插入】→【新建元件】命令，新建两个按钮元件“play”和“stop”，如图 5.56 所示。

（4）在“控制”图层选中第 1 帧，分别把“play”和“stop”元件拖动到舞台，如图 5.57 所示。

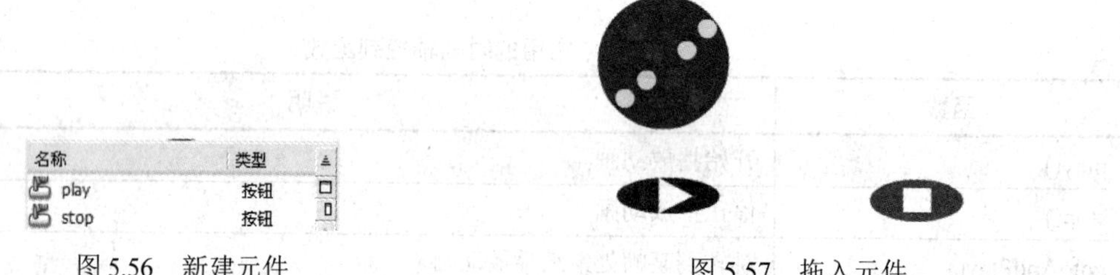

图 5.56 新建元件　　图 5.57 拖入元件

（5）选中“play”按钮，选择【窗口】→【动作】命令，打开“动作”面板，在“脚本”窗口输入命令，如图 5.58 所示。

（6）如上选中“stop”按钮，选择【窗口】→【动作】命令，打开“动作”面板，在“脚本”窗口输入命令，如图 5.59 所示。

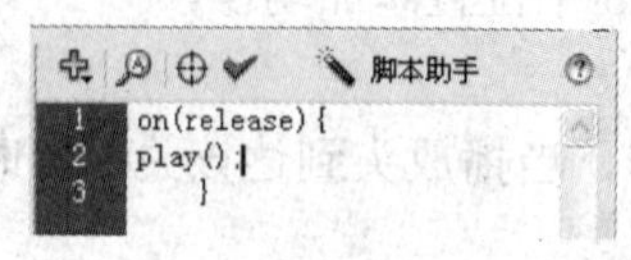

图 5.58 输入命令

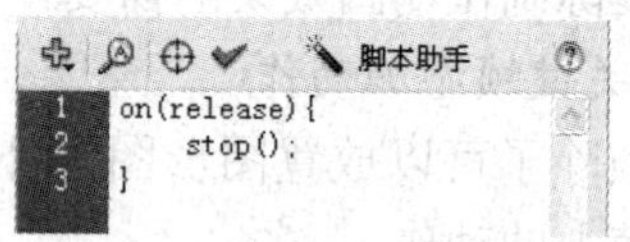

图 5.59 输入命令

（7）选择【控制】→【测试影片】命令，最终效果如图 5.60 所示。

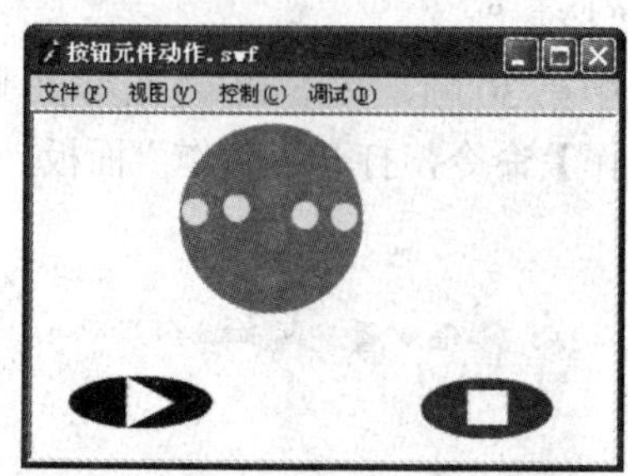

图 5.60 完成效果

3. 给影片剪辑元件添加动作

和按钮一样，影片剪辑也可以添加动作，当装载影片剪辑或播放影片剪辑时，分配给影片剪辑的动作将被执行。影片剪辑常用的事件有移动鼠标（mouseMove）、按下鼠标左键（mouseDown）和释放鼠标左键（mouseUp）等。

【案例 5.16】给影片剪辑元件添加动作。

（1）新建一个影片文档，选择“Flash 文件（ActionScript 2.0）”，设置影片尺寸为 500 像素×300 像素，设置背景颜色为白色。

（2）选择【插入】→【新建元件】命令，新建一个影片剪辑元件“转动的球”，如图 5.61 所示。

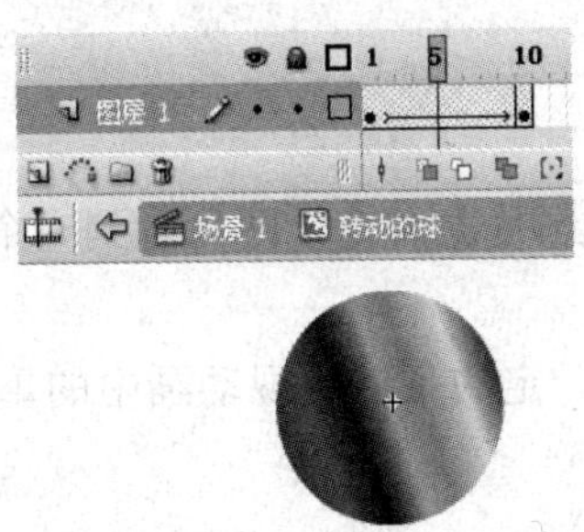

图 5.61　新建元件

（3）把“转动的球”影片剪辑拖入到舞台，选中该元件，选择【窗口】→【动作】命令，打开“动作”面板，在“脚本”窗口输入命令，如图 5.62 所示。

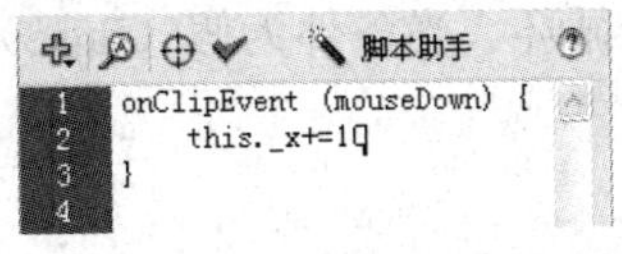

图 5.62　输入命令

（4）选择【控制】→【测试影片】命令，当按下鼠标左键时，该影片剪辑向右移动 10 个像素。

5.8.3 流程控制语句

ActionScript 中的语句执行顺序也是可以控制的，可以按照某些特定的条件，决定执行哪些部分的程序语句，这样可以得到比较好的动画执行效果。

1. 条件控制语句 if…else

使用条件控制语句可以根据该条件是否成立确定要执行的语句。其语句格式如下：

```
if(条件 1){
    语句 1
}else{
    语句 2
}
```

当满足条件 1 时，执行语句 1；当不满足条件 1 时，执行语句 2。

【案例 5.17】移动的球

（1）选择【文件】→【新建】命令，打开“新建文档”对话框，选择“常规”选项中的

"Flash 文件（ActionScript 2.0）"，新建一个 500 像素×300 像素的 Flash 文件。

（2）在舞台绘制一个圆球，选中圆球，把它转换为影片剪辑，即在舞台创建一个该影片剪辑的实例，在"属性"面板把它命名为"ball"，如图 5.63 所示。

（3）选中第 1 帧，选择【窗口】→【动作】命令，打开"动作"面板，在"脚本"窗口输入以下命令：

图 5.63　创建元件

```
_root.onEnterFrame=function( ){
if(ball._x<400){
    ball._x+=10
}else
{
    ball._x=0
    }
    }
```

（4）选择【控制】→【测试影片】命令，即可看到一个移动的球。

2. 循环控制语句 for

使用循环控制语句可以通过一定的条件实现动画中的重复动作，当条件不成立时，就停止。其语句格式如下：

```
for(表达式 1;条件表达式;表达式 2)
{
语句
}
```

表达式 1 是初始化操作，一般定义循环变量的初始值，条件表达式是循环体是否结束的依据，当条件为真（true）时执行循环，当条件为假（false）时结束循环，每次循环执行后，表达式 2 也执行一次。

【案例 5.18】随机小球。

（1）选择【文件】→【新建】命令，打开"新建文档"对话框，选择"常规"选项中的"Flash 文件（ActionScript 2.0）"，新建一个 550 像素×400 像素的 Flash 文件。

（2）在舞台绘制一个圆球，选中圆球，把它转换为影片剪辑，即在舞台创建一个该影片剪辑的实例，在"属性"面板把它命名为"ball"。

（3）选中第 1 帧，选择【窗口】→【动作】命令，打开"动作"面板，在"脚本"窗口输入如下命令。

```
for(i=1;i<30;i++){
    duplicateMovieClip("ball","ball"+i,i);
    setProperty("ball"+i,_x,random(400));
    setProperty("ball"+i,_y,random(400));
    setProperty("ball"+i,_alpha,random(100));


    }
```

（4）选择【控制】→【测试影片】命令，即可看到 30 个随机出现的球，如图 5.64 所示。

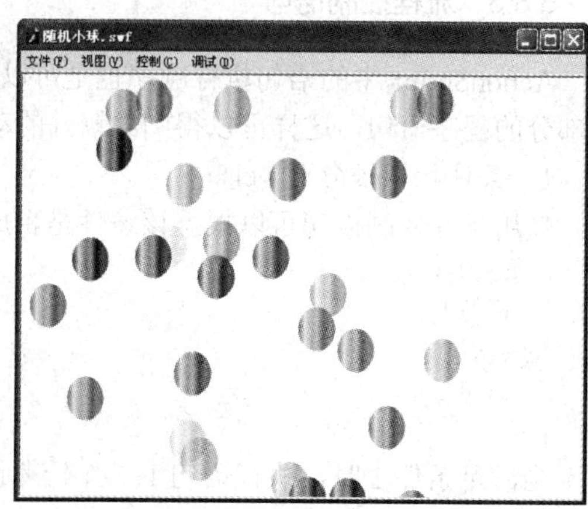

图 5.64　完成效果

习题五

一、问答题

1．Flash CS3 提供了哪些创建动画的方式？

2．什么是逐帧动画？

3．什么是补间动画？有哪几种类型的补间动画？

4．构成形状补间动画和动作补间动画的元素有什么不同？

5．遮罩的基本原理是什么？

6．如何向对象添加时间轴特效？

7．Flash 中有哪些声音类型？各有什么特点？

8．可以在 Flash 动画影片的哪些位置添加动作？

二、操作题

1．利用教学资源“ch05\素材\赛马”文件夹中的文件制作逐帧动画。

2．用逐帧动画制作完成文字跳动的动画效果。

3．用逐帧动画实现写字效果，如“人”字，要求至少 15 帧，帧数越多动画越流畅。

4．模仿案例 5.3 制作完成形状补间动画，要求动画中的对象实现形状、大小、位置、颜色等的变化。

5．利用教学资源“ch05\素材\体育项目”文件夹中的文件制作完成形状补间动画。

6．利用教学资源中的文件“ch05\作业\小李飞刀.fla”中提供的素材制作完成动作补间动画，让飞刀实现旋转运动。

7．利用教学资源中的文件“ch05\作业\蝴蝶飞.fla”实现引导路径动画（给“蝴蝶”图层添加一个运动引导层）。

8．用遮罩动画实现卡拉 OK 歌词效果。

9．在动画文件中添加两个控制按钮，使用行为加载声音、停止声音。

第 6 章　初识 Dreamweaver CS3

本章主要介绍 Dreamweaver CS3 的基本功能、主窗口和菜单命令。主要内容包括熟悉主工作区，使用面板组及灵活使用菜单命令和工具栏。通过创建一个简单网站，介绍站点的创建与管理。

- Dreamweaver CS3 的操作界面和基本操作方法
- 本地站点的创建与管理
- 站点中文件的操作

6.1　Dreamweaver CS3 工作环境

Dreamweaver CS3 是 Adobe 公司在收购 Macromedia 公司后，推出的最新版本，是集合了网页制作和网站管理于一身的“所见即所得”的网页制作软件，用于对 Web 站点、Web 页和 Web 应用程序进行设计。Dreamweaver CS3 提供完善的网页编辑功能，无论开发者是手工编写 HTML 代码，还是在可视化编辑环境中进行编辑，Dreamweaver CS3 都能提供有效的工具，使用户获得完美的 Web 创作体验。

6.1.1　Dreamweaver CS3 工作界面

启动 Dreamweaver CS3，在 Dreamweaver CS3 的工作界面中首先出现的是欢迎屏幕，如图 6.1 所示。

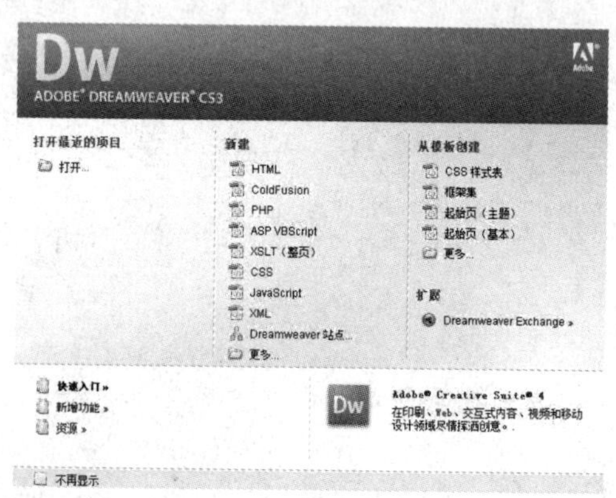

图 6.1　欢迎屏幕

欢迎屏幕的左栏提供了用户打开文档的方式，中栏提供了新建文档的方式，右栏提供了从模板创建文档的方式，在页脚部分提供了帮助信息，初次使用 Dreamweaver CS3 的用户可从中了解该软件的基本情况。如果希望以后在启动 Dreamweaver CS3 时不再显示欢迎屏幕，可以勾选页脚中的【不再显示】复选框。

选择欢迎屏幕中栏的【新建】→【HTML】命令，可以进入到 Dreamweaver CS3 的工作界面。Dreamweaver CS3 的工作界面简洁、高效、易用，大多数功能都能在其中方便地找到，它的工作界面主要由“文档”窗口、菜单栏、插入栏、面板组和“属性”面板组成，如图 6.2 所示。

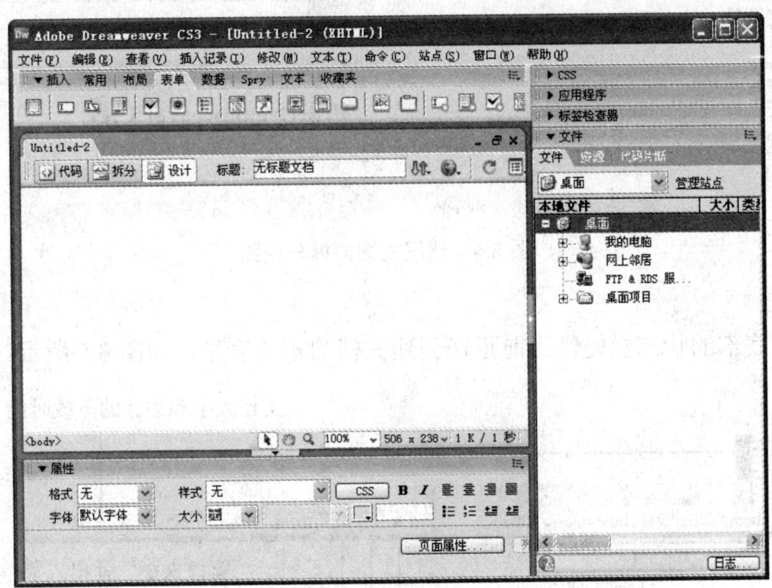

图 6.2　Dreamweaver CS3 工作界面

6.1.2　文档窗口

文档窗口用来显示和编辑当前的文档页面。文档窗口的顶端有文档工具栏，底部有状态栏。

1. 文档工具栏

文档工具栏（图 6.3）可以通过选择【查看】→【工具栏】→【文档】命令来对其进行显示或隐藏。文档窗口有 3 种视图，通过文档工具栏可以在【设计】视图、【代码】视图和【拆分】视图之间进行切换，如图 6.4 所示。

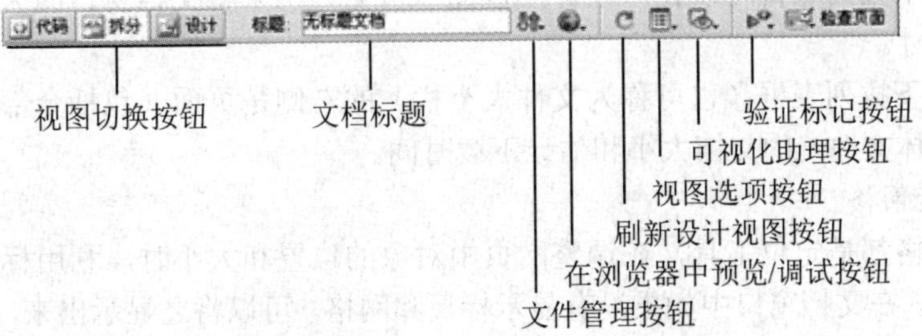

图 6.3　文档工具栏

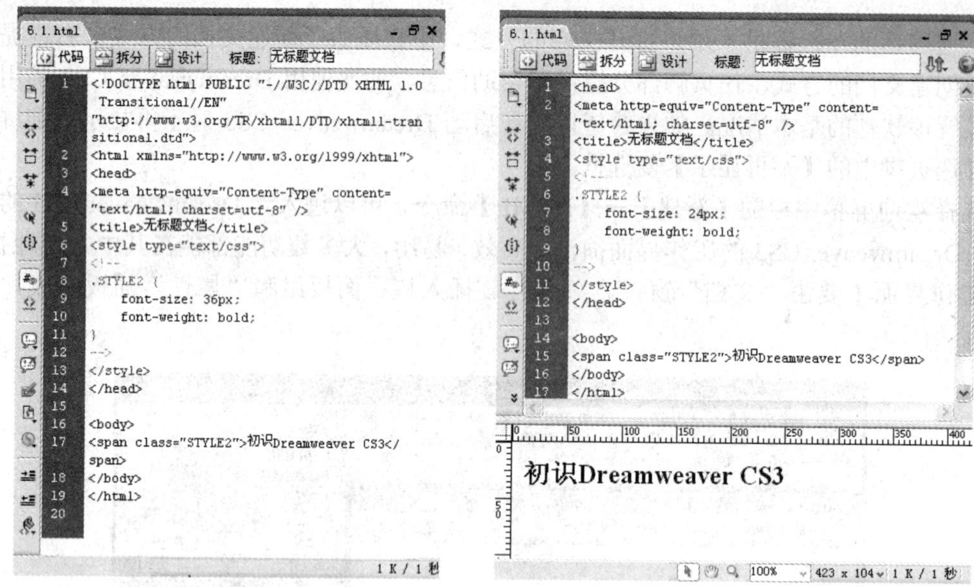

图 6.4 代码视图与拆分视图

2. 状态栏

文档窗口底部的状态栏提供当前正在创建文档的相关信息，如图 6.5 所示。

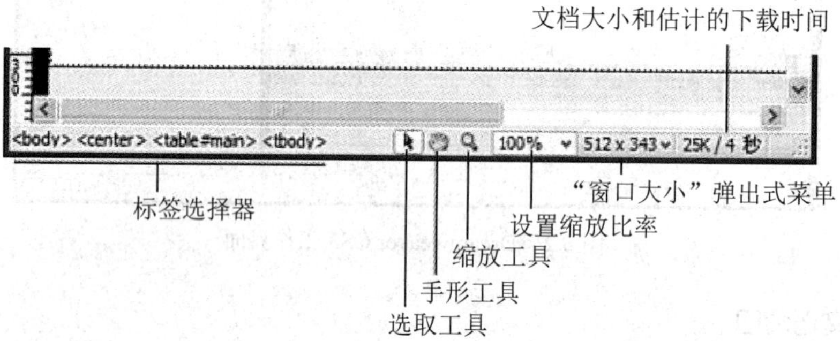

文档大小和估计的下载时间

<body> <center> <table#main> <tbody> 100% 512 x 343 25K / 4 秒

标签选择器

“窗口大小”弹出式菜单

设置缩放比率

缩放工具

手形工具

选取工具

图 6.5 状态栏

标签选择器用于显示当前选定内容的标签的层次结构。单击该层次结构中的任何标签可以选择该标签及其全部内容，单击<body>可以选择文档的整个正文。标签选择器是选择标签的首选方法，它可以确保始终准确地选择标签。

手形工具用于在文档窗口中单击并拖动文档，单击选取工具可禁用手形工具。

缩放工具和设置缩放比率下拉列表框可以设置文档的缩放比率。

窗口大小下拉列表框（仅在“设计”视图中可见）用来将文档窗口的大小调整到预定义或自定义的尺寸。

窗口大小下拉列表框（也可称为文件大小栏）的右侧是页面（包括全部相关的文件，如图像和其他媒体文件）的文档大小和估计下载时间。

3. 标尺和网格

标尺和网格都是定位工具，在调整网页中对象的位置和大小时，利用标尺和网格可以使操作更加准确。在文档窗口中如果没有显示标尺和网格，可以将之显示出来，以便排版。在菜单中选择【查看】→【标尺】→【显示】命令，即可在文档窗口中显示标尺；在菜单中选择【查看】→【网格设置】→【显示网格】命令即可在文档窗口中显示网格。从相应的菜单中还可以设置标尺的单位、网格的单位及网格的间距等信息。一个显示了标尺和网格的文档窗口如图 6.6 所示。

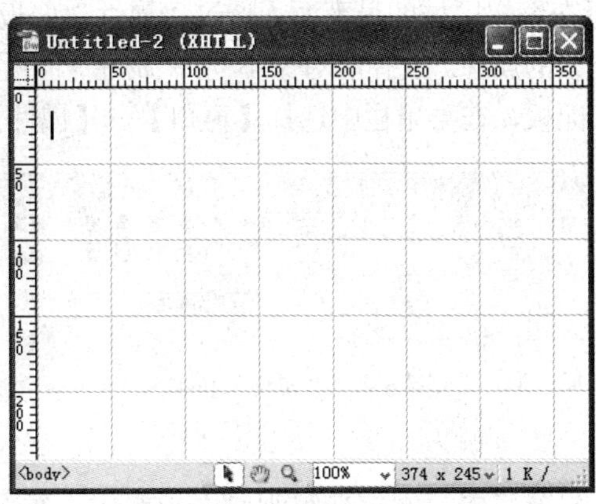

图 6.6　显示标尺和网格的文档窗口

6.1.3　菜单栏和插入栏

1. 菜单栏

菜单栏共包含 10 个菜单，几乎概括了 Dreamweaver CS3 中的所有功能。通过菜单可以任意操作和控制对象。

2. 插入栏

插入栏位于菜单栏的下方，用于放置制作网页过程中经常用到的对象和工具，它具有和菜单命令相同的功能，但是在操作过程中比菜单命令更加简单明了。插入栏由 7 个选项卡组成，每个选项卡又包含多个按钮，可以方便地插入各类网页对象。插入栏有两种显示方式，即菜单格式和制表符格式，默认状态是制表符格式，如图 6.7 所示。

图 6.7　制表符格式和菜单格式的插入栏

在制表符格式中右击插入栏上的标题栏，在弹出的快捷菜单中选择【显示为菜单】命令，可切换到菜单格式。或者在菜单格式中单击常用▼图标右侧的下拉箭头，选择下拉列表框中的【显示为制表符】选项，插入栏可切换回默认状态，如图 6.8 所示。

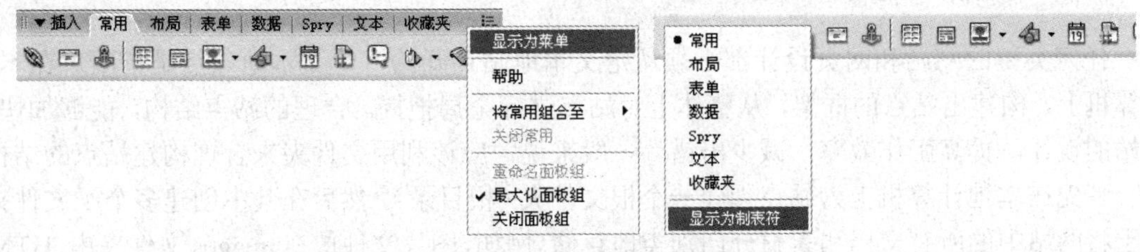

图 6.8　切换插入栏的显示格式

6.1.4 常用面板

1. “属性”面板

“属性”面板通常显示在编辑区域的最下面，通过“属性”面板（图 6.9）可以检查、设置和修改文档窗口中所选中元素的属性。选择的对象不同，“属性”面板中的项目也不一样。如果工作界面中没有显示“属性”面板，在菜单栏中选择【窗口】→【属性】命令即可将其显示出来。

图 6.9 “属性”面板

2. 面板组

在 Dreamweaver CS3 的窗口中，面板被组织到面板组中，每个面板组都可以展开折叠，并且可以和其他面板组停靠在一起或取消停靠，还可以停靠到集成的应用程序窗口中，方便用户访问，如图 6.10 所示。如果面板没有显示在程序窗口，可以通过【窗口】菜单，选择相应的命令显示。

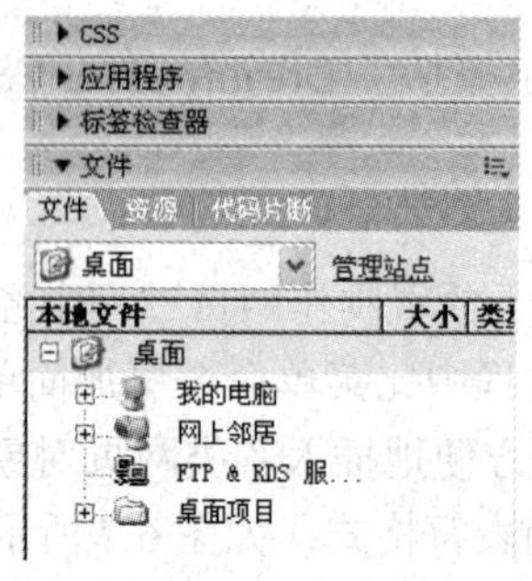

图 6.10 面板组

6.2 创建第一个网站

设计良好的网站通常具有科学的结构，利用不同的文件夹，将不同的网页内容分门别类地保存，这是设计网站的必要前提。结构良好的网站，不仅便于管理，也便于更新。下面通过 Dreamweaver CS3 创建一个简单的网站，搭建起设计和制作网页的框架。

6.2.1 创建本地站点

任何类型的网站和网页设计都必须从定义本地站点开始，定义本地站点是指用户在本地计算机上，构建出站点的框架，从整体上对站点进行全局把握。合理的站点结构，能够加快对网站的设计，提高工作效率，减少出错。一般来说，应该利用文件夹来合理构建站点的结构。

首先在本地计算机上为站点创建一个根文件夹（根目录），然后在其中创建多个子文件夹，便于将网站中的所有文档和素材分门别类地存储。例如，图片文件放在 images 文件夹内，HTML 文件放在根目录下，如果站点比较大，文件比较多，可以先按栏目分类，在栏目里再分类。必要时，可以创建多级子文件夹。

【案例 6.1】利用 Dreamweaver CS3 创建一个本地站点。

（1）在本地计算机 D 盘下创建文件夹“mysite1”，并在其中创建“jpg”、“sound”、“flash”3 个子文件夹，将网页中用到的图片、声音、动画素材分别放入这 3 个子文件夹中。

（2）选择【站点】→【新建站点】命令，打开如图 6.11 所示对话框，在其中输入站点名称“我的第一个站点”，单击“下一步”按钮。

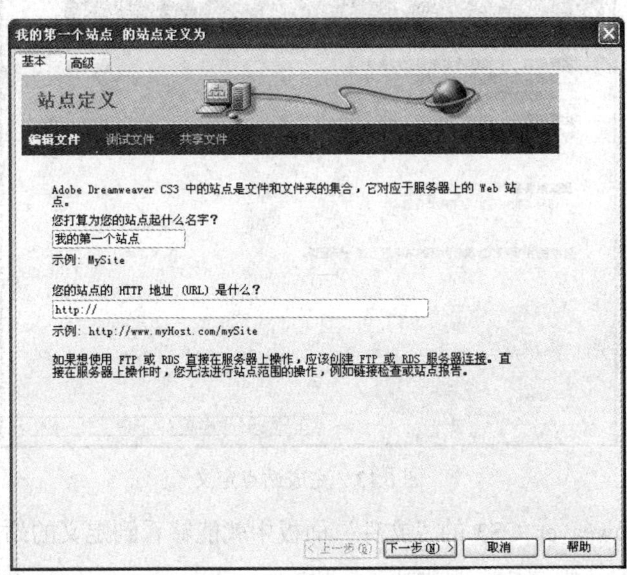

图 6.11　定义站点

（3）在下一个对话框中保持默认选择，直接单击“下一步”按钮进入下一个对话框。

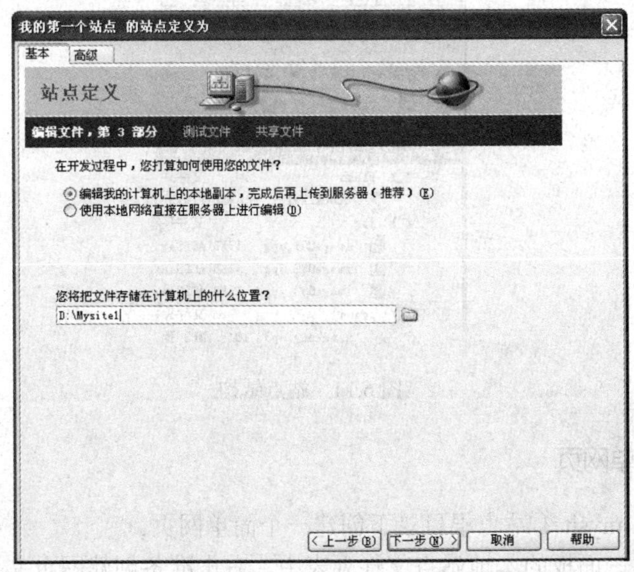

图 6.12　设置站点文件夹

（4）在打开的如图 6.12 所示的对话框中，设置站点文件夹为“d:\mysite1”，单击“下一步”按钮。

（5）在“您如何连接到远程服务器”下拉列表框中选择“无”选项，单击“下一步”按钮。

（6）在如图 6.13 所示的“总结”对话框中列出了对站点的基本设置，如无误则直接单击“完成”按钮。

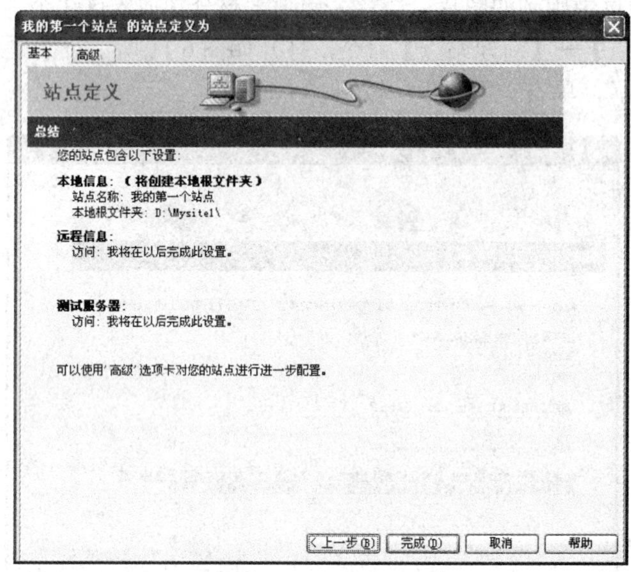

图 6.13　完成站点定义

这时，在 Dreamweaver CS3 的“文件”面板中就能够看到定义的站点的结构，如图 6.14 所示。

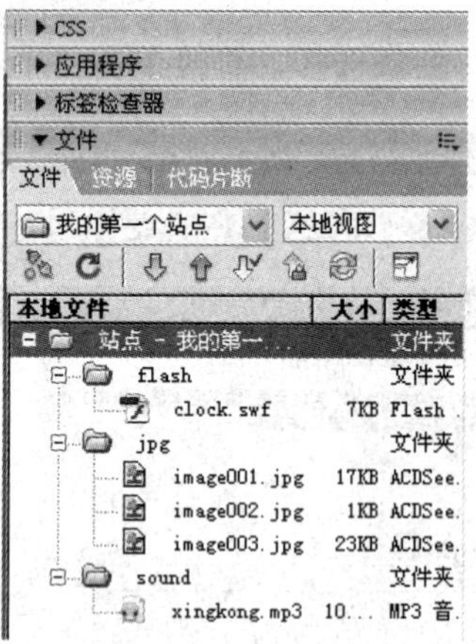

图 6.14　站点结构

6.2.2　创建简单网页

【案例 6.2】在 mysite1 站点根目录下创建一个简单网页。

（1）从“文件”面板的本地站点文件列表中，右击准备创建网页文件的父级文件夹（本例中右击“站点——我的第一个站点”），在弹出的快捷菜单中选择“新建文件”命令，这时在子目录中会出现一个新建的 untitled.html 文件，如图 6.15 所示。

（2）将 untitled.html 重命名为 index.html，双击 index.html，打开文档窗口。

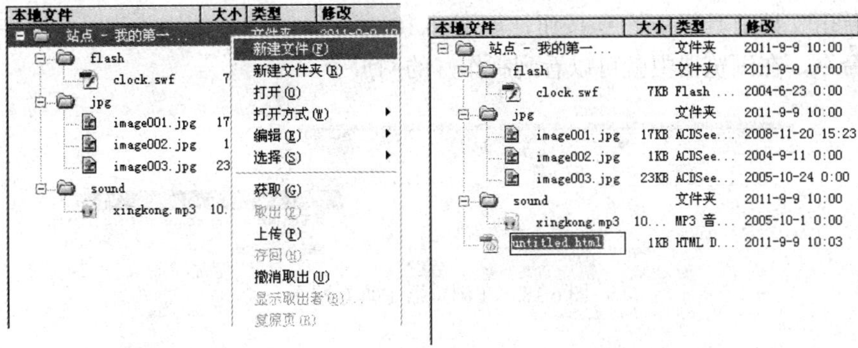

图 6.15　新建文件

（3）单击“属性”面板中的“页面属性”按钮，打开“页面属性”对话框，在左边的“分类”栏里选择“外观”选项，按照图 6.16 所示设置页面的外观。

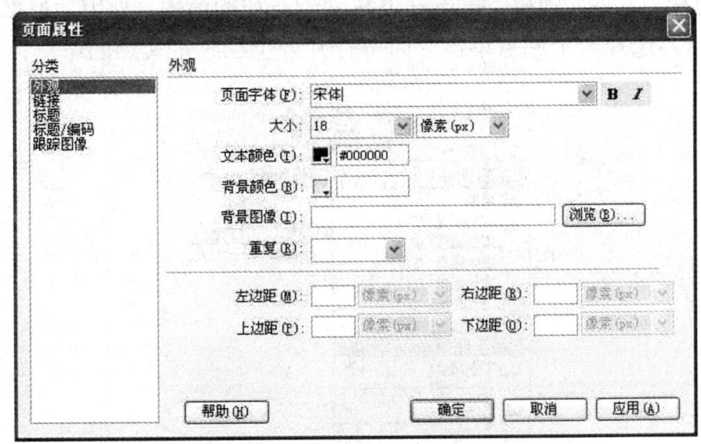

图 6.16　“页面属性”对话框

（4)在 Dreamweaver 的 index.html 文档窗口中输入文字“用 Dreamweaver 制作简单网页”，如图 6.17 所示。

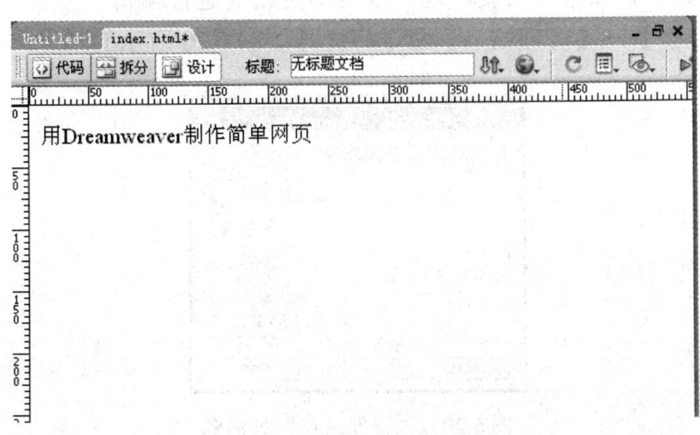

图 6.17　输入文字

（5）选择【文件】→【保存】命令，保存对文件 index.html 的修改。

（6）将文档工具栏中标题内容改为“第一个网页”，如图 6.18 所示。

（7）单击文档工具栏中的按钮，如图 6.18 所示，在弹出的快捷菜单中选择“预览在 IExplore”命令，在浏览器中就可以看到制作好的网页了。

图 6.18　在浏览器中查看网页

6.2.3　站点管理

1．打开站点

当运行 Dreamweaver CS3 后，系统会自动打开上次退出时正在编辑的站点。如果想打开另外一个站点，选择“文件”面板，单击左下拉列表右边的箭头，列出当前已经定义的所有站点，如图 6.19 所示。选择一个站点单击，即可打开一个已经定义过的站点。

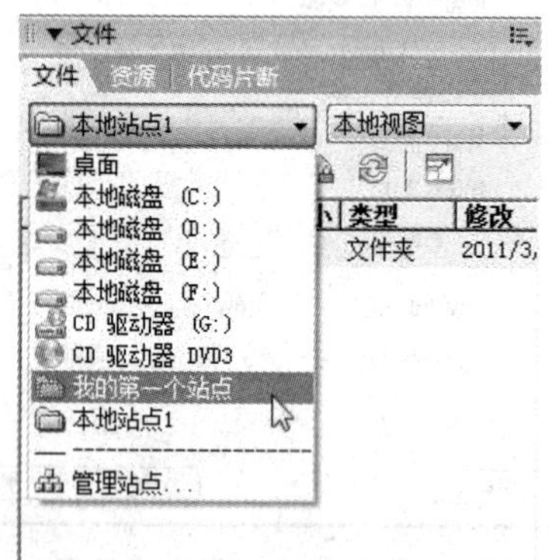

图 6.19　打开站点

2．编辑站点

在创建好站点之后，如果有必要，还可以对站点属性进行编辑。

（1）选择【站点】→【管理站点】命令，打开如图 6.20 所示的站点列表。

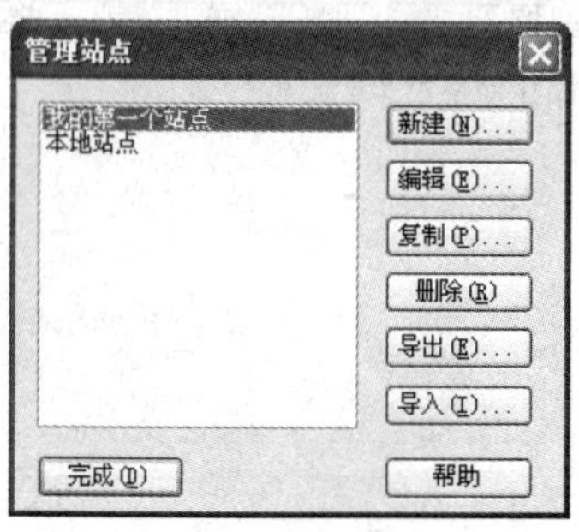

图 6.20　“管理站点”对话框

（2）从站点列表中选择需要编辑的站点名称，单击“编辑”按钮，即可打开如图 6.11 所示的站点定义对话框，用户可以在该对话框中对站点的各个属性进行编辑；也可以选择“高级”选项卡，从左侧选择分类信息，对右侧打开的相应属性进行编辑和设置，如图 6.21 所示。

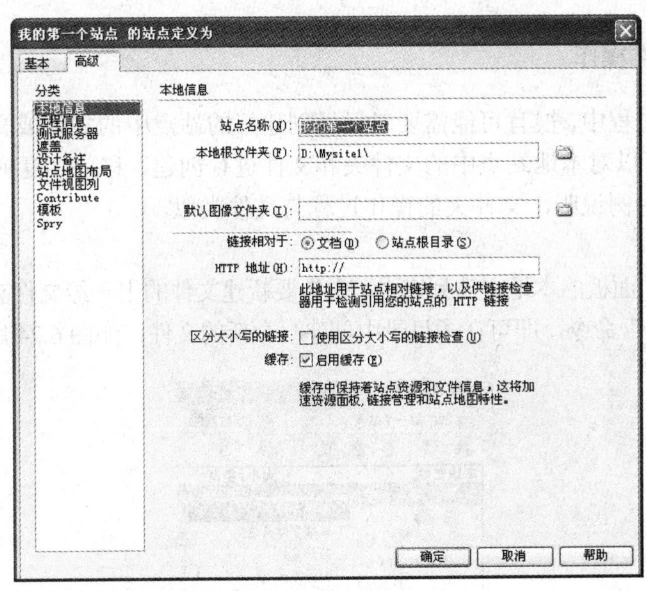

图 6.21　站点管理“高级”选项卡

（3）编辑完毕，单击“确定”按钮，可以返回“管理站点”对话框，单击“完成”按钮，可以关闭定义站点对话框，完成编辑操作。

3. 删除站点

如果不再需要利用 Dreamweaver CS3 对某个站点进行操作，可以将该站点从站点列表中删除。

（1）在菜单栏选择【站点】→【管理站点】命令，打开【管理站点】对话框，从中选择要删除的本地站点，单击“删除”按钮，如图 6.22 所示。

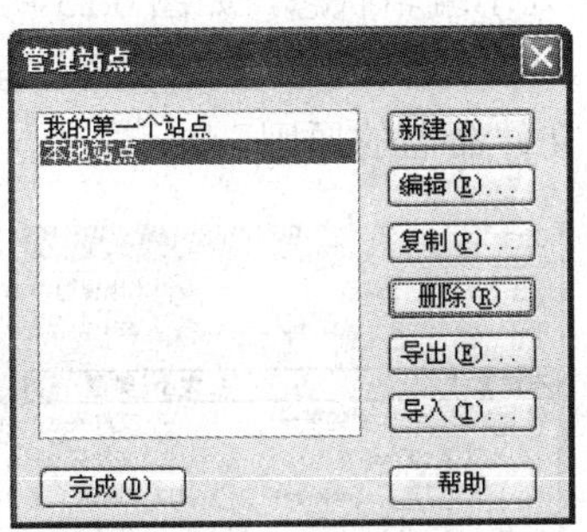

图 6.22　删除站点

（2）弹出一个提示对话框如图 6.23 所示，询问用户是否要删除站点，单击“是”按钮，即可删除选中的站点，并返回到“管理站点”对话框，单击“完成”按钮，关闭该对话框，完成操作。

图 6.23　提示删除对话框

6.2.4 站点文件操作

在网站创建的过程中，很有可能需要对已经创建好的站点中的文件或文件夹进行编辑。利用“文件”面板，可以对本地站点中的文件夹和文件进行创建、移动、复制和删除等操作。下面的操作都以文件为例说明，文件夹的操作过程与文件类似。

1. 创建文件

（1）从“文件”面板的本地文件列表中，右击要新建文件的上一级文件夹，在弹出的快捷菜单中选择“新建文件”命令，即可在子目录中创建一个新的文件，如图 6.24 所示。

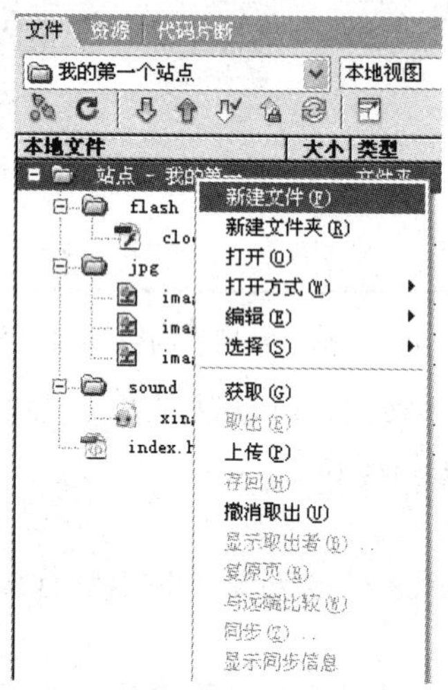

图 6.24　创建文件（文件夹）

（2）文件刚被创建时，名称处于编辑状态，如图 6.25 所示，用户可以编辑其名称，编辑完毕后在输入区外任意位置单击，即可完成对文件的命名。为文件命名时，尽量用最简短的名称体现文件的含义，要遵循网页文件命名的原则。

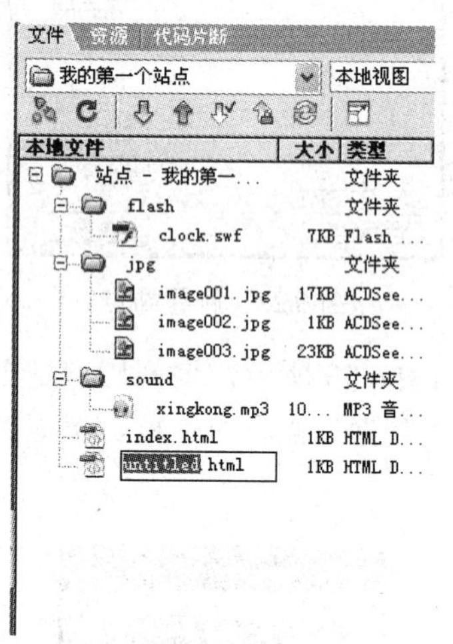

图 6.25　编辑文件名

1）所有的文件名一律使用英文小写，这样就不会因为服务器系统不同而混淆。

2）不可以使用中文。

3）不要使用空格。

4）文件名不可有标点符号等特殊符号。

2. 复制、移动、删除文件

（1）从“文件”面板的本地文件列表中，右击要处理的文件，在弹出的快捷菜单中选择【编辑】→【复制】或【剪切】命令，如图 6.26 所示。

（2）右击目标文件夹，在弹出的快捷菜单中选择【编辑】→【粘贴】命令，文件就被复制或移动到相应的文件夹中。

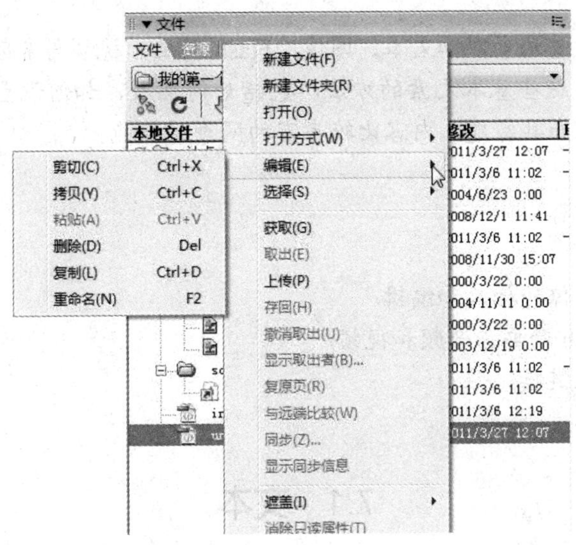

图 6.26　编辑文件

提示：如果要删除文件，右击要删除的文件或文件夹，在弹出的快捷菜单中选择【编辑】→【删除】命令，或者直接按下 Delete 键，在出现的提示对话框中单击“确定”按钮即可完成删除。

习题六

一、问答题

1. 插入栏有几种显示方式？如何进行切换？
2. 如何在本地创建一个新站点？如何对已有站点进行编辑？
3. 如何在已有站点中创建网页文档、为文档重命名、删除文档？

二、操作题

1. 定义一个名为“阳光小屋”，本地根文件夹为 D:\namedw 的本地站点（name 为自己姓名的拼音）。其中根文件夹中至少要包括 images 文件夹和 index.htm 文档。
2. 在上题站点中再添加一个 htm 文档，并将名称命名为 sunny.htm。

第 7 章　网页基本元素

网页中包含大量元素，如文本、图像、Flash 动画、视频与音频、表单元素等，用户需要掌握编辑这些基本元素的方法，包括如何插入、如何设置各种属性、如何创建超级链接，从而具备建立内容比较丰富的网页的技能。

- 文本和图像的插入和编辑
- 插入 Flash 动画、音频和视频
- 创建超级链接
- 创建表单

7.1　文本

文本与图像是网页制作中最重要的两大元素。文本占据了网页大部分的内容，是网页最基本的信息载体，也是网页最基本的元素之一。在网页中运用效果丰富的文字，是网页编辑的基本技能。

7.1.1　插入文本

将文本添加到文档，可在文档窗口的“设计”视图下，执行以下几种操作：

1）定位插入点，直接在文档窗口中输入文本。

2）从其他应用程序中复制文本，定位插入点，执行粘贴操作。

3）导入 Word 文档（文件小于 300kB）或 Excel 文档。定位插入点，执行【文件】→【导入】→【Word 文档】/【Excel 文档】命令。

以上这些操作，是文字的基本输入，还需要掌握一些复杂的输入，如不换行空格的输入、特殊字符的输入、列表的创建。

1. 在字符之间添加空格

HTML 只允许字符之间有一个空格，若要在文档中添加其他空格，必须插入不换行空格。可以执行下列操作之一：

（1）选择【插入记录】→【HTML】→【特殊字符】→【不换行空格】命令。

（2）按 Ctrl+Shift+“空格”组合键。

（3）在“插入”栏中的“文本”选项卡中，单击“字符”按钮并选择“不换行空格” 图标 。

2. 换行

在输入文本的过程中，换行时如果直接按 Enter 键，将会另起一个段落，行间距会比较大。一般情况下，在网页中换行应按 Shift+Enter 组合键，这样换行才是正常的行距。

也可以在文档中添加换行符实现文本的换行。在“插入”栏中的“文本”选项卡中单击“换行符”图标，或者执行【插入记录】→【HTML】→【特殊字符】→【换行符】命令。

3. 插入特殊字符

在文档窗口中，定位插入点，执行下列操作可以实现插入特殊字符：

（1）执行【插入记录】→【HTML】→【特殊字符】命令，从子菜单中选择字符名称。

（2）在“插入”栏中的“文本”选项卡中，单击“字符”按钮并从子菜单中选择字符。

还有很多其他特殊字符可供使用；若要选择其中的某个字符，请选择【插入记录】→【HTML】→【特殊字符】→【其他】命令或者单击“插入”栏的“文本”选项卡中的“字符”按钮，然后选择“其他字符”选项，从“插入其他字符”对话框中选择一个字符。

4. 创建项目列表和编号列表

使用新文本创建列表，将插入点放在要添加列表的位置，然后执行下列操作之一：

（1）单击“属性”面板中的“项目列表”按钮或“编号列表”按钮。

（2）选择【文本】→【列表】命令，根据需要选择“项目列表”或“编号列表”。

创建一个列表项目，新样式将自动应用于添加到列表的其他项目。按 Enter 键即可创建其他列表项目。按两次 Enter 键可结束列表项目的创建。

使用现有文本创建列表，只需先选择好需要创建列表的段落，再执行以上操作即可。

还可以设置整个列表的列表属性，在“文档”窗口中，将插入点放到列表项目的文本中，然后选择【文本】→【列表】→【属性】命令，打开“列表属性”对话框，进行列表类型、编号或项目符号样式以及编号列表中第一个项目的值等。

【案例 7.1】创建一个网页并输入文本。

（1）创建站点 Web，保存在 D 盘，并在其中创建 3 个子文件夹，分别命名为 flash、pic、sound。在站点里新建一网页文件，命名为“wenben.html”。

（2）在“设计”视图中，定位插入点，输入以下内容，如图 7.1 所示。注意：每行输入完按 Enter 键，第二行每项间添加 8 个不换行空格。

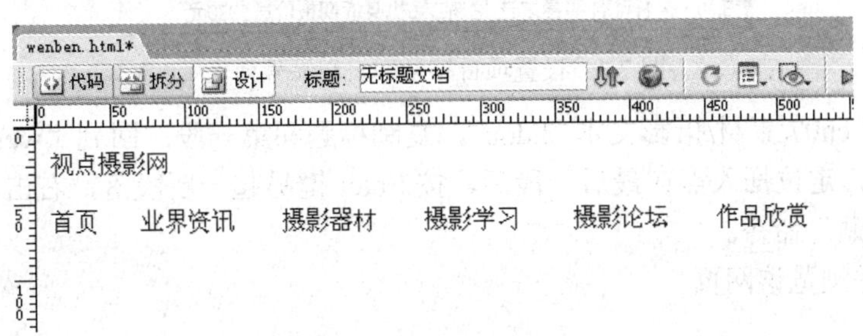

图 7.1 输入第一行

（3）打开“ch07/素材/摄影文本 1.doc”，复制内容，粘贴到网页中，如图 7.2 所示。

（4）选中“精彩视频”后的 3 项内容，在“属性”面板中单击“编号列表”按钮，添加编号；再依次选中“图片精华”和其他项目后内容，在“属性”面板中单击“项目列表”按钮，添加项目符号，效果如图 7.3 所示。

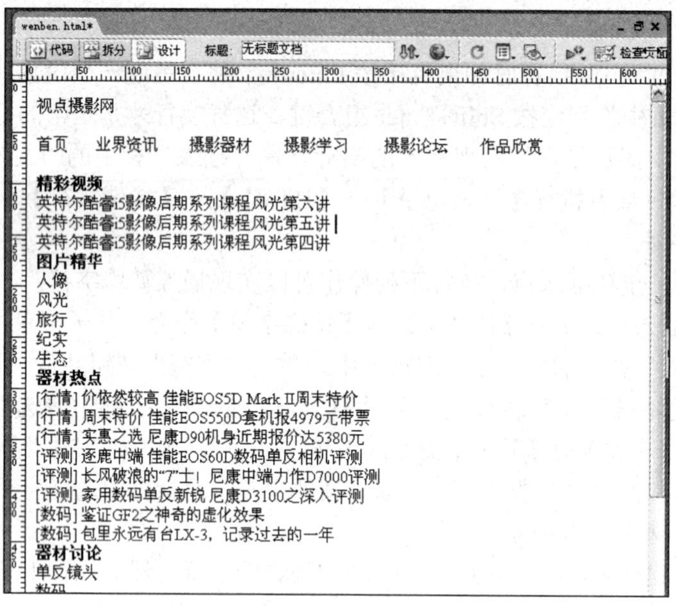

图 7.2　导入 Word 文档后

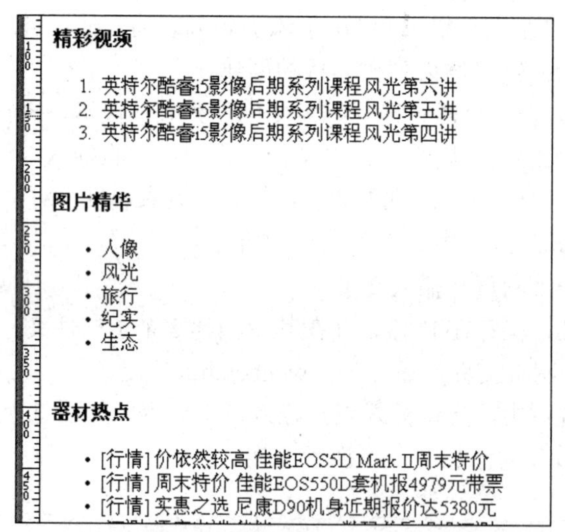

图 7.3　设置项目符号列表和编号列表

（5）打开"ch07/素材/摄影文本 2.doc"，复制标题和第一段；回到"wenben.html"网页的"设计"视图，定位插入点在最后一段后，按 Enter 键另起一新段落，右击，在弹出的快捷菜单中选择"粘贴"命令。

（6）保存并浏览该网页。

7.1.2　设置文字属性

文本输入完之后，为了网页更为美观，需要对文本进行属性设置，可以更改所选文本的字体字号、颜色、样式（粗体、斜体、下划线等）的文字属性，对文字属性的更改可以用【文本】菜单进行设置，如图 7.4 所示；也可以打开"属性"面板，如图 7.5 所示，在"属性"面板中设置。

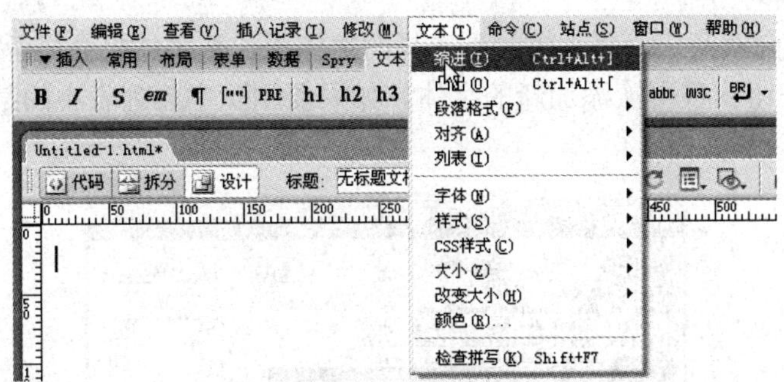

图 7.4　【文本】菜单

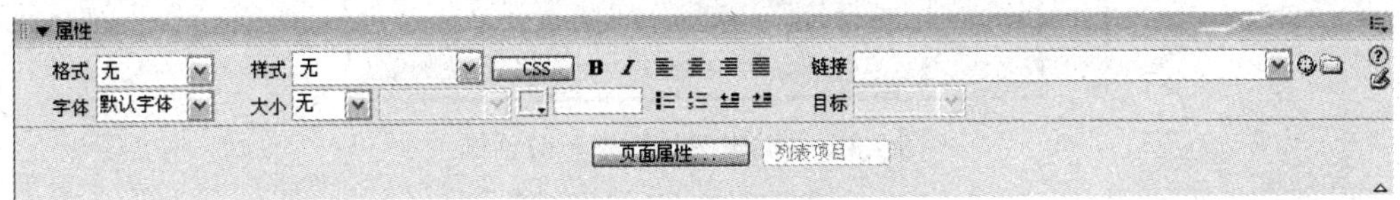

图 7.5　“属性”面板

1. 更改字体

首先选取要更改的文字，选择【文本】→【字体】命令，在弹出的【字体】子菜单（图 7.6）中选择字体名称；或者在“属性”面板中单击“字体”下拉列表，在弹出的“字体”下拉列表框（图 7.7）中选择所需字体。一般情况下，对文字内容，建议使用默认字体为宋体，宋体和黑体是大多数计算机中默认安装有的字体。

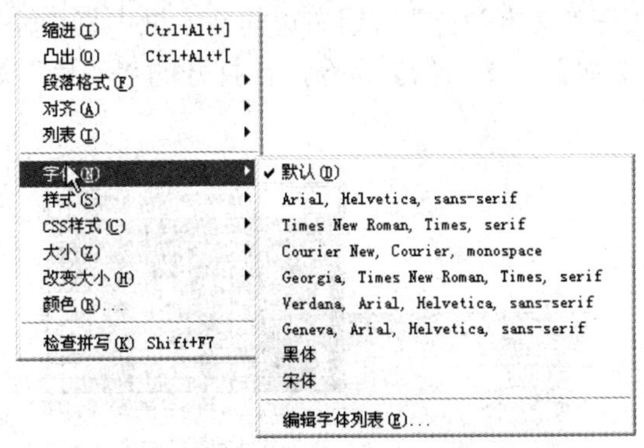

图 7.6　“字体”子菜单

图 7.7　“字体”列表

如果所需要的字体不在列表中，可以在图 7.6 和图 7.7 所示的“字体”列表的下方单击“编辑字体列表”，打开“编辑字体列表”对话框，如图 7.8 所示，在“可用字体”列表框中选择一种字体，单击左向双箭头，将其添加到选择的字体中，新字体将会显示在“字体”列表中；单击左上方的+按钮，可再次添加新的字体。如果要删除字体列表中的某字体，可以选中并单击−按钮，将其删除。

图 7.8　“编辑字体列表”对话框

2. 更改字号

选择文字，单击“属性”面板中“大小”列表框，在弹出的下拉列表框中选择合适的字号，如果希望设置相对默认字符大小的增减量，可以选择“极小”、“特大”等选项；或者选择【文本】→【大小】命令，在弹出的子菜单中选择字号，选择“默认”，将使用默认字号。如果要设置相对默认字符大小的增减量，可选择【文本】→【改变大小】命令。

3. 更改字体颜色

选定文字，在“属性”面板中单击“文本颜色”按钮，在弹出的“颜色”面板（图 7.9）选取所需颜色，也可直接在“文本颜色”按钮右边的文本框中直接输入颜色的十六进制值，如#EBE9ED；或者选择【文本】→【颜色】命令，在打开的“颜色”对话框中选择颜色，如图 7.10 所示。

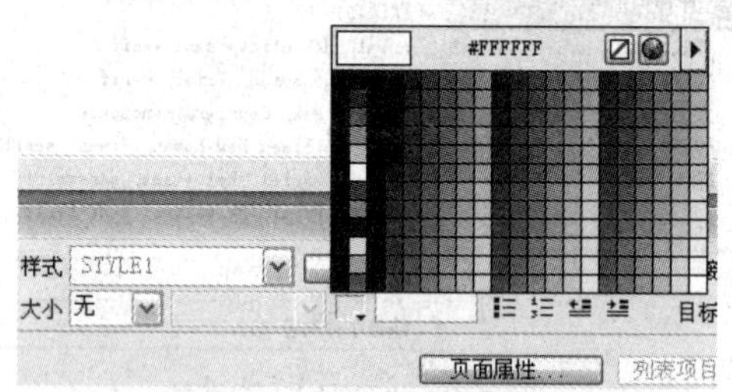

图 7.9　“颜色”面板

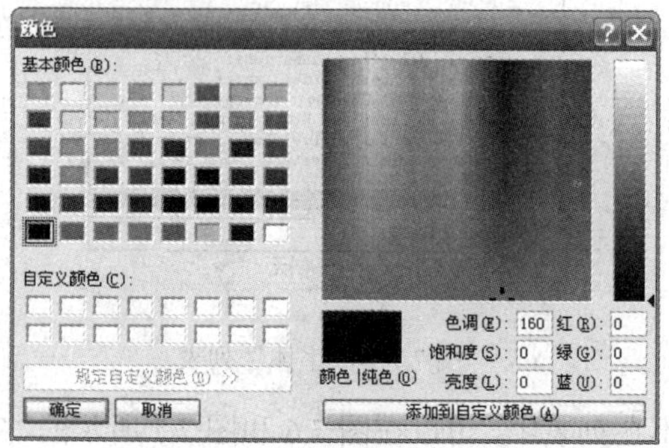

图 7.10　“颜色”对话框

4. 更改字体样式

选定文本，选择【文本】→【样式】命令，如图 7.11 所示，在打开的子菜单中选取所需样式；设置粗体和斜体，也可在“属性”面板中单击 B 按钮和 I 按钮。

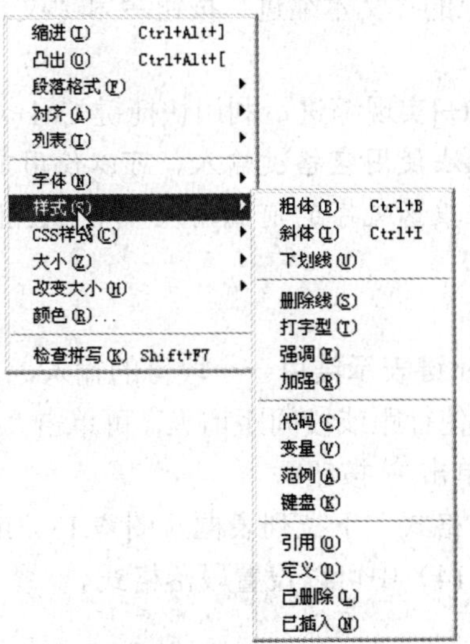

图 7.11　“样式”子菜单

7.1.3　设置段落属性

对段落的设置主要包括对文本块（一段或多个段落）的对齐、缩进、行距、段间距、段落格式等的设置。

1. 对齐文本

将插入点放在段落中，或者选择段落中的一些文本。如果设置多个段落，则选择多个段落。对齐文本可执行以下操作之一：

（1）选择【文本】→【对齐】子菜单上的对齐命令，如图 7.12 所示，可以对齐页面上的文本。

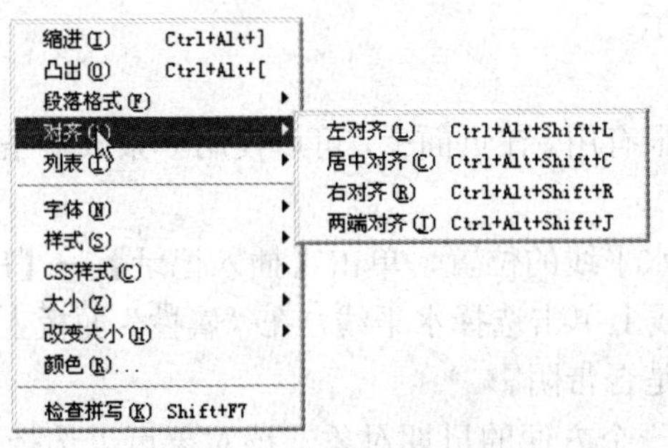

图 7.12　“对齐”子菜单

（2）单击“属性”面板中的对齐按钮（“左对齐”、“右对齐”、“居中对齐”或“两端对齐”）。

2. 缩进文本

缩进是指文本两端相对于文档窗口产生的间距，增加两端间距可以强调文本或表示引用文本，也可对不同的段落实现不同的缩进体现层次。实现段落缩进的方法如下：

（1）选择【文本】→【缩进】命令，文本左右距离文档窗口各增加一段距离；选择【文本】→【凸出】命令，文本左右距离文档窗口各减少一段距离。

（2）单击“属性”面板上的“文本缩进”按钮和“文本凸出”按钮，可实现文本的缩进和凸出。

（3）利用快捷键 Ctrl+Alt+]实现缩进，利用快捷键 Ctrl+Alt+[实现凸出。

提示：段落首行缩进，无法使用空格键输入，可以使用前面讲过的插入不换行空格，也可以切换到“代码”视图，在段落文字的前面输入 4 个“ ”标记，能空出两个汉字的位置。

3. 设置段落格式

输入文本过程中，按 Enter 键表示结束一个段落的输入，并进入下一个段落，两个段落间会产生一个较大的行距。若要使行距或段间距增大，可单击“插入”面板的“文本”选项卡中的“字符”，在弹出的列表中单击按钮。

使用“属性”面板中的“格式”下拉列表框（图 7.13）或选择【文本】→【段落格式】命令，在弹出的子菜单（图 7.14）中可以设置段落格式。

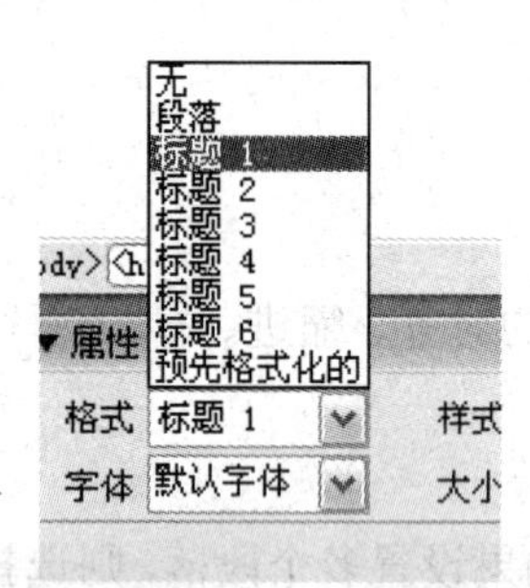

图 7.13 “格式”下拉列表框

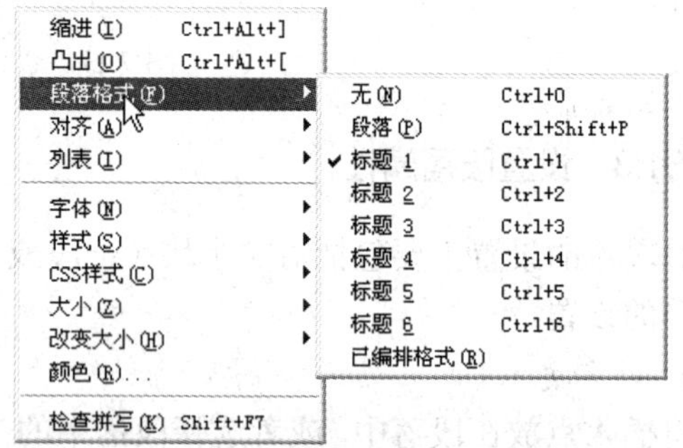

图 7.14 “段落格式”子菜单

其中，选择“标题 1”到“标题 6”，被选择段落分别以 6 种标题格式显示。选择“预先格式化的”或者“已编排格式”，相当于在被选择段落的两端加上了<PRE></PRE>标记，可以将预先格式化的文本原样显示。

4. 添加水平线和时间

水平线对于组织信息很有用。在页面上，可以使用一条或多条水平线以可视方式分隔文本和对象。

将插入点放在要插入水平线的位置，单击【插入记录】→【HTML】→【水平线】，即可插入一条水平线。在水平线上单击选择水平线，在“属性”面板上修改水平线，制定水平线的宽度和高度、对齐方式及是否带阴影。

Dreamweaver 提供了一个方便的日期对象，该对象可以选择格式插入当前日期（包含或不包含时间和星期都可以），并且可以选择在每次保存文件时都自动更新该日期。定位插入点，选择【插入记录】→【日期】命令或者在“插入”面板的“常用”选项卡里单击按钮，均可打开“插入日期”对话框，如图 7.15 所示，进行相关设置。

【案例 7.2】对案例 7.1 所创建的网页，设置文本属性。

（1）打开案例 7.1 所建立的网页“ch07/ web/wenben.html”。

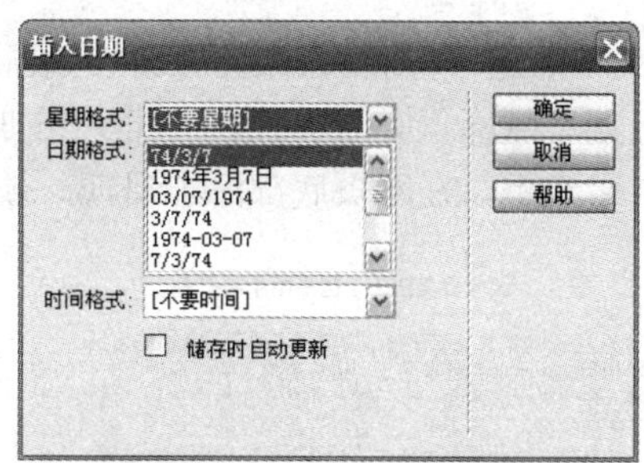

图 7.15　“插入日期”对话框

（2）将插入点定位在第一个段落“视点摄影网”，单击“属性”面板中的“居中对齐”按钮，使段落居中；选择文字“视点摄影网”，单击“属性”面板上的“格式”，在弹出的下拉列表框中选择“标题 1”，设置好后按 Enter 键，连续两次选择【插入记录】→【HTML】→【水平线】命令，插入两条水平线，选择第二条，在“属性”面板中的“高度”文本框内输入 7，设置为有阴影。将插入点定位在“首页”段落文字内，使其居中，大小为 24，单击“属性”面板上的“斜体”按钮，使该段文字为斜体；分别选中该段落内各项文字，单击“属性”面板上的“颜色”，打开“颜色”面板，设置不同颜色。设置好最后一个后按 Enter 键，再添加一个水平线，高度仍为 7，取消“阴影”复选框的勾选，使其成为无阴影。设置后效果如图 7.16 所示。

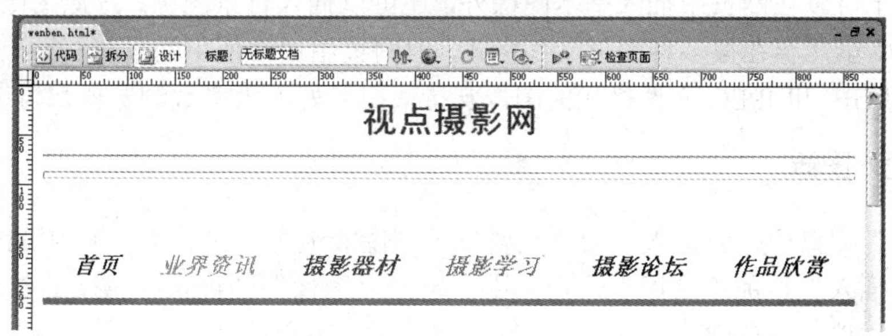

图 7.16　设置网页头部文本属性

（3）分别选择“精彩视频”、“图片精华”等标题，在“属性”面板的“颜色”文本框内输入“#000099”，并设置为斜体。在每个大项下都添加水平线，为默认效果。效果如图 7.17 所示。

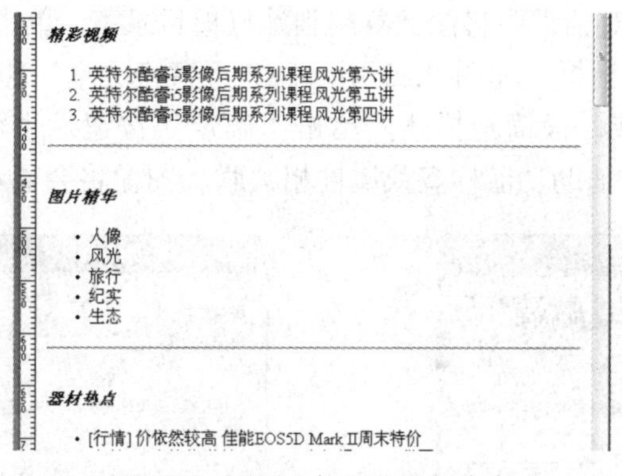

图 7.17　设置小标题与分割内容

（4）将插入点定位在最后一个段落（“经过 30 年的改革开放……”），多次单击“属性”面板上的“文本缩进”按钮，使文本缩进。将插入点定位在网页最后，居中排列，单击“插入”栏上的“常用”选项卡，单击“日期”图标，在弹出的“插入日期”对话框内选择第二种日期格式，并勾选“储存时自动更新”复选框，在网页底部添加日期，效果如图 7.18 所示。

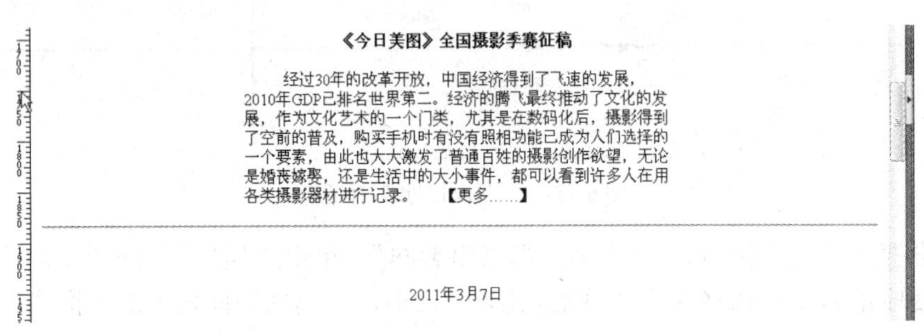

图 7.18 设置段落缩进和插入日期

（5）将设置好的网页保存并浏览。

7.2 图像

图像在页面中的恰当运用，不仅使得网页更加美观，而且令网页表达信息更加直观，吸引浏览者。除了可以在网页中插入基本图像外，还可以插入背景图像、跟踪图像、鼠标经过图像和导航条等。虽然存在很多种图形文件格式，但网页中通常使用的只有三种，即 GIF、JPEG 和 PNG。目前 GIF 和 JPEG 文件格式的图像支持情况最好，大多数浏览器都可以查看它们。

7.2.1 插入图像

在“文档”窗口中，将插入点放置在要显示图像的地方，然后执行下列操作之一：

- 在“插入”栏的“常用”选项卡中，单击“图像”图标；或者将该图标直接拖动到“文档”窗口中。
- 执行【插入记录】→【图像】命令。
- 将图像从本地硬盘资源窗口中拖动到“文档”窗口中的所需位置。

在出现的对话框中，浏览选择要插入的图像，单击“确定”按钮，如果图像文件未在站点根目录下，会弹出提示对话框，如图 7.19 所示，询问是否将文件复制到站点根目录下，单击“是”按钮，在弹出的对话框中将图像复制到站点根目录下。单击“确定”按钮将显示“图像标签辅助功能属性”对话框，如图 7.20 所示。在“替换文本”和“详细说明”文本框中可以为图像输入一个名称或一段简短描述，单击“确定”按钮。也可以单击“取消”按钮，Dreamweaver 不会将它与辅助功能标签或属性相关联。图像将会显示在“文档”窗口中。

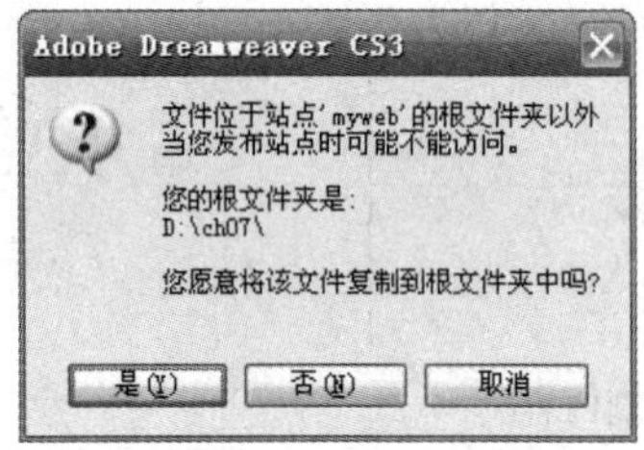

图 7.19 提示复制对话框

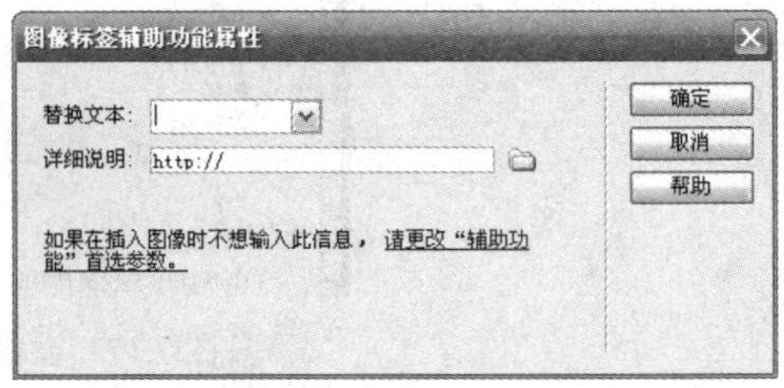

图 7.20 “图像标签辅助功能属性”对话框

7.2.2 编辑图像

选中已经插入的图像，可以对图像进行移动、复制和删除操作，也可以拖动周围锚点调整图像大小。对图像还可以在如图 7.21 所示的图像“属性”面板中进行编辑。

图 7.21　图像“属性”面板

- 图像命名。“属性”面板左上角会显示选中图像的缩略图，并显示字节数。可以在缩略图右面的文本框中输入图像的名字，方便以后使用脚本语言引用图像。
- 图像的宽度和高度。以像素为单位。在页面中插入图像时，Dreamweaver 会自动用图像的原始尺寸更新“宽”、“高”文本框内的值。也可以在文本框内精确输入所需要的宽和高。如果要还原图像大小的初始值，可删除文本框内的数值。
- 图像的路径。“源文件”文本框给出了图像的路径。如果图像文件在站点文件夹内，给出的是相对路径，否则给出绝对路径。
- 图像链接。“链接”文本框给出了被链接文件的路径。图像可以链接到一个网页，也可以链接到一个具体的文件。
- 给图像加文字提示说明。在“替换”文本框中输入文字，在浏览器中用鼠标指向该图像，会显示相应的文字。
- 对齐图像。选中图像，分别单击 3 个按钮，可使图像左对齐、居中或右对齐。
- 图像边距。“垂直边距”和“水平边距”文本框可以沿图像的边缘添加边距，以像素表示。“垂直边距”沿图像的顶部和底部添加边距。“水平边距”沿图像的左侧和右侧添加边距。
- 图像边框。在“边框”文本框内可输入值给图像加边框。默认为无边框。
- “低解析度源”指定加载主图像之前应该加载的图像。许多设计人员使用主图像的黑白版本，因为它可以迅速加载并使访问者对等待看到的内容有所了解。
- 图像和文字相对位置。“对齐”下拉列表框中的选项可以设置图文混排，可以将图像与同一行中的文本、另一个图像、插件或其他元素对齐。其各项含义如表 7.1 所示。

表 7.1　“对齐”下拉列表框

项目	作用
默认值	使用浏览器默认的对齐方式，不同的浏览器会有所不同
基线	图像的底部与文字的基线水平对齐
顶端	图像的顶端与当前行中最高对象的顶端对齐
居中	图像的中线与文字的基线水平对齐
底部	图像的底部与文字的中线水平对齐
文本上方	图像的顶端与文本行中最高字符的顶端对齐
绝对中间	图像的中线与文字的中线水平对齐

续表

项目	作用
绝对底部	图像的底部与文字的下沿水平对齐。
左对齐	图像在文字的左侧，文字从右侧环绕图像
右对齐	图像在文字的右侧，文字从左侧环绕图像

在“编辑”后面有一组按钮用来实现对图像进行编辑，各按钮功能如下：

- “编辑”按钮，启动在“外部编辑器”首选参数中指定的图像编辑器，并打开选定的图像。
- “优化”按钮，打开“优化”对话框，对图像进行优化。
- “裁剪”按钮，裁切图像的大小，从所选图像中删除不需要的区域。
- “重新取样”按钮，对已调整大小的图像进行重新取样，提高图片在新的大小和形状下的品质，以适应其新尺寸。对位图对象进行重新取样时，会在图像中添加或删除像素，以使其变大或变小
- “亮度和对比度”，调整图像的亮度和对比度设置，修改图像中像素的对比度或亮度。这将影响图像的高亮显示、阴影和中间色调。修正过暗或过亮的图像时通常使用“亮度 / 对比度”。
- “锐化”按钮，调整图像的锐度。锐化将增加对象边缘像素的对比度，从而增加图像清晰度或锐度。

【案例 7.3】在网页中添加图像并设置属性。

（1）打开上例中 Web 站点，新建一网页，命名为“tuxiang.html”。

（2）在文档窗口中右击，在弹出的快捷菜单中选择“页面属性”命令，打开“页面属性”对话框如图 7.22 所示，在“分类”框中选择“外观”选项，设置“文本颜色”为白色，“背景颜色”为黑色；在“分类”中选择“标题/编码”选项，设置“标题”为“视点摄影网”。

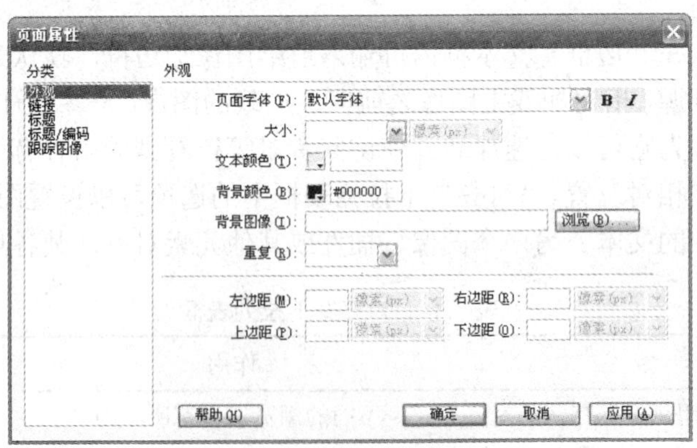

图 7.22 “页面属性”对话框

（3）选择【插入记录】→【图像】命令，在打开的文本框中选择图像“ch07/素材/e0701.jpg”，在弹出的提示复制对话框中单击“是”按钮，将图片复制到 web 站点的 pic 文件夹里，在“图像标签辅助功能属性”对话框中单击“确定”按钮，将图片添加到网页中。利用相同方法将“ch07/素材/e0702.jpg”插入，选中该图片，在“属性”面板中把高度设置为 60；在下行输入文字“国际顶尖商业摄影大师代表作图赏”，并设置大小为 36 和居中，效果如图 7.23 所示。

图 7.23　添加了网页头部图像的效果

（4）打开“ch07/素材/摄影文本 3.doc”，将文本复制到网页中。在第一段和第二段文字中分别插入图片“ch07/素材/e0703.jpg”和“ch07/素材/e0704.jpg”，在网页中选择图片 e0703，在“属性”面板中设置宽度为 219，高度为 130；在“对齐”下拉列表框中选择“左对齐”选项，“水平间距”文本框中输入 20；选择图片 e0704，宽度为 500，高度为 239；在“对齐”下拉列表框中选择“右对齐”选项，在“水平间距”文本框中输入 20。

（5）在网页中选择图片 e0702，按住 Ctrl 键拖动，复制到下方，设置高度为 5。

（6）在网页中分别选择 e0703 和 e0704，在“替换文本”中都输入“摄影大师”，效果如图 7.24 所示。

图 7.24　网页中设置图像属性

7.2.3　插入鼠标经过图像

鼠标经过图像是一种在浏览器中查看并使用鼠标指针移过它时发生变化的图像。必须用以下两个图像来创建鼠标经过图像：主图像（首次加载页面时显示的图像）和次图像（鼠标指针移过主图像时显示的图像）。鼠标经过图像中的这两个图像应大小相等；如果这两个图像大小不同，Dreamweaver 将调整第二个图像的大小以与第一个图像的属性匹配。可以选择【插入记录】→【图像对象】→【鼠标经过图像】命令或者在“插入”栏的“常用”选项卡中单击“图像”按钮，然后单击“鼠标经过图像”图标，来实现插入鼠标经过图像。

【案例 7.4】插入鼠标经过图像。

（1）打开上例中网页 tuxiang.html，在网页最下方单击鼠标选择插入点，选择【插入记录】→【图像对象】→【鼠标经过图像】命令，打开如图 7.25 所示的对话框。

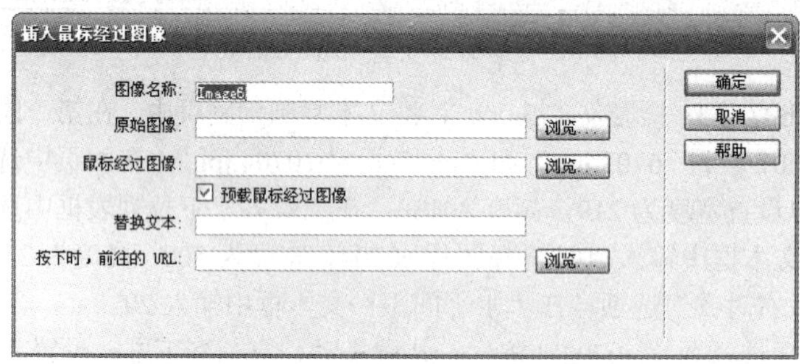

图 7.25 “插入鼠标经过图像”对话框

（2）单击“原始图像”和“鼠标经过图像”后的“浏览”按钮，分别选择两张图片“ch07/素材/e0705.jpg”和“ch07/素材/e0706.jpg”插入，并复制到本站点 pic 文件夹下。

（3）保存修改并浏览网页。

7.3 Flash 动画

随着网络的发展，多媒体在网络中得到了更广泛的应用，因此，对网页设计提出了更高的要求。目前在 Dreamweaver 中，Flash 动画是最常用的多媒体插件之一。

7.3.1 插入 Flash

与网站主题或内容相关的 Flash 会为整个网页增色不少，制作好 Flash 后插入到网页中相当简单，操作步骤和插入图像类似。“属性”面板选项也很类似。

【案例 7.5】为网页添加 Flash。

（1）在上例站点中新建一网页，命名为“flash.html”。

（2）插入图片“ch07/素材/e0707.jpg”。

（3）选择【插入记录】→【媒体】→【Flash】命令；或者选择“插入”栏的“常用”选项卡里的“媒体”类，单击“Flash”图片按钮，如图 7.26 所示。

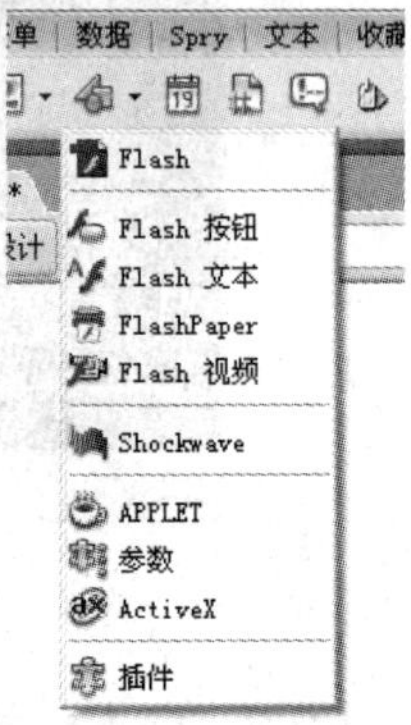

（4）在弹出的对话框中选择文件“ch07/素材/视点摄影.swf”，弹出的提示复制对话框，单击“是”按钮，将文件复制到站点 Flash 目录里，此时弹出如图 7.27 所示的对话框，可不进行输入直接单击“确定”或“取消”按钮，将 Flash 添加到了网页中，如图 7.28 所示。

图 7.26 单击“Flash”图片按钮

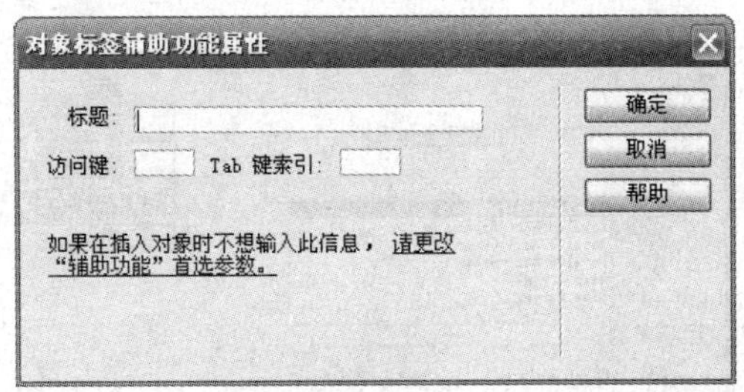

图 7.27 “对象标签辅助功能属性”对话框

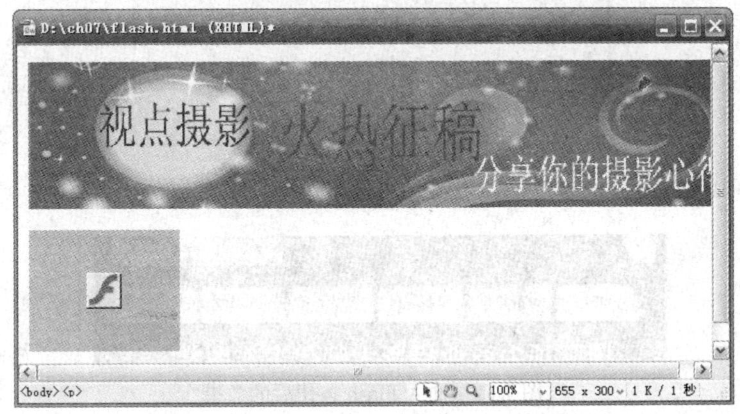

图 7.28 插入 Flash 后

（5）选中插入的 Flash，在“属性”面板为其设置属性，如图 7.29 所示。单击“播放”按钮可在设计状态下观看 Flash 内容。

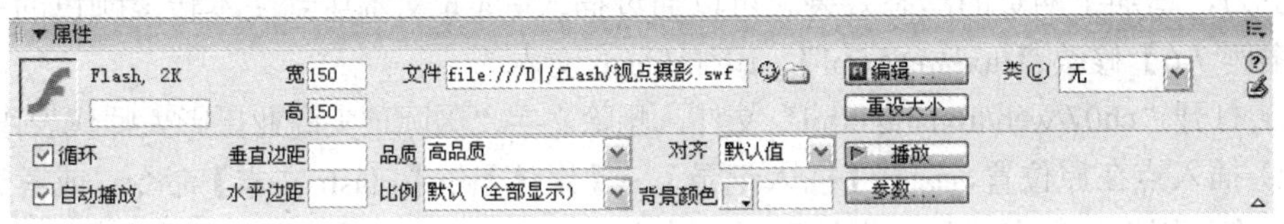

图 7.29 “属性”面板

7.3.2 插入 Flash 按钮

为了美化网页，增加动态效果，可插入 Flash 按钮，使按钮具有动态效果，插入 Flash 按钮的操作步骤如下：

（1）选择【插入记录】→【媒体】→【Flash 按钮】命令；或者选择“插入”栏的“常用”选项卡里的“媒体”类，单击“Flash 按钮”。

（2）在弹出的对话框中进行设置，选择合适的样式，输入按钮上要显示的文本并设置字体，也可以设置链接等，如图 7.30 所示。

（3）单击“确定”按钮，将 Flash 按钮插入到文档中。图 7.31 所示为在案例 7.3 中所创建的网页“tuxiang.html”中删除图片 e7202.jpg，添加 Flash 按钮后的效果，其中样式选择“Translucent Tab”，字体为“宋体”，大小为 20，背景色为黑色。

（4）如果想修改 Flash 按钮，可双击 Flash 按钮，再次打开如图 7.35 所示对话框进行设置。

提示：插入 Flash 按钮时，文档的路径和文件名中不能有中文，否则会提示出错。

图 7.30 “插入 Flash 按钮”对话框

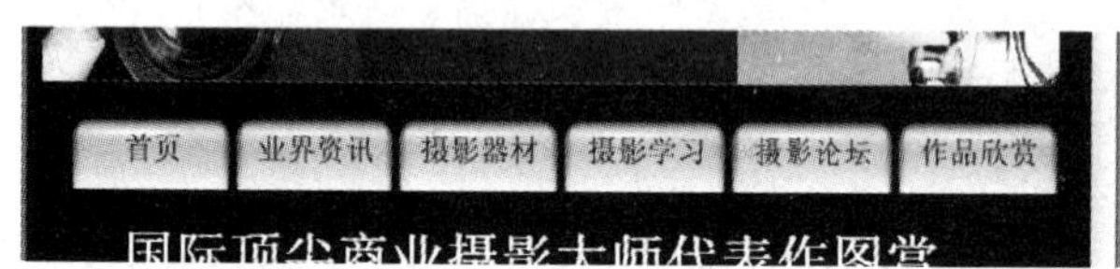

图 7.31 插入 Flash 按钮后的效果

7.3.3 Flash 文本

也可以使文本具有动态效果，比如鼠标移动到文本上时，文本会转滚成其他颜色，使文本更具吸引力，增加了网页的动态效果。可以通过插入 Flash 文本达到文本转滚颜色的效果。

【案例 7.6】修改“tuxiang.html”，添加 Flash 文本。

（1）打开“ch07/web/tuxiang.html”文件，删除文字“国际顶尖商业摄影大师代表作图赏”。

（2）插入点在原位置，选择【插入记录】→【媒体】→【Flash 文本】命令；或者选择“插入”栏的“常用”选项卡里的“媒体”类，单击“Flash 文本”，在打开的如图 7.32 所示的文本框中进行设置。

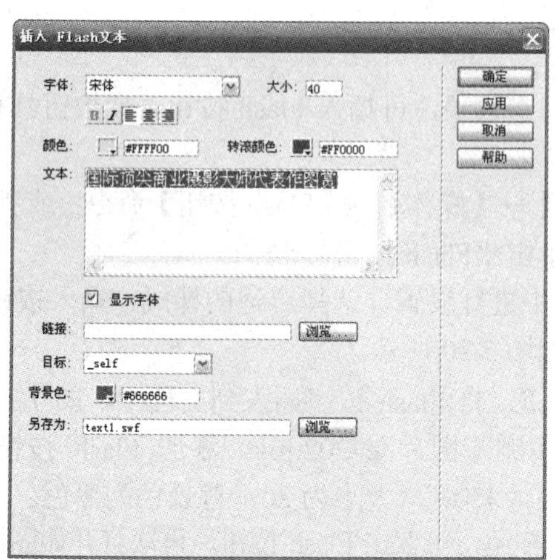

图 7.32 “插入 Flash 文本”对话框

（3）单击“确定”按钮，效果如图 7.33 所示，当鼠标移动到文本上文本会变色。

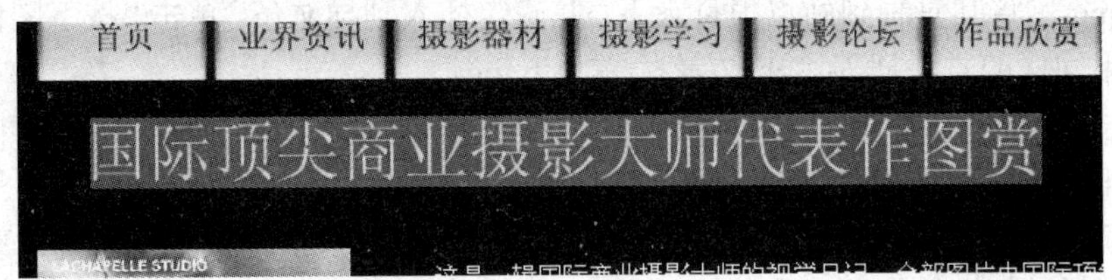

图 7.33　插入 Flash 文本后

（4）如果要修改插入的 Flash 文本，可以双击 Flash 文本，再次打开“插入 Flash 文本”对话框进行设置。

7.4　插入导航条

导航条放置在网页较醒目的位置，用来显示和链接站点的主要栏目，用以分类组织网站内容，方便浏览者浏览。创建导航条需要先根据网站分类内容创建几组带文字的小图像。图像一般做成按钮的形式，一般来说，每一组里图像内容相同，但颜色有区别，可以分别表示为“一般状态”、“鼠标经过”、“鼠标按下时”、“按下时鼠标经过”这几种状态。但一般情况下，仅为“一般状态”和“鼠标按下时”设置图像。

执行下列操作可以创建一个导航条：

- 选择【插入记录】→【图形对象】→【导航条】命令。
- 选择“插入”栏的“常用”选项卡里的“图像”类，单击“导航条”按钮。

【案例 7.7】为网页添加导航条。

（1）打开“ch07/web/flash.html”文件，将插入点定位在网页头图像下方。

（2）选择【插入记录】→【图形对象】→【导航条】命令，打开如图 7.34 所示的对话框。

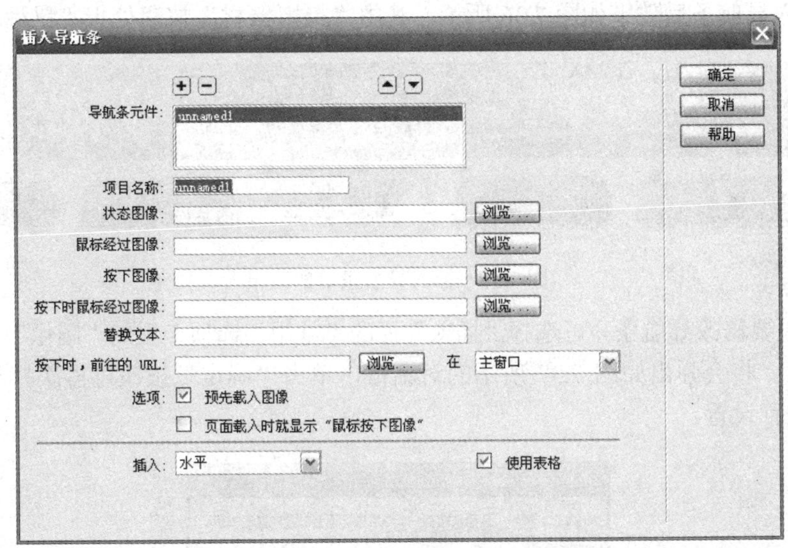

图 7.34　“插入导航条”对话框

（3）“项目名称”文本框为导航条内的每一组命名，命名要符合规则。在这里输入“d1”。

“状态图像”为网页显示时最初的导航按钮状态，单击其后的“浏览”按钮，选择文件“ch07/素材/首页 a.jpg”，将其复制到站点根目录下，并确定插入到导航条。单击“按下图像”后的“浏览”按钮，用同样的方法插入“ch07/素材/首页 b.jpg”。

（4）单击最上面的⊞图标，对话框下面的内容清空，在“项目名称”文本框中输入“d2”，将“业界资讯”的按钮图像分别导入到“状态图像”和“按下图像”。

（5）用同样的方法在给定素材文件夹里找到相应图片，依次插入其他导航元素，如图 7.35 所示。

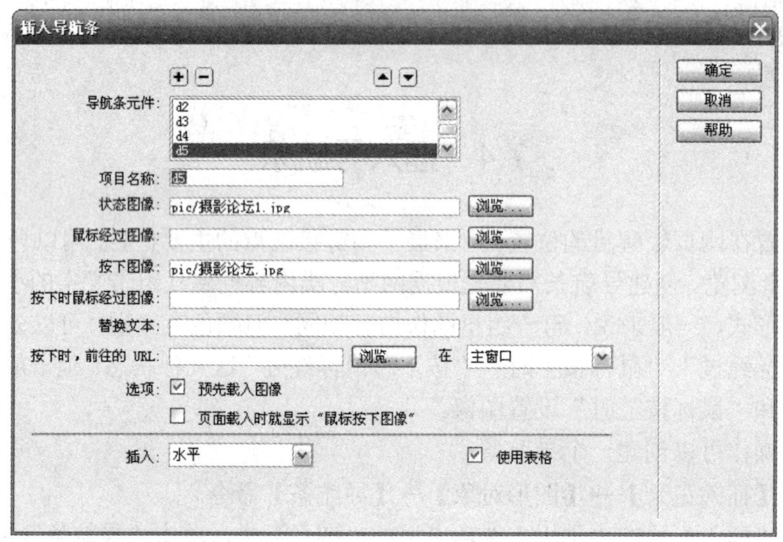

图 7.35 “插入导航条”对话框

（6）单击⊟按钮，可以删除导航元素。“预先载入图像”选择此选项可在下载页面的同时下载图像。此选项可防止在用户将指针滑过鼠标经过图像时出现延迟。

（7）插入导航条后效果如图 7.36 所示，其中“摄影器材”按钮处于“鼠标按下”状态。

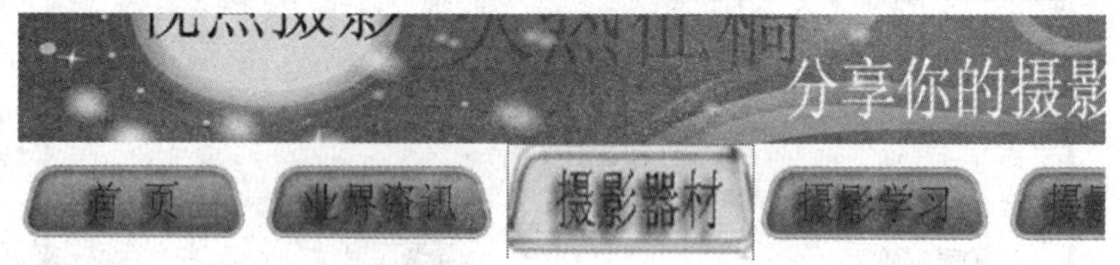

图 7.36 插入导航条后的效果

（8）如果要修改导航条，可选择“插入”栏的“常用”选项卡里的“图像”类，单击“导航条”按钮，将会弹出如图 7.37 所示的对话框，单击“确定”按钮可再次打开“插入导航条”对话框进行设置。

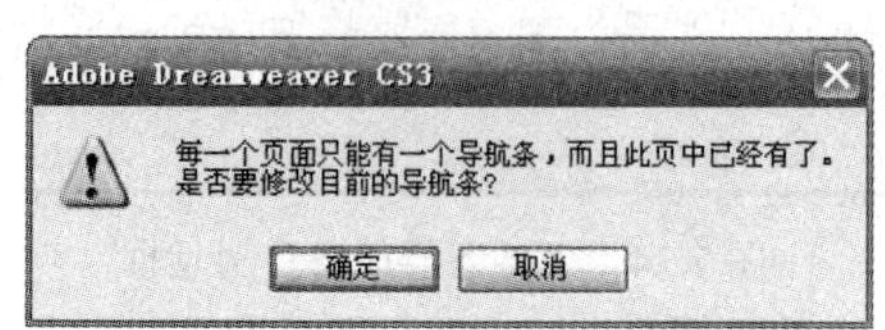

图 7.37 修改导航条对话框

7.5 音频与视频

浏览网页时，有时会听到背景音乐；在网页上还有许多视频和短片供浏览。现在的多媒体技术发展迅速，多媒体文件越来越小，很容易被插入到网页中去。网页设计技术也逐渐增强了多媒体播放功能，很多不需要额外的插件即可直接插入各种格式的多媒体。

7.5.1 插入声音

可以利用插件来插入各种格式的音乐（如 MP3、MDID、WAV、AIF、ra、ram 等）；插件也可用来播放 Director 的影片 Shockwave、Authoware 的 Shockwave 及 Flash 电影。

【案例 7.8】在网页中添加声音。

（1）打开“ch07/web/tuxiang.html”文件，将插入点定位在网页最后。

（2）在“插入”栏中，单击“常用”选项卡中的“媒体”类的“插件”图标，在打开的对话框中选择文件“ch07/素材/1.mp3”，将其复制到站点目录下，单击“确定”按钮，声音被插入网页。

（3）拖动网页设计视图下的插件图标至最小。按 F12 键，欣赏网页声音效果。

7.5.2 插入 Shockwave 影片

Shockwave 是在网页中插播交互式多媒体的业界标准，用来播放用 Macromedia Director 创建的多媒体电影文件。Shockwave 电影集动画、位图、视频和声音等于一体，并将它们合成一个交互式界面，所生成的压缩格式能快速下载，并支持在目前的大部分浏览器中播放。

插入 Shockwave 影片的操作步骤如下：

（1）选择【插入记录】→【媒体】→【Shockwave】命令；或者选择“插入”栏的“常用”选项卡中的“媒体”类，单击“Shockwave”图标。

（2）在打开的对话框中选择影片文件（扩展名是 dcr），也可以是 Flash 影片。插入后网页设计视图上显示如图 7.38 所示，按 F12 键可查看视频效果。

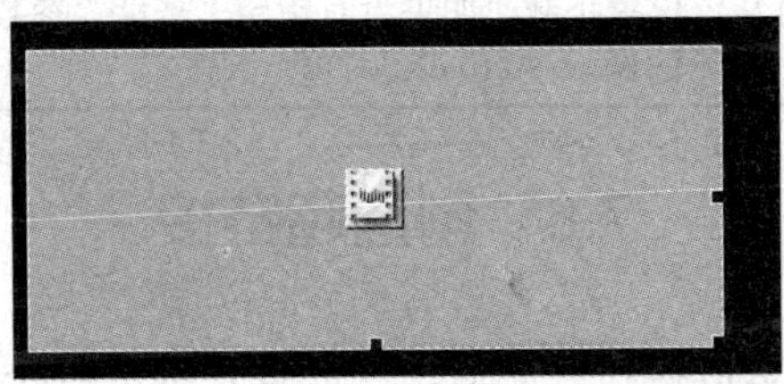

图 7.38　网页中插入的 Shockwave 图标

（3）用鼠标拖动影片图标右下角的黑色控制柄，可调整大小。

（4）也可以在“属性”栏中设置其属性。

7.5.3 插入 ActiveX 控件

ActiveX 控件的作用和插件的作用基本一样。所不同的是，如果浏览器不支持网页中的 ActiveX 控件，浏览器会自动安装所需要的软件。如果是插件，则需要用户自己安装所需要的软件。

插入 ActiveX 控件的操作步骤如下：

（1）选择【插入记录】→【媒体】→【ActiveX】命令；或者选择“插入”栏的“常用”选项卡中的“媒体”类，单击“ActiveX”图标，即可在网页中显示一个 ActiveX 图标，可调整大小，其“属性”面板如图 7.39 所示。

图 7.39 ActiveX 对象的“属性”面板

（2）选中“嵌入”复选框，单击“源文件”后的文件夹按钮，可打开“选择 Netscape 的插入文件”对话框，供选择影片文件。

ActiveX 对象的属性如表 7.2 所示。

表 7.2 ActiveX 对象的属性

属性名	作用
ClassID	为浏览器标识 ActiveX 控件。输入一个值或从弹出菜单中选择一个值。在加载页面时，浏览器使用该类 ID 来确定与该页面关联的 ActiveX 控件所需的 ActiveX 控件的位置。如果浏览器未找到指定的 ActiveX 控件，则它将尝试从“基址”中指定的位置下载它
名称	指定用来标识 ActiveX 对象以撰写脚本的名称
嵌入	为该 ActiveX 控件在 object 标签内添加 embed 标签。如果 ActiveX 控件具有 Netscape Navigator 插件等效项，则 embed 标签激活该插件。Dreamweaver 将作为 ActiveX 属性输入的值分配给它们的 Netscape Navigator 插件等效项
参数	打开一个用于输入要传递给 ActiveX 对象的其他参数的对话框。许多 ActiveX 控件都受特殊参数的控制
源文件	定义在启用了“嵌入”选项时用于 NetscapeNavigator 插件的数据文件。如果没有输入值，则 Dreamweaver 将尝试根据已输入的 ActiveX 属性确定该值
基址	指定包含该 ActiveX 控件的 URL。如果在访问者的系统中尚未安装该 ActiveX 控件，则 Internet Explorer 将从该位置下载。如果没有指定“基址”参数并且您的访问者尚未安装相应的 ActiveX 控件，则无法显示 ActiveX 对象

7.6 创建超链接

将网页创建好，各个网页链接在一起后，才能真正构成一个网站。浏览网页就是从一个文档跳转到另一个文档,从一个位置跳转到另一个位置,从一个网站跳转到另一个网站的过程。制作网站，创建了网页并设置友好的超链接，才可以实现方便的浏览。

所谓的超链接是指从一个网页指向一个目标的连接关系，这个目标可以是另一个网页,也可以是相同网页上的不同位置，还可以是一个图片、一个电子邮件地址、一个文件，甚至是一个应用程序。而在一个网页中用来设置被超链接的对象，可以是一段文本或者是一个图片。当浏览者单击已经链接的文字或图片后，链接目标将显示在浏览器上，并且根据目标的类型来打开或运行。

网页上的超链接一般分为 3 种。一种是绝对 URL 的超链接。URL（Uniform Resource

Locator，统一资源定位符）就是网络上的一个站点、网页的完整路径，如 http://www.xxx.com。第二种是相对 URL 的超链接，如将自己网页上的某一段文字或某标题链接到同一网站的其他网页上面去。还有一种称为同一网页的超链接，这种超链接又叫做书签。

根据链接的目标，在一个文档中可以创建几种类型的链接：

- 链接到本站点内某个网页或者网络上其他网站的网页。
- 链接到其他文档或文件（如图形、影片、PDF 或声音文件）的链接。
- 命名锚记链接，此类链接跳转至文档内的特定位置。
- 电子邮件链接，此类链接新建一个已填好收件人地址的空白电子邮件。
- 空链接和脚本链接，此类链接用于在对象上附加行为，或者创建执行 JavaScript 代码的链接。

7.6.1　文本、图像等对象链接

可以使用“属性”面板的文件夹图标或“链接”框创建从图像、对象或文本到其他文档或文件的链接。操作步骤如下：

（1）在文档窗口的“设计”视图中选择文本或图像。

（2）打开“属性”面板，然后执行下列操作之一：

1）单击“链接”框右侧的文件夹图标，通过浏览选择一个文件。

2）在“链接”框中输入目标文档的路径和文件名。若要链接到站点内的文档，请输入文档相对路径。若要链接到站点外的文档，请输入绝对路径。

3）拖动“属性”面板中“链接”框右侧的“指向文件”图标，然后指向另一个打开的文档、“文件”面板中的一个文档。

4）按下 Shift 键，从选定文件开始拖动并指向其他打开的文档，指向“文件”面板中的一个文档。

也可以使用“超链接”命令添加链接，方法有以下两种：

1）选择文本或图像右击，在弹出的快捷菜单中选择“创建链接”命令，在弹出的“选择文件”对话框中选择要链接的目标，如图 7.40 所示。

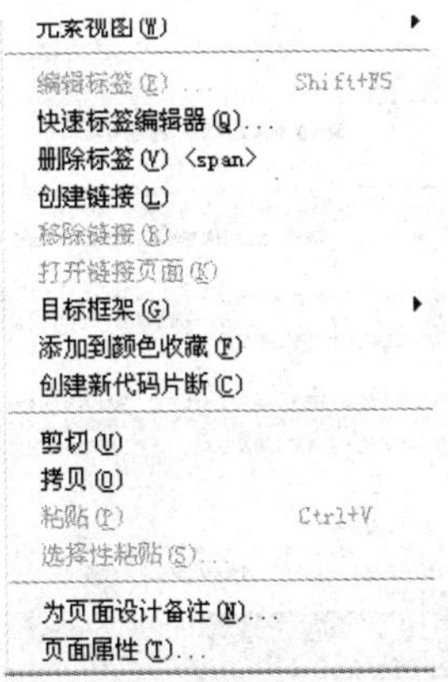

图 7.40　“创建链接”快捷菜单

2）选中文本或图像等对象后，执行【插入记录】→【超级链接】命令，在弹出的对话框中，设置“链接”框内要链接的文件，如图 7.41 所示。

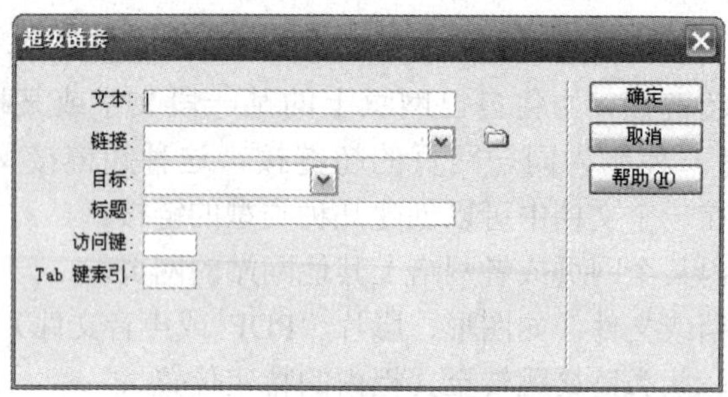

图 7.41 “超级链接”对话框

【案例7.9】为网页添加文本、图像等对象链接。

（1）打开“ch07/web/sheyingjiqiao.html”文件并浏览，网页内容没有任何链接。

（2）在文档的“设计”视图下，拖动鼠标选择网页中“基础摄影技巧讲解”中的“个性婚纱摄影大专题”文字内容，打开“属性”面板，拖动“链接”框右边的“指向文件”图标，到右侧文件列的“hunshasheying.html”。如图 7.42 所示，可看到“个性婚纱摄影大专题”加上了下划线，“链接”框内显示了被链接文件的相对路径。

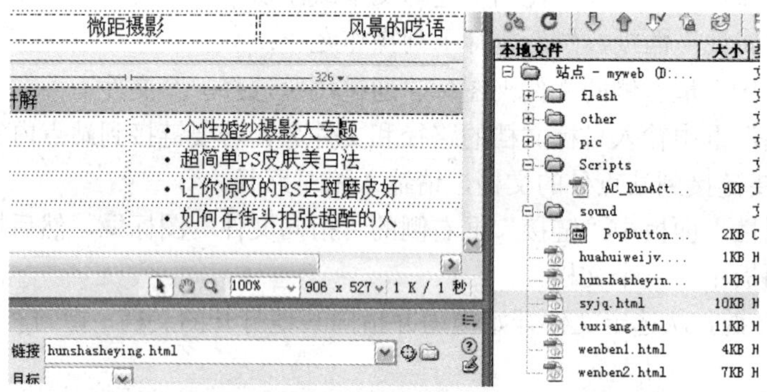

图 7.42 设置文字链接

（3）在浏览状态下，单击“个性婚纱摄影大专题”超链接，即跳转到“hunshasheying.html”，如图 7.43 所示。

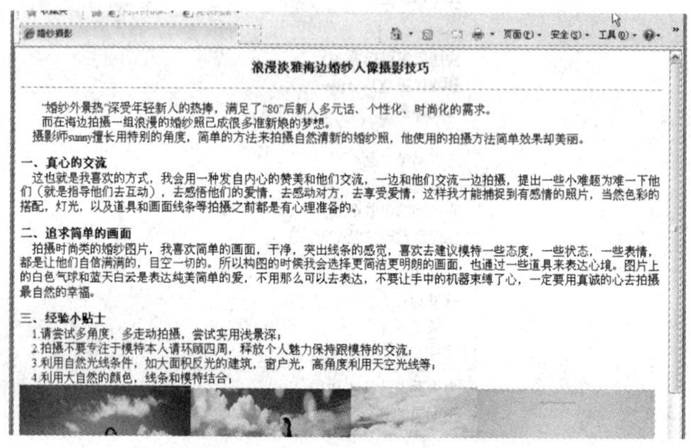

图 7.43 实现文字链接跳转

（4）在“sheyingjiqiao.html”文档的“设计”视图下，选择“最新摄影技巧”下的“微距摄影”文字内容上方的花卉图片，右击，在弹出的快捷菜单中选择“创建链接”命令，在弹出的“选择文件”对话框内选择站点根目录下的“huahuiweijv.html”，即创建图片链接。设置了链接的图片用粗框显示，“链接”框内显示被链接文件的相对地址，如图 7.44 所示。

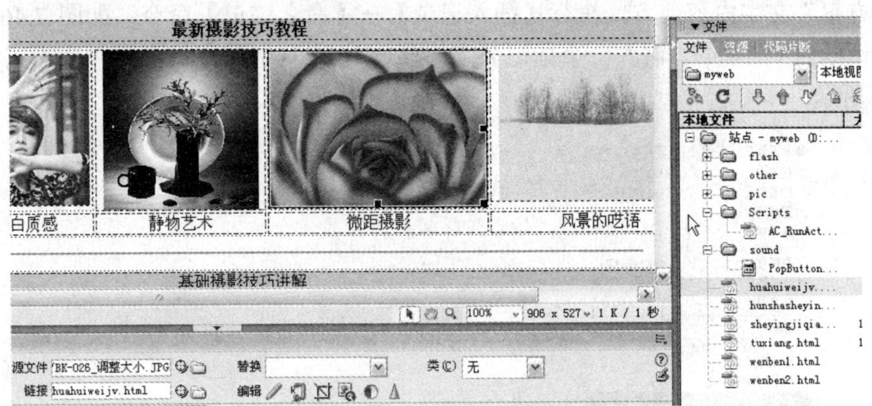

图 7.44　设置图片链接

（5）在浏览状态下，单击该图片，即可跳转到 huahuiweijv.html，如图 7.45 所示。

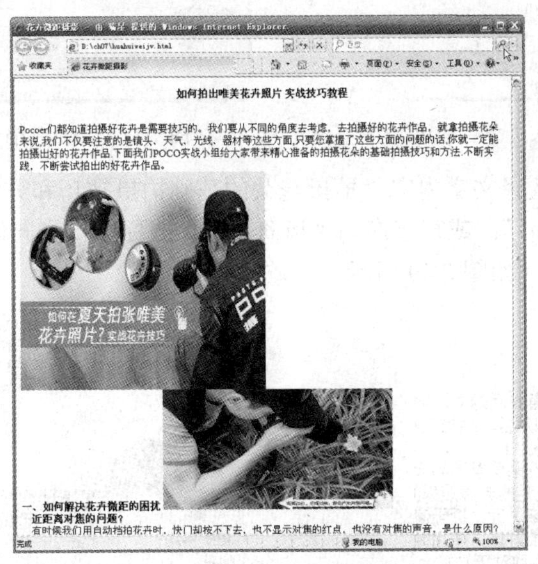

图 7.45　图片链接跳转

（6）在“sheyingjiqiao.html”的“设计”视图下，选择“更多友情链接”下的“中国摄影网”文字内容，在“属性”面板下的“链接”框内输入“http://www.cnphotos.net/”，即可设置外部绝对地址链接，在浏览状态下，单击可跳转到“中国摄影网”。

7.6.2　创建锚记链接

前面所介绍的超链接实现的是不同页面之间的链接，而锚记链接是在同一文档的不同位置之间的链接，或不同文档相关位置之间的链接。通常在内容较多、版面较长的网页中应用。锚记链接就是在页面的特定区域先指定一个锚记，然后创建一个指向锚记的链接，单击该链接时浏览器自动跳转显示锚记所在的区域。

锚点链接的建立分为两步。首先，建立锚点，然后，创建到该锚点的链接。

【案例 7.10】为网页添加锚记链接。

（1）打开“ch07/web/huahuiweijv.html”文件，在“设计”视图下将鼠标定位在某位置，如“解决方案”文字内容前方，执行【插入记录】→【命名锚记】命令，如图 7.46 所示；在弹出的对话框内（图 7.47）输入一个标记名字，如 mj1，在文字前方将出现一个锚记标记图标，如图 7.48 所示。

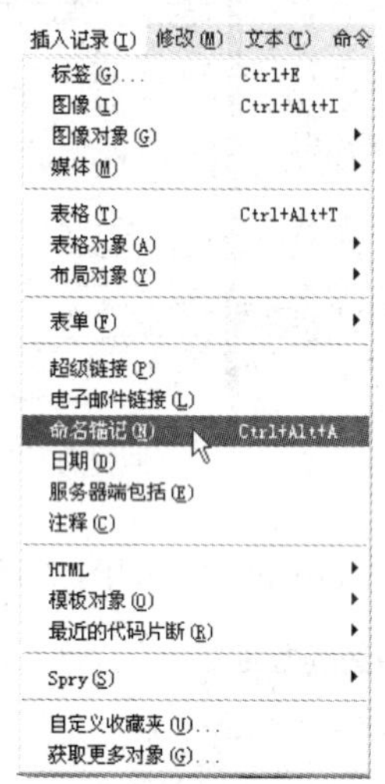

图 7.46 插入“命名锚记”

图 7.47 “命名锚记”对话框

（2）在网页上方选择文字内容“拍摄花朵的基础拍摄技巧和方法”，在“属性”面板的“链接”框内输入“#mj1”；或直接拖动“指向文件”图标，指向创建好的命名锚记图标，即可创建命名锚记链接，如图 7.49 所示。

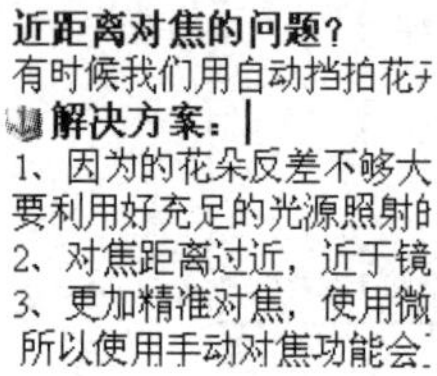

图 7.48 命名锚记

图 7.49 设置命名锚记链接

7.6.3 创建电子邮件链接

单击电子邮件链接时，该链接将打开一个新的空白信息窗口（使用的是与用户浏览器相关联的邮件程序）。在电子邮件消息窗口中，“收件人”框自动更新为显示电子邮件链接中指定的地址。

【案例 7.11】为网页创建电子邮件链接。

（1）打开“ch07/web/sheyingjiqiao.html”文件，在“设计”视图下，选择网页底部的邮箱文字内容，如图 7.50 所示。

（2）执行【插入记录】→【电子邮件链接】命令，如图 7.51 所示，将打开“电子邮件链接”对话框，如图 7.52 所示，在文本框内输入邮件地址。也可在“属性”面板内的“链接”

框内直接输入，如图 7.53 所示，在冒号与电子邮件地址之间不能输入任何空格。

图 7.50 选择文字

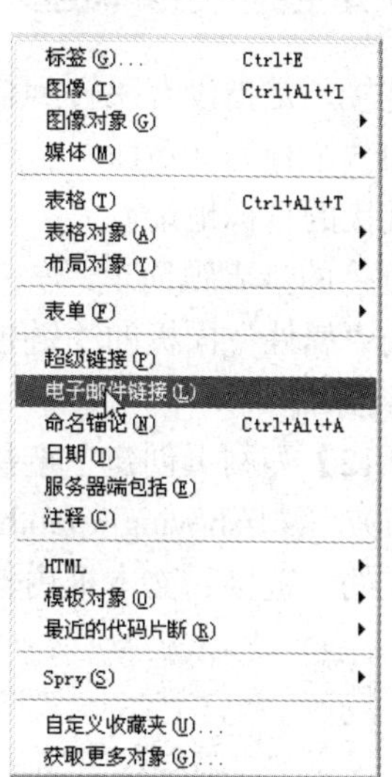

图 7.51 选择“电子邮件链接”命令

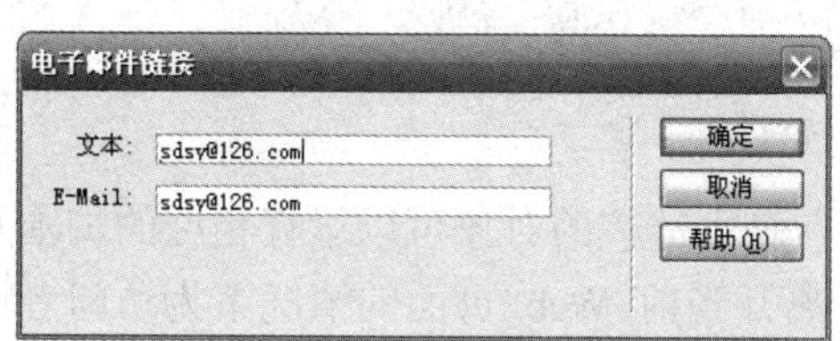

图 7.52 “电子邮件链接”对话框

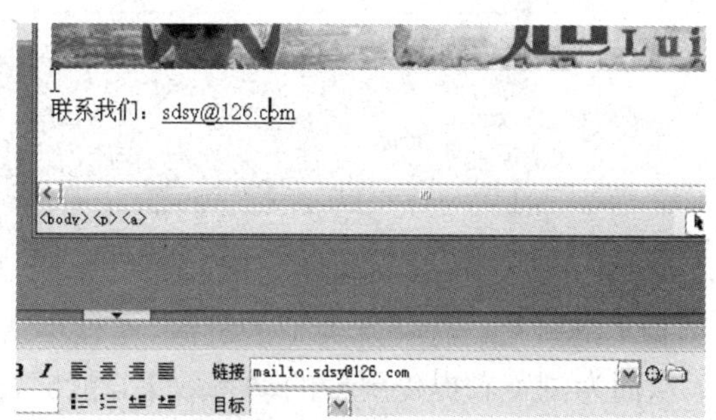

图 7.53 输入电子邮件链接

（3）设置好电子邮件链接的文字将加上下划线，在浏览状态下单击将进入系统默认的发信设置，如图 7.54 所示。

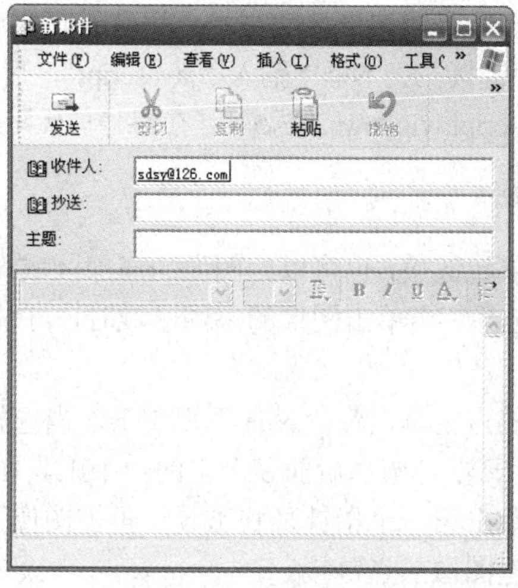

图 7.54 电子邮件链接

7.6.4 创建空链接和脚本链接

所谓空链接，是指没有跳转到任何目标文档的链接，但利用空链接可以激活被选择对象，可以为之添加一个行为（后面章节讲述）；也可使网页整体看起来有链接的效果，可以在之后再具体设置链接的目标地址。

创建空链接的步骤很简单，先在文档的“设计”视图下选择要设置空链接的文本或图像等对象，再到“属性”面板的“链接”文本框内输一个“#”号即可，被设置的对象看起来像被设置了超链接。

【案例 7.12】为网页创建空链接。

打开“ch07/素材/sheyingjiqiao.html”文件，在“设计”视图下依次选择栏目文字内容，到“属性”面板的“链接”文本框内输入“#”号，分别设置空链接。效果如图 7.55 所示。

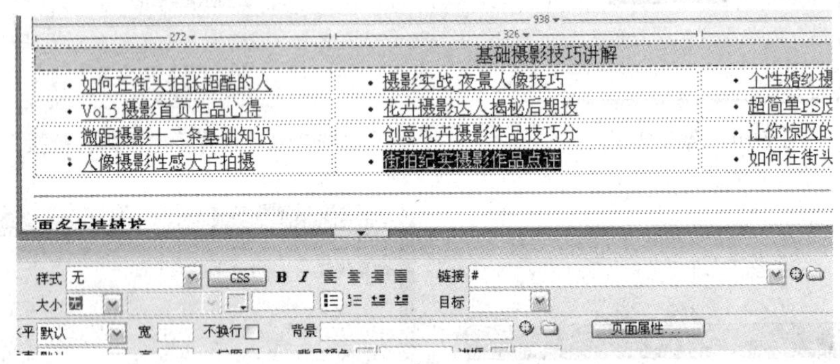

图 7.55 空链接

脚本链接是一种特殊类型的链接，通过单击带有脚本链接的对象可以运行相应的脚本及函数，从而为浏览者提供更多的动态效果，能够在不离开当前 Web 页面的情况下为访问者提供有关某项的附加信息。脚本链接还可用于在访问者单击特定项时，执行计算、验证表单和完成其他处理任务。

在脚本链接中，由于 JavaScript 代码出现在一对双引号中，所以应将代码中原先的双引号相应地改为单引号。创建脚本链接的具体步骤如下：

- 在“设计”视图中选择要创建链接的文本、图像或其他对象。
- 在“属性”面板的“链接”文本框中输入“javascript”，后跟一些 JavaScript 代码或一个函数调用，如“javascript:windows.close()”（在冒号与代码或调用之间不能输入空格）。

7.6.5 创建图像热点链接

不仅可以为整幅图像设置超链接，也可以为图像的局部区域设置链接，可以设置多个区域链接，区域的形状也可自己选择。当单击图像的不同区域时，可跳转到不同的文档。通常将图像上的多个链接区域称为热点。

设置热点链接需要用到热点工具，在“设计”视图下，当选择一幅图像后，“属性”面板的左下角会显示热点工具，选择后面 3 个中的一个工具在图像上拖拽，即可画出一个区域，如果要改变大小，可单击第一个指针形状工具，再去图像上改变区域大小。

【案例 7.13】为网页创建图像热点链接。

（1）打开“ch07/素材/sheyingjiqiao.html”文件。

（2）在“设计”视图下选择椭圆形热点工具，在网页顶部图像上拖拽，选择指针形工具并改变大小，如图 7.56 所示。拖拽“属性”面板上的“指向文件”图标到站点目录下的“tuxiang.html”。

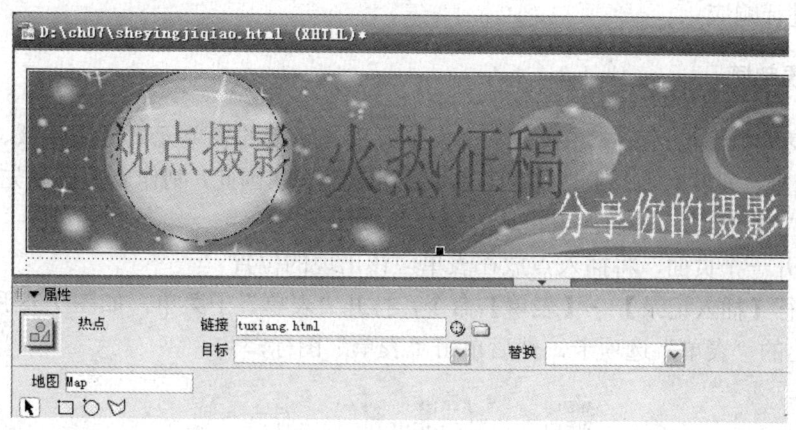

图 7.56　设置椭圆形热点链接

（3）选择矩形热点工具，在网页顶部图像上拖拽，改变大小，并设置链接到站点根目录下的“zhenggao.html”，如图 7.57 所示。

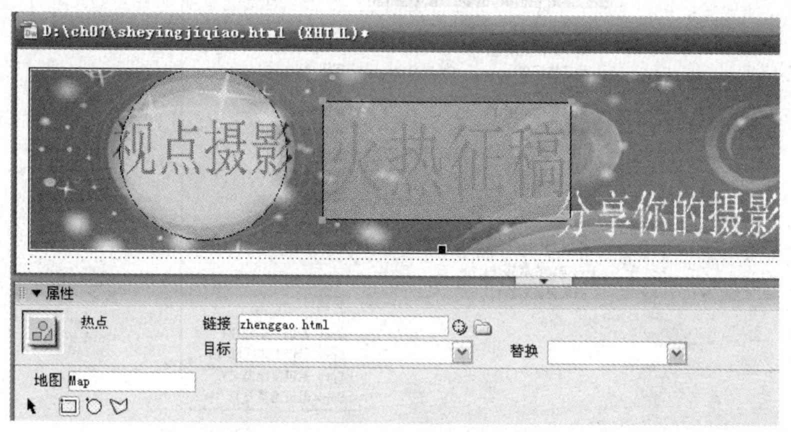

图 7.57　设置矩形热点链接

（4）在浏览状态下，可看到当鼠标移动到该图像设置好热点链接的区域时，鼠标会变成手形，单击可跳转到相应的文档。

7.7　表单

浏览网页时，经常会看到一些留言本、调查表、订单等之类的内容，需要用户提供自己的信息，这些通常就是表单，表单是网站管理者与浏览者之间进行沟通的桥梁，可以把来自用户的信息提交给服务器。利用表单处理程序，可以收集分析用户的反馈意见，做出科学合理的决策，有了表单，网站不仅仅提供信息，同时也可以收集信息，表单通常用来做调查表、订单和搜索界面等。

表单的内容被提交到服务器端后被导入到数据库中进行统计分析处理，表单支持客户端一服务器关系中的客户端。当访问者在 Web 浏览器（客户端）中显示的表单中输入信息，然后单击“提交”按钮时，这些信息将被发送到服务器，服务器中的服务器端脚本或应用程序会对这些信息进行处理。服务器向用户（或客户端）返回所请求的信息或基于该表单内容执行某些操作，以此进行响应。

7.7.1 表单域

每一个表单中都包括表单域和若干个表单元素，所有的表单元素（文本域、密码域、单选按钮、复选框、列表框等）都要放在表单域中才会生效，因此，制作表单时要先插入表单域。

创建 HTML 表单，先插入表单域，操作步骤如下：

（1）打开一个页面，将插入点放在表单应该出现的位置。

（2）执行【插入记录】→【表单】命令，打开“表单”子菜单，如图 7.58 所示；或选择“插入”栏上的“表单”选项卡，然后单击“表单”图标。

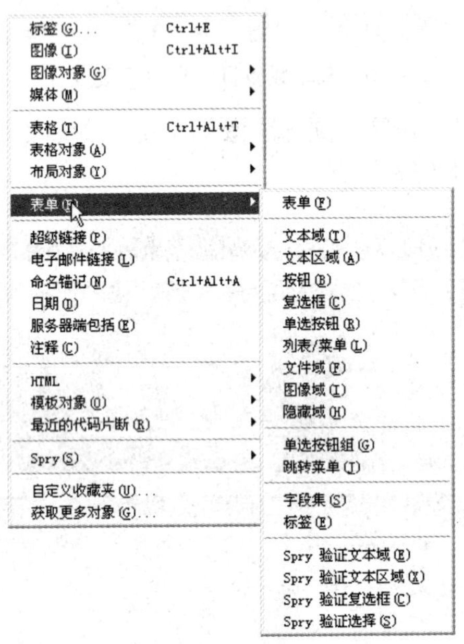

图 7.58 “表单”子菜单

（3）在“设计”视图中，出现红色的虚轮廓线，这就是插入的表单域。在表单域内可按 Enter 键扩大表单域空间，在表单域内可插入其他表单元素。

在“属性”面板中可以设置 HTML 表单的属性，如图 7.59 所示。单击表单轮廓将其选定。可以使用换行符、段落标记、预格式化的文本或表格来设置表单的格式。不能将一个表单插入另一个表单中（即标签不能交叠），但是可以在一个页面中包含多个表单。

图 7.59 表单的“属性”面板

- 在“表单名称”文本框中输入标识该表单的唯一名称。

- 在“动作”文本框中输入路径或者单击文件夹图标导航到相应的页面或脚本，以指定将处理表单数据的页面或脚本。
- 在“方法”下拉列表框中，指定将表单数据传输到服务器的方法。设置以下任一选项：默认值使用浏览器的默认设置将表单数据发送到服务器。通常，默认值为 GET 方法。GET 将值附加到请求该页面的 URL 中。POST 在 HTTP 请求中嵌入表单数据。不要使用 GET 方法发送长表单。URL 的长度限制在 8192 个字符以内。如果发送的数据量太大，数据将被截断，从而会导致意外的或失败的处理结果。如果要收集机密用户名和密码、信用卡号或其他机密信息，POST 方法可能比 GET 方法更安全。但是，由 POST 方法发送的信息是未经加密的，容易被黑客获取。若要确保安全性，请通过安全的连接与安全的服务器相连。
- 在“MIME 类型”下拉列表框中，指定对提交给服务器进行处理的数据使用 MIME 编码类型。
- 在“目标”下拉列表框中，指定一个窗口来显示被调用程序返回的数据。

创建好表单域后，即可在其中插入表单对象，一般步骤如下：

1）将插入点置于表单中显示该表单对象的位置。

2）执行【插入记录】→【表单】命令或者在“插入”栏的“表单”类别中选择该对象。

3）设置对象的属性。

4）在“属性”面板中为该对象输入名称。

每个文本域、隐藏域、复选框和列表/菜单对象必须具有可在表单中标识其自身的唯一名称。表单对象名称不能包含空格或特殊字符，可以使用字母数字字符和下划线的任意组合。

7.7.2　文本域

如果需要用户输入内容，可在表单域中添加文本域，文本域接受任何类型的字母、数字文本。文本可以单行或多行显示，也可以以密码域的方式显示，在这种情况下，输入文本将被替换为星号或项目符号，以避免旁观者看到这些文本。

文本域可分为单行文本域、多行文本域和密码域。执行【插入记录】→【表单】→【文本域】命令，或者在“插入”栏的“表单”选项卡中单击“文本字段”按钮和“文本区域”按钮都可以插入文本域。“文本区域”主要输入较长的描述。

选择文本域对象，在“属性”面板（图 7.60）中设置以下任一选项：

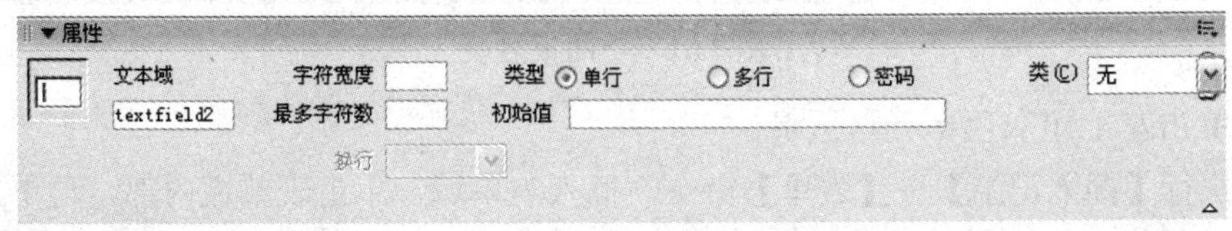

图 7.60　“文本字段”的“属性”面板

- “字符宽度”指定域中最多可显示的字符数。此数字可以小于“最多字符数”，“最多字符数”指定在域中最多可输入的字符数。例如，如果“字符宽度”设置为 20（默认值），而用户输入了 100 个字符，则在该文本域中只能看到其中的 20 个字符。虽然在该域中无法看到这些字符，但域对象可以被识别，而且会被发送到服务器进行处理。

- “最多字符数”指定用户在单行文本域中最多可输入的字符数。可以使用“最多字符数”将邮政编码的输入限制为5位数字，将密码限制为10个字符等。如果将“最多字符数”框保留为空白，则用户可以输入任意数量的文本。如果文本超过域的字符宽度，文本将滚动显示。如果用户的输入超过了最多字符数，则表单会发出警告声。
- “行数”（在选中了“多行”选项时可用）设置多行文本域的域高度。
- “换行”（在选中了“多行”选项时可用）指定当用户输入的信息较多以至无法在定义的文本区域内显示时，如何显示用户输入的内容。换行选项如下：关或默认禁止将文本换行到下一行来显示。当用户输入的内容超过文本区域的右边界时，文本将向左侧滚动。用户必须按 Return 才能将插入点移动到文本区域的下一行。虚拟设置在文本区域中自动换行。当用户输入的内容超过文本区域的右边界时，文本换行到下一行。当提交数据进行处理时，自动换行并不应用于数据。数据作为一个数据字符串进行提交。实体设置在文本区域自动换行，以及设置在提交数据进行处理时对这些数据自动换行。
- “类型”指定域为单行、多行还是密码域。
- “密码”单选按钮，当用户在密码文本域中输入时，输入内容显示为项目符号或星号，以保护它不被其他人看到。
- “初始值”指定在首次加载表单时域中显示的值。例如，可以通过在域中包含说明或示例值的形式，指示用户在域中输入信息。
- “类”可以将CSS规则应用于对象。

【案例 7.14】在网页中添加文本域。

（1）打开“ch07/素材/zhenggao.html”文件，如图7.61所示，网页内容有一个空表格。

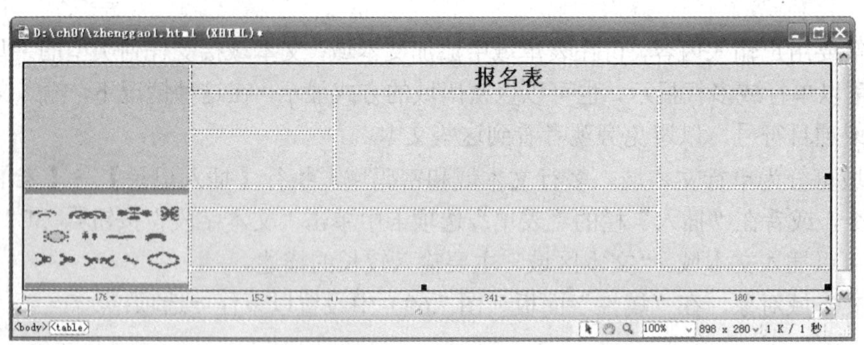

图 7.61　空的报名表

（2）单击左上角灰色单元格区域。

（3）执行【插入记录】→【表单】命令，插入表单域，单击表单域内部，再单击“插入”栏的“表单”选项卡中的“文本字段”按钮。在弹出的“输入标签辅助功能属性”对话框中的“标签文字”文本框中输入“用户名”。其他保持默认，单击“确定”按钮，如图7.62所示。

（4）用同样方法插入另一个文本字段，标签文字为“密码”。

（5）分别选择两个文本字段，在“属性”面板中设置属性，宽度和高度都为“15”和“10”，选择文字标签为“密码”的文本字段，选中“密码”单选按钮，如图7.63所示。

（6）用鼠标单击一个单元格区域，插入表单域，并单击“插入”栏的“表单”选项卡中的“文本区域”按钮，在弹出的对话框中输入“照片描述”。插入文本区域。鼠标单击另一个单元格区域，插入 3 个文本字段，如图 7.64 所示。

输入标签辅助功能属性
ID:
标签文字：用户名
样式：用标签标记环绕
使用“for”属性附加标签标记
无标签标记
位置：在表单项前
在表单项后
访问键：　Tab 键索引：
如果在插入对象时不想输入此信息，请更改“辅助功能”首选参数。
确定
取消
帮助

图 7.62　“输入标签辅助功能属性”对话框

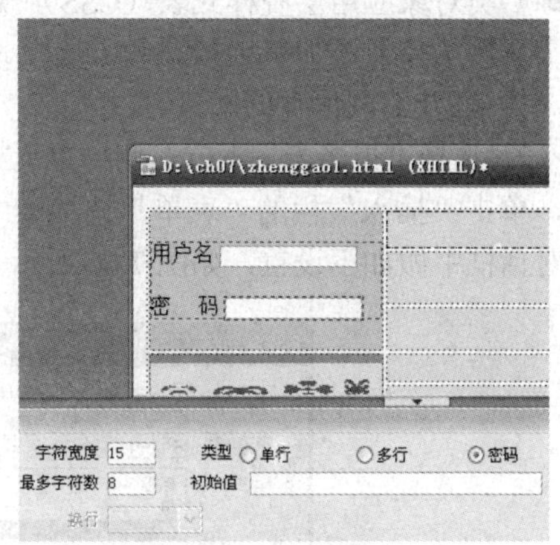

图 7.63　设置文本字段的属性

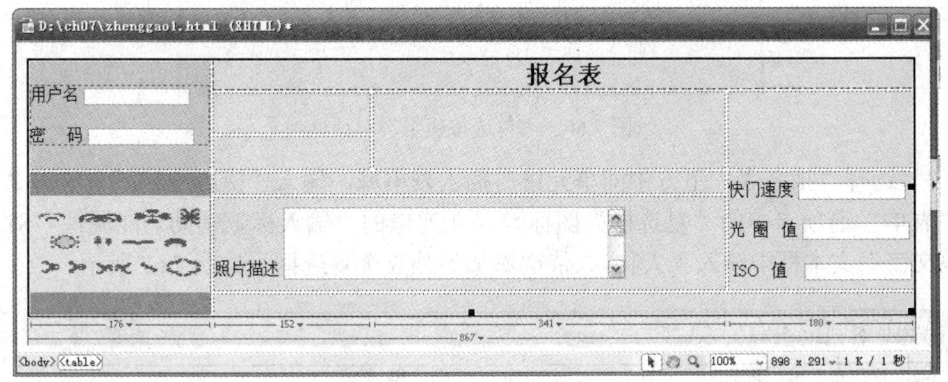

图 7.64　插入文本域效果

（7）保存并浏览。

7.7.3　复选框和单选按钮

复选框允许在一组选项中选择多个选项。用户可以选择任意多个适用的选项。

单选按钮代表互相排斥的选择。在某单选按钮组（由两个或多个共享同一名称的按钮组成）中选择一个按钮，就会取消选择该组中的所有其他按钮。

两者的“属性”面板基本类似。单选按钮的“属性”面板如图 7.65 所示。

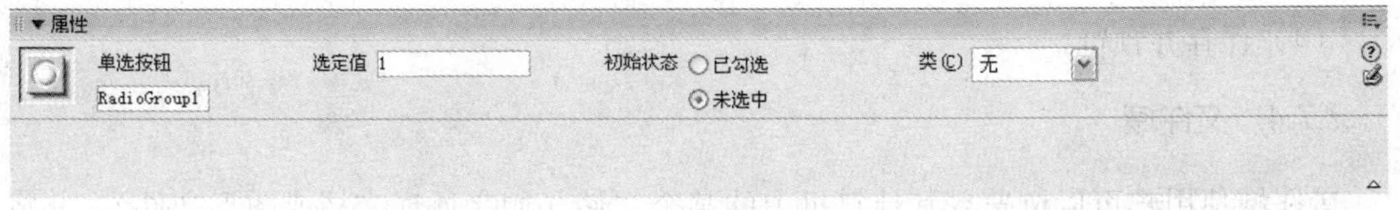

图 7.65　“单选按钮”的“属性”面板

- 选定值设置在该表单对象被选中时发送给服务器的值。例如，单选按钮组中两个表单对象，一个选定值设置为 1，另一个设置为 0；在一组有 4 个复选框的表单对象组中，可分别为其设定选定值为 1、2、3、4。

- 初始状态确定在浏览器中加载表单时，该表单对象是否处于选中状态。
- 类对象应用层叠样式表（CSS）规则。

【案例 7.15】添加单选按钮和复选框。

（1）打开上例保存的网页。

（2）选择“报名表”下方左侧一单元格区域，输入“性别”，在其下一个单元格内插入表单域，单击“插入”栏的“表单”选项卡中的“单选按钮组”图标，在弹出的“单选按钮组”对话框中做如下设置，如图 7.66 所示。

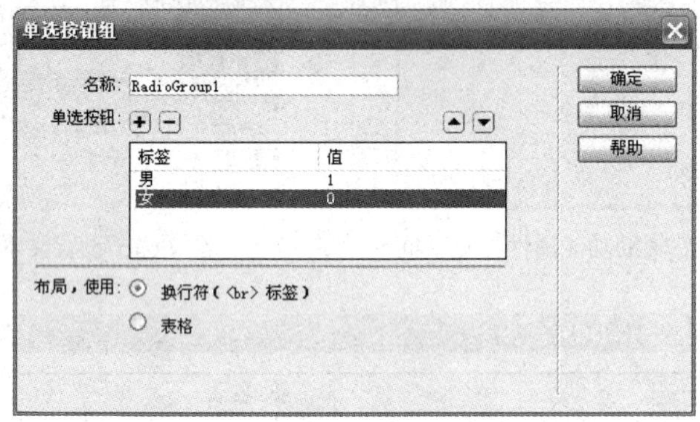

图 7.66　“单选按钮组”对话框

（3）选择“报名表”下方中间单元格，插入表单域，输入“摄影题材:”，单击“插入”栏的“表单”选项卡中的“复选框”图标，在弹出的“输入标签辅助功能属性”对话框的“标签文字”文本框中输入“人物”，依次添加另外 3 个复选框，如图 7.67 所示。

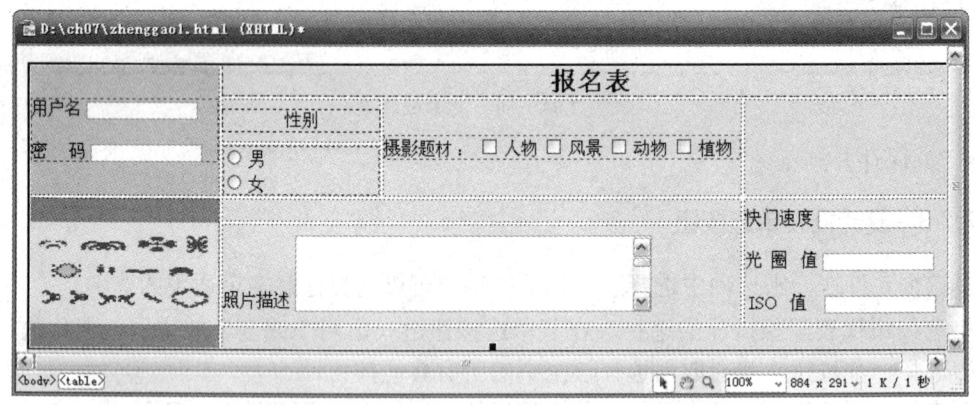

图 7.67　添加了单选按钮和复选框后的效果

（4）保存并预览。

7.7.4　文件域

文件域使用户可以浏览到其计算机上的某个文件（如字处理文档或图形文件），并将该文件作为表单数据上传到服务器。文件域的外观与其他文本域类似，只不过文件域还包含一个“浏览”按钮。用户可以手动输入要上传的文件的路径，也可以使用“浏览”按钮定位并选择该文件。

必须要有服务器端脚本或能够处理文件提交操作的页面，才可以使用文件上传域。文件域要求使用 POST 方法将文件从浏览器传输到服务器。该文件被发送到表单的“动作”框中所指定的地址。

在页面中插入文件域的方法如下：

（1）在页面中插入表单域。

（2）选择表单，在“属性”面板中将表单“方法”设置为 POST。

（3）从“MIME 类型”弹出菜单中选择 multipart/form-data。

（4）在“动作”框中，请指定服务器端脚本或能够处理上传文件的页面。

（5）将插入点放置在表单轮廓内，然后选择【插入记录】→【表单】→【文件域】命令。

（6）选择插入的“文件域”，在“属性”面板中设置以下属性：

1）“文件域名称”：指定该文件域对象的名称。

2）“字符宽度”：指定域中最多可显示的字符数。

3）“最多字符数”：指定域中最多可容纳的字符数。如果用户通过浏览来定位文件，则文件名和路径可超过指定的“最多字符数”的值。但是，如果用户尝试输入文件名和路径，则文件域最多仅允许输入“最多字符数”值所指定的字符数。

7.7.5 列表

列表菜单在一个滚动列表中显示选项值，用户可以从该滚动列表中选择多个选项。

【案例 7.16】创建列表。

（1）打开上例保存的网页，选择一个单元格，执行【插入记录】→【表单】→【列表/菜单】命令，或者单击“插入”面板的“表单”选项卡里的“列表/菜单”图标，在打开的“输入标签辅助功能属性”对话框中输入标签文字“参赛地区”。

（2）选择插入的列表，在“属性”面板中设置属性。在“类型”下拉列表框中选择“列表”选项；将“高度”设置为 1，如图 7.68 所示。

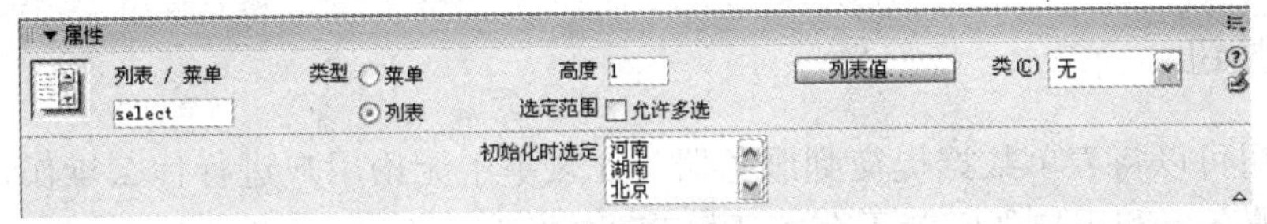

图 7.68　列表属性

（3）单击“列表值”按钮，在弹出的“列表值”对话框中输入列表值，如图 7.69 所示。

（4）图 7.70 是插入了文件域和列表后的效果。

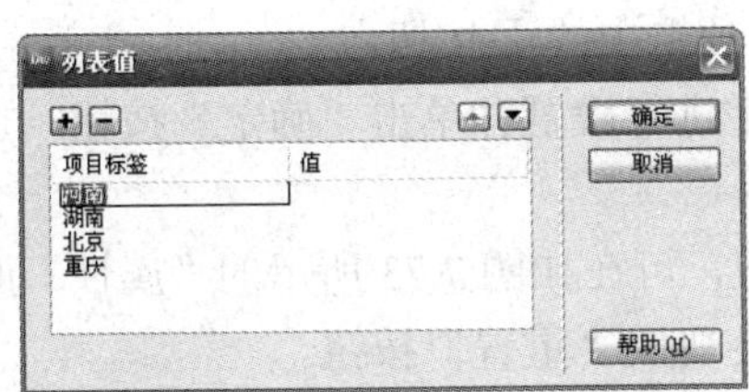

图 7.69　“列表值”对话框

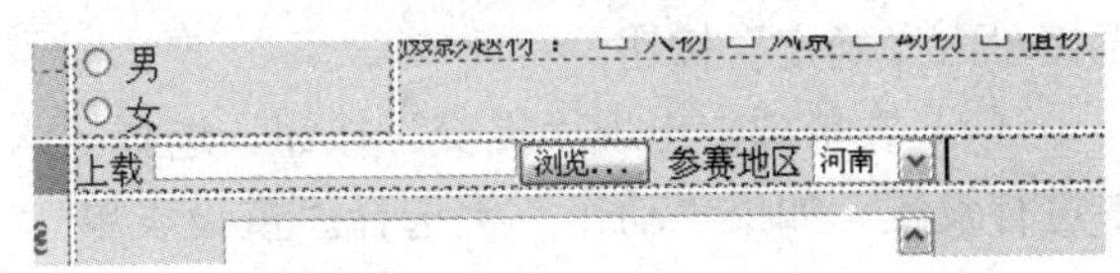

图 7.70　插入文件域和列表

7.7.6 跳转菜单

跳转菜单是可导航的列表或弹出菜单，使用它们可以插入一个菜单，其中的每个选项都链接到某个文档或文件。

【案例 7.17】插入跳转菜单。

（1）打开上例保存的网页，选择一个单元格。执行【插入记录】→【表单】→【跳转菜单】命令，或者单击“插入”面板的“表单”选项卡的图标。

（2）在打开的“插入跳转菜单”对话框中设置跳转项目。单击加号可插入项；再单击加号会添加另外一项。要删除项目，请选择再单击减号，如图 7.71 所示。

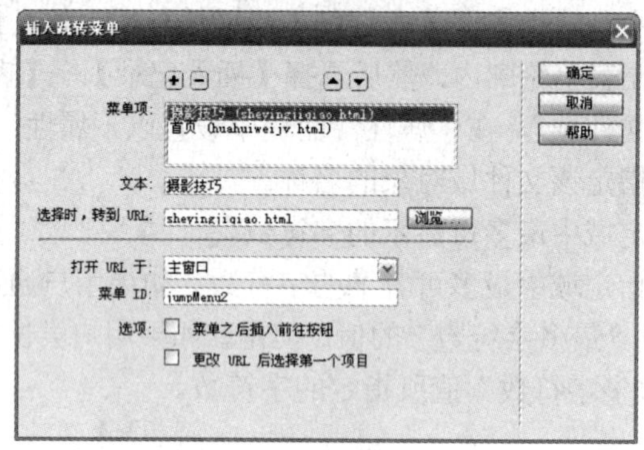

图 7.71 “插入跳转菜单”对话框

（3）插入跳转菜单后的效果如图 7.72 所示。

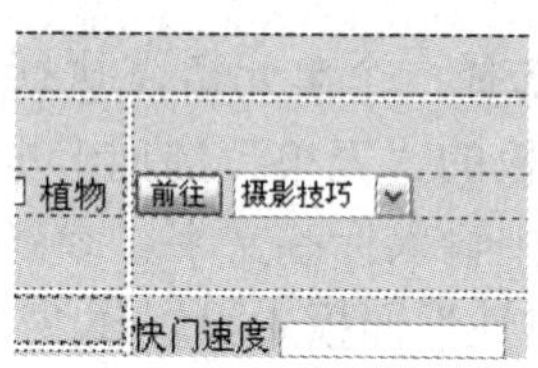

图 7.72 插入跳转菜单

7.7.7 按钮

使用按钮可以将表单数据提交到服务器，在表单中无论用户进行什么操作，不单击“提交”按钮，服务器和用户之间就不会有任何交互操作。

【案例 7.18】添加按钮。

（1）打开上例所保存的网页。

（2）选择一单元格，在其中添加表单域，选择表单域，执行【插入记录】→【表单】→【按钮】命令，或者单击“插入”面板上的“表单”选项卡中的按钮。

（3）在弹出的“输入标签辅助功能选项”对话框中进行设置并单击“确定”按钮，也可直接单击“确定”按钮。

（4）表单域中出现“提交”按钮，选择插入的按钮，可在如图 7.73 所示的“属性”面板中进行设置。如果“动作”类选择“重设表单”，按钮会变成“重置”按钮。

图 7.73 按钮“属性”面板

（5）插入按钮后的总体网页效果，如图 7.74 所示。

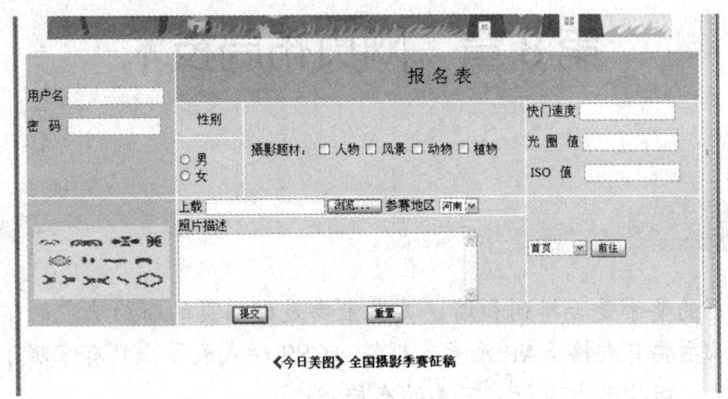

图 7.74　表单效果网页

习题七

一、问答题

1. 在文档设计视图下，怎样给文字段落设置首行缩进？
2. 如何插入鼠标经过图像？
3. 如何在文本中加入 Flash、Flash 按钮和 Flash 文本？
4. 用什么可以插入声音？ActiveX 控件和插件有什么不同？
5. 超链接分几种？根据链接的目标，在一个文档中可以创建几种类型的链接？
6. 怎样为图像的不同区域创建热点链接？
7. 表单元素放在什么地方才会生效？如何创建一个密码文本框？

二、操作题

1. 建一个站点，创建一个主页和 4 个子网页，实现从主页到 4 个子网页的链接。要求：

（1）自选网站主题，每个子网页有固定主题，内容自定

（2）参考第 1 章，自选一个网站主页风格，主页上要插入图像和文字，有水平线，有导航栏；LOGO 和其他图像要与网站主题相关，可自行用 Photoshop 制作。对文本和图像创建链接。

（3）第一个子网页上要有鼠标经过图像，有一个 Flash；创建一个锚记链接。

（4）第二个子网页上要插入 Flash 按钮，插入声音；对文字内容创建一些空链接。

（5）第三个子网页上要包含常用表单元素，并创建一个电子邮件链接。

（6）第四个子网页上对图像创建热点链接。

从 4 个子网页可以返回到主页，并可以相互跳转。

第 8 章　网页布局技术

构成网页的要素是否排列和谐、美观主要是由网页的布局决定的。目前常用的网页布局技术主要有表格、AP 元素、框架、CSS 样式表等，只有掌握了这些网页布局的使用方法才能构造出流行、完美的布局。

- 表格的创建、结构调整与美化方法，并通过表格进行网页的布局
- 在网页中创建、删除、修改、移动 AP 元素和 AP 元素嵌套的方法
- 框架网页的基本操作，以及利用框架结构制作网页
- CSS 样式表的创建、修改和应用

8.1　表格

表格在网页制作中有着举足轻重的地位，很多网站的页面都是以表格为框架制作的。因为表格可以实现网页的精确排版和定位，在内容的组织、页面中文本和图形的位置控制方面都有很强的功能，使不规则的内容更有条理。

8.1.1　表格的创建

表格是由行和列组成的。横向为“行”，竖向为“列”，构成表格的一个格子称为“单元格”，也是输入信息的地方，整张表的边缘叫边框。

下面通过实例介绍表格的创建方法。

【案例 8.1】创建一个 4 行 4 列的表格。

（1）新建一个空白的网页文档。

（2）将鼠标定位在要插入表格的位置上，单击“布局”面板中的“表格”按钮，或选择菜单【插入记录】→【表格】命令。

（3）在弹出的“表格”对话框中设定表格的属性。例如，行数为 4，列数为 4，宽度为 400 像素，其他保持默认设置，如图 8.1 所示，单击“确定”按钮。其中，“表格”对话框中的各种选项的功能如表 8.1 所示。

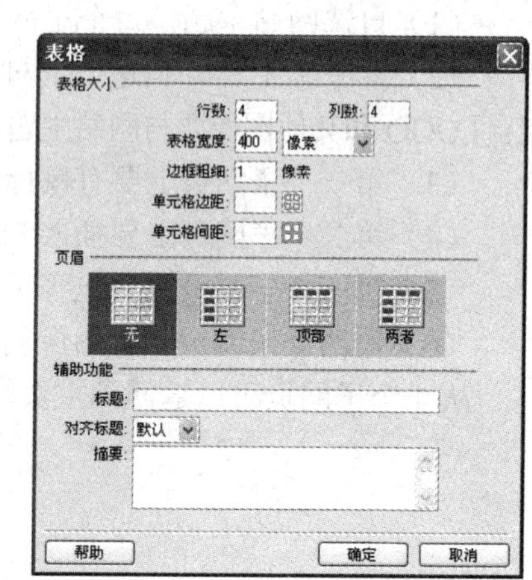

图 8.1　“表格”对话框

（4）表格插入完成，如图 8.2 所示，此时可以在表格中插入图像或文字。

表 8.1　表格对话框内各选项的作用

选项	作用
行数	输入表格的行数
列数	输入表格的列数
表格宽度	输入表格的宽度。单位可以是像素或百分比
边框粗细	输入表格的边框粗细
单元格边距	单元格的内容和单元格边框之间的距离（单位是像素）
单元格间距	表格的相邻单元格之间的间距（单位是像素）
页眉	可以选择包含标题的行或列。选定为标题的单元格内容将居中对齐，并且加粗显示
标题	输入表格的标题
对齐标题	指定标题的位置
摘要	保存有关表格的简单说明

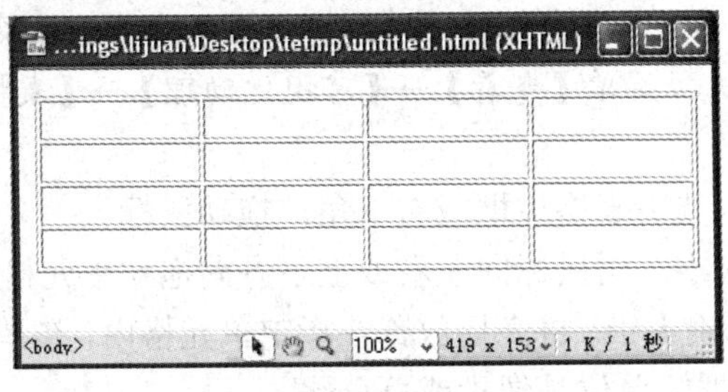

图 8.2　表格插入完成

提示：指定表格的宽度时可以使用百分比或像素中的一个单位。如果希望固定表格的大小，使之不受浏览器大小的影响，则要以像素为单位设定表格的大小；相反，如果希望表格的大小与浏览器大小保持一定的比例关系，则要以百分比为单位设定表格的大小。

8.1.2　编辑表格

编辑表格与 Word 文档或 Excel 文档中的用法相似，只有熟练掌握表格的使用方法以后，才能随意构造出各种形状的布局，从而使你在网页制作中如虎添翼。

大多数编辑表格的操作可以在“属性”面板中找到。

1. 选定表格

编辑表格的第一步就是选择要操作的对象，选定表格元素的方法如下：

（1）选定整个表格。单击表格的边框部分，或者选择“标签选择器”中的<table>标签，也可以选择【修改】→【表格】→【选择表格】命令。

（2）选定指定的行和列。将鼠标移至行的左边或列的顶端，变成➔或⬇时单击鼠标，或者利用鼠标拖动，也可以单击行或列的第一个单元格，然后使用 Shift 键单击行或列的最后一个单元格。

（3）选定一个单元格。按住 Ctrl 键并单击单元格；也可以选择<td>标签。

（4）选择部分单元格。拖动鼠标或者单击区域内第一个单元格，按住 Shift 键并单击区域内的最后一个单元格，可以同时选择多个相邻的单元格；按住 Ctrl 键单击单元格，可以选择不相邻的多个单元格。

（5）使用表格开头菜单选择表格。单击表示表格整体大小的表示线上的“表格开头菜单”按钮后，在弹出的下拉菜单中选择“选择表格”命令，可以选择整个表格，如图 8.3 所示。单击列宽度的表示线，也可以选择列，如图 8.4 所示。

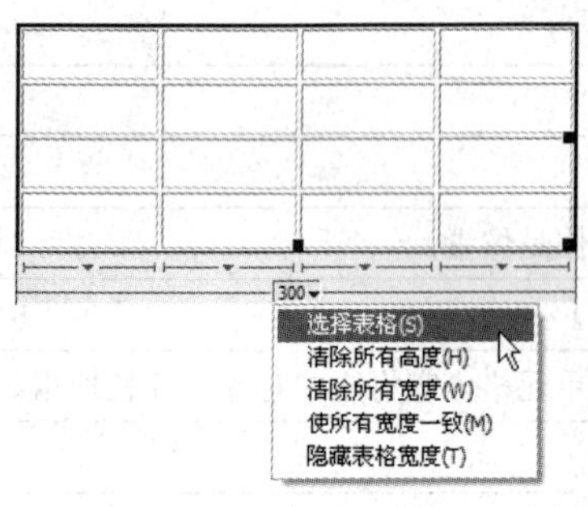

图 8.3　选择表格

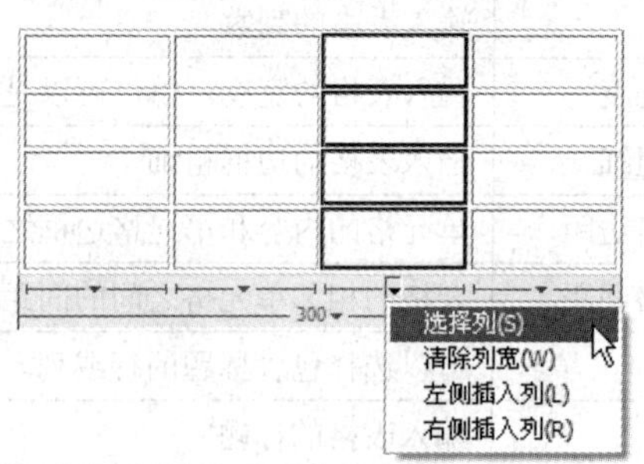

图 8.4　选择列

说明：把光标放在表格内部，表格下方会出现绿色显示的表格宽度，即“表格开头菜单”，单击按钮标识中的小三角形，则弹出相关菜单。可以根据需要隐藏菜单，选择菜单中的“隐藏表格宽度”命令，也可以选择菜单【查看】→【可视化助理】→【表格宽度】命令关闭该选项。

2. 修改表格的大小

（1）改变表格大小。选中表格边框或右下角，拖动鼠标。

（2）改变单元格的大小。用鼠标向左右或上下方向拖动单元格边界线。

（3）设置单元格的精确大小。将光标放置在指定单元格内，在单元格“属性”面板的“高”和“宽”中输入具体的数据，单位是像素或百分比。

提示：默认情况下，单元格的大小用像素表示，如果想用百分比表示，则可以在输入的百分值后面输入“%”。另外，改变某个单元格的大小时，可能会引起其他单元格大小的改变，这时需要指定每个单元格的大小。

3. 设置表格相关属性

选择表格后，可以在表格“属性”面板中指定表格的大小、边距、背景色等有关表格的所有属性，表格“属性”面板如图 8.5 所示。

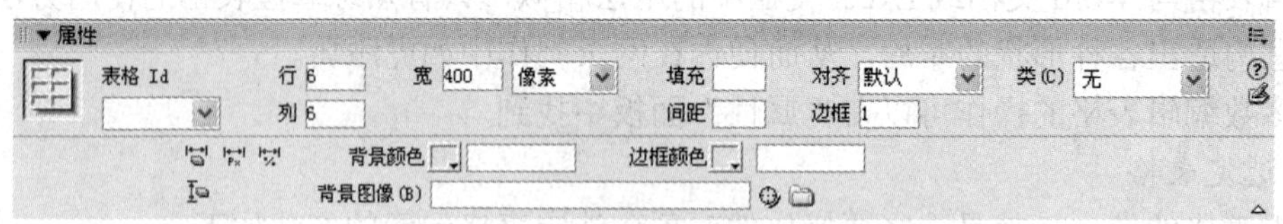

图 8.5　表格的“属性”面板

可以在“边框”文本框中输入边框的粗细值，若设“边框”为 0 将隐藏边框，在“边框颜色”一栏选择希望的颜色，在“间距”文本框中输入单元格内部的边距值，在“背景颜色”和“背景图像”中设置需要的背景颜色或图像。

4. 设置对齐方式

（1）设置表格的对齐方式。选择整个表格后，在表格“属性”面板的对齐列表中选择需要的排列方式，就可以排列表格在网页文档中左对齐、居中对齐或右对齐。

（2）设置单元格内容的对齐方式。选择包含要排列内容的单元格后，在单元格“属性”面板中可以单击需要的排列方式图标，可以排列单元格内部文字或图像的水平及垂直对齐方式。

提示：单元格内容的对齐方式只能在单元格“属性”面板中设置，因此不能选择整个表格，只能通过拖动选择多个单元格后，单击单元格“属性”面板中的排列图标。

5. 添加、删除行或列

创建表格后，有时需要添加或删除行或列，这时不需要重新创建表格，可以在原有表格的基础上进行修改。

（1）添加一行或一列。在需要添加行或列的位置上右击，在弹出的快捷菜单中选择【表格】→【插入行】或【插入列】命令，则在当前行的上方添加一行或在当前列左侧添加一列。

提示：添加一行也可以将光标置于最后一行的最后一个单元格，按 Tab 键在当前行下方会添加一行，但此方法不适于添加一列。

（2）添加多行或多列。在需要添加行或列的位置上右击，在弹出的快捷菜单中选择【表格】→【插入行或列】命令，将会弹出“插入行或列”对话框，如图 8.6 所示，根据需要输入行数或列数，选定插入新行或新列的位置后单击“确定”按钮。

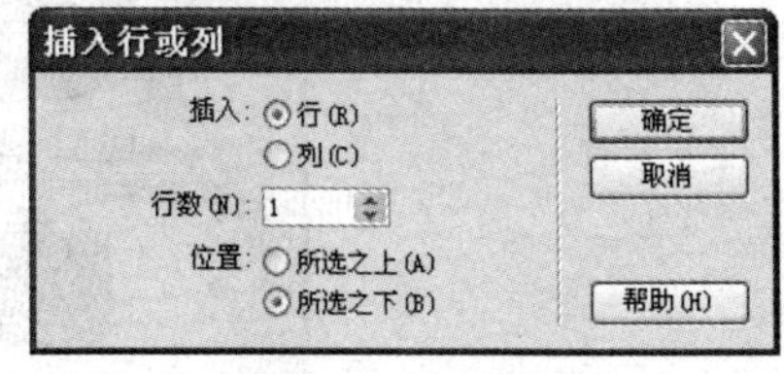

图 8.6　“插入行或列”对话框

（3）使用菜单添加行或列。选择【修改】→【表格】→【插入行】命令可以添加一行，若选择【插入列】命令则可以添加一列，选择【插入行或列】命令可以添加多行或多列。

（4）删除行或列。将光标放置在要删除的行或列中，右击，在弹出的快捷菜单中选择【表格】→【删除行】或【删除列】命令，或者按 Delete 键进行删除。

6. 单元格的拆分与合并

要想使用表格构造网页文档的布局，则需要把表格制作为需要的形状。通过合并或拆分单元格，可以制作各种形状的表格。合并或拆分单元格的功能是在单元格“属性”面板中进行设定的，是表格中最重要的功能。

（1）单元格的合并。选择需要合并的多个单元格，单击单元格“属性”面板中的“合并单元格”图标，即可合并单元格。

（2）单元格的拆分。把鼠标放置到要拆分的单元格中，单击单元格“属性”面板中“拆分单元格”图标，在弹出的对话框中设置要拆分的行数或列数，即可将单元格拆分。

提示：拆分或合并单元格还可以在表格中右击，在弹出的快捷菜单中选择【表格】→【拆分单元格】或【合并单元格】命令，或者选择菜单【修改】→【表格】→【拆分单元格】或【合并单元格】命令。

7. 表格的嵌套

在表格的单元格内部还可以插入表格，将光标放置在要插入表格的单元格内部，按照创建表格的方法建立一个新的表格，如图 8.7 所示。

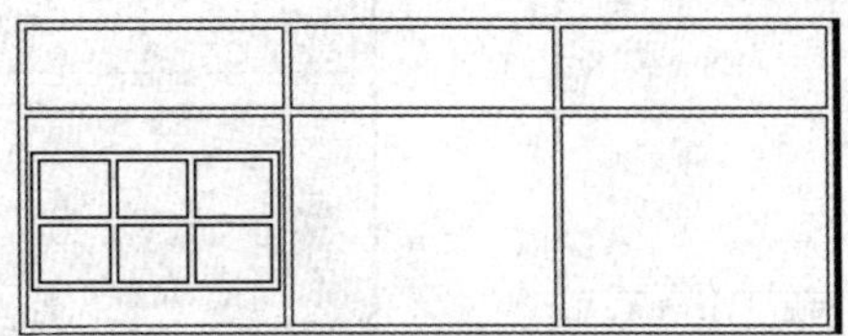

图 8.7　表格的嵌套

8.1.3 使用表格构造网页布局

虽然 Web 标准推荐使用 DIV+CSS 来布局网页，但表格仍被很多人看作是基础的网页布局工具，因为表格是唯一能让设计者严格按照自己的期望部署页面的方法，本节将通过具体的实例介绍如何使用表格构造网页布局。

【案例 8.2】使用表格构造网页布局，成品实例如图 8.8 所示，保存在教学资源文件“ch08\实例\案例 8.2\8-2.html”中。

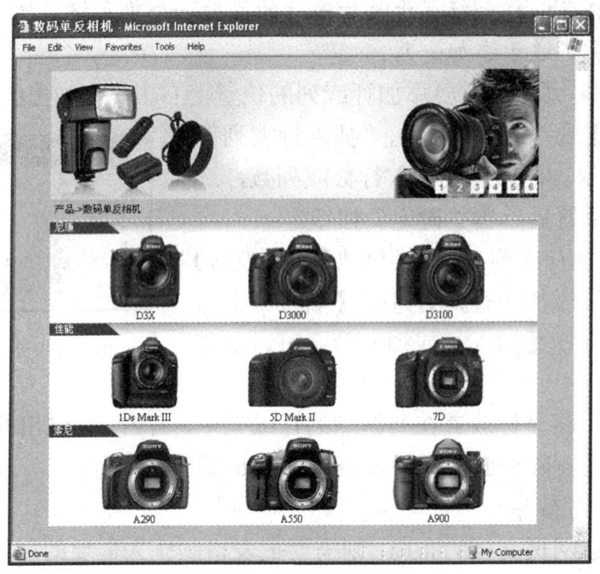

图 8.8 案例 8.2 网页

（1）新建一个空白的网页文档，设置网页的背景颜色为“#C1C1C1”，标题为“数码单反相机”。

（2）单击“布局”面板的“表格”按钮，在弹出的对话框中创建一个 8 行 1 列，宽度为 600 像素的表格，其他参数按图 8.9 所示进行设置。在选中整个表格的状态下，在表格的“属性”面板中设置对齐方式为“居中对齐”，效果如图 8.10 所示。

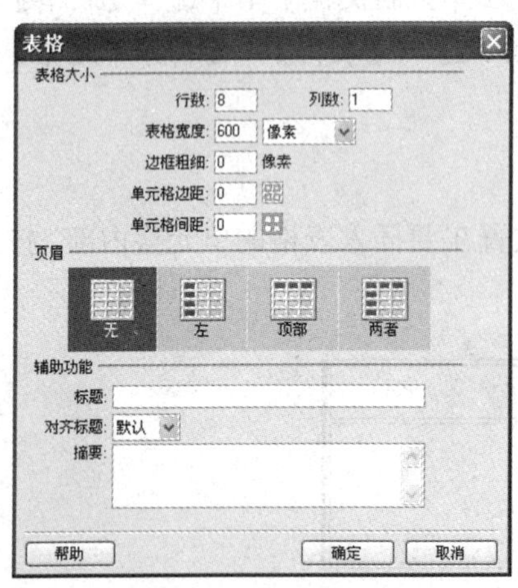

图 8.9 “表格”对话框

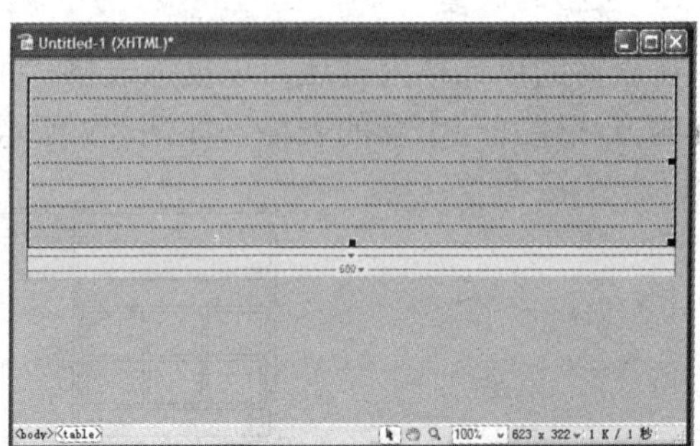

图 8.10 8 行 1 列的表格

（3）将光标定位在第 1 行的单元格中，单击插入图片，教学资源文件“ch08\素材\8-1.gif”，如图 8.11 所示。

（4）将光标定位在第 2 行单元格，在单元格的“属性”面板中设置单元格的高为 25 像素，垂直方向为“居中”，并输入文字“产品->数码单反相机”，文字大小设置为 9pt，如图 8.12 所示。

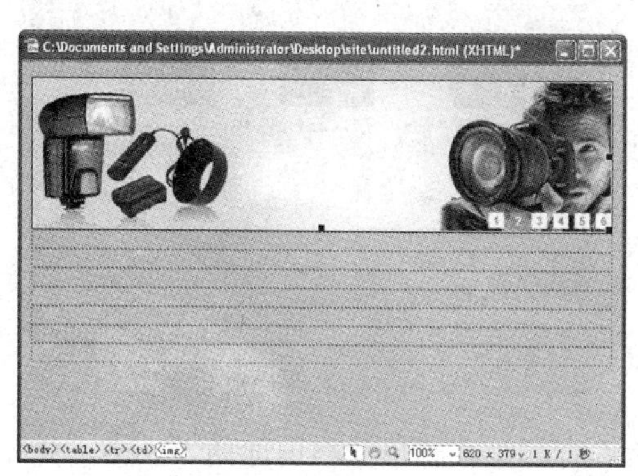

图 8.11　在第 1 行插入图片

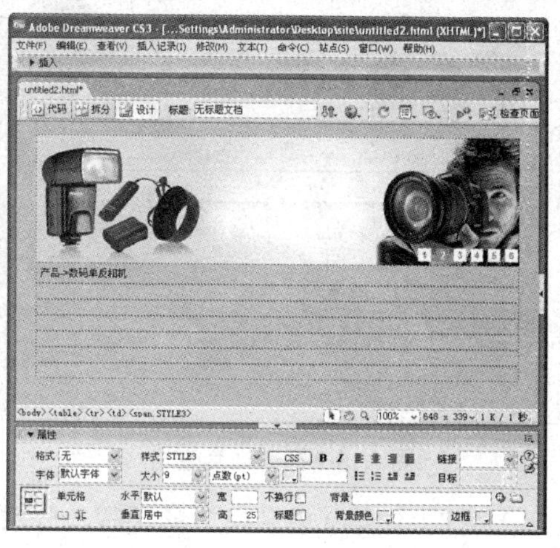

图 8.12　设置第 2 行单元格

（5）把光标移到第 3 行，设置表格的背景图片为教学资源文件“ch08\素材\8-2.gif”，并依次将第 5 行和第 7 行的背景图片均设置为此图像，如图 8.13 所示。

（6）在第 3 行、第 5 行和第 7 行中，分别输入文字“尼康”、“佳能”和“索尼”，并设置文字大小为 9pt，颜色为白色，如图 8.14 所示。

图 8.13　插入背景图像

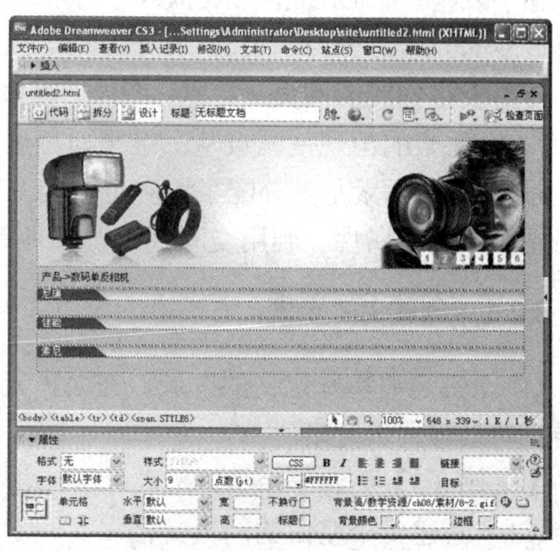

图 8.14　输入文字

（7）将光标移到第 4 行，在单元格“属性”面板中设置背景颜色为白色，然后单击表格图标，在内部插入一个 2 行 3 列的表格，宽度为 90%，并设置对齐方式为“居中对齐”，如图 8.15 所示。

（8）选中内部表格的所有单元格，在单元格“属性”面板中设置水平和垂直方向均为“居中对齐”。然后依次在内部第 1 行的 3 个单元格中按图 8.16 所示分别插入图像，并调整合适的表格宽度（其中图像分别为教学资源文件中“ch08\素材\”的“nikon_D3X.jpg”、“nikon_D3000.jpg”和“nikon_D3100.jpg”）。在第 2 行的 3 个单元格中分别输入如图 8.16 所示的文字，大小为 9pt。

图 8.15　插入嵌套表格

图 8.16　插入图片及文字

（9）按上述第（7）、（8）的步骤，分别在第 6 行和第 8 行单元格内部插入表格，并完成相应设置及插入图片与文字。

（10）网页制作完成，保存并按 F12 键预览。

8.2　AP 元素

除了表格，在 Dreamweaver CS3 中 AP 元素（以前的版本称为“层”）也是网站设计者应用得最多的元素之一。

使用表格构成的网页，文本、图像、表格等要素必须固定在所插入的位置上，不能互相重叠。而 AP 元素的出现使网页从二维平面拓展到三维，网页上元素可以进行重叠和复杂的布局。

另外，AP 元素是被分配了绝对位置的 HTML 页面元素，因此可以游离在文档之上，通过控制显示和隐藏属性、利用交互行为及插件等，可以使网页更具魅力。

8.2.1　创建 AP 元素

AP 元素是被特殊定义的区域，在 AP 元素中可以输入文本或打开图像，也可以插入其他图层、动画等网页元素。

【案例 8.3】创建一个 AP 元素对象，并插入图像。

（1）新建一个空白的网页文档。

（2）单击“布局”面板上的“绘制 AP Div”按钮，使指针变成十字光标形状（此时可以按 Esc 键或不拖放而单击一次退出操作）。

（3）在网页需要的位置上拖动鼠标，画出一个合适大小的 AP 元素。

（4）创建后，有光标在 AP 元素内部闪烁，即可在其中插入文本、图像等网页要素，如插入教学资源文件“ch08\素材\8-3.jpg”，完成后如图 8.17 所示。

（5）按上述步骤，可以画出很多的 AP 元素，如图 8.18 所示的网页中包含了 3 个 AP 元素及图像，保存网页文档为“8-3.html”。

图 8.17　在 AP 元素中插入图像

图 8.18　包含 3 个 AP 元素的网页

提示：插入 AP 元素还可以使用菜单【插入记录】→【布局对象】→【AP Div】命令进行，这种方法默认的插入位置是页面的左上角，其大小是在“首选参数”对话框中设置的默认大小。如果要在页面中依次插入多个 AP Div，需要在按住 Ctrl 键的同时，单击“布局”面板上的“绘制 AP Div”按钮，然后在页面中多次拖动即可。

插入 AP 元素后选择 AP 元素（单击 AP Div 的边框线），则“属性”面板会变成与之相关的 CSS-P 元素“属性”面板，如图 8.19 所示。

图 8.19　AP 元素“属性”面板

在这里可以设定 AP 元素相关的大部分属性，只要理解了构成“属性”面板的各选项功能，就可以进行自由编辑。AP 元素的“属性”面板中包含的选项如表 8.2 所示。

表 8.2　AP 元素“属性”面板上的属性

AP 元素属性	说明
CSS-P 元素	AP 元素的名称，在 AP 元素中应用行为时使用
左和上	AP 元素左边框、上边框距网页文档左边界、上边界的距离，单位是像素
宽和高	AP 元素的水平面度量和垂直高度，默认的单位是像素，还可以采用百分比、厘米、毫米、英寸、点数等度量单位
Z 轴	AP 元素相对于页面上其他 AP 元素的堆叠顺序，数值越大越靠顶部
可见性	决定 AP 元素的显示方式，包括 Default（默认）、Inherit（继承）、Visible（可见）和 Hidden（隐藏）4 个选项
背景图像	设置 AP 元素的背景图像
背景颜色	设置 AP 元素的背景颜色
溢出	当 AP 元素中的内容大于 AP 元素时的显示方式，包括 Visible（可见）、Hidden（隐藏）、Scroll（滚动轴）和 Auto（自动）4 个选项
剪辑	用于指定 AP 元素哪一部分是可见的，平常不使用该功能

Dreamweaver CS3 还提供了另一种用于帮助管理网页中 AP 元素的工具，即“AP 元素”面板。虽然此工具显示的元素属性没有“属性”面板的多，但是它提供了页面中快速选择 AP 元素的方法及改变 Z 轴和嵌套的顺序。“AP 元素”面板如图 8.19 所示。

在“AP 元素”面板中很容易进行隐藏指定 AP 元素或更改 AP 元素的重叠顺序等操作。

（1）防止重叠。不希望 AP 元素重叠时选择该选项。

（2）可见性。每次单击眼睛图标的下部将会改变属性。闭眼的图标表示隐藏 AP 元素，而睁眼的图标表示显示 AP 元素。

（3）名称。双击后可以更改名称。

（4）AP 元素的顺序。数值越大位置越靠上，可以通过拖动改变 AP 元素的顺序。

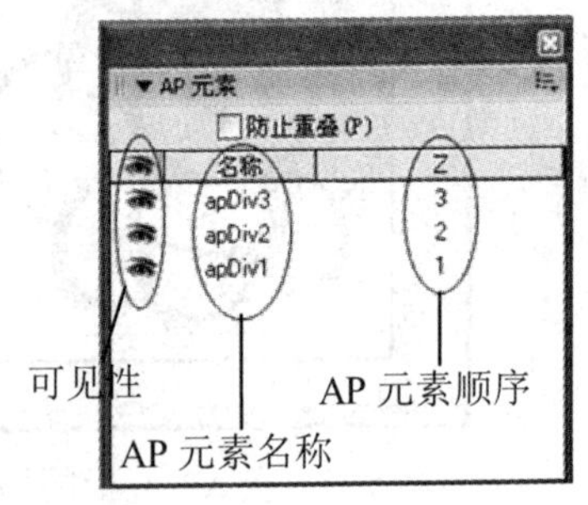

图 8.19 “AP 元素”面板

提示：“AP 元素”面板可以通过选择【窗口】→【AP 元素】命令或者按键盘上的 F2 键打开。

8.2.2 编辑 AP 元素

创建 AP 元素之后，用户可以通过 AP 元素的属性查看器和“AP 元素”面板巧妙地进行修改。但是在进行任何修改之前，必须先选定一个 AP 元素。

1. 选择 AP 元素

在网页文档中若使用多个 AP 元素或多个 AP 元素重叠时，要选择指定 AP 元素是一件困难的事情。所以选择 AP 元素的方法有：用鼠标单击 AP 元素的边框；或者在按住 Ctrl+Shift 组合键的状态下单击 AP 元素内部进行选择；也可以通过“AP 元素”面板中单击要选择的 AP 元素名称进行选择。

2. 调整 AP 元素大小

调整 AP 元素的大小，只是改变 AP 元素的宽度和高度，而不改变其中的内容。在文档窗口中可以调整一个 AP 元素大小，也可以同时调整多个 AP 元素，使它们具有相同的尺寸。调整 AP 元素大小有以下几种方法：

（1）选中要调整的 AP 元素后，周围会出现 8 个控制点，拖动鼠标即可任意改变 AP 元素的大小或形状。

（2）选定 AP 元素后，按 Ctrl+箭头组合键进行一次 1 像素的扩展或缩小，若同时按住 Ctrl+Shift+箭头组合键，每次进行 10 个像素的增大或缩小。

（3）选定 AP 元素后，可以在 AP 元素“属性”面板中的“宽”和“高”文本框内输入精确的宽度和高度值进行调整。

（4）同时调整多个 AP 元素大小。利用 Shift 键同时选择多个 AP 元素，然后在 AP 元素“属性”面板中输入宽和高的值（如输入 100px），按 Enter 键即可调整。

提示：即使把 AP 元素大小调得比内部图像小，也会自动调整为与图像大小相同。

3. 移动 AP 元素

（1）选定 AP 元素后，鼠标变成“十”字箭头形状，拖动鼠标到指定位置。

（2）选定 AP 元素，按任意方向箭头键可以进行一次 1 像素的移动，若按住 Shift+箭头组合键，则每次进行 10 个像素的移动。

（3）利用 AP 元素“属性”面板在“左”和“上”选项中设置精确位置。

提示：由于 AP 元素是可以重叠的，如果不勾选“AP 元素”面板的“防止重叠”复选框，则可以不受限制地移动。

4．设置 AP 元素的背景颜色和图像

与表格相同，AP 元素的背景也可以用指定的颜色或图像填充。选择要修改属性的 AP 元素后，单击 AP 元素“属性”面板中的“背景颜色”按钮，并选择需要的颜色或者单击“背景图像”中的文件夹图标后，设置背景图像。

5．AP 元素的显示、隐藏属性

AP 元素具有显示或隐藏的属性。该属性经常用于制作动画的过程中，因此要确切掌握它的设置方法。显示或隐藏的有关属性可以在“AP 元素”面板中设定，也可以在 AP 元素“属性”面板的“可见性”选项中设定。

下面举例介绍 AP 元素的显示与隐藏的设置。

【案例 8.4】设置“兔子”所在的 AP 元素对象不可见。

（1）打开【案例 8.3】创建的网页文档。

（2）按 F2 键显示“AP 元素”面板后，单击“兔子”AP 元素前的空白空间。若显示闭眼图标，说明选定的图层被设定为“隐藏”；显示睁眼图标，表示显示图层，可以通过鼠标单击在这两种状态下切换。此时设置此 AP 元素为闭眼状态，如图 8.20 所示。

（3）按 F12 键打开浏览器后，可以确认图像不可见，如图 8.21 所示。

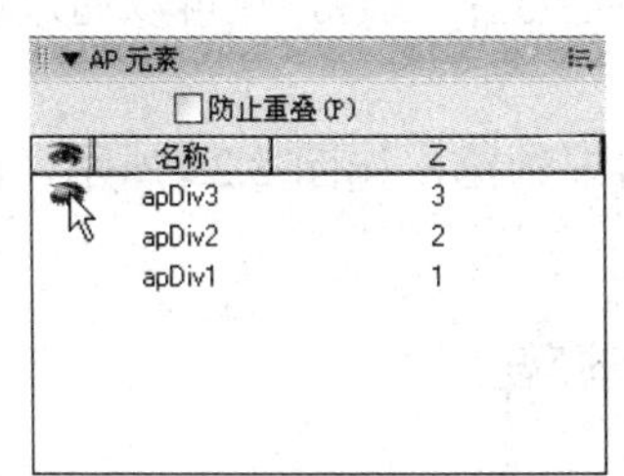

图 8.20　修改 AP 元素的可见性

图 8.21　在浏览器中预览

提示：无论是否可以看到 AP 元素，AP 元素始终是占据页面空间的。隐藏 AP 元素并不影响页面布局，下载不可见的图形所需的时间与下载可见的图形所需的时间一样。

6．同时排列多个图层

下面以设置 3 个 AP 元素的左侧位置相同为例，介绍同时排列多个 AP 元素的方法。

【案例 8.5】设置多个 AP 元素左侧位置相同。

（1）打开【案例 8.3】创建的网页文档。

（2）按下 Shift 键同时选择要排列的多个 AP 元素，其中最后一个被选择的 AP 元素将作为基准的 AP 元素。

（3）选择【修改】→【排列顺序】→【左对齐】命令，多个被选定的 AP 元素左侧将在同一位置（也可以在“属性”面板的“左”选项中确定左侧的位置值），如图 8.22 所示。

（4）保存文档为“8-5.html”，并单击 F12 键预览。

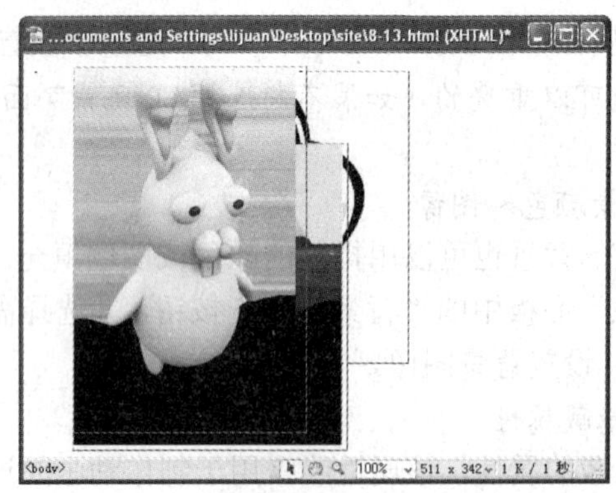

图 8.22　多个 AP 元素“左对齐”

提示：“修改”菜单中共提供了 4 种对齐方式，即上对齐、左对齐、右对齐、对齐下缘，以最后选定的 AP 元素为准，分别以顶边线、左边线、右边线和底边线为准对齐排列 AP 元素。

7. 更改 AP 元素的重叠顺序

当 AP 元素重叠时，将以创建时间早晚排列，最后创建的 AP 元素排列在最上层。AP 元素的顺序在 AP 元素“属性”面板的“Z 轴”选项和“AP 元素”面板的“Z”中显示。显示的数值越小，则越在下层；相反，显示的数值越大，则越在上层。下面举例更改 AP 元素的排列顺序。

【案例 8.6】交换“兔子”和“企鹅”两个 AP 元素的顺序。

（1）打开【案例 8.5】创建的网页文档。可以看到兔子的 AP 元素是最后创建的，因此显示在最上层，而蜜蜂 AP 元素是最早创建的，显示在最下层，Z 轴值从上至下分别为 1，2，3。

（2）按下 F2 键打开“AP 元素”面板，交换这两个 AP 元素的 Z 轴值，将“兔子”AP 元素的 Z 轴值改为“2”，“企鹅”AP 元素的 Z 轴值改为“3”；或者，也可以通过鼠标向上或向下拖动希望改变顺序的 AP 元素进行顺序的调整。

（3）AP 元素顺序更改完成，按下 F12 键在浏览器中预览，如图 8.23 所示，两个 AP 元素重叠顺序已经修改。

图 8.23　预览顺序调整后的网页

提示：Z 轴的值必须是正整数或负整数，而且 Z 轴的值是完全相对的。如果设置一个极高的 Z 轴值，只是要确保其他 AP 元素保持在其下部。

8. AP 元素的嵌套

AP 元素的嵌套，就是将一个 AP 元素嵌套进另一个 AP 元素，使之具有父 AP 元素与子

AP 元素的关系，即“父-子 AP 元素”。子 AP 元素使用父 AP 元素的左上角作为其方向点。

制作子图层有以下两种方法：

- 创建 AP 元素后，再次单击“绘制 AP Div”图标，然后按住 Alt 键并在 AP 元素内部拖动鼠标，在其内部即插入了新的 AP 元素。
- 在“AP 元素”面板中制作子 AP 元素，按 F2 键打开“AP 元素”面板，按住 Ctrl 键的状态下，单击要嵌套的 AP 元素的名称，将其放到另一个 AP 元素（父 AP 元素）的上面即可。

具有嵌套关系的 AP 元素，在“AP 元素”面板中呈现树状结构，如图 8.24 所示。

对于嵌套的 AP 元素，当移动父 AP 元素时，内部的子 AP 元素也一同被移动。而选择内部的子 AP 元素移动时，父 AP 元素则不受子 AP 元素的影响，只有子 AP 元素移动位置。

提示： 要撤消嵌套的 AP 元素，选择子 AP 元素并将其拖到“AP 元素”面板的新位置上。

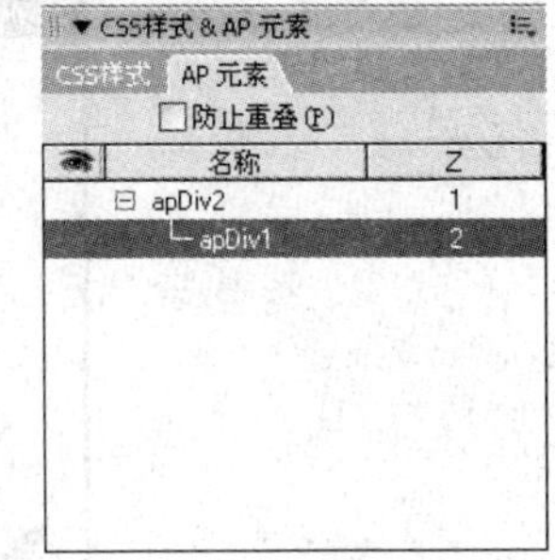

图 8.24　嵌套 AP 元素的结构

8.2.3　利用 AP 元素构造简单网页

由于 AP 元素可以与其他构成要素重叠，因此使用 AP 元素极大地提高了设计网页的灵活性，不但可以进行网页的布局，更能够与表格结合制作出精彩复杂的页面。

如果再配合 AP 元素的溢出属性，通过滚动条显示，更能节省显示的空间。下面通过实例介绍使用 AP 元素制作简单的网页文档，并设置 AP 元素的溢出属性，以控制 AP 元素内容超过 AP 元素时的大小，完成后的页面如图 8.25 所示。

图 8.25　使用 AP 元素制作的网页

【案例 8.7】使用 AP 元素制作简单网页。

（1）新建一个空白的网页文档。设置此页面的标题属性为“数码相机”，背景颜色值为“#E1E1E1”。

（2）在页面中绘制第一个“AP 元素”，单击“布局”面板中的“绘制 AP Div”图标，在文档的合适位置画出一个矩形区域。

（3）选中当前 AP 元素，并按图 8.26 所示设置 AP 元素的属性。

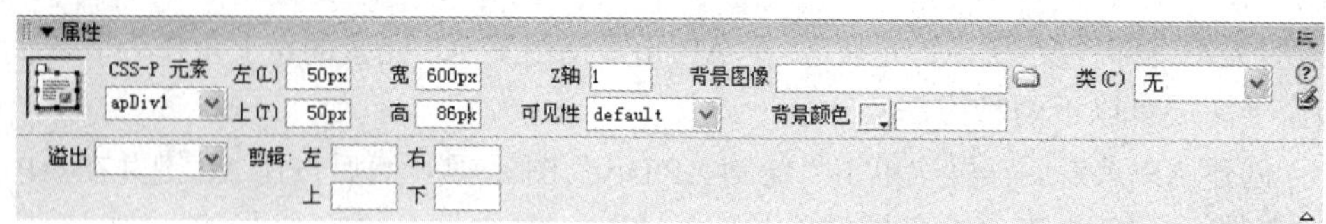

图 8.26　AP 元素“属性”设置

（4）在当前 AP 元素中插入教学资源中的图片“ch08\素材\8-6.gif”，效果如图 8.27 所示。

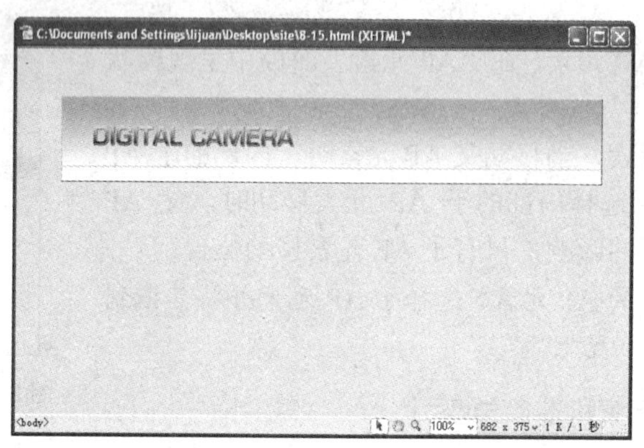

图 8.27　插入第一个 AP 元素

（5）绘制第 2 个 AP 元素，其属性值为：左（50px），上（136px），宽（299px），高（251px），并插入教学资源中的图片“ch08\素材\8-7.gif”。

（6）绘制第 3 个 AP 元素，其属性值为：左（50px），上（387px），宽（600px），高（88px），并插入教学资源中的图片“ch08\素材\8-8.gif”。

（7）插入第 4 个 AP 元素，其属性值为：左（349px），上（136px），宽（301px），高（251px），在 AP 元素内输入较长内容，也可以复制教学资源中“ch08\素材\nex-5.txt”的内容，设置字体大小为 9pt，如图 8.28 所示，此时文字内容已经超出了 AP 元素的大小。

图 8.28　插入 4 个 AP 元素

（8）为了能控制 AP 元素的内容不超过 AP 元素的大小，需要设置溢出属性，选中要设置的 AP 元素，在 AP 元素“属性”面板的“溢出”中选择“auto”选项。这样将根据内容自动生成滚动条（内容不超过 AP 元素大小时不会出现滚动条），如图 8.29 所示。

图 8.29　设置溢出属性

（9）按 F12 键浏览，效果如图 8.25 所示，通过拖动滚动条可以查看所有内容。

8.2.4　AP 元素与表格相互转换

虽然 AP 元素极大提高了网页设计的灵活性，但是 AP 元素只有在最新的浏览器中才能看到，而 Dreamweaver 使用户能够解决这样的问题：既可以使用 AP 元素设计复杂的页面布局，也可以将这些 AP 元素转换成表格以便在早期的浏览器中浏览，相反也可以把表格转换为 AP 元素。

在默认情况下，AP 元素不但可以与其他构成要素重叠，而且也可以与其他 AP 元素重叠。当 AP 元素重叠时，是不能转换为表格的，因此，需要在“AP 元素”面板中选中“防止重叠”复选框，相反如果取消该复选框，则 AP 元素间可以重叠，如图 8.30 所示。

1. 把 AP 元素转换为表格

（1）打开教学资源中的案例“ch08\实例\案例 8.7\8-7.html”。

（2）选择【修改】→【转换】→【将 AP Div 转换为表格】命令，弹出“将 AP Div 转换为表格”对话框，如图 8.31 所示。

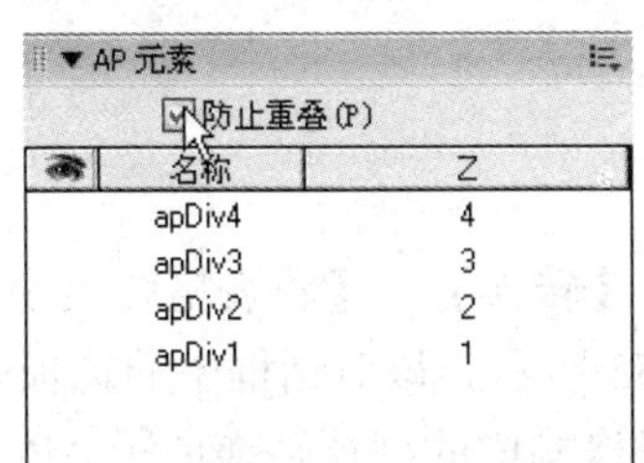

图 8.30　选中“防止重叠”复选框

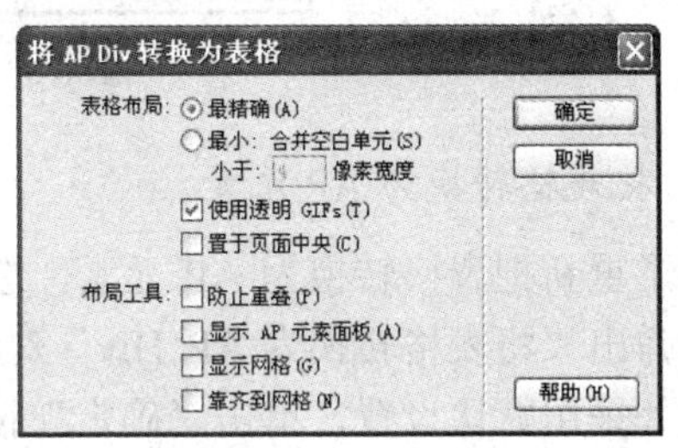

图 8.31　“将 AP Div 转换为表格”对话框

（3）“将 AP Div 转换为表格”对话框中的选项如表 8.3 所示，此处采用默认设置，单击“确定”按钮即可，构成网页文档的所有图层为具有同样结构的表格，如图 8.32 所示。

表 8.3　“将 AP Div 转换为表格”对话框上的选项

属性	说明
最精确（A）	选中此单选按钮，表示为每一个 AP 元素建立一个表格单元，以及为保持 AP 元素与 AP 元素之间的间隔必需的附加单元格
最小：合并空白单元（S）	选中此单选按钮，表示如果几个 AP 元素被定位在指定的像素值之内，那么这些 AP 元素的边缘就要对齐。在该项下方的文本框内容输入数值可以指定最小的像素值。选择该项的优点是生成的表格空行和空列最少
使用透明 GIFs（T）	选中此复选框，可以强制用透明的 GIF 图像填充表格的最后一行，这样可以让表格在所有浏览器中显示结果一样。值得注意的是，选中该复选框将不可能拖动由 AP 元素转换生成的表格的列来改变表格的大小
置于页面中央（C）	选中此复选框，可使生成的表格在文档中居中对齐，不选中时，表格的默认对齐方式是左对齐

续表

属性	说明
防止重叠（P）	选中此复选框，可以防止出现 AP 元素重叠的情况
显示 AP 元素面板（A）	选中此复选框，可以在完成 AP 元素转换表格后显示“AP 元素”面板
显示网格（G）	选中此复选框，可以在完成 AP 元素转换表格后显示网格
靠齐到网格（N）	选中此复选框，可以启用对齐网格功能

图 8.32　AP 元素转换成表格

2. 把表格转换为 AP 元素

为了重新把表格转换为 AP 元素，选择【修改】→【转换】→【将表格转换为 AP Div】命令，弹出“将表格转换为 AP Div”对话框，如图 8.33 所示。该对话框中的选项如表 8.4 所示，此处采用默认设置，单击“确定”按钮即可，由表格构成的网页转换成了 AP 元素。

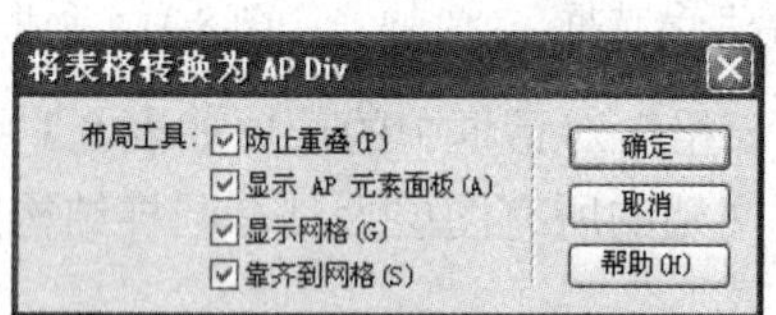

图 8.33　“将表格转换为 AP Div”对话框

表 8.4　“将表格转换为 AP Div”对话框上的选项

属性	说明
防止重叠（P）	选中此复选框，可以防止 AP 元素在创建、移动和调整时互相重叠
显示 AP 元素面板（A）	选中此复选框，可以在完成表格转换后显示“AP 元素”面板
显示网格（G）	选中此复选框，可以在完成表格转换后显示网格
靠齐到网格（S）	选中此复选框，可以启用对齐网格功能

提示：如果是复杂的布局，则有时表格的形状不能转换为希望的形状，AP 元素被重叠时也不能转换为表格。

8.3　框架

在布局页面时除了可以使用 AP 元素和表格外，还可以使用框架进行布局，下面介绍框架的概念及创建方法。

8.3.1　框架的概念

框架是网页中经常使用的网页布局方式，上网时常常浏览到如图 8.34 所示结构的网页，通过单击顶部或左侧菜单，相应内容都在页面右侧的主体部分显示或刷新。实现这种效果最简便的方法就是框架网页。

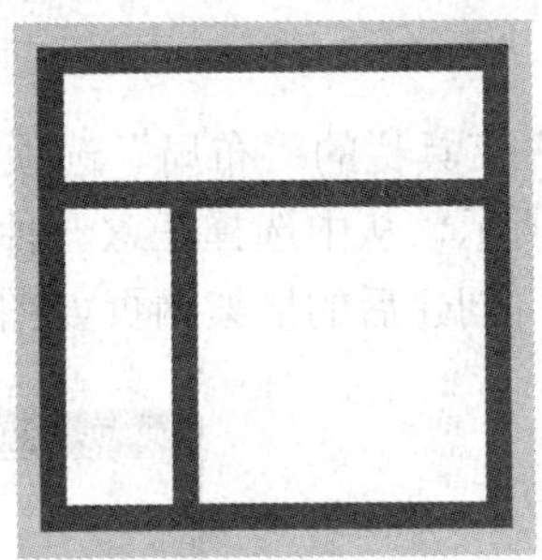

图 8.34　框架结构

框架结构的作用就是把浏览器窗口划分为几个不同的区域，分别放置不同的 HTML 网页，每个区域就成为一个框架。

使用框架能非常方便地完成页面文档的导航，让网站的风格一致、结构更加清晰，而且可以在一个窗口浏览不同的网页，避免了重复劳动及来回翻页的麻烦，减小了整个网站的大小，并且各个框架之间互不干扰。

一个框架结构由两部分构成：

（1）框架（Frame）。框架是浏览器窗口中的一个区域，它能显示与浏览器窗口的其余部分中所显示内容无关的网页文件。

（2）框架集（Frameset）。框架集也是一个网页文件，它将一个窗口通过行和列的方式分割成多个框架，框架的多少根据具体有多少网页来决定，每个框架中要显示的就是不同的网页文件。

（3）框架集与框架之间的关系其实就是包含与被包含的关系，框架集相当于一个容器，框架则是放在容器中的东西，框架集记录了框架的位置，以及框架中包含网页的链接地址。

8.3.2　建立框架和框架集

在 Dreamweaver CS3 用以下方式之一创建框架集：

1. 建立新的框架集文件

选择【文件】→【新建】命令或者按 Ctrl+N 组合键，打开“新建文档”对话框，单击该对话框中左边“类别”栏中的“示例中的页”选项，然后在“示例文件夹”中选择“框架集”选项，在右边的“示例页”中可以选择任一种框架选项，最后单击“创建”按钮即可创建，如图 8.35 所示。

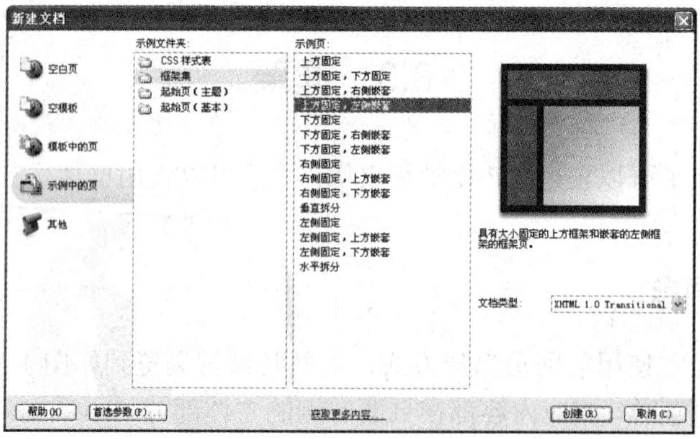

图 8.35 “新建文档”对话框

2. 使用预制框架集

在 HTML 文件中选择“插入”工具栏的“布局”选项卡，单击“框架”按钮，则显示 13 种框架形态的图标，如图 8.36 所示，从中选择任意一种框架形态即可创建相应的框架集。如选择“顶部和嵌套的左侧框架”，创建后的框架网页如图 8.37 所示。

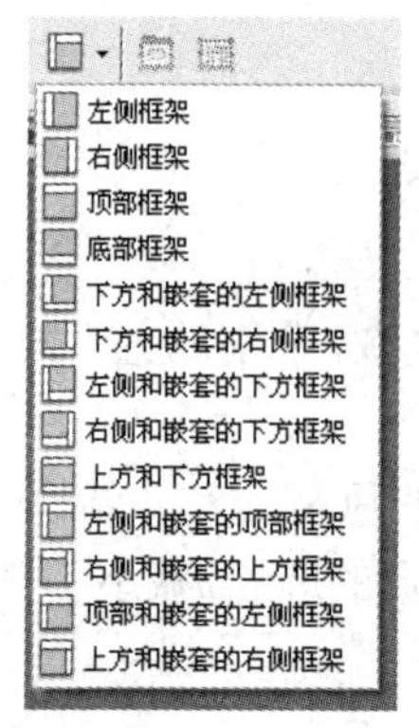

图 8.36 “新建文档”对话框

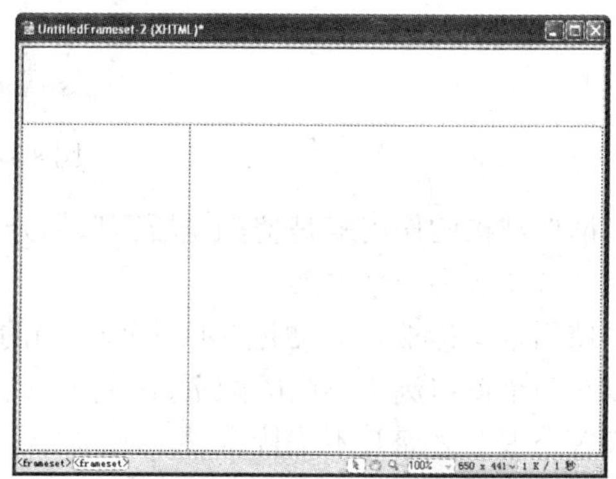

图 8.37 “顶部和嵌套的左侧框架”框架网页

3. 利用菜单制作框架集

在利用菜单拆分框架时，需要预先确定如何拆分框架，这样可以避免不必要的操作。选择【修改】→【框架集】菜单下的相应命令可以创建框架。

（1）如果插入上下拆分的框架，选择【修改】→【框架集】→【拆分上框架】命令，网页文档被拆分为上、下两个框架，如图 8.38 所示。

（2）如果把下面部分再次拆分为左右两个框架，把光标放置到下面的框架区域中后，再选择【修改】→【框架集】→【拆分左框架】命令，下面的框架即可拆分为左、右两个框架，如图 8.39 所示。

4. 可视化创建框架集

建立了框架之后，要增加或减少框架的个数，还可以采用以下的方法。

将鼠标放置在框架内部，选择【查看】→【可视化助理】→【框架边框】命令，使该命令左边有“对号”。这样可以看见编辑窗口中出现一个边框，将鼠标移动到框架的边缘处，当鼠标指针变为“↔”或“↕”形状时，按鼠标指针箭头指示的方向拖拽鼠标即可在水平或垂直方向增加一个框架。

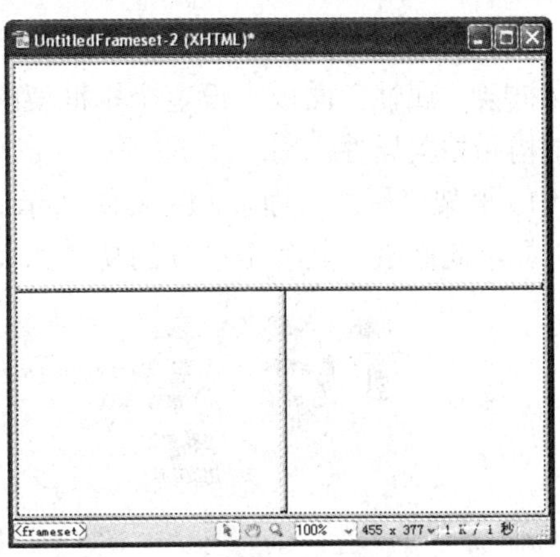

图 8.38　上下结构的框架集

图 8.39　3 个框架构成的网页

提示：如果边框拖拽错了，只要用鼠标把需要删除的线拖拽到父框架的边框上即可删除它。

8.3.3　编辑框架

1. 调整框架大小

调整框架大小，可以采用以下方法：

（1）用鼠标拖拽框架边框可随意改动框架大小。

（2）精确地设定每个框架的大小。若调整上下边界线，单击框架的边界线，则"属性"面板将变成框架集"属性"面板，在"行"中输入具体的宽度，则框架的大小变成输入值。为了调整左侧框架的大小，单击框架的左右边界线，在框架集"属性"面板的"列"中输入宽度，则左侧框架的大小变成输入值。

2. 选择框架和框架集

如果要设置框架的属性，则需要先选择框架，方法如下：

（1）选择【窗口】→【框架】命令，打开框架面板，如图 8.40 所示，单击某个框架，即可选中该框架。

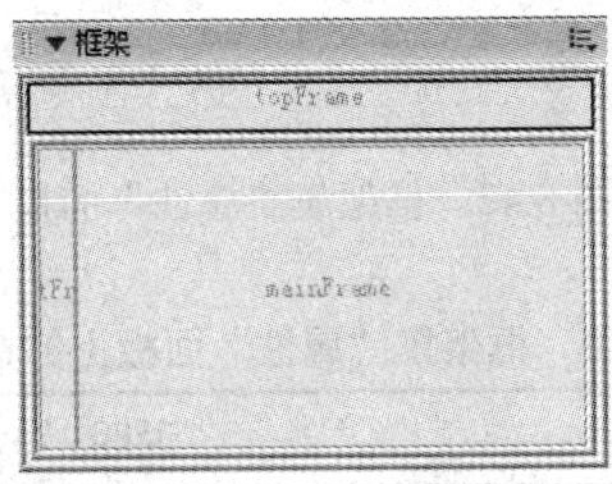

图 8.40　"框架"面板

（2）在某个框架内按住 Alt 键并单击鼠标，即可选择该框架。当一个框架被选择时，它的边框带有点线轮廓线。

（3）在"框架"面板中单击最上面的边框部分，可以选择整个框架集。"属性"面板也变成框架集"属性"面板。

3. 删除框架

用鼠标把框架边框拖拽到父框架的边框上，可以删除框架。

4. 设置框架和框架集属性

在框架“属性”面板中设定个别框架的有关属性，而在框架集“属性”面板中则设置整个框架结构和相关属性。

（1）框架“属性”面板。图 8.41 所示的是框架“属性”面板，当单击选择的框架区域后，则可以显示此面板，其各个选项的功能如表 8.5 所示。

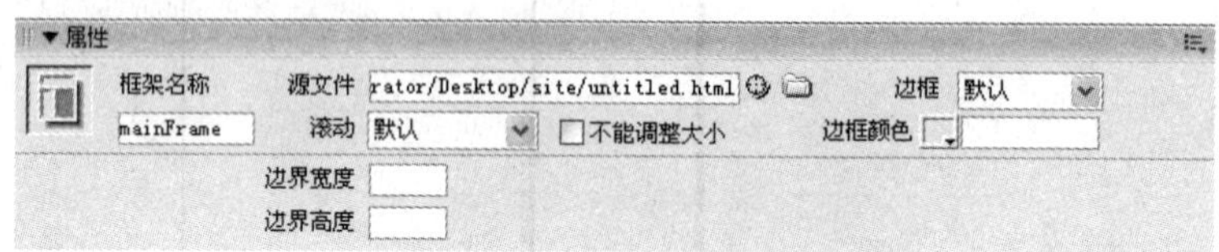

图 8.41 框架“属性”面板

表 8.5 框架“属性”面板上的选项

属性	说明
框架名称	拆分为多个框架时，指定相应框架的名称
源文件	显示当前框架中的网页文档。可以在相应框架中使用图像或文档制作网页文档后保存文档，也可以指定已经完成的其他网页文档
边框	设定是否显示框架边界线。默认状态下显示边界线
滚动	设定内容超过框架大小时是否显示滚动条。Yes 表示一直显示滚动条，No 表示一直都不显示滚动条，Auto 表示必要时显示滚动条
不能调整大小	选中该复选框，则不能用鼠标改变框架的大小
边框颜色	指定框架边界线的颜色
边界宽度/高度	指定框架到框架内容之间的间距

（2）框架集“属性”面板。图 8.42 所示的是框架集“属性”面板，当单击选择的框架集后，则可以显示此面板，其各个选项的功能如表 8.6 所示。

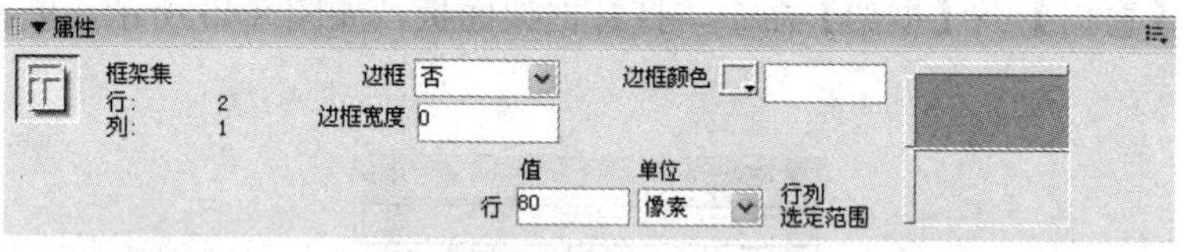

图 8.42 框架集“属性”面板

表 8.6 框架集“属性”面板上的选项

属性	说明
边框	是否显示边框
边框宽度	指定框架边界线的宽度
边框颜色	用来确定边框的颜色
行列选定范围	显示框架结构后，表示当前选定的框架区域。这里也可以直接选择框架区域
行	用于指定或固定框架的大小

提示：框架是不能合并的。在创建链接时要用到框架名称，所以要非常清晰地知道每个

框架对应的框架名。

8.3.4　框架及框架集的保存

保存框架和框架集与一般网页文档的保存有所不同，因为框架网页本身就使用了多个 HTML 文件，所以组成网页的所有单独的网页文档需要保存，框架集本身也应该保存。

以图 8.43 为例，每一个框架都有一个框架名称，可以采用默认的框架名称，也可以在“属性”面板修改名称，如果采用系统默认的框架名称，则分别为 topFrame（上方）、leftFrame（左侧）、mainFrame（右侧）。

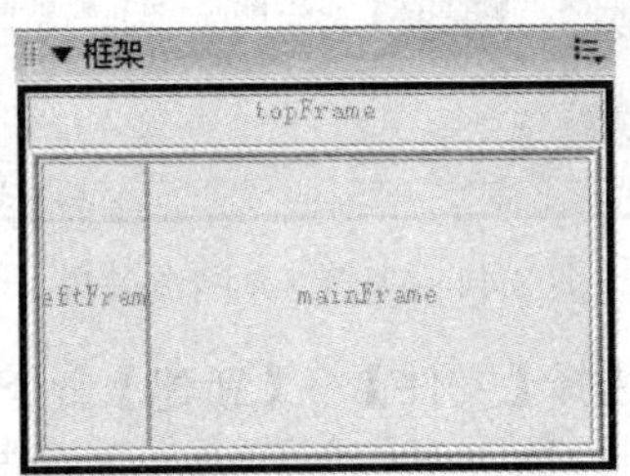

图 8.43　框架结构及命名

如果框架网页中各个框架区域的内容是输入产生的，而且没有存储为文件，可以按下述方法将不同框架区域中的内容分别保存为 HTML 文件。

（1）保存整个框架集网页。选择【文件】→【保存框架集】命令，在弹出的“保存文件”对话框中输入网页的名字，单击“保存”按钮，即可将该框架集中的内容存储。

（2）保存单个框架网页。如把光标放置到最上面（topFrame）的框架区域中后，选择【文件】→【保存框架】命令，在弹出的“保存文件”对话框中输入网页的名字，单击“保存”按钮，即可将该框架中的内容存储。

（3）按同样的方法，保存其余各个框架文件。

提示： 可以为当前框架集保存一个副本，方法是先选择整个框架集，选择【文件】→【框架集另存为】命令，然后为这个新的副本指定文件名和存放路径。若为框架内一个文档制作副本，将光标放置在相应框架内，选择【文件】→【框架另存为】命令。

如果框架网页中的各个框架区域的内容是导入对象产生的，而且没有存储为文件，可以按上述步骤（1）的方法只保存框架集网页文档即可。

对于首次保存，还可以选择【文件】→【保存全部】命令，Dreamweaver 将从头到尾把每个打开的框架循环一遍并显示“保存文件”对话框。当前正在保存的框架有一个点状黑线边框，用户可以通过黑线边框知道当前正在保存的是哪个文件。以后每次选择“保存全部”命令时，Dreamweaver 会自动保存这个框架集中每个更新过的文档。

8.3.5　框架网页应用实例

下面通过实例具体了解如何使用框架制作网页及框架网页的保存方法，从而进一步介绍如何在框架之间建立超级链接。

【案例 8.8】利用框架制作简单网页，效果如图 8.44 所示。

分析：本实例的设计思路是让整个页面分为顶部、左侧及右侧 3 个框架，并且让该页面的顶部和下方左侧的内容始终保持不变，而只需要使下方右侧发生变化。

图 8.44 案例 8.8 网页效果

（1）创建一个新的框架集。选择【文件】→【新建】命令或者按 Ctrl+N 组合键，打开“新建文档”对话框，单击该对话框中左边“类别”栏中的“示例中的页”选项，然后在“示例文件夹”中选择“框架集”选项，在右边的“示例页”中选择“上方固定，左侧嵌套”框架选项，然后单击“创建”按钮（采用默认框架名称）。

（2）设置框架集属性。单击整个框架的边缘选择整个框架集，在框架集“属性”面板中按图 8.45 所示进行设置。用鼠标在框架面板中选择下方框架集，并按图 8.46 所示设置框架集属性。

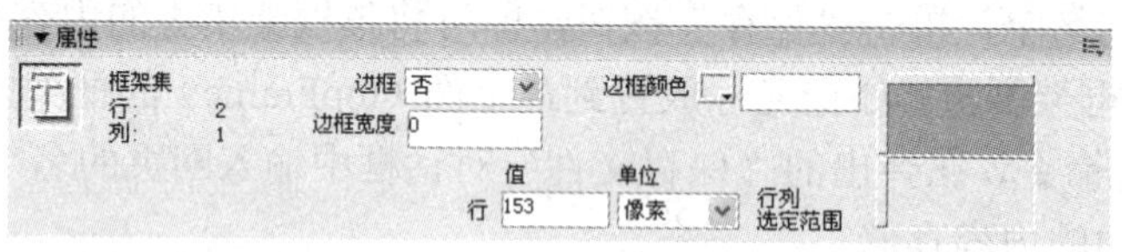

图 8.45 “整个”框架集属性

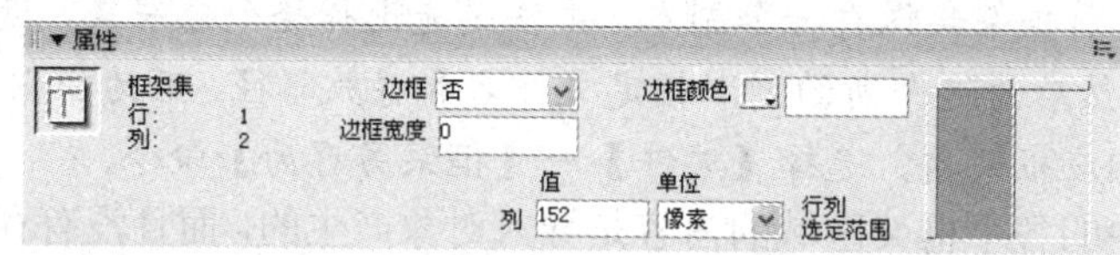

图 8.46 “下方”框架集属性

（3）设置框架属性。按住 Alt 键并用鼠标单击“topFrame”框架，在“topFrame”框架的属性栏中分别设置“边界宽度”和“边界高度”为“0”。采用同样方法，设置“leftFrame”框架的“边界宽度”和“边界高度”也为“0”。

（4）制作上方框架页面。将鼠标定位在“topFrame”框架内部，并插入教学资源中的图片“ch08\素材\8-1.gif”，效果如图 8.47 所示。

（5）制作左侧框架页面。用鼠标在“leftFrame”框架内部右击，在弹出的快捷菜单中选择“页面属性”命令，并在打开的“页面属性”对话框中，设置字体的颜色和链接的颜色均为“白色”，下划线样式为“始终无下划线”。然后插入一个 3 行 1 列的表格，表格属性按图 8.48 所示进行设置。同时选中这 3 个单元格，在“表格属性”栏中按图 8.49 所示设置单元格格式。最后分别为 3 个单元格设置背景图片（教学资源“ch08\素材”中的“8-9.gif”、“8-10.gif”和“8-11.gif”），并按图 8.44 所示输入文字，效果如图 8.50 所示。

图 8.47　制作上方框架页面

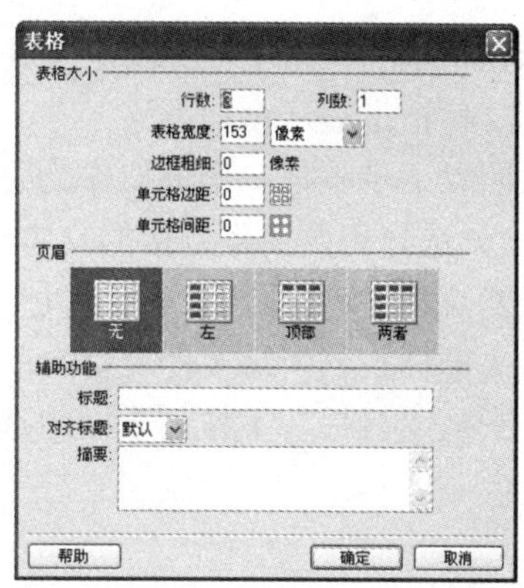

图 8.48　“表格”对话框

图 8.49　单元格“属性”面板

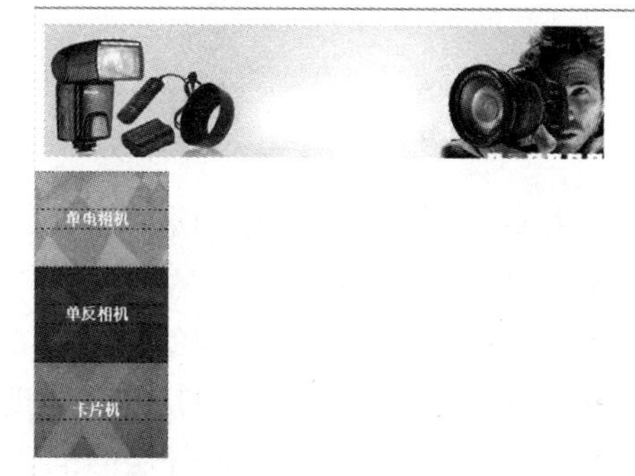

图 8.50　左侧框架页面效果

（6）制作右侧框架页面。将鼠标定位在右侧框架内，并插入一个 2 行 2 列的表格，选中整个表格，在表格“属性”面板中按图 8.51 所示设置表格属性。将单元格调整为适当宽度，在第 1 行第 1 列的单元格中插入教学资源中的图片“ch08\素材\单电 NEX5.jpg”，并在相应位置输入文字信息。同样，在第 2 行第 1 列的单元格中插入教学资源中的图片“ch08\素材\单电奥林巴斯 E-PL1.jpg”，并在相应位置输入文字信息，调整文字为合适大小。

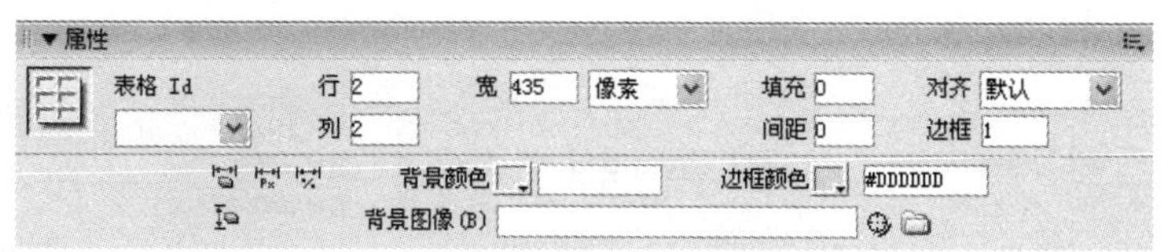

图 8.51　表格“属性”面板

（7）保存框架集及框架中的各个网页。选择【文件】→【保存全部】命令，Dreamweaver 将依次按黑线边框提示要保存的是哪个文件，在每个打开的“另存为”对话框中输入保存的文件名及路径。本例共需要保存 4 个网页，分别为框架集网页保存名为“frameset.html”，顶部框架网页“top.html”，下方左侧框架网页“left.html”和右侧网页“right.html”。

（8）按下 F12 键预览网页，效果如图 8.44 所示。

8.3.6　框架的链接

框架的主要用途之一在于导航的控制。当用户选择其中一个链接时，相应的 Web 页面应该显示在指定的框架中，所以在网页中制作链接时，一定要设置链接的“目标”属性，为链接的目标文件指定显示窗口。

按照以下步骤把一个框架作为一个链接的目标：

（1）选择想要用作链接的文本或图像。

（2）在文本（或图像）“属性”面板的“链接”文本框中输入 URL 或命名锚记，或者通过文件夹图标找到所需要的文件。

（3）从“目标”下拉列表框中选择以下的目标名称之一作为该链接的目标框架，如图 8.52 所示。

图 8.52　“属性”面板的“目标”选项

“目标”下拉列表框中的选项如下：

- _blank：在新的浏览器窗口中打开该链接并保持当前窗口可用。
- _parent：在当前框架的父框架集或包含该链接的框架窗口中打开该链接。
- _self：在当前框架中打开该链接（默认选项）。
- _top：在当前页面最外层的框架集中打开该链接，取代所有框架。

【案例 8.9】为案例 8.8 创建框架链接。

分析：本例通过为文字设置链接效果，使相应的页面在指定的“mainFrame”框架中显示，链接的网页均在教学资源“ch08\素材”中提供，分别为“right.html”、“right2.html”和“right3.html”。

（1）打开【案例 8.8】制作的网页“frameset.html”。

（2）选中左侧框架的“单电相机”文字部分，在“属性”面板中设置“链接”选项，单击文件夹图标，选择教学资源中的“ch08\素材\ right.html”，然后将“目标”选项设置为“mainFrame”，如图 8.53 所示。

图 8.53　设置文本的链接属性

（3）按上述步骤，分别为“单反相机”和“卡片机”文字部分设置链接，分别链接至文件“right2.html”和“right3.thml”，并设置目标位置为“mainFrame”。

（4）最后保存各个网页，按下 F12 键预览，并观察链接效果。

8.4　CSS 样式表

层叠样式表（Cascading Style Sheets，CSS）是一系列格式设置规则，它控制着 Web 页面内容的外观。使用 CSS 设置页面格式时，内容与表现形式是相互分开的。页面内容（HTML 代码）位于自身的 HTML 文件中，而定义代码表现形式的 CSS 规则位于另一个文件（外部样式表）或 HTML 文档的另一部分（通常为部分）中。使用 CSS 可以非常灵活并更好地控制页面的外观，从而精确地定位特定的字体和样式。

CSS 的主要优点是容易更新，只要对一处 CSS 规则进行更新，则使用该定义样式的所有文档的格式都会自动更新为新样式，而且 CSS 可以控制许多仅使用 HTML 无法控制的属性。

8.4.1　创建 CSS 样式表

Dreamweaver 使用 3 种基本的工具实现 CSS 样式表，即“CSS 样式”面板、“编辑样式表”对话框和“样式定义”对话框。“CSS 样式”面板是建立、修改和查看所有样式的中心；“编辑样式表”对话框用于管理样式组和样式表；“样式定义”对话框自身能够定义 CSS 规则。

CSS 样式可以是外部和内部两种。

外部 CSS 样式表是存储在一个单独的外部.css 文件（并非 HTML 文件）中的一系列 CSS 规则。利用文档 head 部分中的链接，该.css 文件可以链接到 Web 站点中的一个或多个页面。链接外部样式表的好处在于可以通过一个文件快速、简单地定义或修改网站的外观。

内部（或嵌入式）CSS 样式表是包含在 HTML 文档 head 部分的 style 标签内的一系列 CSS 规则。

创建内部样式表的方法如下：

（1）将插入点放在文档中，然后执行以下操作之一打开“新建 CSS 规则”对话框：

1）按 Shift+F11 组合键打开“CSS 样式”面板，如图 8.54 所示，单击面板右下角区域中的“新建 CSS 样式”按钮。

2）选择【文本】→【CSS 样式】→【新建(N)…】命令，“新建 CSS 规则”对话框随即出现，如图 8.55 所示。

图 8.54　“CSS 样式”面板

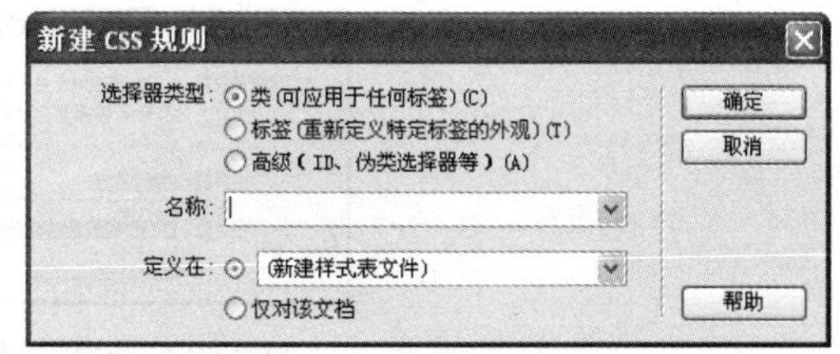

图 8.55　“新建 CSS 规则”对话框

（2）在“新建 CSS 规则”对话框中，可以指定想要定义的样式类型。Dreamweaver 中可以定义以下规则类型：

1）类样式：也称为“自定义 CSS 规则”，由“类样式”定义的样式属性可以应用到任何文本范围或文本块。创建“类样式”的第一步就是给它起名字，通过这个名字应用于 class 属性。所有类样式均以句点（.）开头，而且必须是没有标点符号或者特殊字符的字母。例如，创建一个名为“.red”的类样式，需要在“新建 CSS 规则”对话框中选中“类”选项，然后在“名称”文本框中输入“.red”，如图 8.56 所示。

2）标签样式：标签样式能够快速地对现有的网页进行全局性的修改。当选择这个选项后，下拉列表就会显示超过 90 种按字母顺序排列的 HTML 标签，从中选择一个。如图 8.57 所示，选择标签样式的“tbody”标签。

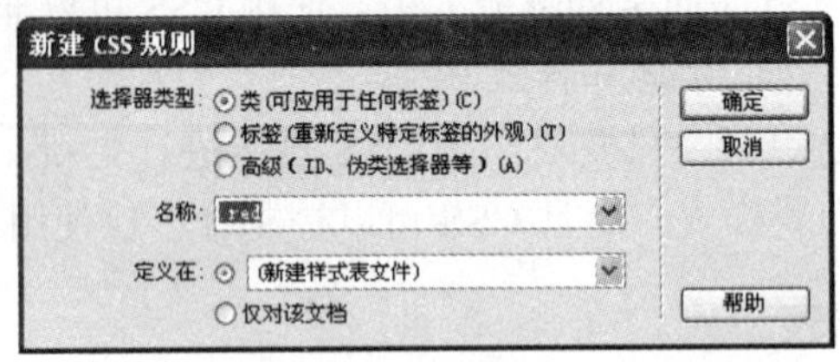

图 8.56　创建类样式

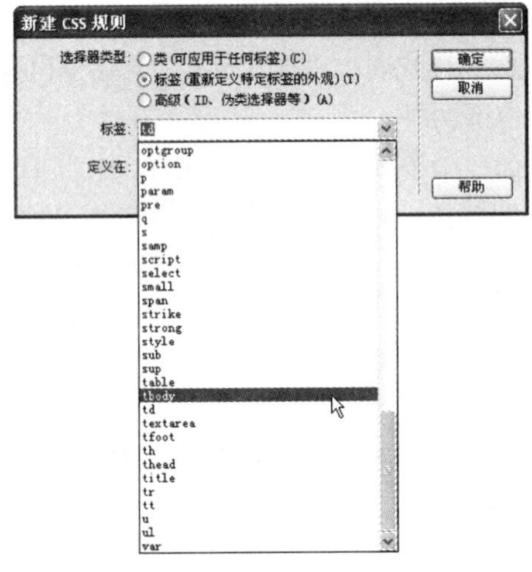

图 8.57　“标签”样式

3）高级样式：也称“CSS 选择器规则”，用来重定义特定元素组合的格式，或其他 CSS 允许的选择器格式。如图 8.58 所示，设置与链接相关的文本样式。

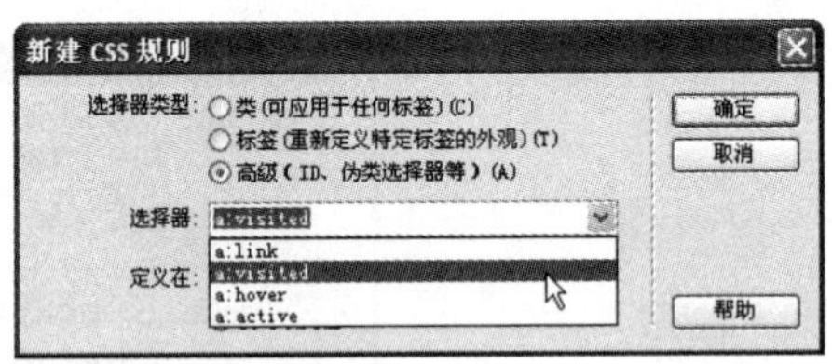

图 8.58　设置与链接相关的文本样式

（3）选中“仅对该文档”单选按钮，并单击“确定”按钮，即可完成样式表的创建。此时，在“CSS 样式”面板中会显示出新创建的样式表名称。

提示：可以默认选择在一个外部样式表里创建新的样式，或者在当前文档中建立。选中“仅对该文档”单选按钮，则创建内部样式表；如果选中“定义在（新建样式表文件）”单选按钮，就会打开一个文件对话框，用于命名新的 CSS 文件和选择它的路径。

8.4.2　定义 CSS 样式表

当选择了一个类型并且为新样式命名后，“CSS 规则定义”对话框就会出现，如图 8.59 所示。在左侧的“分类”列表中，可以选择一个样式类型用于定义样式表，Dreamweaver 提供了

8 个 CSS 样式类别：类型、背景、区块、方框、边框、列表、定位、扩展。从上述类别中可以定义任何样式。

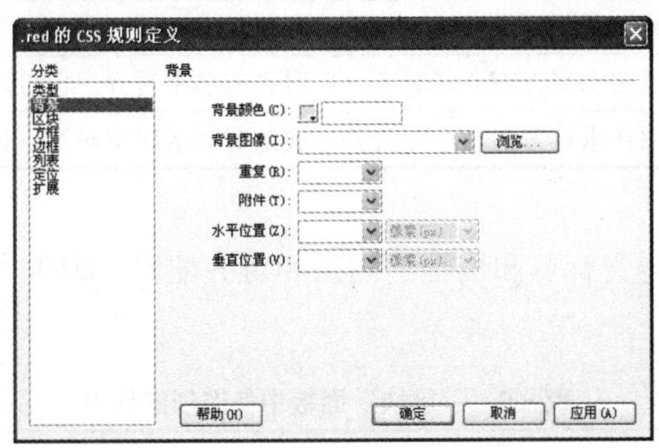

图 8.59　“CSS 规则定义”对话框

1.　“类型”选项

“类型”类别用于定义网页中与文字相关的所有样式。表 8.7 中解释了这个类别的可用设置。

表 8.7　“类型”面板中各选项的作用

类型设置	作用
字体	选择样式的字体
大小	选择样式的文字大小
样式	指定文字的样式，分别为“正常”、“斜体”和“偏斜体”
行高	指定文字间的行间距
粗细	指定文字的宽度
变体	在正常与小写型大写字母之间切换。选择“小写型大写字母”，则小写变成大写
大小写	强制浏览器显示文本为大写、小写或首字母大写
修饰	给字体装饰特殊效果，包括下划线（为文字添加下划线）、上划线（为文字添加上划线）、删除线（为文字添加删除线）、闪烁（为文字添加闪烁功能，只有 Netscape 才支持该样式）和无（文字不应用任何样式，删除超文本的下划线）
颜色	为选中的字体选择颜色，可以输入颜色名，或从颜色拾取器中挑选颜色

2.　“背景”选项

“背景”类别用于指定与背景相关的样式。表 8.8 中解释了这个类别的可用设置。

表 8.8　“背景”面板中各选项的作用

类型设置	作用
背景颜色	设置网页文档的背景色或输入颜色值
背景图像	设置网页文档的背景图像
重复	确定图像的重复选项： • 不重复：只显示一次背景图像 • 重复：横向和纵向重复显示背景图像 • 横向重复：在水平方向重复显示背景图像 • 纵向重复：在垂直方向重复显示背景图像

续表

类型设置	作用
附件	固定背景图像或使背景图像可以滚动
水平位置	可以使背景图像在水平方向上左对齐、右对齐或居中对齐，也可以输入希望的数值
垂直位置	可以使背景图像在垂直方向上顶端对齐、底部对齐或居中对齐，也可以输入希望的数值

3. “区块”选项

“区块”类别能够定义标签和属性的间距和对齐配置。表 8.9 中解释了这个类别的可用设置。

表 8.9 “区块”面板中各选项的作用

类型设置	作用
单词间距	设定词组间的间距（负值为间距变窄）
字母间距	设定单词中字母的间距（负值为间距变窄）
垂直对齐	设定样式的垂直排列方式。从基线、下标、上标、顶部、文本顶对齐、中线对齐、底部或本底部对齐中进行选择，也可以自己增加值
文本对齐	设定文本的排列方式（左对齐、右对齐、居中或两端对齐）
文本缩进	设定文本首行缩进的数量（负值为悬挂效果）
空格	控制空格和制表符的显示： ·正常：使所有空白折叠或消失 ·保留：所有的空白将被保留 ·不换行：如果有 标签，允许文本换行
显示	确定如何表现标签

4. “方框”选项

“方框”类别为页面上的元素定义布局和设置。表 8.10 中解释了这个类别的可用设置。

表 8.10 “方框”面板中各选项的作用

类型设置	作用
宽	设置元素的宽度
高	设置元素的高度
浮动	允许文字环绕在选中元素的周围
清除	设定其他元素是否可以在选定元素的左右
边界	设置边缘的空白宽度，在下拉列表框中可以输入数值或选择自动
填充	设置边框与其中内容之间填充的空白间距，在下拉列表框中可以输入数值并在右边的下拉列表框中选择数值的单位

5. “边框”选项

“边框”类别可以设置图像的边框，也可以设定表格等其他构成要素的边框，并为边框的 4 条边指定颜色、宽度等。表 8.11 中解释了这个类别的可用设置。

6. “列表”选项

CSS 提供了在项目符号方面更强的控制。“列表”类别可以设置基于图形图像的特定项目符号，也可以从标准的内置项目符号中选择。“列表”类别还允许指定排序列表的类型。表 8.12 中解释了这个类别的可用设置。

表 8.11　“边框”面板中各选项的作用

类型设置	作用
样式	设置边框的样式。可用边框样式有点划线、虚线、实线、双线、槽状、脊状、凹陷和凸出
宽度	设置每一侧边框的宽度，可以选择细、中等、粗或输入数值设置宽度
颜色	设置每一侧边框的颜色

表 8.12　“列表”面板中各选项的作用

类型设置	作用
类型	设置内置项目符号类型，包括中圆点、圆圈、方块、数字、小写罗马数字、大写罗马数字、小写字母和大写字母
项目符号图像	用自定义图像作为项目符号
位置	设置项目符号的缩进方式

7. “定位”选项

“定位”类别可以精确控制元素在页面的位置，定位属性常常应用于 div 标签，从而无需借助表格创建页面布局。表 8.13 中解释了这个类别的可用设置。

表 8.13　“定位”面板中各选项的作用

类型设置	作用
类型	设置元素在页面上是绝对定位还是相对定位。“静态”选项是不启用定位
宽	设置元素的宽度
高	设置元素的高度
显示	确定元素的可见性，包括继承、可见、隐藏
Z 轴	设置定位元素的显示次序，值越大，越接近顶部
溢出	设置当文字超出定位元素时的处理方式，包括可见（超出部分仍然可以显示）、隐藏（超出内容不能显示）、滚动（可以利用滚动条显示超出部分）、自动（当文本走出定位元素时自动加入一个滚动条）
定位	设置定位元素的大小和位置
剪辑	设置元素溢出部分的剪切方式

8. “扩展”选项

“扩展”类别中集合了一些前沿的特性，如打印分页、用户光标和“滤镜”的特殊效果。表 8.14 中解释了这个类别的可用设置。

表 8.14　“扩展”面板中各选项的作用

类型设置	作用
分页	在页面上强制插入分页符，只有 IE 5.0 及以上版本支持
光标	设置各种鼠标的指针，可以在下拉列表框中选择
过滤器	对图像进行滤镜处理，从而获得各种特殊效果，如透明度（Alpha）、模糊（Blur）、翻转图像（FilpH/FilpV）、波浪（Wave）、蒙版（Mask）、阴影（Shadow）、X 光透视效果（Xray）等

8.4.3 应用、修改和删除 CSS 样式表

1. 应用 CSS 样式表

如果想应用一个现有的自定义样式，CSS 可以通过以下方式之一把样式表应用到网页中。

方法一：利用属性检查器。

（1）用标签选择器或鼠标选中想要应用样式的部分。

（2）在“属性”面板的“样式”列表中选择自定义样式的类样式名称即可应用。

方法二：利用菜单。

（1）选中想要应用样式的标签或文本。

（2）选择【文本】→【CSS 样式】命令选择所需样式。

方法三：利用标签选择器。

在标签选择器上右击选中的标签，然后从弹出的“设置类”或者“设置 ID”的子菜单中选择样式。

方法四：“CSS 样式”面板。

（1）选中想要应用样式的标签或文本。

（2）在“CSS 样式”面板中，右击样式，然后从弹出的快捷菜单中选择“套用”命令。

2. 更改样式表

在“CSS 样式”面板中选择要更改样式的规则名称，右击，在弹出的快捷菜单中选择“编辑...”命令，或者单击面板中的“编辑样式...”按钮，即可打开“CSS 规则定义”对话框，从而可以重新设置样式。

3. 删除样式表

在“CSS 样式”面板中选择要删除的样式规则名称，右击，在弹出的快捷菜单中选择“删除”命令，或者单击面板中的“删除 CSS 规则”按钮，即可删除 CSS 规则。

8.4.4 CSS 样式表应用实例

【案例 8.10】利用 CSS 为网页设置样式表。

分析：本例通过为已存在的网页文档创建 CSS 样式表，从而使 CSS 能够控制页面的整体效果、局部效果、链接效果、边框及列表等。

（1）打开教学资源中的“ch08\实例\案例 8.10\css.html”，如图 8.60 所示。

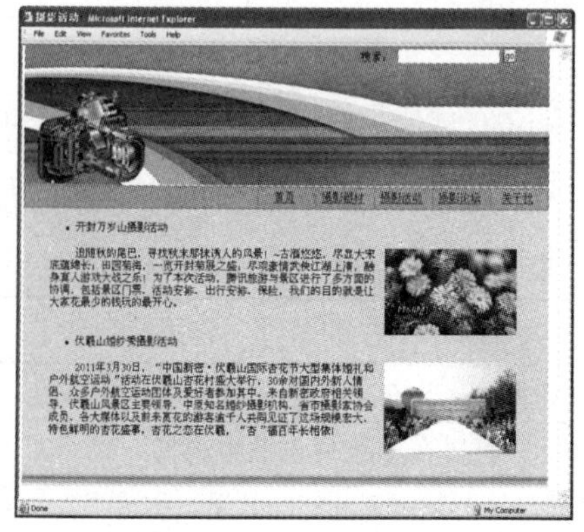

图 8.60 原始网页效果

（2）定义新的样式表控制整个页面的文字格式。在“CSS 样式”面板中单击“新建样式”图标，在弹出的“新建 CSS 规则”对话框中，选择“标签”项，在“标签”下拉列表中选择“td”标签，并选中“仅对该文档”单选按钮，单击“确定”按钮。

（3）在弹出的“CSS 规则定义”对话框中，选择“类型”类别，并按图 8.61 所示设置各选项值，然后单击“确定”按钮，页面预览效果如图 8.62 所示。

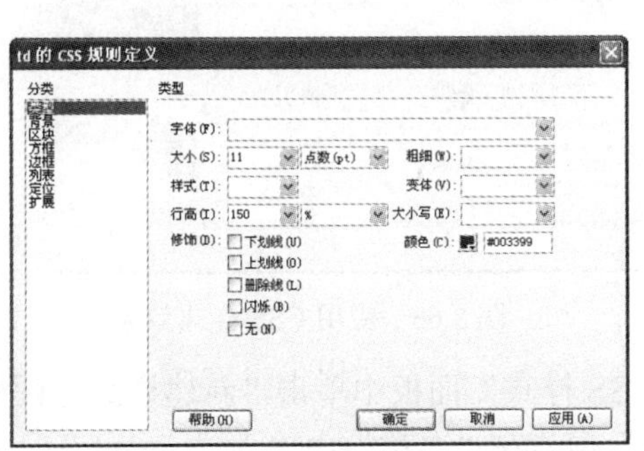

图 8.61　“类型”类别属性设置

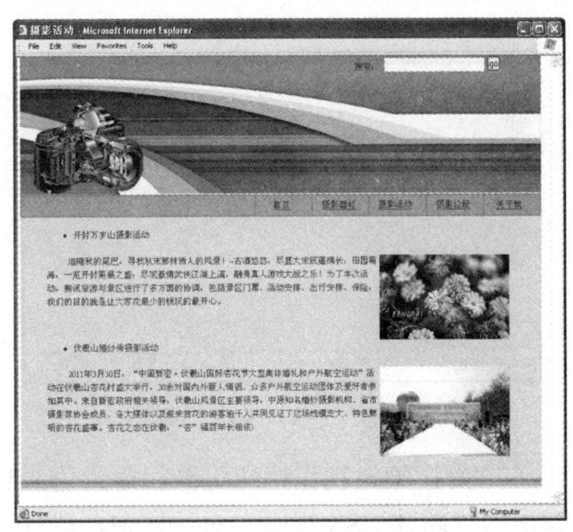

图 8.62　应用 CSS 样式效果

（4）定义新样式设置标题文字的格式。在“CSS 样式”面板中单击“新建样式”图标，在弹出的“新建 CSS 规则”对话框中，选择“类”项，在“名称”中输入“.title”，并选中“仅对该文档”单选按钮，单击“确定”按钮。在弹出的“CSS 规则定义”对话框中，按图 8.63 所示定义规则，然后单击“确定”按钮。

（5）将新样式应用于指定文字。选中页面中的“开封万岁山摄影活动”文字，在属性栏中的“样式”下拉列表框中选择“title”选项，即可对局部文字进行样式的设置。同样对“伏羲山婚纱秀摄影活动”文字进行相同的设置，页面预览效果如图 8.64 所示。

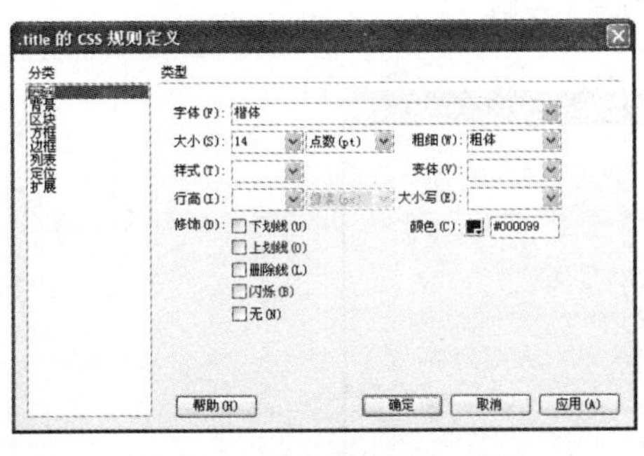

图 8.63　定义“类型”规则

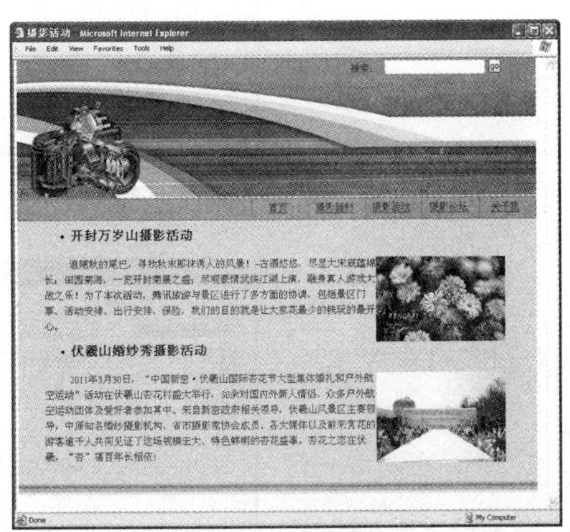

图 8.64　应用 CSS 样式效果

（6）用样式表制作特殊项目符号。在“CSS 样式”面板中选择“.title”样式，单击“编辑样式”图标，在弹出的“CSS 规则定义”对话框中，选择“列表”类别，并指定“项目符号图像”为教学资源中的图像“ch08\素材\list.gif”，如图 8.65 所示，然后单击“确定”按钮，页面预览效果如图 8.66 所示。

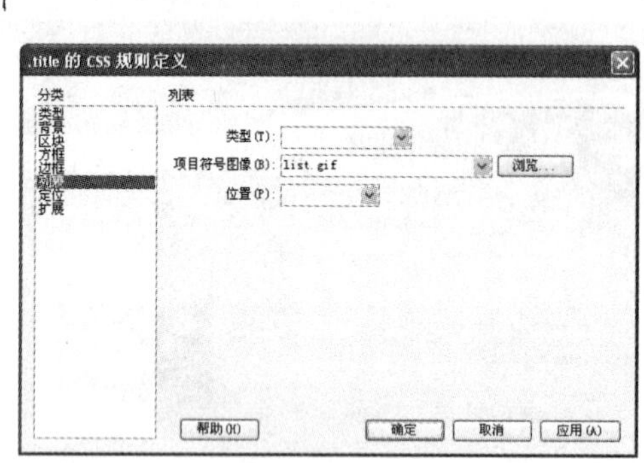

图 8.65　定义“列表”规则

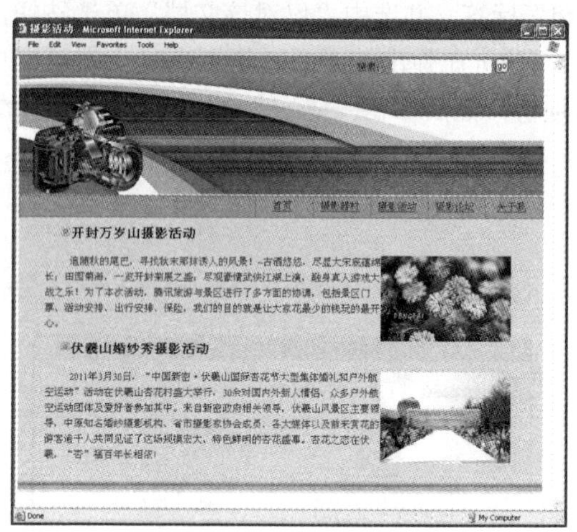

图 8.66　应用 CSS 样式效果

（7）为搜索栏制作特殊边框和背景色。在“CSS 样式”面板中单击“新建样式”图标，在弹出的“新建 CSS 规则”对话框中，选择“类”项，在“名称”中输入“.search”，并选中“仅对该文档”单选按钮，单击“确定”按钮。在弹出的“CSS 规则定义”对话框中，按图 8.67 所示定义边框规则，按图 8.68 所示定义背景规则，然后单击“确定”按钮，将“search”样式应用于搜索栏的文本域上。

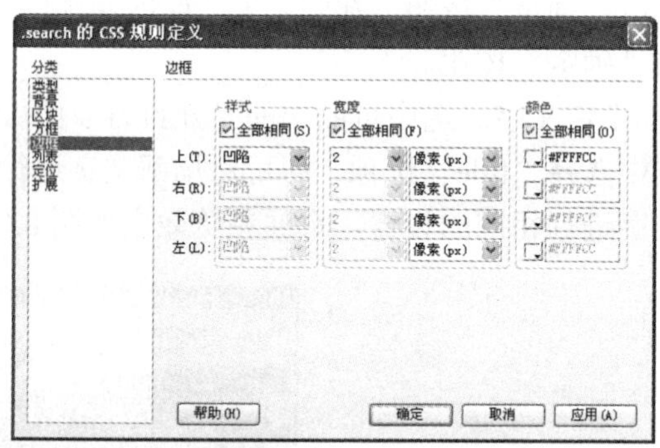

图 8.67　定义“边框”规则

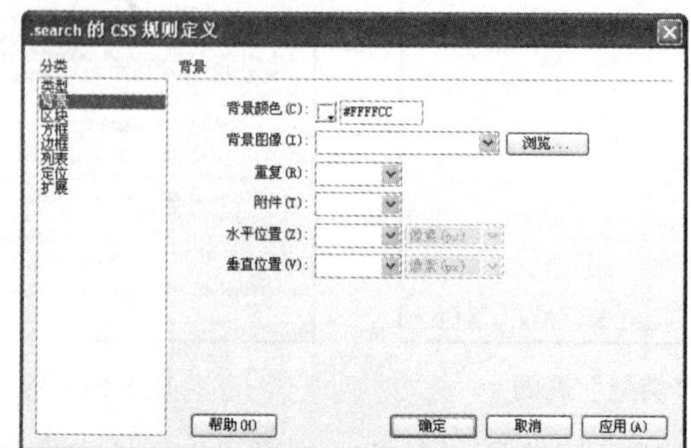

图 8.68　定义“背景”规则

（8）用样式表更改链接样式。在“CSS 样式”面板中单击“新建样式”图标，在弹出的“新建 CSS 规则”对话框中，选择“高级”项，在“选择器”中选择“a:link”一项，并选中“仅对该文档”单选按钮，单击“确定”按钮。在弹出的“CSS 规则定义”对话框中，按图 8.69 所示定义链接文字的样式，然后单击“确定”按钮。页面预览效果如图 8.70 所示。

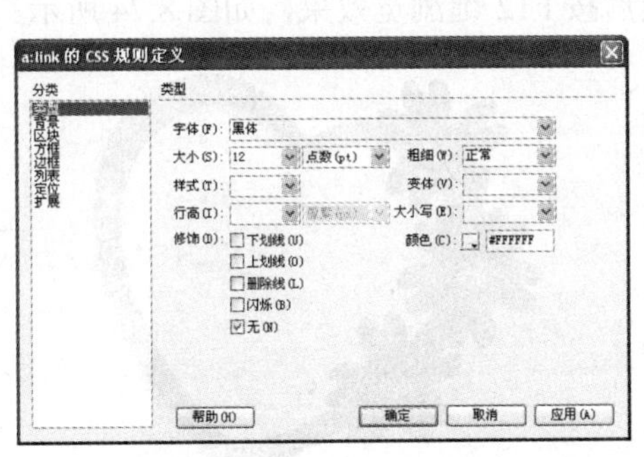

图 8.69　定义“类型”规则

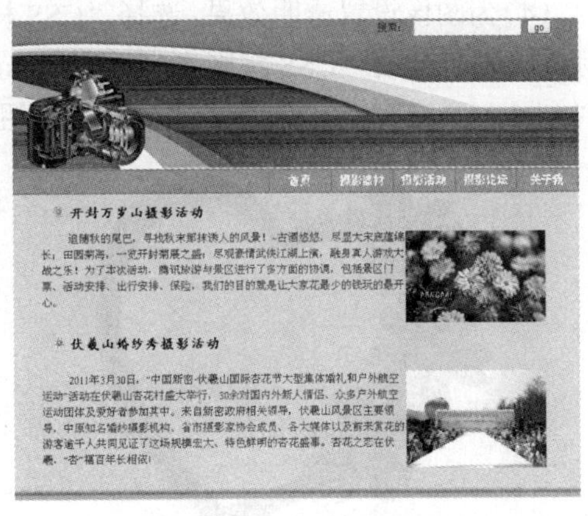

图 8.70　应用 CSS 样式效果

（9）按上述方法依次新建样式“a:visited”，规则设置为灰色，12pt，黑体，无下划线；样式“a:hover”设置为黄色，12pt，黑体，有下划线；样式“a:active”设置为蓝色，12pt，无下划线。最后预览页面效果并观察不同链接状态的样式。

【案例 8.11】CSS 样式表的滤镜效果。

（1）打开教学资源中的网页文档“ch08\实例\案例 8.11\heart.html”，预览效果如图 8.71 所示。

图 8.71　原始网页效果

（2）为图像设置模糊效果。在“CSS 样式”面板中单击“新建样式”图标，在弹出的“新建 CSS 规则”对话框中，选择“类”项，并输入名称为“.filter”，并选中“仅对该文档”单选按钮，单击“确定”按钮，如图 8.72 所示。

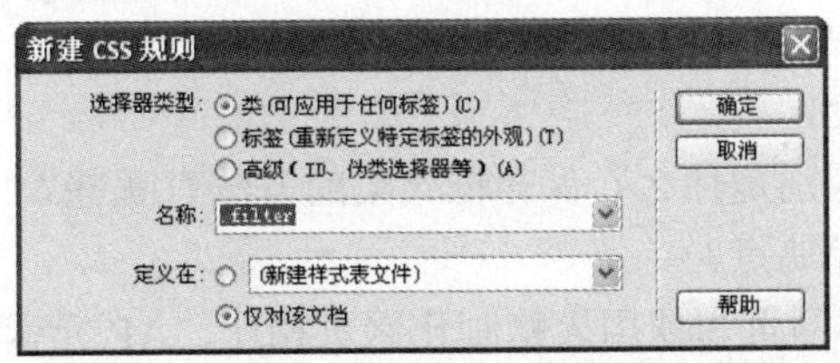

图 8.72　“新建 CSS 规则”对话框

（3）在弹出的“CSS 规则定义”对话框中，选择“扩展”类别，并在“过滤器”列表框中选择添加 Blur 效果，将 Blur 的相关属性设置为“Blur(Add=1,Direction=135, Strength=50)”，然后单击“确定”按钮。选择要应用的中央“心形”图像后，在“属性”面板的“类”列表中选择应用的样式名称“.filter”，按 F12 键浏览效果，如图 8.73 所示。

（4）为图像设置透明效果。选择“CSS 样式”面板中的“.filter”样式，单击“编辑样式”图标，在打开的“CSS 规则定义”中，修改“过滤器”列表，选择“Alpha”选项，并设置为“Alpha(Opacity=50)”，单击“确定”按钮，最后按 F12 键浏览效果，如图 8.74 所示。

图 8.73　图像的模糊效果

图 8.74　图像的透明效果

（5）为图像设置垂直翻转效果。修改“.filter”样式，将“过滤器”设置为“FlipV”，预览效果如图 8.75 所示。

图 8.75　图像的垂直翻转效果

提示：为图像设置滤镜效果，只能在预览状态下才能看到效果。

习题八

一、问答题

1．表格在网页制作中的作用是什么？
2．什么是表格的嵌套？
3．框架与框架集的区别是什么？保存框架集的方法有哪些？
4．使用框架有什么优缺点？
5．使用 AP 元素制作网页与使用表格制作网页相比，AP 元素的特点是什么？
6．CSS 是什么的简称？它的主要作用是什么？

二、操作题

1．利用表格技术制作一个个人网页，要求：表格宽度为 780 像素，边框为 0，水平居中对齐。

2．使用框架新建一个网页，要求实现各页面之间相互链接，并在目标位置显示链接页面。

3．新建一个网页，要求：使用 AP 元素布局页面，并在各 AP 元素中插入图像或文字，内容自定。

4．制作一个简洁美观的诗词页面，要求：创建自定义的 CSS 样式，并应用到当前网页中。格式如下：

（1）设置页面背景图片。

（2）标题字体大小为 30 点数，粗体，字体隶书。

（3）正文字体大小为 15 点数，字体幼圆；行高为 1.8 倍行高。

（4）其他格式可自行定义。

第9章 网页高级操作

在制作网站过程中，为了网站风格的统一，网页效果的丰富多彩，网站设计者可以有效地使用模板和库，并在网页中合理地应用行为及JavaScript脚本。本章介绍了网站中模板和库的使用方法，以及完成网页动态效果的行为、命令和在网页中使用JavaScript脚本实现特效的方法。

- 模板的创建及套用
- 模板中可编辑区域的设置与删除
- 库元素的创建、使用、修改与删除
- 行为与命令实现网页动态效果的应用
- JavaScript脚本实现网页特效的应用

9.1 模板与库

通常在一个网站中会有很多风格基本相似的页面，特别是位于同一层次的页面，更是只有页面中的文字和图片不同。如果每次都重新制作这些相同部分，则会非常麻烦。Dreamweaver CS3提供的模板功能可以将网页中不变的元素固定下来，即把网页的布局和内容分离，把设计好的布局保存为模板，再使用模板来创建网页，在保证网站风格统一的前提下极大地简化了工作流程。

库元素和模板具有异曲同工之妙。模板可以用来制作整体网页的重复部分。库元素就是面向网页局部重复部分的。库元素可以用来放置在同一个站点内的任何页面中，而不需要重新输入文本或插入图片等。当库中的元素被更新时，网页中对应的元素也会随着自动更新。因此，把网站中需要重复使用或需要经常更新的页面元素，存放在库中可被反复调用。

在使用模板和库前必须首先在Dreamweaver中正确建立站点。

9.1.1 模板

在模板页中大致可以分为两个部分，即可编辑区域和锁定区域。在锁定区域中放置的是网页中固定不变的部分，主要用来体现网站的风格。在模板页中直接插入的网页元素默认为是锁定的，即不可编辑的。可编辑区域则用来放置各网页中需要变化的部分，如各网页中的不同文字、图像、链接等。

创建模板有两种方法：可以从新建的空白HTML文档中创建模板，也可以把现有的HTML

文档存为模板。

1. 创建模板

【案例 9.1】使用“新建”命令创建模板。

①在 Dreamweaver CS3 中，选择【文件】→【新建】命令，弹出“新建文档”对话框。如图 9.1 所示，在“空模板”标签下的“模板类型”列表中选择“HTML 模板”，在“布局”列表框中选择所需要的选项，单击“创建”按钮，进入到模板编辑界面。

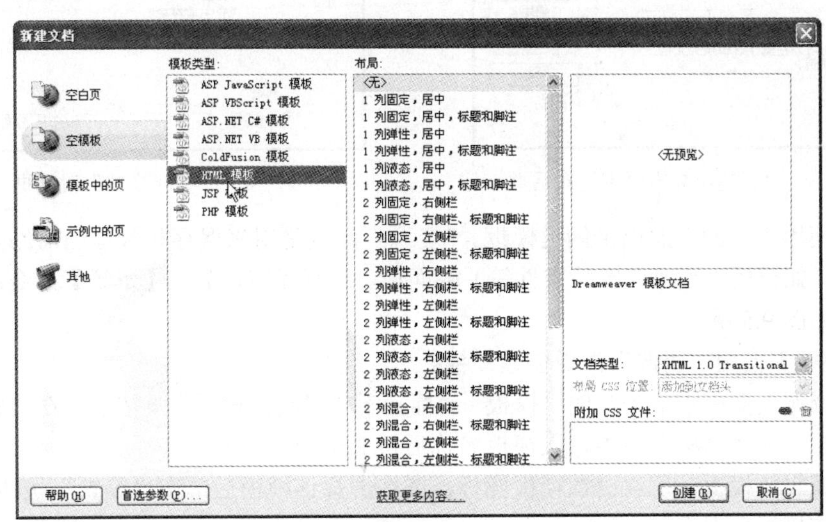

图 9.1 “新建文档”——空模板

②在此界面中编辑模板的方法如同前面所讲的编辑正常网页的方法。通常在此处放置好各网页都需要的元素，如网页的基本框架、网站 LOGO、首页链接等。此处参考第 8 章内容，插入一个 3 行 1 列的表格，效果如图 9.2 所示。

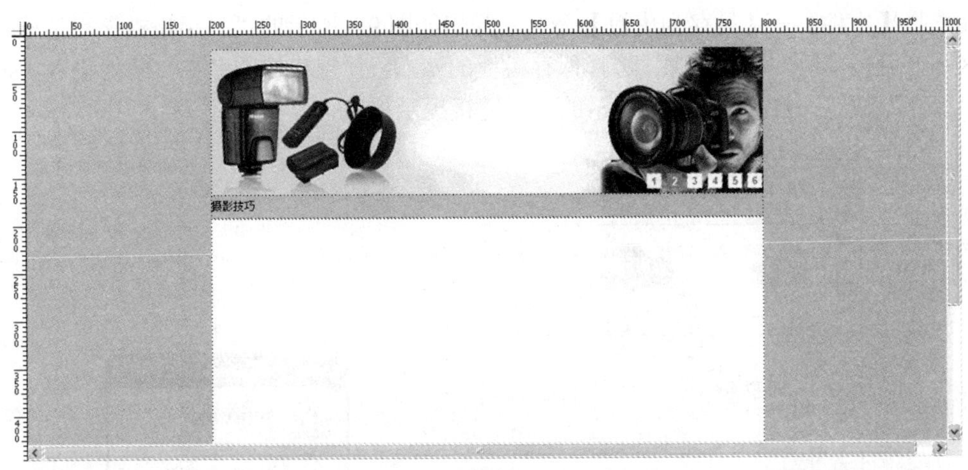

图 9.2 模板文档效果

③选择第 3 行单元格，选择【插入记录】→【模板对象】→【可编辑区域】命令，弹出如图 9.3 所示的“新建可编辑区域”对话框。

④在该对话框中输入该可编辑区域名称，此处输入“zhengwen”，单击“确定”按钮完成设置。

⑤选择【文件】→【保存】命令，弹出如图 9.4 所示的“另存模板”对话框，在该对话框中选择存放模板的站点，在“另存为”文本框中输入模板名称，此处输入“syjq”，单击“保存”按钮完成该模板的保存。

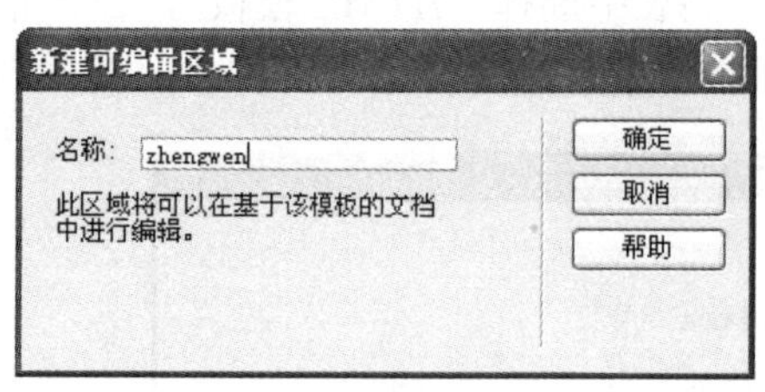

图 9.3 “新建可编辑区域”对话框

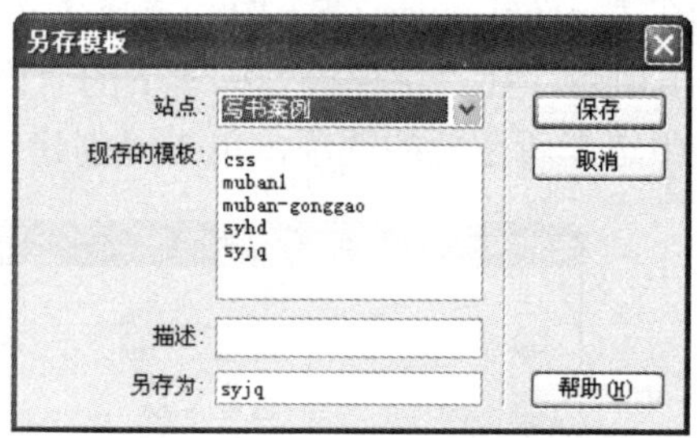

图 9.4 “另存模板”对话框

还可以使用“资源”面板来创建模板。“资源”面板是用来保存和管理当前站点或收藏夹中网页资源（如模板、图像或影片文件等）的面板。选择【窗口】→【资源】命令可打开“资源”面板，如图 9.5 所示。

【案例 9.2】使用“资源”面板创建模板。

①在“资源”面板中单击左侧“模板”标签下的“新建模板”按钮，在“资源”栏中新增一个模板。在“名称”栏中输入模板名称后按 Enter 键即可。

②如需编辑该模板，可双击该模板图标，或在选择该模板后单击“编辑”按钮。

③编辑该模板后保存。

2. 将现有网页存储为模板

【案例 9.3】从一个已存在的网页生成模板。

①打开一个已有的 HTML 网页，此处使用教学资源中的“ch09\素材\css.html”，并另存为“wansuishan.html”。

②选择【文件】→【另存为模板】命令，弹出如图 9.4 所示的“另存模板”对话框。

③在“另存模板”对话框中，选择保存模板的站点，设置模板的名称，此处输入“syhd”，单击“保存”按钮，打开如图 9.6 所示的更新链接提示框。

图 9.5 “资源”面板

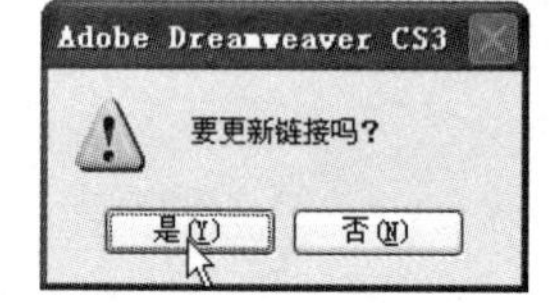

图 9.6 “更新链接”提示框

④单击“是”按钮，完成模板另存。

3. 设置模板的可编辑区域

如要使用案例 9.3 中生成的模板来创建网页，会发现此网页是无法进行内容修改的。这是因为没有在模板中指定什么地方是可以修改的。只有在模板中设置了哪些区域是可编辑的，才可以向模板创建的网页中的相应区域添加内容。

【案例 9.4】指定模板中的可编辑区域。

①打开案例 9.3 中建立的“syhd”模板文档。

②单击或框选目标区域，此处选择第 4 行单元格中的嵌套表格。

③选择【插入记录】→【模板对象】→【可编辑区域】命令，在弹出的“新建可编辑区域”对话框中输入该可编辑区域名称，此处输入“huodong”，单击“确定”按钮，完成该可编辑区域的指定。

④选择第 3 行单元格，重复步骤（3），设置“daohang”可编辑区域。

在【插入记录】→【模板对象】的级联菜单中还有以下有关区域指定的命令：

- 可选区域。可以设定该区域的隐藏或显示状态。
- 重复区域。模板用户可以使用重复区域复制任意次数的指定区域。可以定义表格属性并设置哪些表格单元格可编辑。

4. 删除可编辑区域

【案例 9.5】继续案例 9.4 中可编辑区域的设置，删除模板中的“daohang”可编辑区域。

①选择要删除的某个可编辑区域，此处选择“daohang”标记（单击绿色标记即可完成选择）。

②选择【修改】→【模板】→【删除模板标记】命令或直接按 Delete 键，均可删除可编辑区域。

5. 用模板更新网页及网站

在案例 9.5 中操作完成后，如果执行模板的修改确定保存，则 Dreamweaver CS3 会提示是否对网站进行更新。可以按照提示逐步完成更新，也可以通过更新命令来更新整个网站套用该模板的网页。

【案例 9.6】修改模板并更新网页及网站。

①接案例 9.5，执行【文件】→【保存】命令，弹出如图 9.7 所示的“更新模板文件”对话框。

②在“更新模板文件”对话框中列出了当前站点中所有使用该模板建立的网页。单击对话框中的“更新”按钮，弹出如图 9.8 所示的“更新页面”对话框。

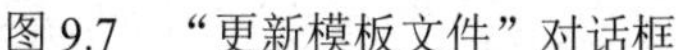
图 9.7　“更新模板文件”对话框

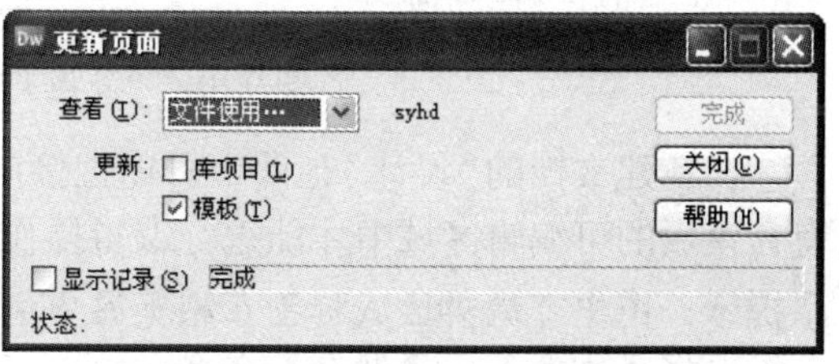

图 9.8　“更新页面”对话框

③在“查看”右侧的两个下拉列表框中分别选择“整个站点”和目标站点名称，单击“开始”按钮开始更新，如图 9.9 所示。

④更新完成后，单击“关闭”按钮，关闭“更新页面”对话框。

提示：也可以在保存时，在弹出的提示框中选择不更新，等整体修改完成后，执行【修改】→【模板】→【更新页面】命令，再打开如图 9.8 所示的“更新页面”对话框。然后进行更新操作。

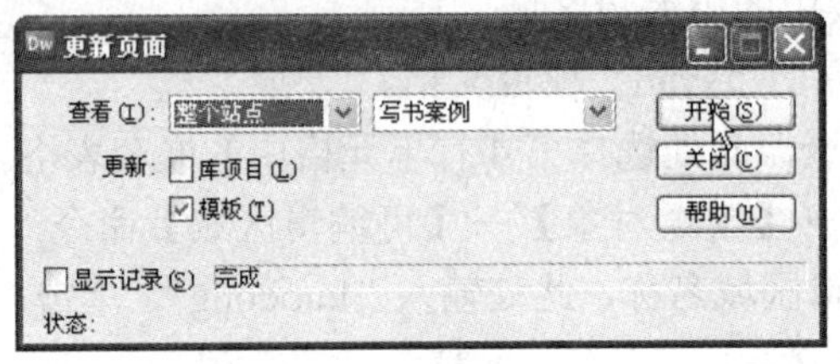

图 9.9 “更新页面”对话框的设置

若修改模板时出现与原始模板中的可编辑区域无法对应的情况，在执行更新操作时会弹出提示框，在该提示框中匹配编辑区域就可以了。例如，删除原始模板中的可编辑区域后，在弹出的“不一致的区域名称”对话框中选择提示中的“可编辑区域”。匹配工作完成后单击“确定”按钮，回到如图 9.7 所示的“更新模板文件”对话框。

6. 用模板新建网页

【案例 9.7】利用模板来创建新的网页。

①选择【文件】→【新建】命令，弹出“新建文档”对话框。

②在该对话框左侧的“模板中的页”标签下，选择目标站点及目标站点中的模板，如图 9.10 所示，此处选择站点下的“syjq”模板，单击“创建”按钮。

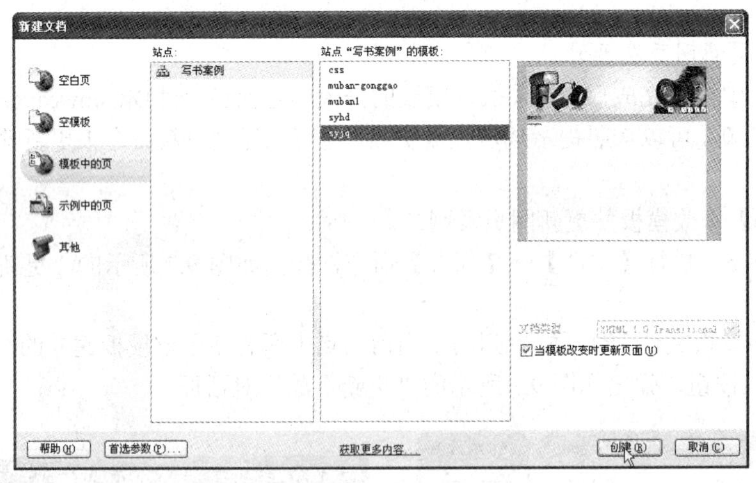

图 9.10 “新建文档”——模板中的页

③在新建文档的“设计”视图中可以直接向可编辑区域中输入内容。在编辑过程中会发现，只有在模板的可编辑区域中才能进行编辑操作，其他区域是不可编辑的。

提示：图中可编辑区域标签在浏览器中浏览时是不可见的。

④选择【文件】→【保存】命令。

7. 在网页中套用模板

【案例 9.8】将制作好的模板套用在网页中。

①新建一个 HTML 文档，输入内容，此处为“开封万岁山摄影活动”的相关内容。

②执行【修改】→【模板】→【应用模板到页】命令，打开“选择模板”对话框，如图 9.11 所示。在“选择模板”对话框中选择要套用的目标模板，单击“选定”按钮。

③如果当前网页含有的内容与准备套用的模板不完全相符，会弹出如图 9.12 所示的“不一致的区域名称”对话框。

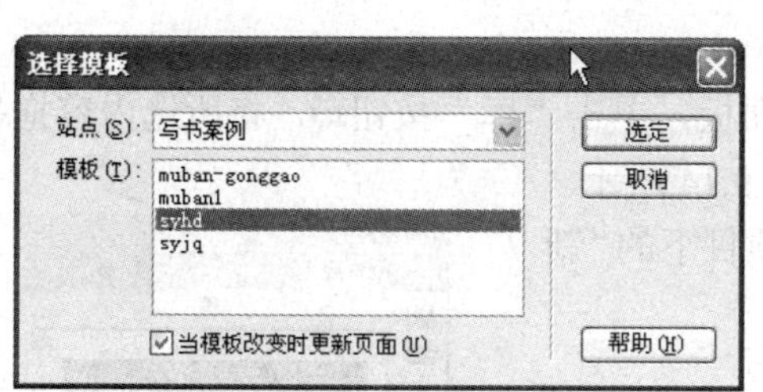

图 9.11　“选择模板”对话框

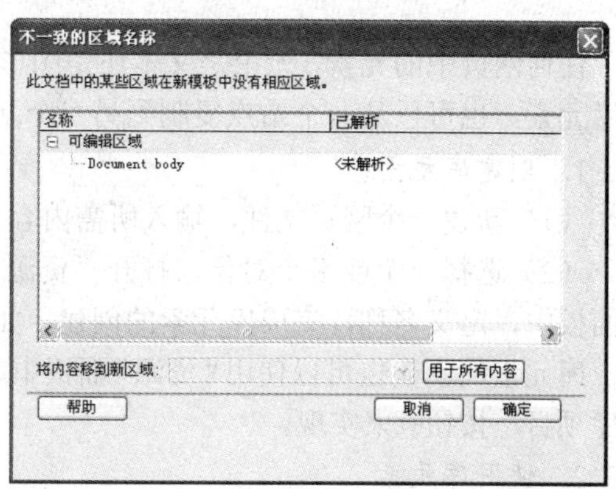

图 9.12　“不一致的区域名称”对话框

④先单击目标内容，即图 9.12 中的“Document body”处，然后再单击“将内容移到新区域”右侧的下拉按钮，在弹出的下拉列表框中选择目标可编辑区域。此处在单击“Document body”后，选择“将内容移到新区域”中的“huodong”。如果还有其他目标内容，如“Document head”等，可继续做相应设置。

⑤设置完成后，单击“确定”按钮，完成的效果如图 9.13 所示。

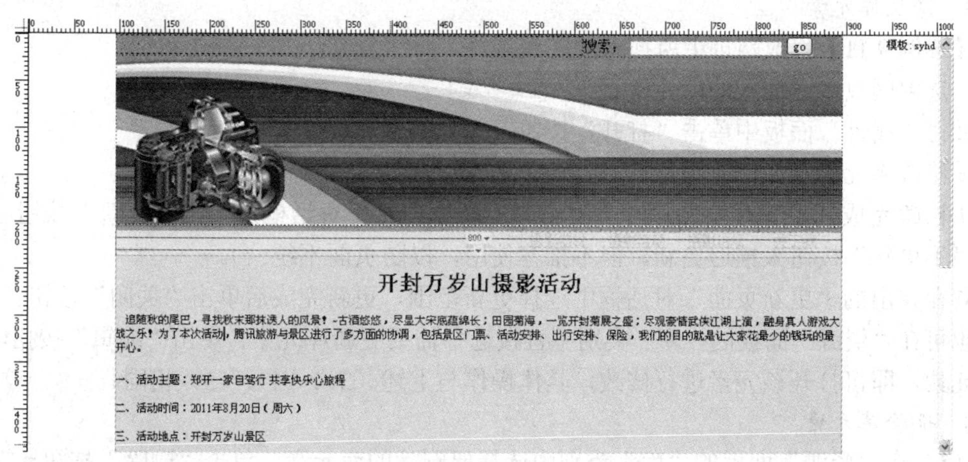

图 9.13　“开封万岁山摄影活动”套用模板后的效果

提示：如果新建的是一个空白网页，可按上述（2）、（3）步的方法直接套用模板，然后在网页中的可编辑区域加入文字等元素。其中步骤（2）也可以用下面的方法代替。打开“资源”面板的“模板”标签，选择目标模板，单击“应用”按钮。

8. 模板的相关操作

【案例 9.9】查看、修改文档所套用的模板。

①打开一个套用了模板的网页文件。

②选择【修改】→【模板】→【打开附加模板】命令。

【案例 9.10】将文档与套用模板之间的关联关系终止，即将文档与模板分离。

①打开一个套用了模板的网页文件。

②选择【修改】→【模板】→【从模板中分离】命令。

9.1.2 库

任何网页中的元素，无论是文本还是图形，均可以指定为库元素。库元素还可以被转换为非库元素，也可以从一个站点复制到另一个站点中。

1. 创建库元素

（1）新建一个网页文件，输入所需内容。

（2）选择一个或多个对象，打开“资源”面板，单击“库”按钮，将所选内容拖拽到该面板中，定义名称，完成库元素的创建，如图 9.14 所示。

库元素的创建也可以使用“资源”面板中库项目下的“新建库项目”按钮来实现。

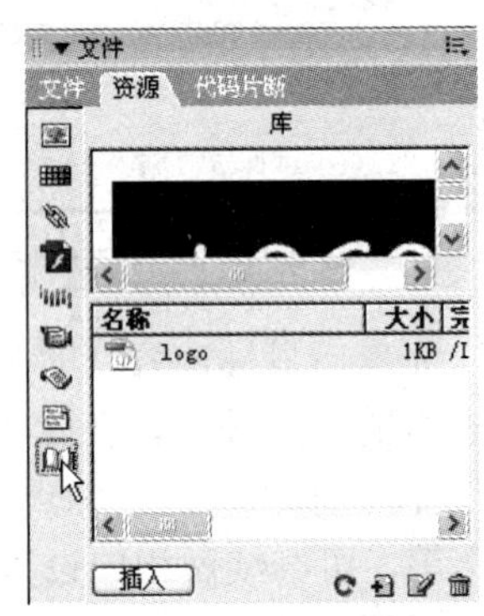

图 9.14 “资源”面板——库

2. 使用库元素

（1）新建或打开一个已存在的网页文件。

（2）打开“资源”面板，单击“库”按钮，拖拽所需库元素到网页中的适当位置，库元素即被应用到该网页中。

步骤(2)也可通过将插入点放在需要插入库元素的位置，然后在“库”面板中选择一个所需库元素，单击该面板下方的“插入”按钮完成。

3. 修改库元素

【案例 9.11】修改网页中所插入的库元素。

①选中网页中已插入的库元素。

②在“属性”面板中单击“打开”按钮。

③修改库元素（如修改图片等）。

④修改完成之后保存，保存时会弹出“更新库项目”对话框，单击“更新”按钮（也可单击“不更新”按钮来推迟更新，但不推荐使用，以防页面不统一）。

⑤在弹出的“更新页面”对话框中选择更新范围，更新完成后单击“关闭”按钮。

也可在“资源”面板的“库”类别下直接选择需要更新库元素，单击“编辑”按扭或双击该元素，即可打开该元素进行修改，具体操作与上述（3）、（4）、（5）相同。

4. 删除库元素

（1）在“资源”面板的“库”类别中选择要删除的库元素，单击“删除”按扭。

（2）在弹出的提示框中单击“是”按钮即可从库中将此元素删除。

如果无意中错删了某个库元素，可以在应用库元素的文档中选择该库元素，然后在“属性”面板上单击“重新创建”按扭，则 Dreamweaver CS3 会自动使用原来的库名称，重新建立该元素。

5. 更新使用库元素的页面

选择【修改】→【库】→【更新页面】命令，可更新整个站点中所有使用某个特定库元素的页面。

选择【修改】→【库】→【更新当前页】命令，可使当前页面中所有库元素都更新到当前的最新版本。

9.2　网页特效

为了丰富网页的内容，使网页能更好地吸引用户的眼球，设计者在制作网页时，通常会添加各种特殊效果来使网页更加新颖、别具风格，这就是所谓的网页特效。这些网页特效通常是使用 JavaScript 脚本编写的，但对于没有编程基础的初学者来说，采用 Dreamweaver CS3 的行为与命令也可以实现很多不错的效果。

9.2.1　行为

行为就是在网页中所进行的一系列动作，通过这些动作可实现用户与页面的交互。利用 Dreamweaver CS3 的行为，不写一行代码，也可以实现丰富的动态页面效果。

行为是由事件和动作组成的。事件是引发动作产生的条件，即触发动态效果的原因，如鼠标对某个对象的单击、双击事件等，而动作是事件发生后，计算机系统所执行的一个动作，如打开一个浏览器窗口、播放声音等。

在 Dreamweaver CS3 中是通过“行为”面板来完成行为中动作和事件设定的。选择【窗口】→【行为】命令或按 Shift+F4 组合键，打开“行为”面板，如图 9.15 所示。

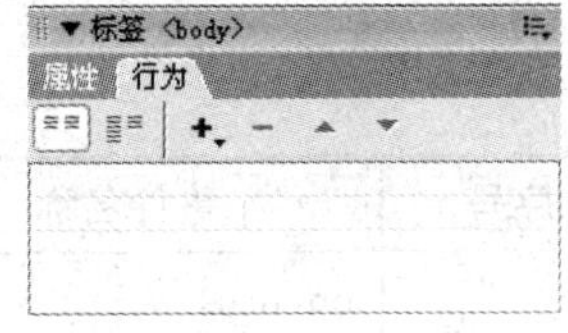

图 9.15　“行为”面板

1. 添加行为

“行为”面板中的 +. 按钮可给网页中的某个对象添加行为，方法如下：

（1）在网页中选中要添加行为的对象，如图像、文字、按钮等。

（2）单击“行为”面板中的 +. 按钮，弹出动作名称菜单，如图 9.16 所示，从中选择某个动作名称，即可进行相应动作参数的设置。动作设置完成后，在“行为”面板的行为显示区中即可显示出所选动作的名称与系统所给的默认事件名称，如图 9.17 所示。

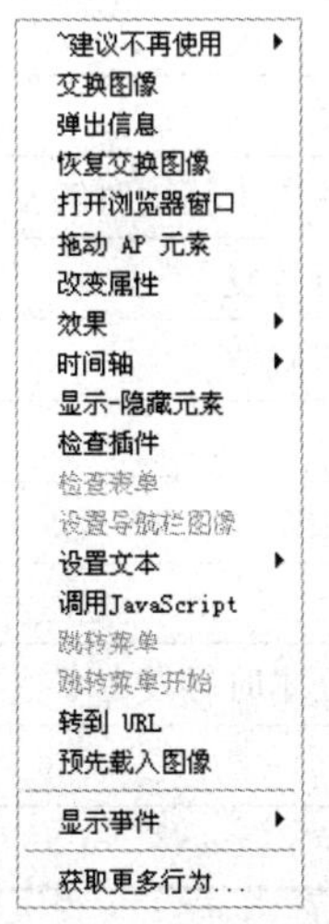

图 9.16　动作名称菜单

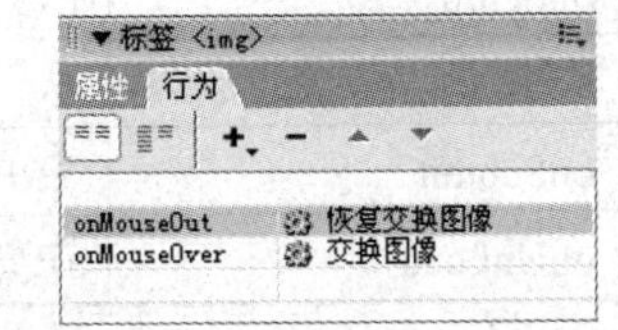

图 9.17　“行为”面板的事件名称

（3）如果要更换系统的默认事件，可单击“事件”栏中默认事件名称，此时会在事件处出现下拉列表框，单击右边的下拉按钮，在弹出的事件名称菜单中，选择某个事件名称即可。

2. 更改或删除行为

在更改或删除行为前，同样需要先选择对象，再打开“行为”面板，然后执行相关操作。

- 编辑行为中的动作参数，可在“行为”面板中双击要编辑参数的动作的名称，或选中名称后按 Enter 键。
- 更改动作顺序，单击“行为”面板中的▲或▼按钮即可改变相应顺序。
- 删除当前行为，单击“行为”面板中的－按钮，可删除当前选中的行为（包括动作和事件）。

3. 其余操作

单击“显示所有事件”按钮，将在“行为”面板中显示出网页中所选对象所能使用的所有事件。单击“显示设置事件”按钮，则只在“行为”面板中显示出所有已经使用的事件。

4. 行为的事件名称及其作用

由于不同的浏览器所支持的事件类型不同，下面将介绍一些常见的事件类型。

表 9.1 常见事件名称及其触发条件

序号	事件名称	事件触发条件
1	onFocus	当前对象获得焦点时触发
2	onBlur	当前对象失去焦点时触发
3	onClick	单击指定对象时触发
4	onDblClick	双击指定对象时触发
5	onKeyDown	按下键盘上的某个键，不放开时触发
6	onKeyPress	按下键盘上的某个键，放开时触发
7	onKeyUp	放开按下的键时触发
8	onLoad	在载入图像或页面等对象时触发
9	onMouseDown	按下鼠标左键未放开时触发
10	onMouseUp	按下鼠标左键并释放鼠标时触发
11	onMouseMove	当鼠标移向指定对象或在指定对象上移动时触发
12	onMouseOver	当鼠标指针移入指定对象区域时触发
13	onMouseOut	当鼠标指针移出指定对象区域时触发
14	onReset	表单重置时触发
15	onResize	当重设浏览窗口或框架大小时触发
16	onScroll	网页上下滚动时触发
17	onSelect	从一个文本框或选择框中选择文本时触发
18	onSubmit	表单提交时触发
19	onUnLoad	在离开主页面时触发

5. 常用动作的作用及其设置

当用户在浏览器中触发一个事件时，事件就会调用与其相关的动作，即一段预先编写好的 JavaScript 代码。Dreamweaver CS3 内置了一些动作的 JavaScript 程序脚本，可供用户直接调用，对于不同的选定对象，在动作名称菜单中可以使用的动作也不一样。下面将介绍 Dreamweaver CS3 中的常用动作设置。

（1）交换图像。当鼠标指向网页中已添加此行为的图像时，该图像将变为另一幅图像。利用添加行为的方法，在“行为”面板上单击“添加行为”按钮，选择“交换图像”命令，打开“交换图像”对话框，如图 9.18 所示。该对话框中各项设置含义如下：

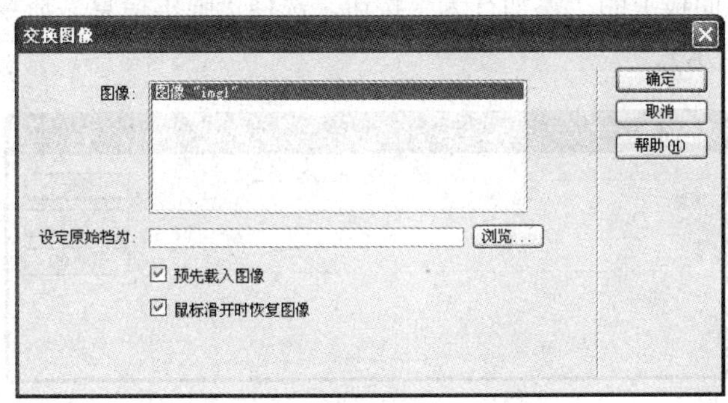

图 9.18　“交换图像”对话框

- “图像”。显示出已添加到网页的图像，可从中选择要交换的原始图像。
- “设定原始档为”与“浏览”按钮。可输入或选择用来交换的图像。
- “预先载入图像”。勾选此复选框，可预先载入图像，使图像在网页中的显示更流畅。
- “鼠标滑开时恢复图像”。勾选此复选框，当鼠标指针离开添加此行为的图像时则恢复原始图像的显示。

（2）恢复交换图像。“恢复交换图像”行为只能在使用了“交换图像”行为之后才可以使用。它可以把交换后的图像恢复为原图像。单击选择该动作命令后，将弹出“恢复交换图像”提示框。只需在此提示框中单击“确定”按钮，即可完成恢复原图像的设置。

【案例 9.12】给网页图像添加“交换图像”和“恢复交换图像”行为。

①新建 HTML 文档，在文档中插入一幅图片，给图像命名为“img1”。

②选中图像，在“行为”面板上单击“添加行为”按钮，选择“交换图像”命令，打开“交换图像”对话框，如图 9.19 所示。

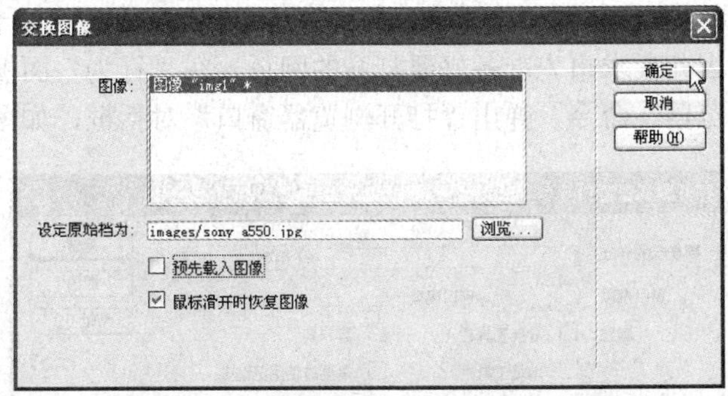

图 9.19　完成设置后的“交换图像”对话框

③在“设定原始档为”处选中要交换的图像，其他设置如图 9.19 所示，单击“确定”按钮完成设置。

④此时，在“行为”面板中自动添加了“交换图像”和“恢复交换图像”两个行为，并自

动添加了触发行为的两个事件 onMouseOver 和 onMouseOut。按 F12 键预览网页。

（3）弹出信息。弹出信息是指在浏览网页过程中，打开某网页时弹出一个信息框，或在鼠标单击网页中的图片、链接或按钮时弹出一个信息框，此类情况的使用方法类似。

【案例 9.13】在浏览器中打开网页时弹出一个“欢迎”信息框。

①新建一个 HTML 文档。

②单击“行为”面板上的“添加行为”按钮，选择“弹出信息”命令，弹出“弹出信息”对话框，如图 9.20 所示。

图 9.20 “弹出信息”对话框

③在此对话框的“消息”列表框中输入要显示的信息（也可输入 JavaScript 语句），本案例在此处输入“欢迎光临我的站点”。单击“确定”按钮，即可完成设置。

④保存文档，按 F12 键预览网页，“弹出信息”对话框如图 9.21 所示。

图 9.21 “弹出信息”对话框

提示：“消息”框中输入的文字不会自动换行，可在输入时输入 Enter 键来实现换行的效果。

（4）打开浏览器窗口。打开浏览器窗口与弹出信息相似，只是打开的不是信息框而是一个新的浏览器窗口，因此要求事先准备好要打开的网页。在“行为”面板上单击“添加行为”按钮，选择“打开浏览器”命令，弹出“打开浏览器窗口”对话框，如图 9.22 所示。

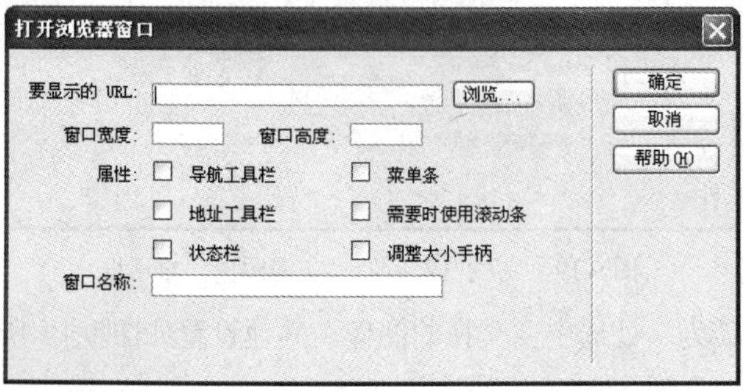

图 9.22 “打开浏览器窗口”对话框

该对话框中各项设置含义如下：

- 要显示的 URL。输入或通过“浏览”按钮选择要打开的网页文件的地址。
- 窗口宽度与窗口高度。设置要打开的浏览器的宽度和高度。
- 属性栏。用来设置要打开的浏览器的属性。各项复选框分别代表在新的浏览器窗口中是否包括导航工具栏、菜单条、地址工具栏、滚动条、状态栏以及是否可以通过鼠标拖拽来调整浏览器显示窗口的大小。
- 窗口名称。设置新打开窗口的名称。

【案例 9.14】新建一个站点首页，弹出一个新的“放假通知”的浏览器窗口。

①新建一个 HTML 文档，内容为五一放假通知，命名为 gonggao.html，保存文档。

②新建一个 HTML 文档，命名为 index.html，将其设为站点首页。

③在 index.html 中，单击“行为”面板上的“添加行为”按钮，选择“打开浏览器窗口”命令，打开“打开浏览器窗口”对话框。

④在“打开浏览器窗口”对话框中各选项的设置如图 9.23 所示，单击“确定”按钮完成。

⑤保存 index.html，按 F12 键预览 index.html 网页，弹出通知页面如图 9.24 所示。

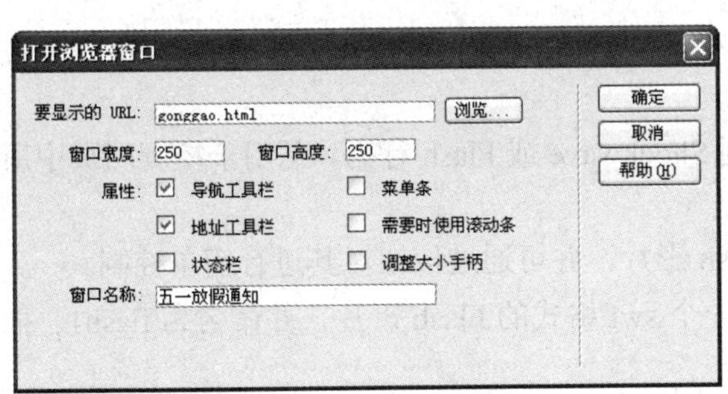

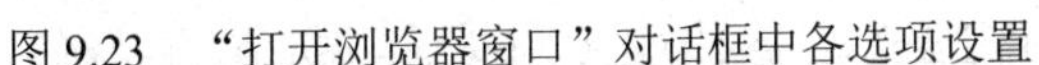
图 9.23 “打开浏览器窗口”对话框中各选项设置

图 9.24 弹出的浏览器窗口

(5)拖动 AP 元素。拖动 AP 元素行为可以让访问网页的用户拖动本来是绝对定位的(AP)元素。使用此行为可以创建拼图游戏、滑块控件和其他可以移动的界面元素。

【案例 9.15】在一个网页上放置一个可以拖动的“通知”对象。

①新建 HTML 文档，在此 HTML 文档添加一个层元素，层命名为 c1，其内容与属性设置参考图 9.25 所示。

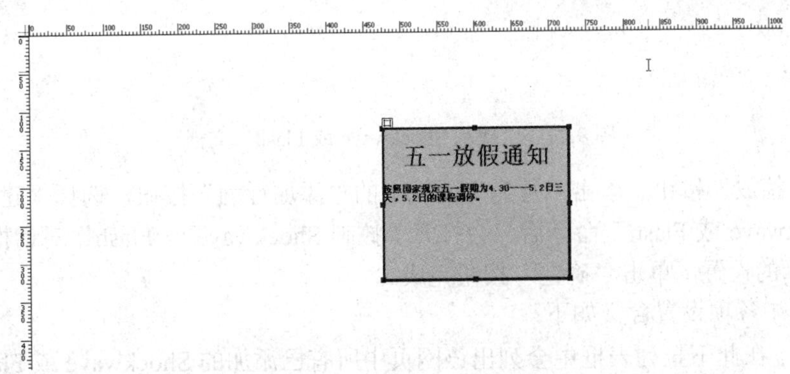

图 9.25 包含层的 HTML 文档

②单击 HTML 文档的空白处，即选定<body>对象（注意不要选择层），单击“行为”面板上的“拖动 AP 元素”按钮，选择“拖动 AP 元素”命令，打开“拖动 AP 元素”对话框，如图 9.26 所示。

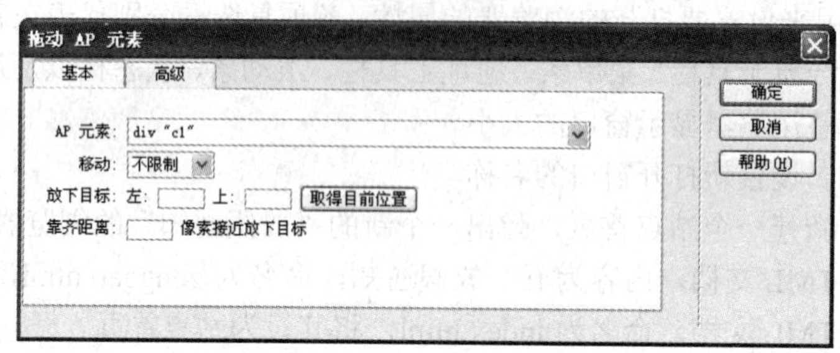

图 9.26 “拖动 AP 元素”对话框

③选择“AP 元素”中要拖动的元素名称，“不限制”其移动范围，单击“确定”按钮。

④按 F12 键预览网页，可以拖动该层到网页中的任何位置。

⑤双击“行为”面板中刚添加的“拖动 AP 元素”行为，再次打开“拖动 AP 元素”对话框，在“放下目标”的“左”和“上”处都输入 0。“靠齐距离”为“50”像素接近放下目标。

⑥再次按 F12 键预览网页，当拖动该层到网页左上角的时候，当接近目标 50 像素位置会自动吸附到目标位置即网页的左上角。

（6）控制 Shockwave 或 Flash。控制 Shockwave 或 Flash 行为，是用于控制网页中所插入的 Shockwave 或 Flash 影片的。

【案例 9.16】在网页上放置一个 Flash 影片，并可通过按钮对其进行简单控制。

①新建 HTML 文档，在文档中插入一个 swf 格式的 Flash 影片，并命名为 flash1。插入两个按钮，如图 9.27 所示。

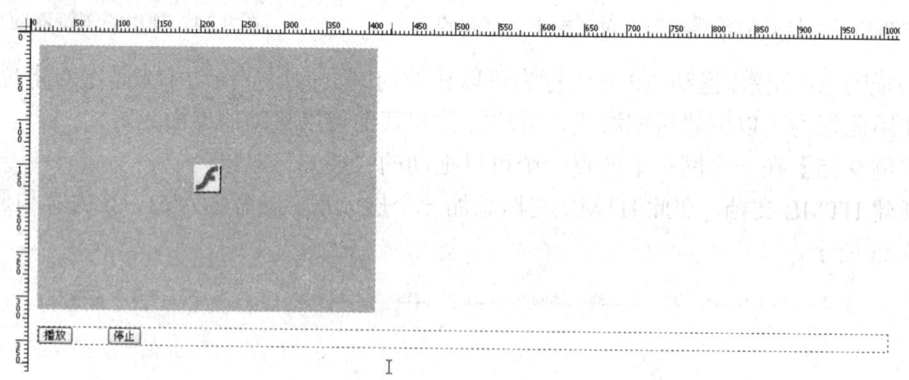

图 9.27 “控制 Shockwave 或 Flash”文档

②选择“播放”按钮，单击“行为”面板上的“添加行为”按钮，选择“建议不再使用”/“控制 Shockwave 或 Flash”命令后，会打开“控制 Shockwave 或 Flash”对话框，对其进行如图 9.28 所示的设置，单击“确定”按钮完成。

该对话框中各项设置含义如下：

- 影片。在此下拉列表框中会列出该网页中所有已添加的 Shockwave 或 Flash 影片的名字，单击选择需要进行控制的影片名字。

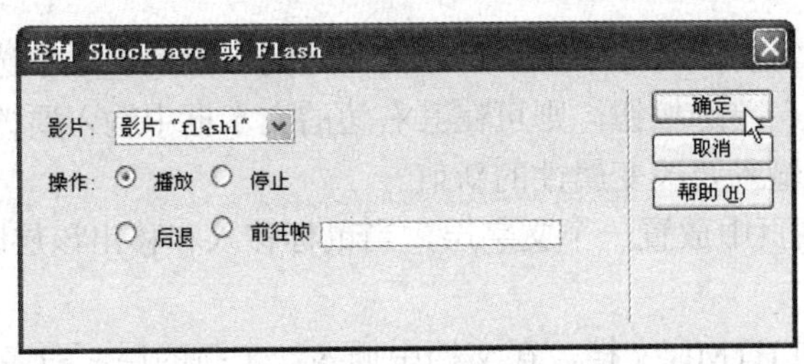

图 9.28　“控制 Shockwave 或 Flash”对话框

- 操作。此处包括播放、停止、后退和前往帧 4 个单选按钮。如果选择了“前往帧”单选按钮，还应在其右边的文本框中输入数字，代表要跳转到影片的第几帧播放。

③选中“停止”单选按钮，如（2）中添加“控制 Shockwave 或 Flash”行为，在打开的“控制 Shockwave 或 Flash”对话框的“操作”项中选择“停止”单选按钮，单击“确定”按钮完成。

④保存文档，按 F12 键预览网页，分别单击“播放”和“停止”按钮测试效果。

（7）播放声音。播放声音行为可以播放声音，如给当前页面设置背景音乐等。由于播放声音是需要音频支持的，所以在网页中所嵌入的声音格式要能够被识别。

【案例 9.17】给网页添加一个背景音乐。

①新建 HTML 文档。

②单击“行为”面板上的“添加行为”按钮，选择“建议不再使用”→“播放声音”命令，打开“播放声音”对话框，如图 9.29 所示。

图 9.29　“播放声音”对话框

③在该对话框中输入或选择声音文件的路径及名称，单击“确定”按钮完成设置。

④保存文档，按 F12 键预览网页。

（8）改变属性。使用此行为，可以动态改变某些对象的属性值。在“行为”面板上单击“添加行为”按钮，选择“改变属性”命令，打开“改变属性”对话框，如图 9.30 所示。

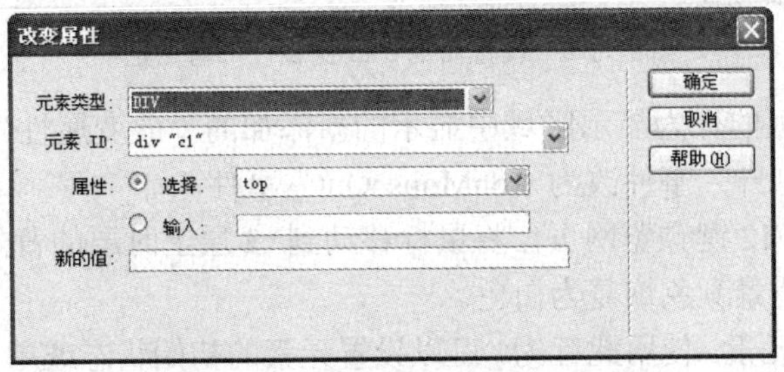

图 9.30　“改变属性”对话框

其中各项设置含义如下：

- 元素类型。在其下拉列表框中选择要改变属性的对象类型。
- 元素 ID。选择要改变属性的对象名称。

- 属性。若选中“选择”单选按钮，可在其右边的下拉列表框中选择要改变的属性名称。若选中“输入”单选按钮，则可在其右边的文本框中输入要改变的属性名。
- 新的值。用于输入要改变属性的新值。

【案例 9.18】在网页中放置一个文字层，当鼠标移入和移出该层时，该层的背景颜色发生改变。

①打开案例 9.15 的 HTML 文档，在文档中插入一个新的层，命名为 c2。在 c2 层中输入“五一放假通知”，格式设为“标题一”。

②选中 c2 层，添加“改变属性”行为，在打开的“改变属性”对话框中各项设置如图 9.31 所示，单击“确定”按钮完成设置。

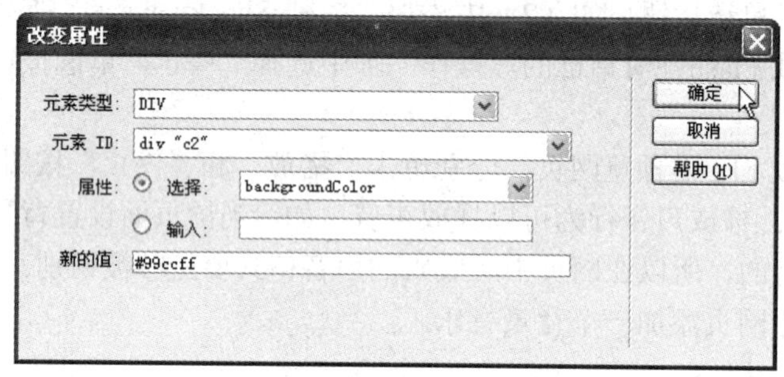

图 9.31 “改变属性”对话框

③将“行为”面板的行为显示区域中显示的“改变属性”行为前面的事件改为“onMouseOver”事件。

④选中 c2 层，添加“改变属性”行为，在打开的“改变属性”对话框中各项设置如图 9.32 所示，单击“确定”按钮完成设置。

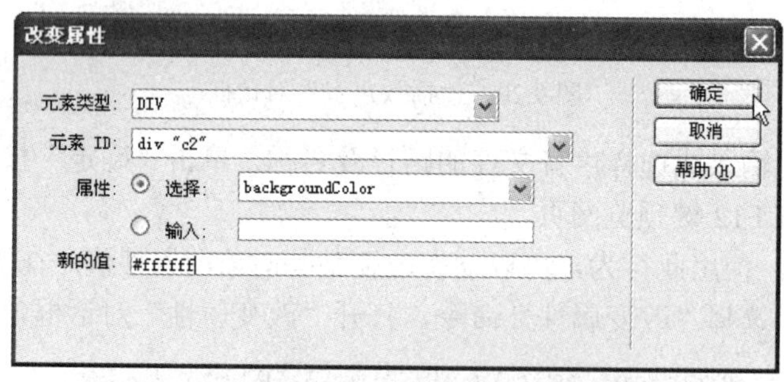

图 9.32 设置后的“改变属性”对话框

⑤将“行为”面板的行为显示区域中显示的新添加的“改变属性”行为（注意与前面步骤 2 中添加的行为区别开）事件改为“onMouseOut”事件。

⑥保存文档，按 F12 键预览网页，将鼠标移动到 c2 层上时层的背景颜色变为一种蓝色，将鼠标移出此层时，背景颜色恢复为白色。

（9）显示－隐藏元素。使用此行为，可以设置元素的初始状态或单击某对象时对应的 Div 区域是显示还是隐藏。在“行为”面板上单击“添加行为”按钮，选择“显示－隐藏元素”命令，打开“显示－隐藏元素”对话框，如图 9.33 所示。在此对话框中单击选择“元素”列表框中的元素名称，然后单击“显示”或“隐藏”按钮，即可完成相应的设置。若单击“默认”按钮，即可将元素的显示或隐藏状态设置为默认。

图 9.33　“显示－隐藏元素”对话框

【案例 9.19】在案例 9.18 的网页中将鼠标移入和移出 c2 层时，可分别控制 c1 层的显示和隐藏。

①打开案例 9.18 的 HTML 文档，将 c1 层中的通知标题删除后，保存文档。

②选中 c1 层，在“属性”面板中将“可见性”设为“hidden”。

③选中 c2 层，为其添加“显示－隐藏元素”行为，在打开的“显示－隐藏元素”对话框的“元素”列表框中选择“div "c1"”，再单击“显示”按钮，此时在“元素”列表框中的“div "c1"”后会看到“显示”，如图 9.33 所示。完成后单击“确定”按钮。

④将“行为”面板的行为显示区域中显示的“显示－隐藏元素”行为前面的事件改为“onMouseOver”事件。

⑤选中 c2 层，再次添加“显示－隐藏元素”行为，在打开的“显示－隐藏元素”对话框的“元素”列表框中选择“div "c1"”，再单击“隐藏”按钮，完成后单击“确定”按钮。

⑥将“行为”面板的行为显示区域中，显示的新添加的“显示－隐藏元素”行为（注意与前面步骤（2）中添加的行为区别开）事件改为“onMouseOut”事件。

⑦保存文档，按 F12 键预览网页，此时只能看到 c1 层，c2 层处于隐藏状态。将鼠标移动到 c1 层上，此时 c2 层显示出来，再将鼠标从 c1 层移开时，c2 层再次隐藏。

（10）检查插件。当制作的网页中存在 Flash、QuickTime、Shockwave 等需要安装专门的播放程序才能播放的对象时，通常需要设定检查插件行为来确定用户的计算机中是否安装了此类插件，并根据检查结果来确定网页的显示内容。

【案例 9.20】检查浏览者的计算机中是否安装了相关插件，可否播放网页中的 Flash 影片。

①打开案例 9.16 的 HTML 文件。

②选中插入的 Flash 影片，在“行为”面板上单击“添加行为”按钮，选择“检查插件”命令，打开“检查插件”对话框，如图 9.34 所示。

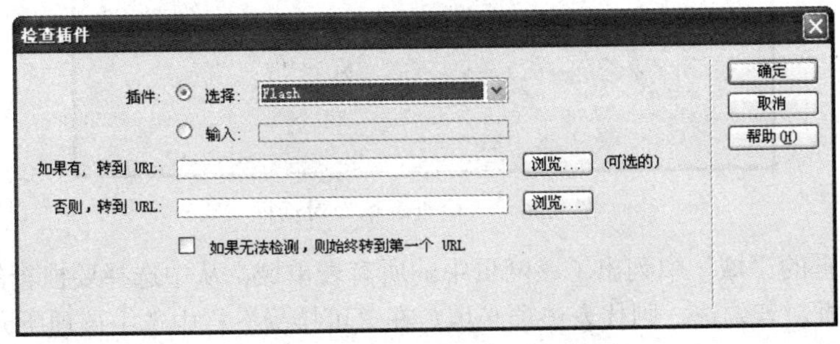

图 9.34　“检查插件”对话框

对话框中各选项含义如下：

- 插件。可通过“选择”或“输入”来完成插件类型的设置。
- 如果有，转到 URL。如果检测到用户安装了该插件，则跳转到此处所指向网页。
- 否则，转到 URL。如果未检测到用户安装该插件，则跳转到此 URL 所指网页。
- 如果无法检测，则始终转到第一个 URL。勾选此复选框，表示当用户浏览器不支持对插件的安装与检测时，将始终打开第一个 URL 所指网页。

③完成对话框中的相关设置，单击“确定”按钮。

④按 F12 键预览网页。

（11）检查表单。一个表单通常有它的填写规范。如果访问者不清楚该规范，将表单的内容填错，则发送到服务器端的信息也是错误的，结果导致无法从用户那里获得正确的信息。因此，在网页中提醒用户避免一些简单的错误是很有必要的。

使用“检查表单”行为，可以在用户提交表单时，先检查用户所提交的信息是否是正确的数据类型。若符合，则将表单信息上传至服务器；否则，则向用户反馈错误提示。

【案例 9.21】检查浏览者提交的表单信息是否符合设计要求。

①新建 HTML 文档，文档内插入表单域，其设置布局如图 9.35 所示。

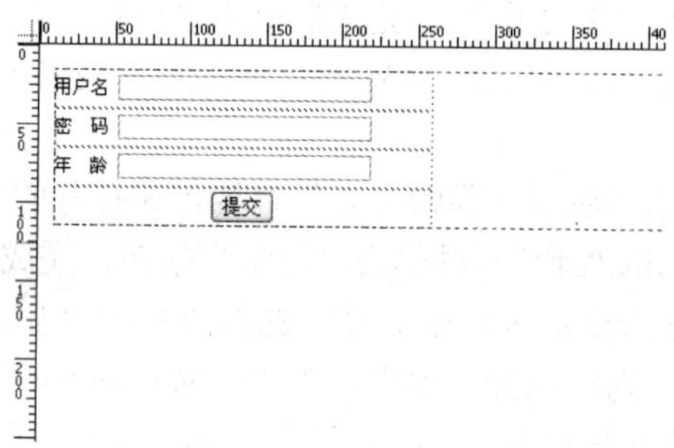

图 9.35 插入表单域的文档

②单击文档内的“提交”按钮，在“行为”面板上单击“添加行为”按钮，选择“检查表单”命令，打开“检查表单”对话框，如图 9.36 所示。

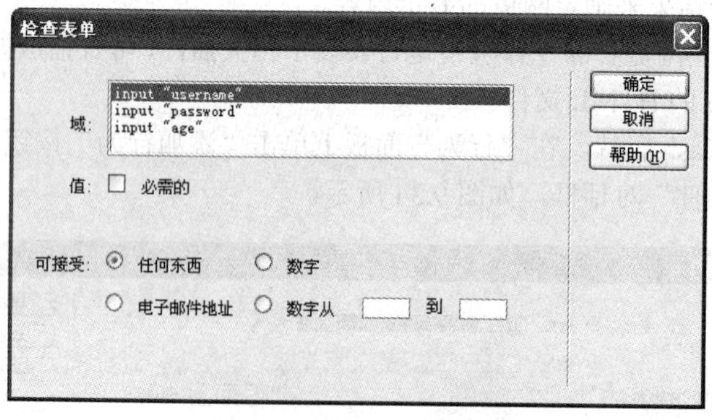

图 9.36 “检查表单”对话框

③在该对话框的“域”中列出了该网页中的所有表单域，从中选择要检查的域。根据需要勾选“值”复选框，若勾选，则代表该项必填。在“可接受”栏中选中该项所允许的内容。

④在“域”中选择“username”项，勾选“必需的”复选框，可接受“任何东西”。

⑤在“域”中选择“password”项，勾选“必需的”复选框，可接受“数字”。

⑥在“域”中选择“age”项，不勾选“必需的”复选框，可接受区选中“数字从……到……”单选按钮，输入从“0”到“100”。

⑦单击“确定”按钮完成设置。

⑧保存文档，按 F12 键预览网页，在网页中输入数据验证“检查表单”行为。

（12）设置导航条图像。此行为实际上是对所选图像完成一系列的状态转换效果，其对话框设置请参考 7.4 节插入导航条的设置，此处不再赘述。

（13）设置文本。此行为包含 4 项，可分别对所选容器、框架、文本域、状态栏进行文本设置。下面将以设置层文本（所选容器）为例讲解该行为的使用方法。

【案例 9.22】在浏览器中单击网页上的某层时，层中的文本变为预定值。

①新建 HTML 文档。

②在文档中插入层，命名为 c_txt，给该层设置任意背景颜色，并输入任意的文本。

③选择该层，在“行为”面板上单击“添加行为”按钮，选择“设置文本” →“设置容器的文本”命令，打开“设置容器的文本”对话框，如图 9.37 所示。

图 9.37　“设置容器的文本”对话框

④在“新建 HTML”右侧输入“这是新的文本!”，单击“确定”按钮。

⑤将“行为”面板的行为显示区域中显示的“设置容器的文本”行为前面的事件，改为“onClick”事件。

⑥保存文档，按 F12 键预览网页，将鼠标移动到层上单击，观看效果。

（14）调用 JavaScript。使用此行为，可以使所选对象具有某种可执行能力，它在响应用户需求时并不需要通过网络回传资料。下面将通过单击按钮以实现浏览器窗口的关闭为例，来讲解该行为的使用方法。

【案例 9.23】当浏览者单击网页上的“关闭窗口”按钮时，系统就关掉此网页窗口。

①新建 HTML 文档，在文档中插入一个按钮，按钮的“属性”设置如图 9.38 所示。

图 9.38　按钮“属性”设置

②选择该按钮，在“行为”面板上单击“添加行为”按钮，选择“调用 JavaScript”命令，打开“调用 JavaScript”对话框，如图 9.39 所示。

③在该对话框中输入 JavaScript 语句或函数。此处输入“window.close()”。单击“确定”按钮，完成设置。

④保存文档，按 F12 键预览网页，单击“确定”按钮，弹出提示框如图 9.40 所示，若单击“是”按钮，则关闭该网页；否则，不关闭。

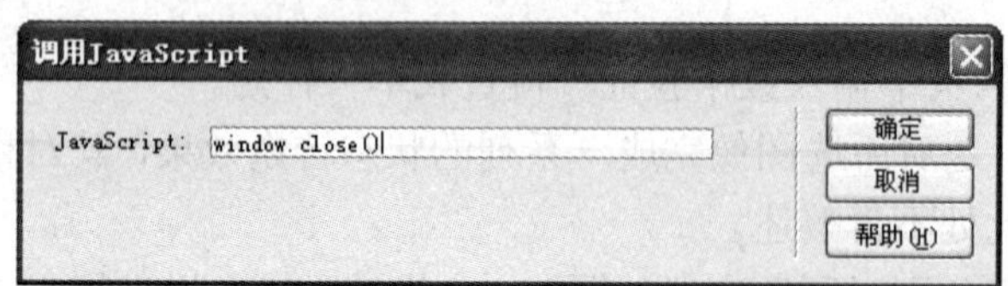

图 9.39 “调用 JavaScript”对话框

图 9.40 “调用 JavaScript”对话框的提示框

（15）跳转菜单。要使用此行为，在 HTML 文档中必须已经插入了跳转菜单。跳转菜单一旦被插入到 HTML 文档中后，虽然还可以对其各列表项的值及连接做修改，但已经不能再更改其各项链接的打开位置，或添加、更改菜单提示文本等操作。若要实现上述操作，则必须使用“跳转菜单”行为。

【案例 9.24】使用“跳转菜单”行为修改网页中的跳转菜单项。

①新建 HTML 文档，在文档中插入一个跳转菜单。

②单击跳转菜单，此时在“行为”面板中已自动添加了一个“跳转菜单”行为。

③双击“行为”面板中的“跳转菜单”行为，打开“跳转菜单”对话框，如图 9.41 所示。

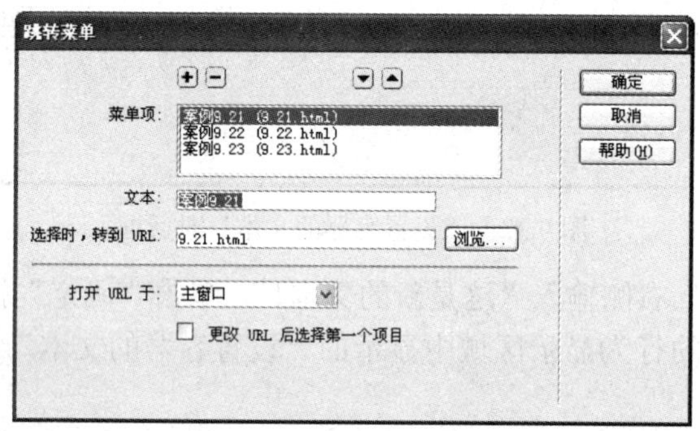

图 9.41 “跳转菜单”对话框

④在该对话框中修改各选项值后，单击“确定”按钮。

⑤保存该文档，按 F12 键预览网页，单击各跳转菜单项查看跳转。

（16）跳转菜单开始。跳转菜单开始，实际上就是通过一个跳转按钮来实现跳转菜单中各选项所指 URL 的链接。

【案例 9.25】用一个跳转按钮来控制跳转菜单各项链接的跳转。

①打开案例 9.24 中的 HTML 文档，并在跳转菜单后面添加一个跳转按钮，如图 9.42 所示。

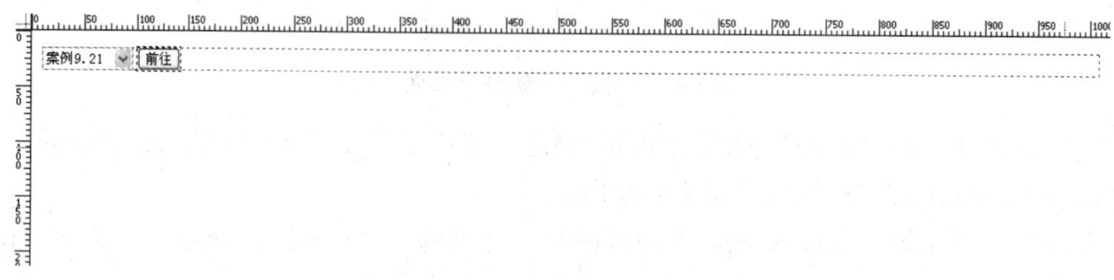

图 9.42 “跳转菜单开始”文档

②单击“前往”按钮，在“行为”面板上单击“添加行为”按钮，选择“跳转菜单开始”命令，打开“跳转菜单开始”对话框，如图 9.43 所示。

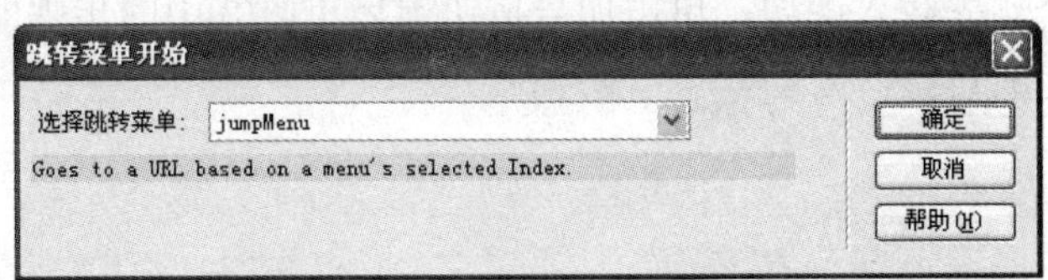

图 9.43　“跳转菜单开始”对话框

③单击“确定”按钮完成。

④保存该文档，按 F12 键预览网页，选择某一跳转菜单项，单击“前往”按钮，跳转到菜单项所指向的网页。

（17）转到 URL。使用此行为，可以设定在当前窗口或者指定的框架窗口中打开某一网页。常见到的因网站改址而直接将链接到老地址的用户转到新的地址，即可通过此行为来实现。此行为的对话框如图 9.44 所示，其各项设置较为简单，在此不再赘述。

图 9.44　“转到 URL”对话框

（18）预先载入图像。当网页中有很多图像时，由于网络速度的因素，可能这些图片并不能马上全部显示出来，如果将要显示的图像在第一次打开时先下载到用户的缓存中，那么当再次打开时就会流畅很多。但要注意，并没有必要将所有图片都预先下载到用户的缓存中，若下载到用户缓存的图像总体积太大时，反而会影响打开网页的速度，也会影响到用户的计算机运行速度，所以通常只预先载入各网页共用或经常调用的图像，如网站 LOGO 等。下面将通过案例来介绍该行为的使用方法。

【案例 9.26】预先载入网站的 LOGO 及常用图像。

①新建 HTML 文档，把它设为网站首页，或打开一个设为网站首页的 HTML 文档。

②单击该文档的首行起始位置，然后单击“行为”面板上的“添加行为”按钮，选择“预先载入图像”命令，打开“预先载入图像”对话框，如图 9.45 所示。

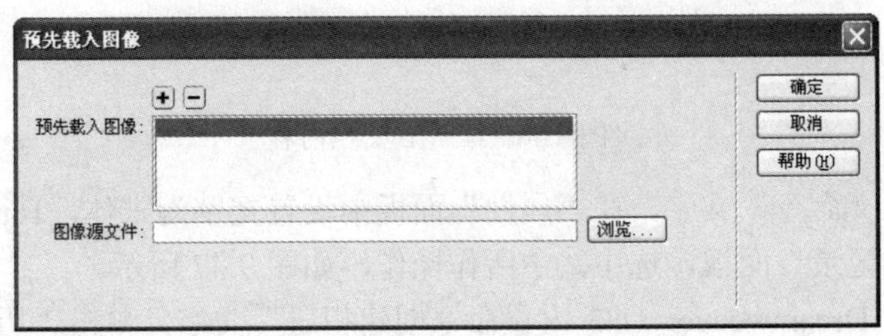

图 9.45　“预先载入图像”对话框

③在该对话框中单击“浏览”按钮，在打开的“图像源文件”对话框中选择要预先加载的图像，确定后选定的图片路径会在“预先载入图像”列表框中显示出来。

④若要添加多个预先载入图像，单击加号按钮+后重复③中的步骤即可。全部添加完后，单击“确定”按钮完成设置。

9.2.2 命令

在 Dreamweaver CS3 中的“命令”菜单下提供了一些可以被读取和重复执行的命令，另外还把用户的一些常用操作内置为系统的标准命令，从而大大简化了用户的操作。

1. 录制和播放录制命令

录制命令几乎可以记录下屏幕上的所有操作，并可以立即重放这些操作。例如，在一个 HTML 文档中需要几十个带有边框的图像，并要求其水平边距和垂直边距均为 10px，如果对这些图像一个一个进行设置，将会很繁琐，此时可以进行一下操作。

【案例 9.27】给一个 HTML 文档中的所有图像加上边框并设置图像间距。

①新建一个 HTML 文档，其中插入 20 幅图片。

②选中第一幅图像，选择【命令】→【开始录制】命令，在“属性”面板中设置“边框”为 2，水平边距和垂直边距均为 10。选择【命令】→【停止录制】命令。

③选中第二幅图像，选择【命令】→【播放录制命令】命令，这样第二幅图片的设置就完成了。

4）要继续设置其他图片，选中图像后，重复③中的操作。

提示：通过这种方式可以记录大部分的屏幕操作，但也有例外，如它不能记录鼠标的移动、选择等操作。

2. 自定义命令

利用 Dreamweaver CS3 的“历史记录”面板，也可以重放某些已经执行过的操作，方法如下例。

【案例 9.28】给文档中所有的文字设置相同的属性。

①新建一个 HTML 文档，输入文字如图 9.46 所示。

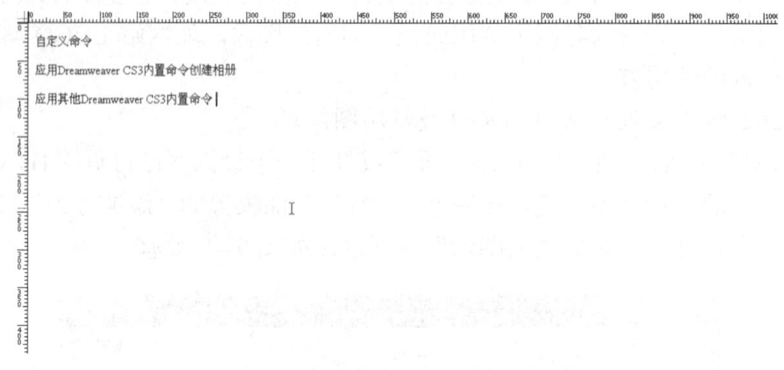

图 9.46 HTML 文档内容

②选择“自定义命令”文字，在“属性”面板中设置文字为宋体，16px，蓝色，加粗。

③打开“历史记录”面板，选中②中所作操作，如图 9.47 所示。

④选择“应用 Dreamweaver CS3 内置命令创建相册”文字，单击“历史记录”面板上的“重放”按钮。

⑤选择“应用其他 Dreamweaver CS3 内置命令”文字，单击“历史记录”面板上的“重放”按钮。

在上面例子中，通过“重放”的命令设置只能被应用到本文档中的对象，如果要对另一个文档中的某文本对象重复上例步骤②中的文字设置，此时就不能继续通过“历史记录”面板上的“重放”按钮来实现了。可以通过以下步骤实现。

⑥仍然保持“历史记录”面板中的那几项操作为选定状态，单击“历史记录”面板右下角的“将选定步骤保存为命令”按钮，在弹出的“保存为命令”对话框中输入命令名字，如图 9.48 所示。此时，在“命令”菜单下面将出现自定义的 txtbj 命令。

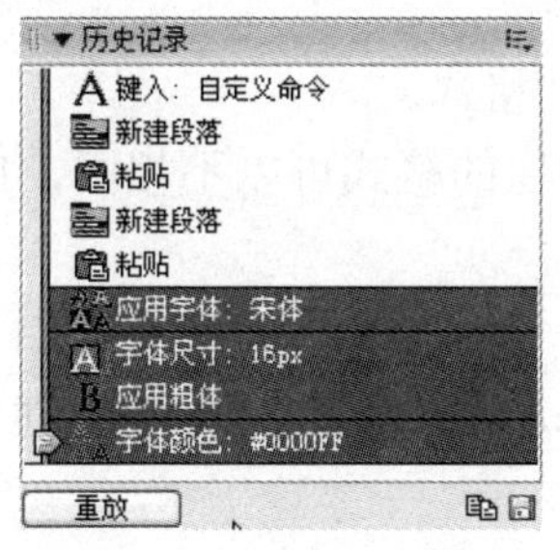

图 9.47　“历史记录”面板

图 9.48　“保存为命令”对话框

⑦打开另一个 HTML 文档，选中要改变设置的文本，选择【命令】→【txtbj】命令，即可完成设置。

3. 内置命令

在 Dreamweaver CS3 中内置了多个系统命令，可以将用户的一些常用操作简化。此处将以“创建网站相册”命令为例来演示 Dreamweaver CS3 内置命令的强大功能。要使用“创建网站相册”需安装 Fireworks 4 以上版本。

【案例 9.29】创建一个网站相册。

①新建 HTML 文档。

②选择【命令】→【创建网站相册】命令，弹出“创建网站相册”对话框，如图 9.49 所示。

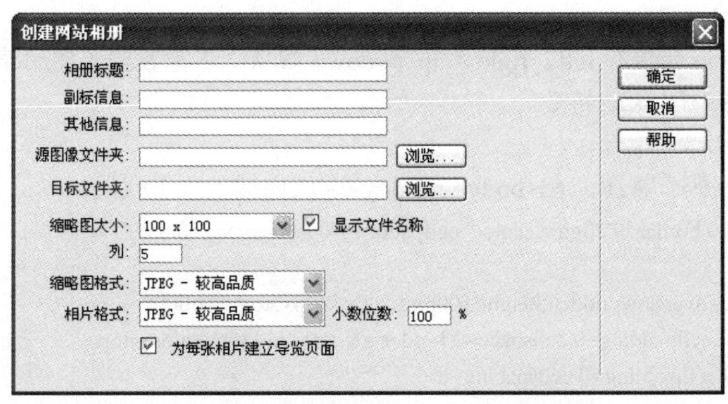

图 9.49　“创建网站相册”对话框

③在“创建网站相册”对话框中填入相关信息，单击“确定”按钮完成设置。对话框中各选项的作用如下：

- 相册标题。输入相册标题。
- 副标题信息。输入相册副标题，此项可空。
- 其他信息。输入相册的说明信息，此项可空。
- 源图像文件夹。选择或输入源图像所在的文件夹。
- 目标文件夹。选择或输入要创建的相册将要放置的文件夹。
- 缩略图大小。选择在网页中要显示的图像的缩略图大小。
- 显示文件名称。勾选此复选框，将在网页中图像缩略图的下方显示出图像的名称。注意：要显示的文件名必须是英文。
- 列。输入在一行中要显示几张缩略图。
- 缩略图格式。用来选择显示在网页中的缩略图的格式。
- 相片格式。选择要创建相册的图像格式。源图像的格式可以不相同，Dreamweaver 会将它们转换为同一格式。
- 小数位数。用来输入图像缩放的比例。
- 为每张相片建立导览页面。勾选此复选框，Dreamweaver 会为每张相片建立导览页面。

（4）保存该文档，按 F12 键预览网页。

9.2.3 JavaScript

使用 JavaScript 脚本编程可以实现许多非常棒的网页特效。对于初学者来说，即使不能独立编写这些特效脚本，也可以通过复制粘贴到自己的网页中，只要根据自己的需求修改这些脚本程序，就可以给自己的网页添加炫丽的效果。本节将通过案例来介绍几种网页常用的特效。

【案例 9.30】滚动文字特效。

①新建 HTML 文档。

②切换到“代码”视图，在<body></body>区域内插入以下代码：

```
<marquee onmouseover="this.stop()" onmouseout="this.start()" direction="left"><a href="http://www.zzti.edu.cn">
欢迎光临我的站点
```

③保存文档，按 F12 键预览网页。此时在网页上显示“欢迎光临我的站点”滚动文字，当鼠标移动到文字上时滚动停止，当鼠标从文字上移出时滚动继续，当鼠标在文字上单击时，则可以链接到其他网页。

提示：direction 的值有 left、right、up 和 down 四项，用来控制文字的滚动方向。

【案例 9.31】图片滚动特效。

①新建 HTML 文档。

②切换到“代码”视图，在<body> </body>区域内插入以下代码：

```
<table width=500 border=0 align="center" cellpadding=0 cellspacing=0>
<tr><td>
<div id=c1 style=overflow:hidden;height:100px;width:500px;color:#ff0000>
<table align=left cellpadding=0 cellspace=0 border=0><tr><td id=t1 valign=top>
<table border=0 cellpadding=0 cellspacing=0>
<tr><td>
<a href=# target=_blank><img border=0 src="image/top2.jpg" width=70 height=90 hspace=22 />
</a><br>
</td>
<td width=30></td>
```

```
<td><a href=# target=_blank><img border=0 src="image/top2.jpg" width=70 height=90   hspace=22></a><br>
</td>
<td width=30></td>
<td><a href=# target=_blank><img border=0 src="image/top3.JPG" width=70 height=90   hspace=22></a><br>
</td>
<td><a href=# target=_blank><img border=0 src="image/top4.JPG" width=70 height=90   hspace=22></a><br>
</td>
<td width=30></td>
<td><a href=# target=_blank><img border=0 src="image/top5.JPG" width=70 height=90   hspace=22></a><br>
</td>
</tr>
</table>
</td>
<td id=t2 valign=top></td>
</tr>
</table>
</div>
  <script>
  var speed=10//速度数值越大速度越慢
  t2.innerHTML=t1.innerHTML
  function Marquee(){
  if(t2.offsetWidth-c1.scrollLeft<=0)
  c1.scrollLeft-=t1.offsetWidth
  else{
  c1.scrollLeft++
  }
  }
  var MyMar=setInterval(Marquee,speed)
  c1.onmouseover=function() {clearInterval(MyMar)}
  c1.onmouseout=function() {MyMar=setInterval(Marquee,speed)}
  </script>
</td></tr>
</table>
```

③保存文档，按 F12 键预览网页。在网页上可以显示多张不停滚动的图片，当鼠标移动到图片上时滚动停止，当鼠标从图片上移出时滚动继续，当鼠标在图片上单击时，则可以链接到其他网页。

习题九

一、问答题

1．模板的作用是什么？
2．库的作用是什么？
3．模板和库有哪些主要的区别？如何在网页中应用它们？
4．行为的主要作用是什么？

5．在 HTML 中如何引用 JavaScript 脚本？

二、操作题

1．新建一个模板，并利用该模板创建两个以上网页。

2．打开前面章节所建站点，并将站点中的常用元素以库元素的形式保存到库中。

3．使用行为制作一个交换图像效果，当鼠标指向目标图像时，图像会发生改变。

4．在网页中插入一个 Flash 影片，并添加“播放”、“停止”、“重新播放”三个按钮，通过添加行为，使三个按钮实现对该影片的简单控制。

5．使用 Dreamweaver CS3 的内置命令，创建一个相册网页。

第 10 章　网站设计综合案例

本章通过一个综合站点实例的练习，从网站的规划、素材的准备到页面的编辑，详细介绍一个网站的制作过程，内容包括使用表格、框架规划网页结构、插入各种网页素材、设置网页中的超级链接等。

- 网站制作的基本流程
- 站点目录结构的规划
- 网页的创建、布局及设置方法
- 网站设计和制作技巧

10.1　网站制作基本流程

网站的开发工作流程包括三个阶段：设计规划阶段、设计与测试阶段、发布与维护阶段。本章将通过制作一个摄影题材的“视点”网站来说明开发过程。

1. 网站规划

网站的规划通常包括网站目标的确定、用户分析、确定网站风格三部分。本例中建设“视点”网站的目标是为摄影爱好者提供一个交流平台，用户的需求主要是能够以轻松便捷的方式访问到要欣赏的摄影作品和分享摄影技术与心得等，简洁风格比较适合本例中的网站。

2. 设计与制作

网站的设计阶段主要设计网站的内容结构、设计每个页面的布局、设计主页及页面的导航等。本例中“视点”网站共包括欢迎页面、主页、业界资讯、摄影器材、摄影技术、作品欣赏 6 个页面。除了欢迎页面外，其他页面都采用“国字形”布局，即页面顶部是网站的标志及主导航栏，下面左侧是二级导航条、广告条、友情链接等，中间是主体部分，页面底部包括一个横向通栏，放置基本信息、广告条等。本站最终效果如图 10.1 所示。网站的详细设计在下一节介绍。

3. 网站发布与维护

网站发布是指网站开发完成后，利用 FTP 等方式将网站上传到服务器并发布到互联网上，以便所有人都可以访问它。随着网站的发布，网站中的内容还必须经常地更新和修改，并从浏览者的角度出发进一步完善网站，这就是网站的维护。网站的维护是一个持续的过程，这样才能吸引访问者不断浏览，增加点击率。

图 10.1　网站效果

10.2　网站制作详细过程

下面以“视点”摄影网站为例，详细介绍网站的制作过程。

10.2.1　创建站点

创建站点，是网站制作必不可少的关键步骤，任何类型的网站和网页设计都必须从定义本地站点开始，合理的站点结构，能够加快网站的设计，提高工作效率，节省时间。

1. 规划站点目录结构

本站点共包括 5 个主要页面，每个页面都需要用到较多的图片素材，可以把每个页面用到的素材放在各自对应的文件夹中，所有的网页文件直接放在站点根目录文件夹 shidian 中。选择站点根文件夹的存放地点，如 D 盘，创建站点的目录结构，如图 10.2 所示。

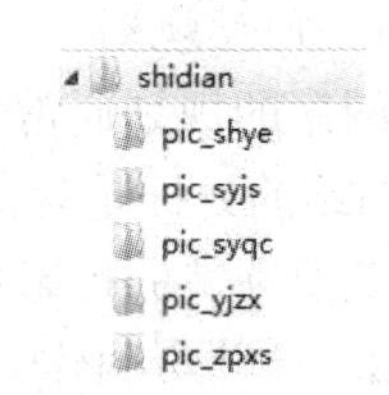

图 10.2　网站目录结构

2. 新建站点

创建好文件夹后，在 Dreamweaver CS3 中选择【站点】→【新建站点】（参考【案例 6.1】）命令，新建一个名称为“视点”，站点根目录为“D:\shidian”的本地站点，创建好站点后可以在“文件”面板中查看到。

10.2.2　制作欢迎页面

欢迎页面通常比较简洁，是网站呈现给浏览者的第一个页面，吸引浏览者进入到网站中进行浏览访问。本例中欢迎页面的效果如图 10.3 所示，制作方法如下：

（1）在站点根目录下，新建 html 文档，重命名为 welcome.html，插入一个 3 行 1 列表格，宽 960 像素，设置表格的对齐方式为居中对齐。

（2）设置表格 3 行的行高分别为 150、416、25，将表格的 3 行全部选中，设置单元格水平方向对齐方式为居中对齐。

COPYRITE

图 10.3　欢迎页面

（3）在第一行插入图片“ch10\素材\10-1.jpg”，第二行插入图片“ch10\素材\10-2.jpg”，第三行输入文字“COPYRITE”。

（4）选中第二行，利用矩形热点工具将整个图片的区域设置为热点，并将链接地址填写为 index.html。

提示：插入图片时，系统会提示“您愿意将该文件复制到根文件夹中吗”，选择“是”，并将图片文件按照目录结构的规划放在根目录下不同页面对应的文件夹内。

说明：此处的 index.html 是下面要制作的网站的主页。

10.2.3　制作网页模板

本站点中主页与各子页的设计结构相同，每个页面的顶部完全一样，页面的中部和底部内容各不相同。因此可以利用模板将网页中不变的顶部元素固定下来，把设计好的布局保存为模板，再使用模板来创建网页。方法如下：

（1）选择【文件】→【新建】命令，在打开的“新建模板”对话框中选择【空模板】→【html 模板】，单击“创建”按钮，此时将创建一个新的模板页面。

（2）单击“页面属性”按钮，设置“标题/编码”中的标题为“视点”，“链接”中的链接颜色，已访问链接颜色，均设置为白色，下划线样式为始终无下划线。

（3）定义新的样式表控制整个页面的文字格式。在“CSS 样式”面板中新建样式定义“td”标签，设置字体大小为“9pt”，颜色为“#000000”；定义新样式设置标题文字的格式。在“CSS 样式”面板中新建样式定义一个“.title 类”，按照图 10.4 所示定义规则，用同样的方法定义.title2、.title3、.content 的样式。

（4）在创建的模板页面中，插入一个 3 行 2 列表格，表格宽度为 960 像素，边框粗细、单元格边距、单元格间距均为 0，设置表格为居中对齐方式，背景颜色为#eaeaea。

（5）将表格第一列宽度设置为 220 像素，表格第一、二、三行高度分别设置为 129、451、100，将表格第三行合并为一个单元格。

（6）在第一行左侧单元格中插入一个 3 行 1 列表格，宽度 220 像素，三行的行高分别为 20、100、9，将第二行拆分成 3 列，列宽分别为 60、100、60，在第二行的第二个单元格中插入图片“ch10\素材\10-3.jpg”。

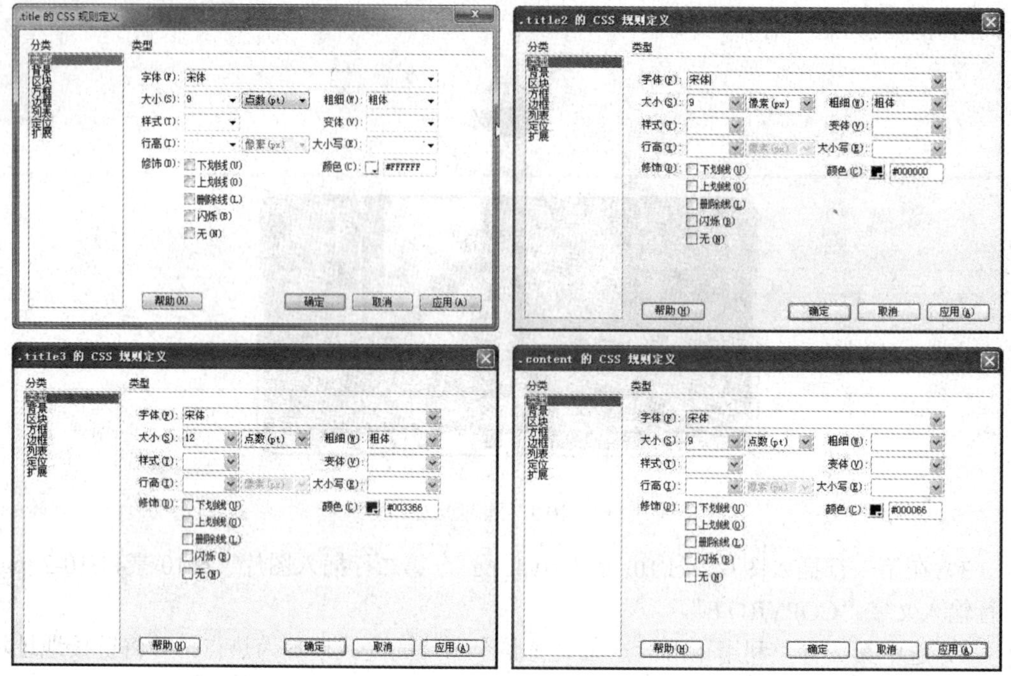

图 10.4 定义 CSS 样式

（7）在第一行右侧单元格内插入一个 3 行 3 列表格，高度分别为 52、68、9，三列宽度分别为 95、620、25，在第一行第二个单元格插入图片“ch10\素材\10-4.jpg”，右对齐，将第二行第二个单元格拆分为 5 列，每列宽 124，选中这 5 列，将其背景图片设置为“ch10\素材\10-5.jpg”，并且设置每个单元格在垂直方向和水平方向均居中对齐，在每个单元格内输入各页面的标题文字，分别选中每个单元格中的文字，将下方“属性”面板中的链接设置为#。

（8）保存模板页为 shidian.dwt，选中模板页中的第二、三行，选择【插入记录】→【模板对象】→【可编辑区域】命令，将模板页中的第二、三行设置成可编辑区域。制作好的模板页面如图 10.5 所示。

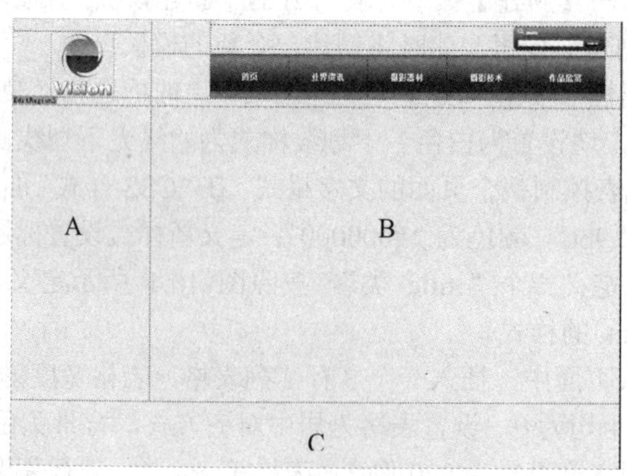

图 10.5 模板页面

10.2.4 利用模板生成其他页面

利用模板，只需编辑各页面 A、B、C 三个区域的内容，即可完成各页面的设计。

1. 制作主页

选择【文件】→【新建】→【模板中的页】→shidian，单击“创建”按钮，利用模板创建一个新的页面，将其保存为 index.html。

编辑 A 区的内容：

（1）插入一个 3 行 1 列，宽度为 220 像素的表格，三行的高度分别设置为 159、180、112；

（2）在第一行中插入一个 2 行 1 列，宽 194 像素的表格，居中对齐，行高分别设置为 140、9，表格第一行背景色为白色。

（3）在第一行中连续插入 3 个表格，宽度均为 165，居中对齐，背景均为黑色。

（4）第一个表格 1 行 2 列，高 58，第一列宽 105，第二列宽 60，将第一列拆分成两行，选中样式中的.title，在第二行第一列中输入 sign in，居中对齐，第二列中插入图片“ch10\素材\10-6.jpg”。

（5）第二个表格 2 行 2 列，行高均为 26，列宽分别为 23、142，第一行第一列插入“ch10\素材\10-7.jpg”，第二行第一列插入“ch10\素材\10-8.jpg”，均水平居中对齐，每一行的第二列插入一个文本域，将字符宽度设置为 15。

（6）第三个表格 1 行 2 列，均宽，分别插入“ch10\素材\10-9.jpg”、“ch10\素材\10-10.jpg”，单元格中的内容水平居中对齐。

（7）第二行中插入一个 1 行 1 列，宽 194，高 180 像素的表格，居中对齐，白色背景。

（8）在此表格内部插入一个 5 行 2 列，宽 158 像素的表格，居中对齐，设置背景图片为“ch10\素材\10-11.jpg”，第一行高 55，合并成一列，输入文字，其余每行高 30，设置第一列宽 20，并设置单元格水平垂直方向均居中，分别插入图片“ch10\素材\10-12.jpg”，选择样式.title2，在每一行的第二列输入相应文字。

（9）第三行中插入一个 1 行 1 列，宽 194 像素，高 112 像素的表格，居中对齐，白色背景。

（10）在此表格内部插入一个 3 行 1 列，宽 158 像素的表格，每行高 33，居中对齐，设置背景图片为“ch10\素材\10-13.jpg”，每行输入相应文字内容。

编辑 B 区的内容：

（1）插入一个 7 行 10 列，宽 715 像素的表格，白色背景。

（2）行高分别设置为 15、145、30、60、145、30、10，列宽分别设置为 25、42、145、42、42、145、42、42、145、45。

（3）在第二行、第五行的第一列分别插入图片“ch10\素材\10-14.jpg”、“ch10\素材\10-15.jpg”。

（4）在第二行、第五行的第三、六、九列分别插入图片“ch10\素材\10-16.jpg”～“ch10\素材\10-21.jpg”；并将每个图片下方单元格的背景色改为#eaeaea，居中对齐，选择样式.title2，输入文字内容。

编辑 C 区的内容：

插入图片 ch10\素材\10-22.jpg，居中对齐。

2. 制作业界资讯页面

选择【文件】→【新建】→【模板中的页】→shidian，单击“创建”按钮，利用模板创建一个新的页面，将其保存为 yjzx.html。

编辑 A 区的内容：

（1）在 A 区连续插入三个表格，宽度均为 90%，居中对齐。

（2）第一个表格 3 行 1 列，三行的高度分别设置为 30、50、30。

（3）将第一行的背景图片设置为“ch10\素材\10-5.jpg”，选择样式.title，输入文字内容。

（4）将第二行拆分成 3 列，第二列的宽度设置为 10，第一列和第三列分别插入图片“ch10\素材\10-23.jpg”、“ch10\素材\10-24.jpg”。

（5）在第三行插入一条水平线。

（6）第二个表格 5 行 2 列，每行行高为 26，第一列宽为 20。

（7）在第一列的每一个单元格中插入图片“ch10\素材\10-25.jpg”；每行的第二个单元格输入文字内容。

（8）第三个表格 8 行 2 列，第一行行高 30，中间 5 行行高均为 26，最后一行行高 51；第一列宽 10。

（9）将第一行合并为一列，设置背景图片为“ch10\素材\10-5.jpg”，选择样式.title，输入文字内容。

（10）参考图 10.6 所示，输入其他单元格中的内容。

图 10.6　业界资讯页面内容

编辑 B 区的内容：

（1）在 B 区插入一个 14 行 2 列，宽度为 715 像素的表格。

（2）将表格每行的高度均设置为 30，第一列宽度设置为 150。

（3）将第一行的背景设置为“ch10\素材\10-26.jpg”，选择样式.title2，输入标题内容。

（4）将第 6、10、14 行的背景图片设置为“ch10\素材\10-27.jpg”。

（5）将第一列中的 3、4、5 行合并为一个单元格，插入图片“ch10\素材\10-28.jpg”；7、8、9 行合并为一个单元格，插入图片“ch10\素材\10-29.jpg”，11、12、13 行合并为一个单元格，插入图片“ch10\素材\10-30.jpg”。

（6）选择样式.title3，在第二列的 3、7、11 行输入标题文字。

（7）将第二列的 4、5 行合并为一行，8、9 行合并为一行，12、13 行合并为一行，并且选择样式.content，在其中输入文字内容。

编辑 C 区的内容：

（1）在 C 区插入一个 1 行 6 列，宽度为 863 像素的表格，居中对齐。

（2）设置表格第一列的宽度为 33，其余各列宽 166。

（3）在表格的每一单元格内分别插入图片“ch10\素材\10-31.jpg”～“ch10\素材\10-36.jpg”。

3．制作摄影器材页面

选择【文件】→【新建】→【模板中的页】→shidian，单击“创建”按钮，利用模板创建一个新的页面，将其保存为 syqc.html。

编辑 A 区的内容：

（1）在 A 区插入一个 8 行 2 列，宽 95%的表格，居中对齐。

（2）将表格每行的行高分别设置为 30、80、30、80、30、80、30、80，第一列宽 120。

（3）将第 1、3、5、7 行的两列合并成一列，第一行设置背景图片为“ch10\素材\10-26.jpg”，选择.title2，输入标题文字。

（4）将第 3、5、7 行的背景图片设置为“ch10\素材\10-27.jpg”。

（5）在第 2、4、6、8 行的第一个单元格中插入图片“ch10\素材\10-37.jpg”～“ch10\素材\10-40.jpg”。

（6）在第 2、4、6、8 行的第二个单元格中输入文字内容。

编辑 B 区的内容：

B 区的内容包括 B1、B2 两部分，如图 10.7 所示。B1 部分的制作参考【案例 8.2】，B2 部分的制作过程如下：

图 10.7　摄影器材 B 区内容

（1）插入一个 5 行 1 列，宽度为 120 像素的表格。

（2）将表格的行高分别设置为 30，100、107、127、90。

（3）将第一行的背景设置为“ch10\素材\10-26.jpg”，选择样式.title2，输入标题内容。

（4）其余各行单元格内插入图片“ch10\素材\10-41.jpg”～“ch10\素材\10-44.jpg”。

编辑 C 区的内容：

插入图片“ch10\素材\10-45.jpg”，居中对齐。

4. 制作摄影技术页面

选择【文件】→【新建】→【模板中的页】→shidian，单击“创建”按钮，利用模板创建一个新的页面，将其保存为 syjs.html。

编辑 A 区的内容：

（1）在 A 区插入一个 8 行 2 列表格，宽度为 220 像素，居中对齐。

（2）将表格各行的高度分别设置为 30、35、20、72、20、72、20、178。

（3）将第一行的背景设置为“ch10\素材\10-26.jpg”，选择样式.title2，输入标题内容。

（4）分别将第 3、5、7、8 行合并，在第 3、5、7 行分别插入一条水平线。

（5）在第 2、4、6、8 行的单元格中插入相应的图片“ch10\素材\10-45.jpg”～“ch10\素材\10-51.jpg”。

编辑 B 区的内容：

（1）在 B 区插入一个 10 行 7 列，宽度为 740 像素的表格。

（2）将表格的行高分别设置为 30、20、75、44、20、75、44、20、75、44，列宽分别设置为 45、120、10、120、45、320、80。

（3）将第一行的 2、3、4 列合并，6、7 列合并，将其背景图片设置为“ch10\素材\10-26.jpg”，选择样式.title2，输入标题内容。

（4）将第 5、8 行的第 6、7 列合并，将其背景图片设置为“ch10\素材\10-27.jpg”。

（5）参考图 10.8 所示，在相应的单元格中插入图片“ch10\素材\10-52.jpg”～“ch10\素材\10-57.jpg”，并输入文字内容。

图 10.8　摄影技术页面

说明：摄影技术页面没有 C 区内容，直接删除掉 C 区所在行即可。

5. 制作作品欣赏页面

选择【文件】→【新建】→【模板中的页】→shidian，单击“创建”按钮，利用模板创建一个新的页面，将其保存为 zpxs.html。

编辑 A 区的内容：

（1）在 A 区连续插入两个表格，宽度均为 190 像素，居中对齐，背景为白色。

（2）第一个表格 10 行 2 列，将第 1 行和第 10 行的高度分别设置为 30、15，其余各行的高度均设置为 32。

（3）将第一行和最后一行分别合并，设置第一行的背景图片为“ch10\素材\10-5.jpg”，选择样式.title，输入文字内容。

（4）在第 10 行插入一条水平线。

（5）第二个表格 5 行 1 列，第一行行高 30，其余每行行高为 32。

（6）设置第一行的背景图片为“ch10\素材\10-5.jpg”，选择样式.title，输入文字内容。

（7）输入其他各行的文字内容。

编辑 B 区的内容：

（1）在 B 区插入一个 7 行 4 列，宽度为 720 像素的表格。

（2）将表格的行高分别设置为 30、117、25、117、25、117、25，每列宽均为 180。

（3）将第一行的背景设置为“ch10\素材\10-26.jpg”，选择样式.title2，输入标题内容。

（4）参考图 10.9 所示，在相应的单元格中插入图片“ch10\素材\10-58.jpg”～“ch10\素材\10-69.jpg”，并输入文字内容。

图 10.9　作品欣赏页面

编辑 C 区的内容：

插入图片“ch10\素材\10-70.jpg”，居中对齐。

6. 设置各页面间的链接

各页面的主要内容编辑完毕以后，需要设置各页面之间的链接，只需修改模板文件即可。

（1）双击站点根目录下 Templates 文件夹中的 shidian.dwt 文件，打开模板文件进行编辑。

（2）将模板中各标题文字对应的链接进行设置，使之对应相应页面。

（3）保存模板文件，更新当前站点中所有使用该模板建立的网页。

10.2.5　使用框架制作二级页面

参考【案例 8.8】、【案例 8.9】，使用框架制作“作品欣赏”页面中的作品排行榜二级页面，单击页面左侧的导航栏，使页面的右侧的内容发生改变，如图 10.10 所示。

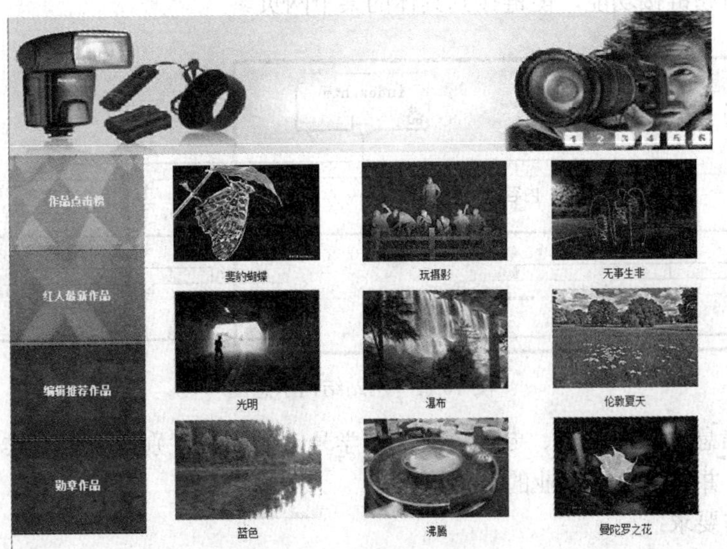

图 10.10　作品排行榜页面

制作完成后，将“作品欣赏”页面中的“作品排行榜”文字链接到该页面。

说明：其他二级页面和三级页面的制作参考上面几个页面的制作方法，页面全部完成后需要设置所有的超级链接。

10.2.6 网站的测试

所有页面制作完毕后，将其所用到的素材和文档保存到站点根目录的相应位置，双击 welcome.html 文档，打开文档页面，单击文档工具栏上的“在浏览器中预览/调试”按钮，在浏览器中检查各页面是否能正常显示，测试各链接是否正确。如果没有问题，网站制作完毕。

习题十

一、问答题

1．简述网站制作的基本流程。

2．一个成功的网站设计，应考虑哪些基本要素？

3．网页布局的主要技术有哪些？各有什么特点？

二、操作题

设计一个个人网站。网站内容要围绕一个主题展开，如音乐、文学、体育、美术、书法、摄影、旅游等。

设计任务：

1．网站至少采用 3 层结构（参考图 10.11）。

2．主页（index.htm/ index.html）和用红色线条框起来的网页要围绕主题内容展开。

3．“网站导读”包含设计说明和网站结构图（类似图 10.11），网站结构图要采用图片热点链接，使其具有超链接功能，能链接到具体的某个网页。

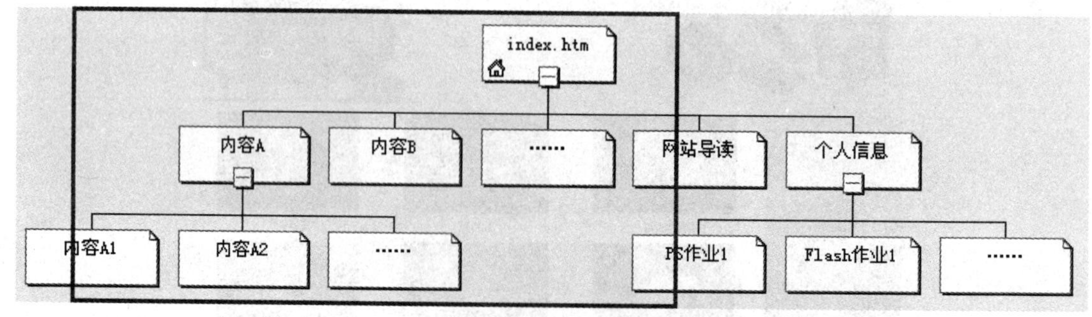

图 10.11　网站结构示意图

4．“个人信息”除了院系、专业、班级、学号、姓名、性别等个人真实信息外，还需要书写课程小结，并包含打开作业的链接等。

设计规范与要求：

1．要用表格进行布局并限制页面的宽度（采用像素为单位，1024×768 的屏幕，表格宽度可设置为 980 像素）。排版时网页整体要居中。

2．各个网页之间的导航必须正确，即上级要链接到下级，同一个上级下的同层网页要相互链接，下级能返回上级。

3．页面设计美观大方，颜色搭配合理，版面清新，超链接要放在明显的位置，便于浏览者查看和使用。

参考文献

[1] 赵丰年，等．网页制作教程（第 2 版）[M]．北京：清华大学出版社，2009．

[2] 张李义，等．网站开发与管理（第二版）[M]．北京：高等教育出版社，2008．

[3] 赵祖荫，等．网页设计与制作教程（第 3 版）[M]．北京：清华大学出版社，2008．

[4] 潘晓南．动态网页设计基础（第二版）[M]．北京：中国铁道出版社，2008．

[5] 张磊．网页设计技术（第二版）[M]．北京：中国铁道出版社，2010．

[6] 赵子江．多媒体技术应用教程（第 6 版）[M]．北京：机械工业出版社，2009．

[7] 刘建．多媒体技术基础应用[M]．北京：机械工业出版社，2008．

[8] 洪小达，等．多媒体技术与应用教程（第二版）[M]．北京：中国铁道出版社，2008．

[9] 高林，等．网页制作案例教程（第 2 版）[M]．北京：人民邮电出版社，2009．

[10] 美国 Adobe 公司．Adobe Photoshop CS3 中文版经典教程[M]．袁国忠，等译．北京：人民邮电出版社，2008．

[11] 陈志民．Photoshop CS3 完全自学教程[M]．北京：机械工业出版社，2007．

[12] 刘本军，等．Flash CS3 动画设计案例教程．[M] 北京：机械工业出版社，2009．

[13] 孙全党．新世纪 Flash CS3 中文版应用教程[M]．北京：电子工业出版社，2008．

[14] 张勃．中文 Flash 基础与实例教程[M]．北京：研究出版社，2008．

[15] 张强，等．网页制作与开发教程[M]．北京：人民邮电出版社，2008．

[16] （美）Joseph Lowery 著．Dreamweaver CS3 宝典[M]．李波，等译．北京：人民邮电出版社，2009．

[17] 马增友，等．Adobe Dreamweaver CS3 网页设计与制作技能实训教程[M]．北京：科学出版社，2010．

[18] 陈默，等．Dreamweaver CS3 标准教程[M]．北京：科学出版社，2008．